生物化学基础与应用

邓　林　主　编

丁小礼　刘延岭　周慧恒　副主编

科学出版社

北　京

内 容 简 介

　　本书是根据生物化学教学的项目化及生物化学领域发展的最新知识和技术组织编写的新教材。

　　全书包括绪论和 8 个项目，项目一介绍生物氧化，项目二～项目六介绍糖类、脂类、蛋白质、维生素、核酸、酶等的组成、结构、性质、生物学功能及其应用，项目八介绍遗传信息的传递规律与特点。

　　本书可作为高等职业学校食品、生物及制药相关专业教材。

图书在版编目（CIP）数据

生物化学基础与应用/邓林，丁小礼，刘延岭主编. —北京：科学出版社，2020.9

　ISBN 978-7-03-066144-9

　Ⅰ.①生… Ⅱ.①邓… ②丁… ③刘… Ⅲ.①生物化学-职业教育-教材 Ⅳ.①Q5

中国版本图书馆 CIP 数据核字（2020）第 174920 号

责任编辑：辛　桐／责任校对：马英菊
责任印制：吕春珉／封面设计：耕者设计工作室

科 学 出 版 社 出版

北京东黄城根北街 16 号
邮政编码：100717
http://www.sciencep.com

北京九州迅驰传媒文化有限公司 印刷

科学出版社发行　各地新华书店经销

＊

2022 年 9 月第 一 版　　开本：787×1092　1/16
2024 年 2 月第二次印刷　　印张：17 1/4
字数：410 000

定价：58.00 元
（如有印装质量问题，我社负责调换〈九州迅驰〉）

销售部电话 010-62136230　编辑部电话 010-62137026

前　言

随着现代科技的发展，生物化学已成为生命科学中诸多学科的重要基础与支柱，是生命科学的基础学科。

本书在编写过程中结合生物科学的发展和职业教育食品、生物技术类专业的实际需要，以及结合生物化学的特点，着重介绍生物化学的基本知识和最新进展，力求做到内容简明扼要、由浅入深、循序渐进，使学生可以学以致用。

全书除绪论外，共 8 个项目，内容涵盖生物化学基础理论（糖类、蛋白质的化学、核酸的化学、维生素、酶及生物氧化）、物质代谢（糖类代谢、脂类代谢、蛋白质、代谢核酸代谢）、分子生物学基本知识（蛋白质的生物合成、基因信息传递）。考虑各院校专业不同，且教学课时数不一，在教学过程中可按照具体情况对有关任务进行取舍。

本书在编写过程中尽量体现内容的职业教育特点和定位，主要特点如下。

（1）结构体现科学性。内容编排上采用项目化教学，以提升学生的自学能力、研究和分析问题能力及协作交流能力。

（2）内容注重适用性、针对性和实用性。每个项目对学生应重点掌握的专业知识和技能进行了提炼，删减了不必要的理论知识，增加了生化大分子在食品生物技术领域方面的应用内容。

本书由四川工商职业技术学院邓林任主编，编写绪论、项目二；赣州农业学校丁小礼任副主编，编写项目一；四川工商职业技术学院刘延岭任副主编，编写项目五、项目八；湖南化工职业技术学院周慧恒副主编，编写项目七，其他编写人员分别是四川工商职业技术学院曾杨清，编写项目六；四川工商职业技术学院舒学香，编写项目三和项目四。

由于编者水平和经验有限，本书疏漏和不足之处在所难免，恳请广大读者批评指正，以便进一步修改，完善。

编者

2020 年 3 月

目　录

绪论　走进生物化学

一、生物化学的概念与内容

生物化学是研究生物体内化学分子与化学反应的基础生命科学。从分子水平探讨生命现象的本质。生物化学早期主要采用化学、物理学和数学的原理和方法，研究各种形式的生命现象，随着研究的发展，融入了生理学、细胞生物学、遗传学和免疫学等的理论和技术，近年来生物信息学的发展，使生物化学与众多学科有着广泛的联系与交叉。

（一）生物与生命

生命的本质是什么？恩格斯曾说过，生命是蛋白体的存在形式。哲学家认为，生命只是一种特殊的运动形式。从哲学和生物学范畴概括地讲，可以认为生命是生物体内以生物大分子为主的生命物质所进行的高级有序的运动形式。

生命这种高级运动形式表现出了非生命活动所不具备的一些特征，主要表现在以下几方面：①新陈代谢的特征。例如，生物主动摄取营养，排出废物，将环境物质同化为自身的结构物质，表现出自我更新的能力。相比之下，病毒不能进行自主性的新陈代谢，必须依靠宿主细胞进行代谢，利用宿主细胞的代谢系统合成自身的组分。所以病毒不能进行完整的生命活动，它不是真正意义上的生物（可以称其为亚生物）。当其离开宿主细胞时，只是生物大分子；当其侵入其他生物细胞内时，就具备了生命特征，可以进行代谢、繁殖等生命活动。②自我复制和自我修复的特征。生命活动可以自我复制，产生与自身相同的下一代新生物个体，称为遗传。生物在生命活动中可以自我修复，如创伤的愈合修复等，而非生命活动过程是不具备这些特征的。③对环境的主动反应（响应）的特征。生物在生命活动中可以调节自身代谢或运动以适应环境。例如，植物在不同季节的休眠和萌发，干旱缺水时植物叶片的卷曲，人和动物对入侵微生物的免疫反应、对强光照射的瞳孔反射，伤口中血液的凝血反应等。

生命活动这种高级运动遵循自然科学规律或法则，如遵循热力学定律、服从能量守恒原理等。

具有生命现象的物质称为生物。生物只有当生命活动存在时才能称为生物。当生命活动停止时，生命也就随之结束，即失去生命活动的生物残体不再进行高级有序的生命运动，不能被称作生物。

（二）生物化学的研究内容

生物化学的研究内容主要包括两个方面：①生物体的化学组成部分，也称为静态生物化学。主要探讨构成生物体的化合物的分子结构、化学性质和生物功能。这些化合物主要包括糖类、脂类、核酸、蛋白质及对生物化学反应起催化作用的酶、维生素、激素等。②生物体内组成物质的化学转化部分，也称为动态生物化学。主要探讨生物体内的化学分子之间如何进行转化，即研究生物体内的化学反应，包括这些反应发生的部位和反应机理，以及伴随这些反应所产生的能量变化。这些化合物在生物体内的化学转化过程又称为代谢过程，包括物质的分解代谢途径和合成代谢途径，以及其在物质的分解与合成过程中伴随发生的能量转化途径。

近年来，生物化学的研究范围扩大到生物信息的传递方面。生物体内化学物质的合成、分解及转化过程中所伴随的生物信息的传递，以及生物对自身及环境信息的接收、产生反应或效应的机理等内容，或者说是生物体内的信息控制，也称为生物信息学。

二、生物化学的产生与发展

生物化学的研究始于 18 世纪，但成为一门独立的学科是在 20 世纪初。

18 世纪中叶至 19 世纪末是生物化学的初期阶段。主要研究生物体的化学组成。期间的重要贡献有：对脂类、糖类及氨基酸的性质进行了较为系统的研究；发现了核酸；从血液中分离了血红蛋白；证实了连接相邻氨基酸的肽键的形成；化学合成了简单的多肽；发现酵母发酵可产生醇并产生二氧化碳，酵母发酵过程中存在"可溶性催化剂"，奠定了酶学的基础等。

从 20 时间初期开始，生物化学科学蓬勃发展，开始认识体内各种分子的代谢变化。例如，在营养方面，发现了人类必须氨基酸、必需脂肪酸及多种维生素；在内分泌方面，发现了多种激素，并将其分类、合成；在酶学方面，认识到酶的化学本质是蛋白质，酶晶体制备获得成功；对生物体内主要物质的代谢途径已经基本确定，包括糖代谢途径的酶促反应过程、脂肪酸-β 氧化、尿素合成途径及柠檬酸循环等。在生物能研究中，提出了生物能产生过程中的 ATP 循环说。

20 世纪后半叶以来，生物化学发展的显著特征是分子生物学的崛起。期间，物质代谢途径的研究继续发展，并重点进入合成代谢与代谢调节的研究。例如，20 世纪 50 年代初发现了蛋白质的 α-螺旋的二级结构形式；完成了胰岛素的氨基酸全序列分析等。1953 年提出的 DNA 双螺旋结构模型，为揭示遗传信息传递规律奠定了基础，是生物化学发展进入分子生物学时期的重要标志。20 世纪 70 年代，重组 DNA 技术的建立不仅促进了对基因表达调控机制的研究，使基因操作无所不能，而且使人类主动改造生物体成为可能。20 世纪 80 年代聚合酶链式反应（PCR）技术的发明，使人们有可能在体外高效率扩增 DNA。20 世纪末的人类基因组计划是人类生命科学中的伟大创举。人类基因组计划是描述人类基因组，包括物理图谱、遗传图谱、基因组 DNA 序列测定等。

三、生物化学在生物类学科中的作用

生物化学是生物科学的一个分支，在生物学科中占有重要的地位和作用，与生物学科的其他分支学科之间也有着密切的关系。

（一）生物化学与其他生物分支学科的关系

生物学科的各分支学科，以及与生物学科相交叉的边缘学科，都需要对生物体的化学组成有所了解，也需要对生物体内物质之间的转化有所了解。例如，动植物分类学中需要从生物体蛋白质或酶的同源性差别判断生物的亲缘关系；细胞学需要了解各细胞器及细胞膜的组成成分并进行功能的定位；遗传学需要对遗传物质的载体进行分析和基因定位，了解遗传信息的表达过程及参与的因子和调控机制；与生物化学最为相近的两个学科是生理学和分子生物学，它们与生物化学有着不可分割的关系。生物化学原本是从生理学中衍生出的分支，生理学中很多生理过程必须以生物化学的知识作为基础，生物化学代谢过程的结果也往往是以生理活动表现出来的，所以有些场合中将二者合起来，称为动物或植物生理生化。分子生物学是从生物化学中衍生出来的分支，分子生物学中的一些内容也同时是生物化学中的内容，如遗传物质的合成与降解、基因表达过程中各种酶和辅因子的活动等，所以有时也合称为生物化学与分子生物学。即使是比较宏观的学科生态学，也需要了解不同生物类群间的物质流量和生物产量，以保持生态的平衡。

（二）生物化学与农业的关系

在农业领域中涉及作物栽培和家畜养殖等方面，在种植或养殖时需要了解植物体内或动物体内的代谢活动，了解动植物体内的合成过程。例如，了解植物的光合作用途径或其他营养成分的合成途径，阐明不同栽培条件下的代谢变化或规律，可以在生产中更好地利用水、肥、气、热等外界因素，尽可能满足植物生长要求，对其代谢进行有效调节，深化栽培理论，以达到高产目的。动物养殖也需要了解动物体内的代谢活动，满足动物对营养的需求和对代谢的调节，提高生长量，减少疾病发生等。

另外，在对动植物进行育种或繁殖时，需要掌握动植物的遗传规律，这就要以生物化学为基础，了解生物遗传信息的传递等相关知识，熟悉生物代谢中的优良品种代谢指标，有目的地进行培育。

（三）生物化学与医药科学的关系

人类的疾病总是与人体代谢相关，了解人体的正常代谢活动，了解正常代谢与病理代谢的区别，才能有助于疾病的诊断和疾病的预防。通过对生物体化学组成的了解，可以对人类营养的构成、组分比例及矿物质和维生素的需求有所认识，有意识地配比营养，减少营养不良或营养过剩造成的对健康的影响。

目前人类很多疾病的诊断都涉及体内化学成分和酶的指标，如血糖、血脂、血清中的各种酶，这些都需要以生物化学知识作为基础。很多药物的筛选也是以疾病过程的生物化学或生理学变化为基础的。

（四）生物化学与食品及生物工程的关系

食品科学是对食品原材料进行加工处理的科学。通过对生物化学的学习，可以了解植物、动物、微生物体内的化学分子构成和物质转化（代谢）机理，为食品工艺设计奠定理论基础，以便掌握利用生物材料或生物成分进行生物产品或食品的加工生产、储藏、分析检测等技能，以便在对食品原料加工处理过程中了解原料在加工前后生物材料成分的变化，并对这些变化进行有效的控制，以增加食品营养成分的利用和减少营养成分的损失或破坏，提高食品的可食性和适口性，增加食品的耐储藏性，同时也需要了解食品成分的变化和食品原料外的添加成分给人体带来的危害，保证食品的安全性。

　　生物工程是以生物学的理论和技术为基础，结合化工、机械等现代工程技术，定向地改造生物或其功能，对定向培养的新品种或新物种利用生物反应器大规模培养或养殖，以生产大量有用的代谢产物或发挥其独特生理功能的学科。生物工程中的生物学理论主要是以生物化学、分子生物学及细胞生物学为基础。例如，发酵工程是生物工程中涉及最多的一项，发酵过程中需要了解发酵微生物或细胞在特定条件下的代谢活动，通过人为控制发酵条件，使菌体有利于目的产物的合成和积累，减少副产物。未来的趋势是用生物发酵合成或生物酶催化合成代替化工合成，达到高效、低耗、低污染或无污染状态。这些都需要对所选用生物或所改造生物的代谢有充分的了解和控制能力。

项目一 生 物 氧 化

项目导入

我们生活中，有许多和生物氧化相关的实例。

我们日常食用的醋中，除白醋是由化学合成的食品级醋酸勾兑的外，其他的则是由醋酸菌在好氧条件下发酵，将固体发酵产生的乙醇转化为醋酸生产的。由于使用的微生物菌种或曲种的差异，在葡萄糖发酵过程中会产生乳酸或其他有机酸，因而使醋有不同的风味。

而酸奶是以牛奶为原料在厌氧条件下，由乳酸菌发酵，将乳糖分解，并进一步发酵产生乳酸和其他有机酸，以及一些芳香物质和维生素等，同时蛋白质也部分水解。

本项目的学习内容有生物氧化的概念和特点、生物氧化的方式和产物、生物氧化的呼吸链。

任务一 生物氧化的概念和特点

有机物在生物体内氧的作用下，分解生成二氧化碳和水并释放出能量的过程，称为生物氧化（biological oxidation）。高等动物能通过肺进行呼吸，吸入氧气，排出二氧化碳，吸入的氧气用来氧化摄入的物质，获得能量，故生物氧化也称为呼吸作用。微生物则以细胞直接进行呼吸，故称为细胞呼吸。

一、自由能

（一）自由能的概念

一切物质都是运动的，能量可以代表运动的趋势，也可以反映各种运动形式之间转换关系的量。能量可以有多种形式，可以从一种形式转化为另一种形式。根据能量守恒原理（也称热力学第一定律），能量不能无中生有，也不能消失，是守恒的。

一个系统在恒温恒压下所持有的系统内的能量称为内能（U）。内能的绝对值无法测量，但内能的改变量是可以测量的。内能的变化表现为热（Q）和功（W）总的变化，即 $\Delta U = Q + W$。在不与外界进行能量交换的前提下，热和功的总和是不变的。能量可以转化为热，能量也可以做功，热的单位为卡（cal），功的单位为焦耳（J）。热和功之间具有定量的转化关系，即热功当量：1 cal＝4.18 J。一个系统内的物质的热含量用焓（enthalpy）表示，符号为 H。内能与焓的关系是 $H = U + PV$，即焓变包括内能变化和体积变化。P 为压力，V 为体积。在理想气体中 $PV = 0$，则 $H = U$。

一个系统内物质的能量水平（状态），还与物质的有序程度或者说混乱程度有关。

热力学中，将物质的混乱程度称为熵（entropy），用符号 S 表示。熵值越大，能量水平越低。

能量做功就是物质克服外力传递能量，使自身或系统的状态发生变化。例如，体积的变化、位置的变化、运动速度的变化等。当物质的能量用于做功后，必然要产生能量的传递，也必然引起熵值的改变，使熵值增大，即熵增原理。

物质在恒温恒压条件下，能做有用功的那部分能量称为自由能。将这种恒温恒压条件下的自由能称为吉布斯自由能（gibbs free energy），或者简称为自由能，用符号 G 表示。吉布斯自由能与焓和熵的关系为 $G = H - TS$，或 $\Delta G = \Delta H - T\Delta S$。

从吉布斯自由能的公式也可以看出，温度（焓）越高，自由能越大，熵值越大，自由能越低。自由能越大，做功能力也越大。

一个系统内物质所具有自由能的绝对值也是无法测量的，但自由能的改变量是可以测量的。根据上面热力学的描述，当一个过程自发地进行时，能量传递不可逆，必然伴随自由能的降低，否则必须从环境中获得能量。

生物体与环境中的无机物相比，处于高度有序的组织状态。生物体的组建是一个提高有序程序或者减少混乱程度的过程，这一过程必须从环境中获得能量才能完成。生物体的正常代谢，或者说生命活动的维持，也需要从环境中获得能量。生命活动是一个耗能的过程，没有能量的供应，生命即将停止。

生物能量的获得，首先是绿色植物和光合细菌的光合作用，将太阳能转化为有机物分子的化学能，然后这些有机物被动物和异养微生物摄取利用。这些能量的传递和转化，基本上是通过化学反应来进行的。绿色植物和光合细菌的光合作用将太阳能转化为有机物，供机体摄取利用。这些能量和有机物在动物和异养微生物中传递和转化，是通过化学反应来进行的。

（二）化学反应中的自由能变化

一切物质，其运动形式发生改变时，都有能量的变化。一切化学反应只要发生，就必然有能量变化，这个能量的变化就是自由能的变化，只不过变化的量不同。有的化学反应能量变化小，以致不易察觉；有的变化较大，甚至剧烈释能产生爆炸。

化学反应的能量变化有两种趋势：一是反应之后体系的自由能增大，$\Delta G > 0$；另一种是反应之后体系的自由能减少，即 $\Delta G < 0$。根据热力学定律，能量转移只能从高能量处到低能量处。获得能量的物质熵值变小，有序性增加，这种变化必然要从环境中获得能量做功。

一个化学反应假定在恒温恒压条件下进行，如反应后自由能变小，则放出能量做功，则此反应可以自发进行。反应进行的推动力来自自由能减少而做的功。释放出能量越多，功越多，推动力越大，反应越容易进行。若反应后自由能增加，则需要环境做功，如果不提供能量，则反应不能进行。所以，通过自由能的改变值可以判断反应能否自发进行。

若一个化学反应中自由能变化 $\Delta G < 0$，表示反应可以自发进行，但并不意味着立即就可以进行，也不意味着反应可以进行到底。所以，ΔG 只能判断反应自发进行的方向，无法判断反应进行的程度。

由于自由能的绝对值无法测量，为方便比较，可以人为规定物质在某种状态下的自由能为一个参照值，或称为标准值。在这样一个固定的标准条件下，以规定的标准值作参照，所测得的自由能是一个相对值，通常称为标准状态下的自由能，或称标准自由能，用 G 表示，一般规定在 101325 Pa、25 ℃或 298 K、pH 值为 0 的条件下的自由能为标准自由能（ΔG^0）。能量单位可以用热单位卡或用能量单位焦耳表示。

但生物化学反应一般是在接近中性（pH 值约为 7）条件下进行的。为区别于物理学的标准自由能，将生物化学反应标准条件中的酸性设定为 pH 值为 7，则生物化学中的标准自由能用 G^0 表示。

二、生物细胞中的氧化还原反应

（一）生命活动中的能量需求与生物氧化

生物对能量的需求贯穿着生命的全过程，并且是不间断的。生物从生到死一直需要从外界获取能量，用于自身的生命活动及物质合成。绿色植物和光合菌类可以利用太阳能，将太阳辐射能转化为化学能储存于糖类、脂类、蛋白质等有机物中。动物和异养微生物必须从其他生物获得能源物质，用于产生能量并将其同化为自身的结构物质。

不论是自养生物还是异养生物，其利用能量的过程都是建立在生物体内的代谢反应基础上的。这些代谢反应涉及自由能的变化，也服从于热力学定律。当细胞内的有机营养物进行氧化分解时，释放能量，自身被分解为小分子或无机物，自由能减少。当有机物进行合成时，则常伴随着还原过程而吸收能量，自身自由能增加。从广义来讲，生物氧化就是指生物活细胞内的氧化还原反应。因为大多数生物细胞是以耗能为主的，所以细胞内的生物氧化主要是指细胞内的营养物质（糖类、脂类、氨基酸等）进行彻底氧化，分解为无机物并释放出大量能量的过程。这种生物氧化主要发生在细胞内的线粒体中。通过细胞中的生物氧化，将存在于有机营养中的化学能释放出来，并转化为可利用的形式，供生物生命活动利用。被氧化的物质释放出一定量的自由能，而生物各种代谢活动所需的自由能也就主要来自于此。

（二）生物氧化的方式

氧化还原反应的化学本质是一样的，都是反应物电子的得失或偏移问题。失去电子便是被氧化，得到电子便是被还原。但有时氧化反应并不发生电子得失，只是电子偏移，使自身正电性加强。生物氧化也遵循氧化还原反应的一般规律，但在氧化方式上与无机反应略有区别。

按照生物氧化中氧的参与方式，将生物氧化分为以下几种情况。

1. 直接加氧

在无机氧化反应中，直接加氧是比较常见的氧化反应。但在生物化学反应中，直接加氧的氧化反应在生物体内所占比例很小，因为直接加氧的生物氧化释放的能量较少，并且不容易控制。直接加氧在细胞内主要是在线粒体和过氧化酶体中进行的。

例如，线粒体中的单胺氧化酶就具有直接加氧作用。氨基酸在脱羧基后生成胺，然后在单胺氧化酶作用下脱氨生成醛。反应式如下。

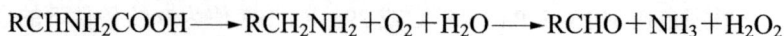

$$RCHNH_2COOH \longrightarrow RCH_2NH_2 + O_2 + H_2O \longrightarrow RCHO + NH_3 + H_2O_2$$

再如，甘氨酸氧化酶可使甘氨酸加氧，氧化脱氨生成乙醛酸和氨。反应式如下。

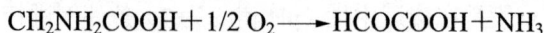

$$CH_2NH_2COOH + 1/2\ O_2 \longrightarrow HCOCOOH + NH_3$$

这种氧化过程自由能变化相对较小，释能有限。

2. 脱氢

脱氢是生物氧化的重要方式，释放的能量较多，是生物体内生物氧化产生能量的主要方式。

脱氢就等于脱去 1 个电子和 1 个 H^+，因质子通常可以解离，所以脱氢就相当于移走电子。从电子偏移角度讲，氢的电子容易偏移，移走了氢，就移去了偏移的电子，故物质趋于氧化态，所以脱氢过程可以看作氧化过程。

脱氢氧化在所有细胞中都经常发生。底物可以直接脱氢，如乳酸脱氢酶是催化乳酸和丙酮酸之间氧化还原反应的重要酶类，催化反应底物乳酸脱氢，脱下的氢由 NAD^+ 接受并继续传递。底物也可以先加水再脱氢，如由乙醛脱氢酶催化乙醛氧化为乙酸。

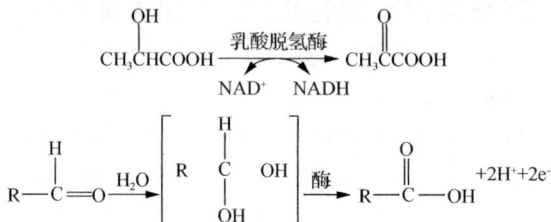

一般的脱氢酶有自己的辅酶或辅基作为氢的载体，脱下的氢暂时存于氢的载体上，经过多次传递再与氧气结合生成水。这一过程主要在线粒体中进行。在氢的传递过程中逐步释放能量，以利于能量的转化。

例如，辅酶 NAD^+ 或辅基 FAD：

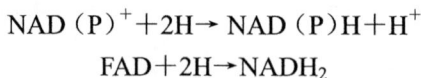

$$NAD(P)^+ + 2H \rightarrow NAD(P)H + H^+$$
$$FAD + 2H \rightarrow NADH_2$$

3. 电子迁移

在某些特殊情况下可发生电子直接转移，即直接从底物上脱下一个电子。电子直接转移前要获得较高的能量，进入激发状态。转移电子的分子一般具有较大的共轭系统，如叶绿素、细胞色素等。这类物质常组成一个固定的电子传递体系，如在生物氧化中的电子传递链。

除上述氧化方式外，在生物的脱羧反应中，有时也伴随脱氢过程，如丙酮酸脱羧的同时脱去 2H。

另外，按照生物氧化时是否伴随 ATP 形成，还分成两种氧化体系。

（1）线粒体氧化体系

线粒体氧化体系主要通过脱氢方式氧化，有脱氢酶参与。脱下的氢经过一系列辅基或辅酶的传递，最后与激活的氧结合为水，同时释放出能量并与 ADP 磷酸化偶联，将能量储存于 ATP 中。

（2）非线粒体氧化体系

非线粒体氧化体中生化氧化过程直接完成，没有脱氢酶参与，也不伴随 ADP 的磷酸化。例如，NAD（P）H-细胞色素 P_{450} 构成的氧化还原体系是在线粒体中的非线粒体氧化体系。还有过氧化物酶体中的氧化体系、氧化生成 H_2O_2 及上述线粒体单胺氧化酶系等。

线粒体氧化体系也可以不发生在线粒体中，非线粒体体系也可以发生在线粒体中。

（三）生物氧化的特点

生物氧化与非生物氧化（体外燃烧）的化学本质是一样的，都是电子得失的过程，最终都产生二氧化碳和水，且所释放的能量也相等，但二者进行的方式和过程有很大的区别。与体外燃烧相比，生物氧化有以下特点：生物氧化是在体温（37 ℃）、近于中性的含水环境中由酶催化来完成的；在酶等的催化作用下，能量逐步释放并以 ATP 形式捕获能量，从而保证机体不会因能量骤然大量释放而损伤机体，同时又可提高释放能量的有效利用率；生物氧化中二氧化碳是有机酸脱羧生成的，根据脱羧基位置的不同，又可分为 α-脱羧和 β-脱羧；生物氧化中代谢物上经脱氢酶激活脱落下来的氢经过一系列的传递体传递后与氧结合而生成水；生物氧化有严格的细胞定位，分为线粒体氧化体系（真核生物）和非线粒体氧化体系（原核生物在细胞膜上进行）。

任务二 生物氧化的方式和产物

生物氧化是在生物体内，从代谢物脱下的氢及电子，通过一系列酶促反应与氧化合成水并释放能量的过程，也指物质在生物体内的一系列氧化过程。生物氧化主要为机体提供可利用的能量。在真核生物细胞内，生物氧化都是在线粒体内进行的，原核生物则在细胞膜上进行。

一、生物氧化的方式

生物氧化的方式有失电子氧化、脱氢氧化、加氧氧化和加水脱氢氧化等方式。

（一）失电子氧化

失电子氧化是指生物氧化通过电子的得失来实现，如细胞色素 b 和细胞色素 a 之间的电子传递。

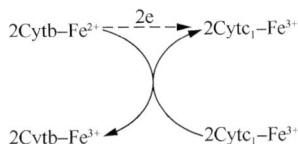

$$2Cytb-Fe^{2+} \xrightarrow{-2e} 2Cytc_1-Fe^{3+}$$
$$2Cytb-Fe^{3+} \qquad 2Cytc_1-Fe^{3+}$$

（二）脱氢氧化

例如，苹果酸脱氢生成草酰乙酸。

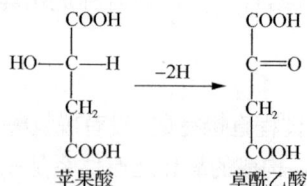

$$COOH \quad HO-C-H \quad CH_2 \quad COOH \xrightarrow{-2H} COOH \quad C=O \quad CH_2 \quad COOH$$

苹果酸 → 草酰乙酸

（三）加氧氧化

加氧氧化是指有机物直接加氧，如脂肪酸在单加氧酶的催化下直接加氧生成 α-羟脂酸。

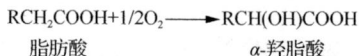

$$RCH_2COOH+1/2O_2 \longrightarrow RCH(OH)COOH$$
脂肪酸 $\quad\quad\quad\quad\quad$ α-羟脂酸

（四）加水脱氢氧化

加水脱氢氧化是指加水的同时伴有脱氢进行氧化，如延胡索酸加水后脱氢氧化为草酰乙酸。

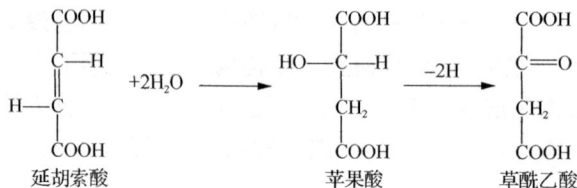

延胡索酸 $\xrightarrow{+2H_2O}$ 苹果酸 $\xrightarrow{-2H}$ 草酰乙酸

脱氢氧化和加水脱氢氧化是生物氧化的主要方式。

二、生物氧化的产物

生物氧化的主要产物是二氧化碳和水，释放的能量被 ADP 捕获，生成 ATP。

（一）生物氧化中二氧化碳的生成

生物氧化中二氧化碳是由糖类、脂类、蛋白质等有机物转变为含羟基化合物后，由脱羧作用产生的。根据脱羧反应的性质，可分为直接脱羧和氧化脱羧两大类。根据脱去的羧基在有机分子中的位置，每一类又可分为 α-脱羧和 β-脱羧两类。

1. 直接脱羧

直接由底物脱去羧基生成。例如：

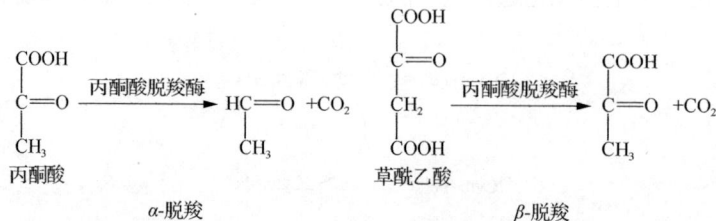

丙酮酸 $\xrightarrow{\text{丙酮酸脱羧酶}}$ $+CO_2$　　　草酰乙酸 $\xrightarrow{\text{丙酮酸脱羧酶}}$ $+CO_2$

α-脱羧 $\quad\quad\quad\quad\quad\quad\quad\quad\quad\quad\quad$ β-脱羧

2. 氧化脱羧

在脱羧过程中伴有氧化反应发生。例如：

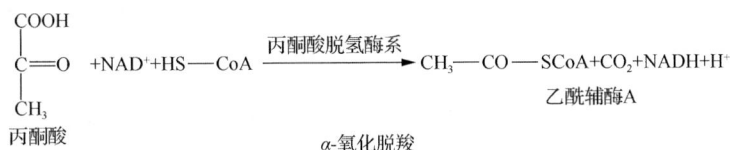

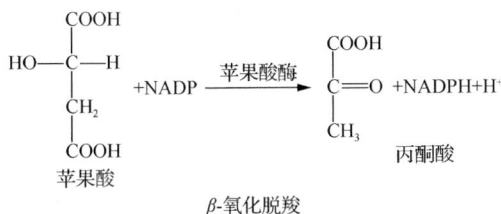

$$\underset{\text{丙酮酸}}{\begin{array}{c} \text{COOH} \\ | \\ \text{C}=\text{O} \\ | \\ \text{CH}_3 \end{array}} + NAD^+ + HS-CoA \xrightarrow{\text{丙酮酸脱氢酶系}} CH_3-CO-SCoA + CO_2 + NADH + H^+$$

乙酰辅酶A

α-氧化脱羧

$$\underset{\text{苹果酸}}{\begin{array}{c} \text{COOH} \\ | \\ \text{HO}-\text{C}-\text{H} \\ | \\ \text{CH}_2 \\ | \\ \text{COOH} \end{array}} + NADP \xrightarrow{\text{苹果酸酶}} \underset{\text{丙酮酸}}{\begin{array}{c} \text{COOH} \\ | \\ \text{C}=\text{O} \\ | \\ \text{CH}_3 \end{array}} + NADPH + H^+$$

β-氧化脱羧

（二）生物氧化中水的生成

生物氧化过程中水的生成大致可分为两种方式：直接由底物脱水和通过呼吸链生成水。其中动物体内的水主要是由呼吸链生成。

1. 底物直接脱水

在代谢过程中有机物直接脱水，这种脱水方式在生物体中只占少数。例如，在糖代谢过程中，甘油酸-2-磷酸脱水生成磷酸烯醇式丙酮酸。

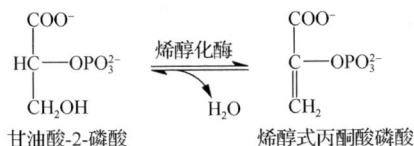

$$\underset{\text{甘油酸-2-磷酸}}{\begin{array}{c} \text{COO}^- \\ | \\ \text{HC}-\text{OPO}_3^{2-} \\ | \\ \text{CH}_2\text{OH} \end{array}} \xrightarrow[\text{H}_2\text{O}]{\text{烯醇化酶}} \underset{\text{烯醇式丙酮酸磷酸}}{\begin{array}{c} \text{COO}^- \\ | \\ \text{C}-\text{OPO}_3^{2-} \\ \| \\ \text{CH}_2 \end{array}}$$

2. 呼吸链生成水

生物氧化中所生成的水主要是代谢物脱下来的氢，经过呼吸链的传递最后与氧结合而生成的，这也是生物体内水生成的主要途径。

任务三　生物氧化的呼吸链

一、呼吸链的概念

在生物氧化中，生成水和二氧化碳不是直接目的，而是通过氧化释放能量。反应过程中脱下来的氢通过呼吸链传递后生成水，在传递过程通过氧化与磷酸化的偶联生成 ATP。

呼吸链（respiratory chain）又称电子传递体系或电子传递链，是指线粒体内膜上存在多种酶与辅酶组成的电子传递链，可使还原当量中的氢传递到氧生成水。

11

在真核生物细胞内，呼吸链位于线粒体内膜上；但在原核生物中，呼吸链位于细胞膜上。在真核生物中，根据接受代谢物上脱下来的氢初始受体的不同，典型的呼吸链有两种，即 NADH 呼吸链和 $FADH_2$ 呼吸链（图 1-1），其中前者应用最广。

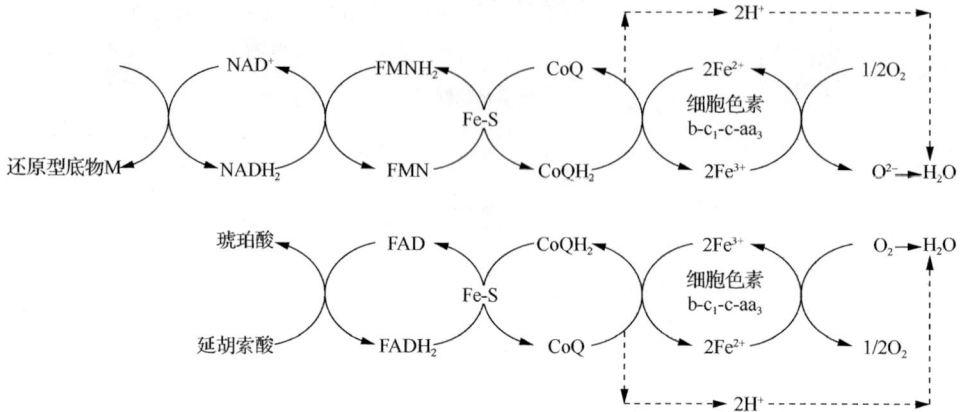

图 1-1　NADH 呼吸链和 $FADH_2$ 呼吸链

二、呼吸链的组成

氧化呼吸链由 4 种具有传递电子能力的复合体组成，分别称之为复合体Ⅰ、NADH-泛醌还原酶、复合体Ⅱ琥珀酸-泛醌还原酶、复合体Ⅲ泛醌-细胞色素 c 还原酶、复合体Ⅳ细胞色素 c 氧化酶。典型呼吸链中各复合物的顺序如图 1-2 所示。

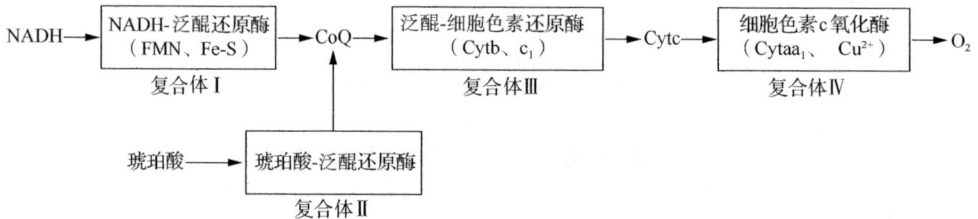

图 1-2　典型呼吸链中各复合体的顺序

（一）烟酰胺脱氢酶类

烟酰胺脱氢酶类是以 NAD^+ 或 $NADP^+$ 为辅酶，不需要氧的脱氢酶类，目前已经知道的达 200 多种。此类酶催化脱氢，其辅酶先和酶的活性中心结合，再脱下来，与代谢物脱下的氢结合生成 NAD（P）H＋H^+。当有受体存在时，就脱氢形成氧化型 NAD^+ 或 $NADP^+$。

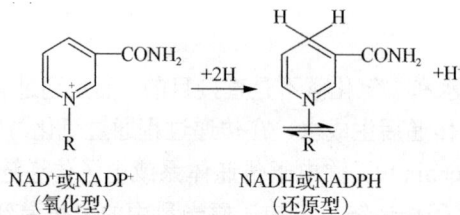

NAD⁺或NADP⁺　　　　　　NADH或NADPH
（氧化型）　　　　　　　　（还原型）

以 NAD^+ 为辅酶的酶代谢途径主要是进入呼吸链，将质子和电子传递给氧；而以 NADP 为辅酶的酶代谢途径主要是将代谢中间产物脱下的质子和电子传递给需要质子和电子的物质，进行生物合成，如参与脂肪酸的生物合成。

（二）黄素蛋白

黄素蛋白是由一条多肽结合 1 个辅基组成的酶类，结合的辅基可以黄素单核苷酸还原酶（FMN）或黄素腺嘌呤二核苷酸（FAD），不需要氧的脱氢酶。现已证明，黄素核苷酸与酶蛋白的结合是较牢固的。催化脱氢时，将代谢物上的一对氢原子直接传给 FMN 或 FAD 的异咯嗪环上的两个氮原子而形成 $FMNH_2$ 或 $FADH_2$。

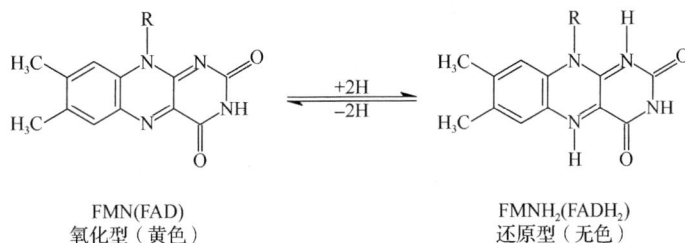

FMN(FAD)
氧化型（黄色）

FMNH$_2$(FADH$_2$)
还原型（无色）

生成的 $FMNH_2$ 与 $FADH_2$，先把两个质子释放入溶液中，两个电子则经铁硫蛋白传递给泛醌，此后还原型的 $FMNH_2$ 与 $FADH_2$ 又转变为氧化型的 FMN 与 FAD。

（三）铁硫蛋白

铁硫蛋白在微生物、动物组织中都存在。仅以铁硫复合物为辅基的一组蛋白质。参与电子传递的主要途径，包括呼吸作用、光合作用、羟化作用以及细菌的氢和氮的固定。铁与蛋白质中的含硫配体结合成铁-硫中心。在从 NADH 到氧的呼吸链中，有多个不同的铁硫中心，如复合物 I 有 3 个铁-硫中心。

铁硫蛋白酶类内含有非卟啉铁与对酸不稳定的硫，主要借铁的变价进行电子传递。接受电子时，由 Fe^{3+} 转变为 Fe^{2+}，当电子转移到其他电子载体时，Fe^{2+} 又恢复为 Fe^{3+} 状态。

（四）辅酶 Q 类

辅酶 Q（coenzyme Q，CoQ）广泛存在于生物界，属于醌类化合物，所以又称为泛醌。它是存在于线粒体内膜上的脂类小分子，也是电子传递链中唯一的非蛋白电子载体。它在电子传递链中处于中心的地位，可以接受氧化还原酶脱下来的氢原子和电子，成为还原型的辅酶 Q。

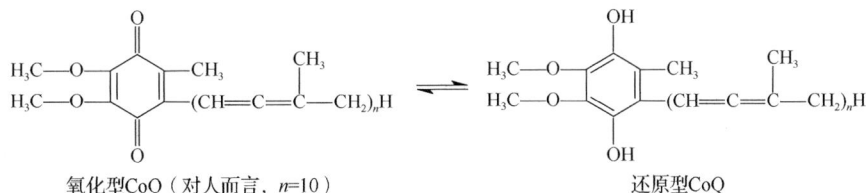

氧化型CoQ（对人而言，$n=10$）

还原型CoQ

13

（五）细胞色素类

细胞色素（cytochrome，Cyt）是一类以铁卟啉为辅基，通过辅基中铁的化合价变化来传递电子的色素蛋白。这种铁原子处于卟啉结构中心的化合物称为血红素（heme）。细胞色系都是以血红素为辅基，且这类蛋白质都具有红色。

细胞色素广泛存在于需氧生物中，有多种类型。在高等动物的线粒体内膜上常见的细胞色素有 5 种：Cyt b、Cyt c_1、Cyt c、Cyt a 和 Cyt a_3。线粒体中绝大部分细胞色素与内膜结合紧密，只有 Cyt c 结合较松，易于分离纯化，结构也比较清楚（图 1-3）。

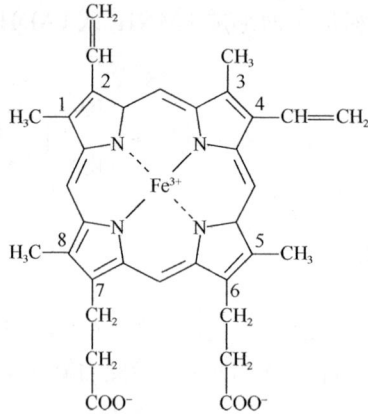

图 1-3　细胞色素 c 中血红素辅酶

项目二 糖类及应用

项目导入

提到糖，人们都会马上联想起另外一个字——甜。其实，并不是所有的糖都是甜的。糖与我们的生活息息相关，是为人体提供热能的 3 种主要营养素之一。在本项目中，我们将从生物化学的角度认识这个生物大分子。

本项目的学习内容有糖的概念和分类、单糖的结构和化学性质、寡糖的结构和化学性质、多糖的结构和化学性质、糖的消化吸收、糖的分解代谢、糖的合成代谢及糖的应用等。

任务一 糖的概念和分类

一、糖的概念

糖类是生物界重要的有机化合物之一，也是与生物工业关系最为密切的一类化合物，它广泛分布于动物、植物、微生物中。糖类含量在植物体内最为丰富，一般占植物体干重的 80% 左右，占微生物体干重的 10%～30%，占人和动物体干重的 2% 以下。但也有个别组织含糖丰富。例如，肝脏储存糖原占组织湿重的 5%，人乳中乳糖浓度为 5%～7%。核糖和脱氧核糖则存在于一切生物的活细胞中。

糖类是由碳、氢、氧 3 种元素组成的多羟基醛或多羟基酮，以及水解后能生成多羟基醛或多羟基酮的化合物的总称，其分子式通常以 $C_x(H_2O)_y$ 表示。

二、糖的分类

按照功能基团，可把糖分为醛糖和酮糖。按照有无其他非糖成分，又可把糖分为单成分糖和复合糖。单成分糖习惯上分为单糖、寡糖和多糖 3 类。而复合糖种类要比单成分糖多，在生物体内较多的是糖苷、糖脂和糖蛋白。

（一）单糖

单糖只含有一个羰基，不能再水解为更小分子的糖。最简单的单糖是甘油醛和二羟基丙酮。D-甘油醛和二羟基丙酮的链状结构如图 2-1 所示。

含有多个羟基和醛基的糖称为醛糖，如甘油醛、葡萄糖等；含有多个羟基和一个酮基的糖称为酮糖，如二羟基丙酮、果糖等。最常见的单糖是葡萄糖和果糖。醛糖和酮糖的链状结构如图 2-2 所示。

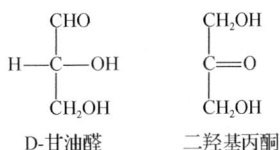

图 2-1 D-甘油醛和二羟基丙酮的链状结构

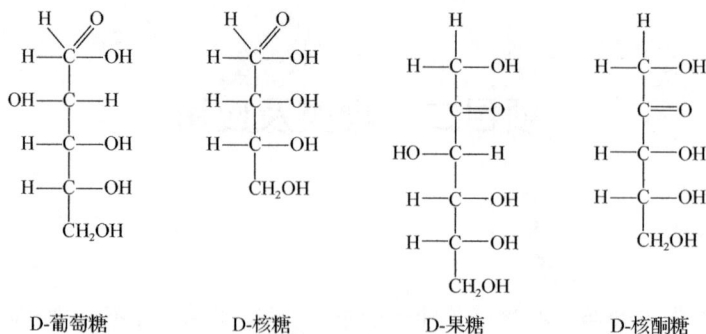

D-葡萄糖   D-核糖   D-果糖   D-核酮糖

图 2-2　醛糖和酮糖的链状结构

单糖又根据碳原子数分为三、四、五、六、七碳糖，习惯也称为丙、丁、戊、己、庚糖。例如，五碳糖称为戊糖，六碳糖称为己糖。

（二）寡糖

寡糖也称低聚糖。天然的寡糖一般由 2～6 个单糖聚合成。多糖水解时也可形成 2～10 个单糖的低聚物。

自然界中较多的是二糖和三糖，最常见的二糖是蔗糖和乳糖。

（三）多糖

多糖是由多个单糖通过糖苷键聚合成的高分子化合物。单糖数随机而不固定，所以多糖没有固定的分子量和确定的物理常数。如果多糖分子由同一种单糖聚合成，称为同聚多糖或均一多糖，如淀粉、纤维素等；如果多糖分子中有两种或多种单糖或其他非糖物质，称为杂聚多糖或杂多糖，如肽聚糖、果胶、透明质酸、海藻酸等。

三、糖类的生物学作用

糖在自然界中广泛存在于一切生物体内，包括单细胞生物、多细胞生物和生物残骸。自然界的糖类主要来自绿色植物的光合作用，也有一小部分来自低等的非绿色植物，如蓝藻、光合细菌等也能进行光合作用。动物和没有光合能力的微生物也能合成糖类，但合成的来源不是依靠光能，而是靠其他有机物的氧化作为来源，所以最终糖类还是依靠绿色植物生产。

糖类的生物学作用主要有以下 4 个方面。

（一）生物能量的主要来源

糖是人类的主要食物，人体能够代谢的糖类主要是葡萄糖和淀粉，其摄入体内经胃酸分解为葡萄糖，经血液运输到各个细胞及组织。葡萄糖全氧化为水和二氧化碳可释放能量 2870 kJ/mol。

微生物和低等动物除可以利用葡萄糖外，还能利用其他糖类，如真菌可分解纤维素。

（二）细胞及组织的重要结构成分

例如，核酸中的核糖，细胞膜的糖蛋白、糖脂；结缔组织的透明质酸、硫酸软骨素等；低等生物的胞壁酸、几丁质等；植物细胞壁的主要成分纤维素、半纤维素及果胶等。

（三）作为生理活性物质

例如，肝素具有抗凝血作用，茯苓多糖具有增强免疫功能作用等。现在菌类多糖越来越受重视，科学家们利用菌类多糖，正不断开发出新的功能食品。

（四）作为生物信息载体

糖类有多种异构体，结构变化丰富，再与蛋白结合形成糖蛋白，可作为分子间识别及细胞间识别的重要信息物质。例如，人体的免疫反应、植物花粉和柱头的识别等。

任务二　单糖的结构和化学性质

一、单糖的链式结构

所有单糖均可以链式结构存在。

从有机化学的立体结构知识可知，分子中出现一个不对称碳原子（手性碳），就有一个对映异构体。对着镜子看完全一样，所以称为对映体。如对着镜子看不一样，称为非对映异构体。如果有两个或两个以上不对称碳原子，其中只有一个不对称碳原子不呈镜像关系，则称为差向异构体。葡萄糖和甘露糖之间互为差向异构体，葡萄糖和半乳糖也是，如图2-3所示。

由此引出了分子构型的概念。

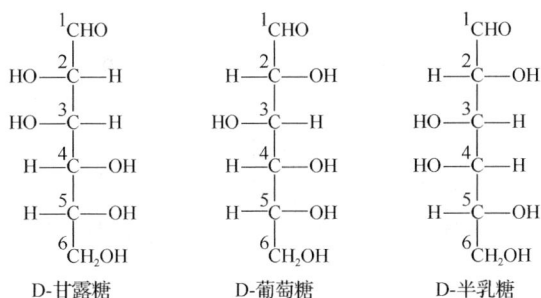

图2-3　差向异构体示例

（一）分子构型的概念

构型是指一个分子中各原子或基团在空间的固定排列，使分子呈现特有的立体结构。构型发生转变时，共价键要发生断裂和重新形成。

构型与构象不同，构象是由于单键旋转使分子中基团之间位置发生相对变化，构象可随时变化，但不发生共价键断裂。

有机分子中的同分异构体存在多种类型，简单讲，可归纳为3类，如图2-4所示。

构造异构 { 碳干异构：碳原子连接顺序不同，如正丁烷和异丁烷
位置异构：双键位置不同，如1-丁烯和2-丁烯
官能团异构：官能团位置不同，如正丙醇和异丙醇

同分异构体

构型异构 { 顺反异构：也称几何异构，由于双键或环状分子不能自由旋转，连接的原子或基团在空间出现不同的位置，如顺丁烯二酸和反丁烯二酸（顺式为Z型，反式为E型）
对映异构：也称旋光异构体，构型看似相同但不能重合，呈镜像关系

构象异构　构型相同，由于分子的键旋转产生的瞬时异构体

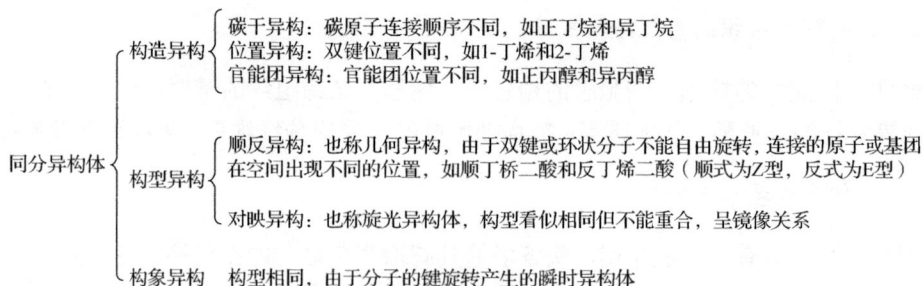

图2-4　同分异构体的分类

　　构造异构是分子中原子连接的顺序不同，而构型异构是分子中原子连接的顺序相同，但在空间排列方式不同。构型异构和构象异构又都称为立体异构。
　　因为构象异构是瞬时的、不稳定的，所以立体异构一般是指对映异构。
　　旋光异构体溶液可以使平面偏振光通过时产生旋转。

（二）单糖的立体异构表示法

　　单糖的立体异构表示有两种：D-L 型和 R-S 型。

1. D-L 型表示法

　　以甘油醛作参照物，按费歇尔投影式表示：把命名时编号最小的碳原子放在上面，基本碳链的碳原子放在下面，手性碳放在中间，上下的碳原子指向纸平面的背面，中心碳原子左右的基团指向纸平面的前面。甘油醛的结构式如图 2-5 所示。

2. R-S 型表示法

D-甘油醛　　　L-甘油醛

图2-5　甘油醛的结构式

　　这种表示法不用参照物，比较准确但麻烦。但能真实代表某一光活性化合物的构型（R、S），所以又称为绝对构型。
　　按手性碳上 4 个基团大小排列顺序，最小的基团远离眼睛，余下 3 个基团排在眼前，由大到小顺序排列为顺时针方向的为 R 构型；逆时针方向的为 S 构型。按 R-S 构型，则 D 型甘油醛为 R 型，L 型甘油醛为 S 型，如图 2-6 所示。

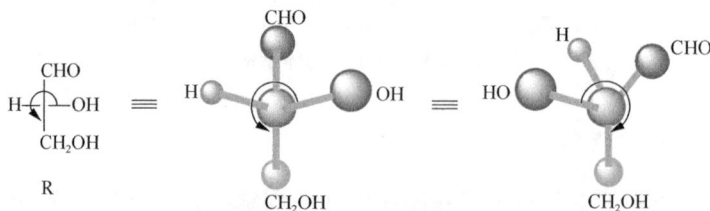

图2-6　R-S 型表示法

　　一个分子可有两个以上手性碳，可同时出现 R 和 S 两种构型。这与 D-L 型表示法不同，能将分子中各个手性碳的构型都表示出来，而 D-L 型表示法只能表示一个手性碳。

（三）单糖的旋光性

偏振光通过有旋光性物质的溶液时，会旋转一定角度。单糖分子除二羟丙酮之外，都有旋光性，都能使平面偏振光通过时产生旋转。

沿顺时针方向旋转称为右旋，用（＋）表示；沿逆时针方向旋转称为左旋，用（－）表示。旋转方向和 D-L 构型无必然联系。观测时眼睛是从发光源一侧顺着光线方向看的。

偏振光旋转的角度称为旋光度，是旋光物质的一种物理常数，在一定条件下测定值是不变的。

（四）单糖的链式结构图示

自然界的单糖大多是 D 型，极少数为 L 型。人体及高等动植物，只能利用 D 型糖。单糖的链式结构如图 2-7 所示。

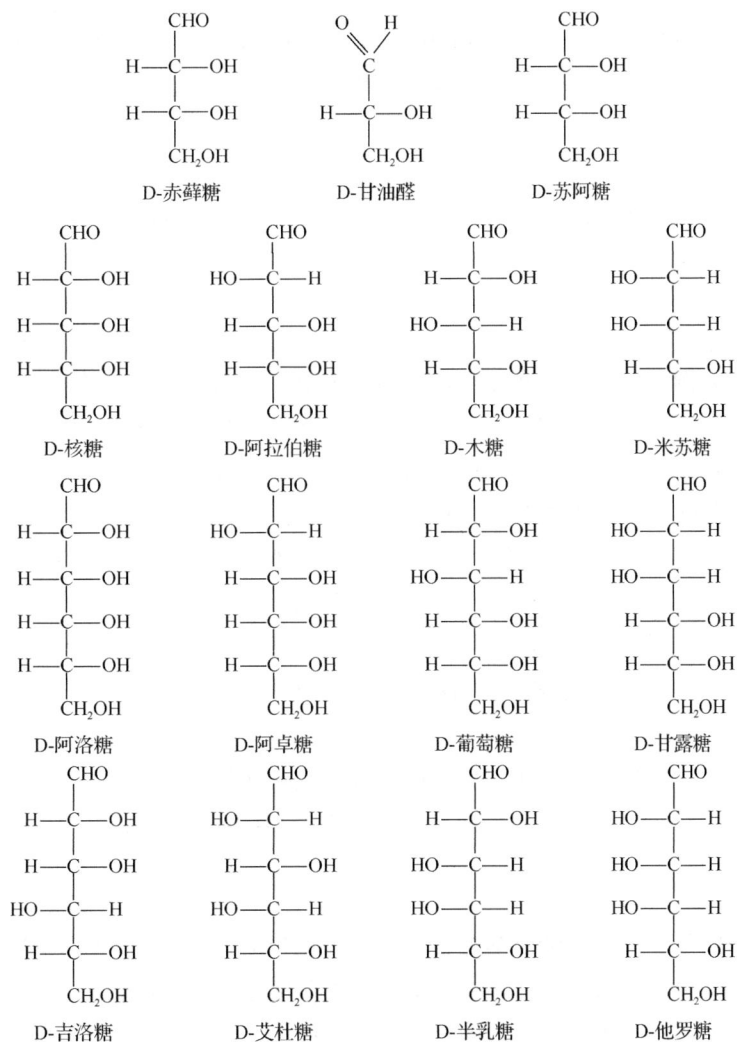

图 2-7　单糖的链式结构

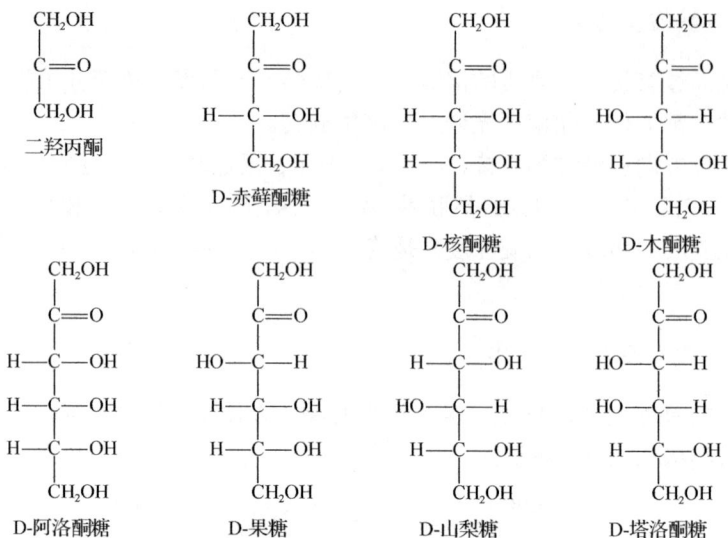

图 2-7 单糖的链式结构（续）

二、单糖的环式结构

五、六、七碳糖除以链式方式存在外，还可形成环式结构。三碳糖和四碳糖尚未见环式结构稳定存在。

（一）成环的证据

以葡萄糖为例进行说明。葡萄糖溶液有一些性质无法用链式结构解释：

1．葡萄糖醛基不如一般醛基活泼，不与席夫试剂作用（用品红通二氧化硫气体，可得无色的品红醛试剂，即席夫试剂。席夫试剂与醛类反应显紫红色，非常灵敏；但不与酮类反应，是区别醛与酮的常用试剂）。

2．葡萄糖水溶液在配制后有比旋光度变化现象，说明分子立体结构发生变化。推测是自身醛基与自身羟基反应生成半缩醛，即醛缩反应，分子转为环状。

3．典型醛类易与 $NaHSO_3$ 发生加成反应，而葡萄糖不易发生此反应。

4．葡萄糖在无水甲醇溶液内受 HCl 催化能产生两种含有一个甲基的糖苷（α 型和 β 型）。

开始时推测有环状结构存在，后来证实确实是环状结构。例如，葡萄糖、果糖、核糖等主要以环状结构存在，葡萄糖为六元环，果糖和核糖为五元环。

（二）缩合方式

至于醛基同分子中哪一个羟基缩合，关键看键角的稳定性。碳原子键角为 109°28′，六元环内角为 120°，比较接近。再者由于不是在同一平面上，键角可能接近 109°。相对讲，四元环、五元环不如六元环稳定。六元环也称吡喃环。从实验结果得知，葡萄糖一般形成六元环，果糖一般形成五元环，如图 2-8 所示。

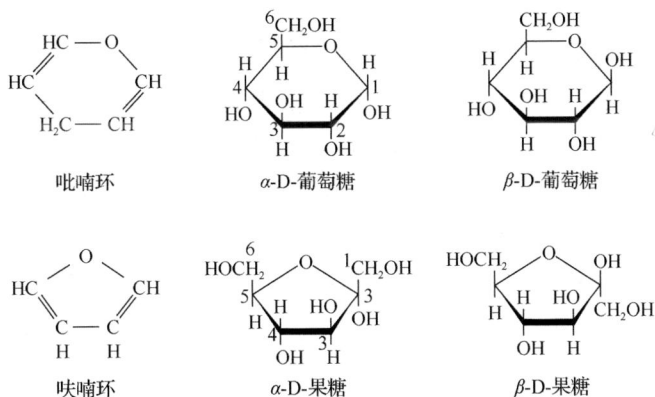

图 2-8 六元环葡萄糖和五元环果糖

单糖从链式转为环式结构，结构式也改为环式结构。但用费歇尔投影式不方便，用哈沃斯投影式更接近实际。可从费歇尔投影式改成哈沃斯投影式。

改写法如下：费歇尔投影式碳链左边基团写在环的上面，右边基团写在环的下面。环外如有碳原子，则将 D 型糖的环外碳原子写在环的平面上边，L 型糖的环外碳原子写在环的平面下边。

现以葡萄糖为例，改写如图 2-9 所示。

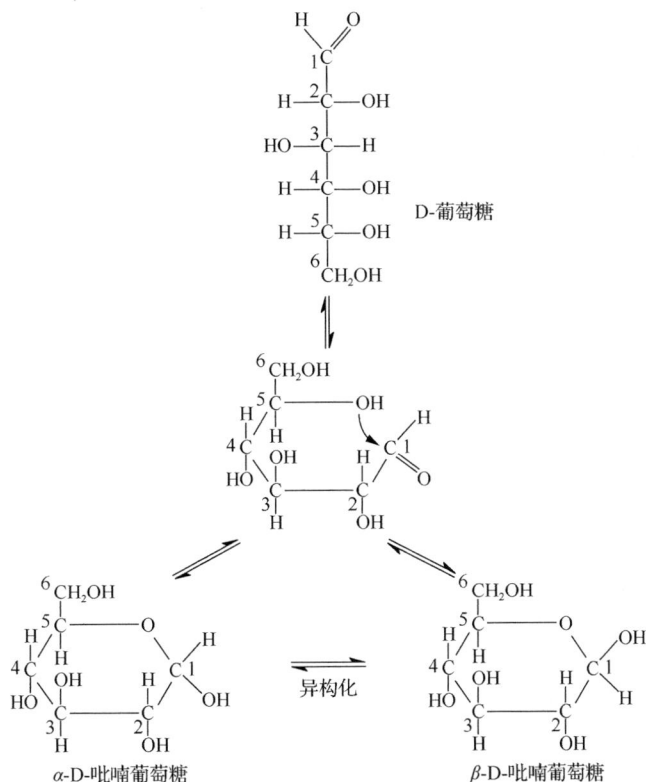

图 2-9 费歇尔投影式改成哈沃斯投影式的方法

（三）α、β型异构体——新形成的非对映异构体

单糖成环后，由于环状分子键不能旋转，又多出一个手性碳，如葡萄糖的 C_1 和果糖的 C_2。新产生的手性碳衍生出两个异构体，分别称为 α 型和 β 型，也称异头物。

两种类型异构体旋光度不同。例如，葡萄糖，α-D 型为 112°，β-D 型为 18.7°，所以配制的葡萄糖液会变旋，达到二者平均值 52.7°。α 与 β 型也达到平衡。

关于 α、β 的确定，是人为规定的，在费歇尔投影式中 C_1—OH 在左侧的为 α 型，在右侧为 β 型；在哈沃斯投影式中，C_1—OH 在下为 α 型，在上为 β 型。果糖也是如此。

三、单糖分子的构象

构象是指在相同构型的有机化合物分子中，由于单键碳链的自由旋转运动，引起碳原子上结合的原子或基团的相对位置改变而形成的各种相对空间排列或立体结构。以葡萄糖为例，六元环并不是处于同一平面，键角的存在使六元环有两种构象：椅式和船式，如图 2-10 所示。

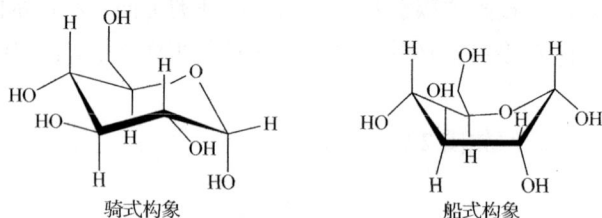

骑式构象　　　　船式构象

图 2-10　单糖分子的构象

四、单糖的理化性质

（一）单糖的物理通性

1. 有旋光性

除二羟丙酮外，都具有旋光性。

2. 溶解性好

可在水中有较大溶解度，易提取。

3. 单糖均有不同程度甜味

一般以蔗糖为标准，果糖最甜，其次为蔗糖、葡萄糖。

（二）单糖的化学反应

1. 单糖的脱水作用及颜色反应

单糖可与强酸作用脱水生成糖醛，再与蒽酮或酚类反应显色。例如，用 12%浓盐酸加热获得糠醛（也可用硫酸），反应如下。

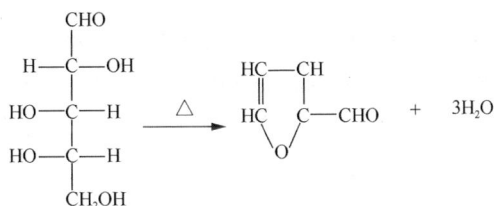

但己酮糖与 HCl 作用产生 α-羟甲基糖醛反应速率快些。

糖醛是重要的工业原料，用于合成塑料及合成纤维，主要是糠醛降解可产生乙酰丙酸——用于生产尼龙。

糖醛可与酚类或蒽酮产生颜色物质。

（1）蒽酮比色法

所有单糖及多糖＋浓硫酸＋蒽酮 —→ 显绿色（可鉴别糖类），反应如下。

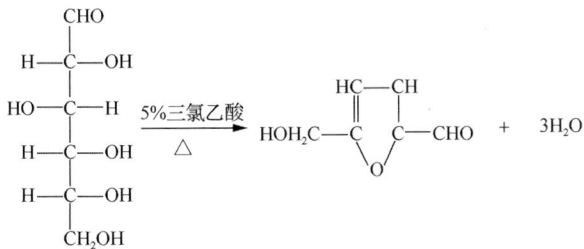

（2）Molish 反应

所有单糖（包括二糖）＋浓硫酸＋α-萘酚 —→ 紫色。

（3）Seliwanoff 反应

酮糖＋浓盐酸＋间苯二酚 —→ 显红色。

醛糖则不易反应，时间长时微显色，色很浅，可用于鉴别酮糖和醛糖。

（4）Tollens 反应

戊糖＋浓盐酸＋间苯三酚 —→ 显樱桃红色。

此反应可用于鉴别戊糖。

2. 氧化还原反应

单糖氧化反应的氧化程度视氧化剂强度而定。

单糖的自由醛基或酮基在碱液中转为烯二醇，变得活泼，可还原一些金属离子，如 Cu^{2+}、Ag^{2+}、Hg^{2+} 等，反应如下。

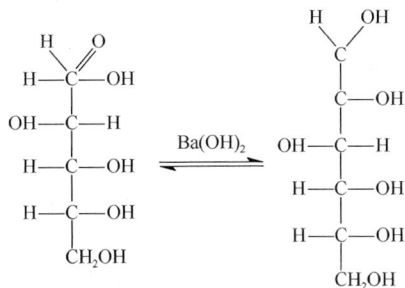

单糖与费林试剂和本尼迪克特试剂反应生成砖红色沉淀（氧化亚铜）。

费林试剂 A 液为硫酸酮，B 液为 NaOH 和酒石酸钾钠，用时合在一起，为蓝色，是弱氧化剂，只能氧化醛糖（包括环状结构的也可开环），不能氧化酮糖，但酮糖在水溶液中可以转化为醛糖，所以也反应。

单糖也可在弱酸下被溴水氧化，产物同样为葡萄糖酸，但酸性下不能引起烯醇变化，所以酮糖不被溴水氧化。

单糖在强氧化剂强酸（如浓硝酸）作用下，可氧化为糖二酸，反应如下。

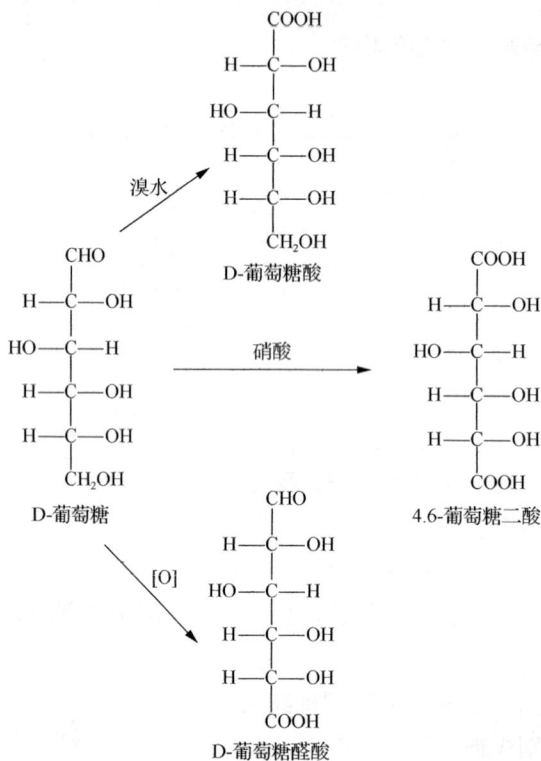

单糖被氧化，使对方还原，属于还原剂，所以单糖又称还原糖，包括酮糖和环状结构的单糖都是还原糖。

单糖在生物体内的氧化是分步进行的，最后为 CO_2 和 H_2O；还可在体内氧化为糖醛酸，葡萄糖醛酸在肝脏中是重要的解毒剂，可与多种有毒物质结合后随尿排出体外。

葡萄糖酸在医药上常用于生产葡萄糖酸钙和葡萄糖酸锌。

D-甘露糖加氢还原成甘露醇。人体不吸收甘露醇，但甘露醇可用于降低内压。

D-果糖加氢还原为葡萄糖醇（山梨醇）。

3. 缩合反应

单糖一般通过脱水缩合生成苷或酯，这是生物体内经常发生的反应。

（1）成苷

广义上说，糖上的—OH 可以和配糖物的 H 或其他基团脱水成苷，如核苷等。严格说是糖的羟基与另一含有羟基的化合物脱水形成糖苷键，如苦杏仁苷，如图 2-11 所示。

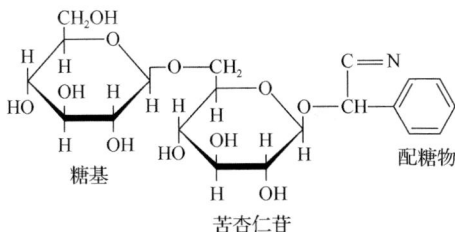

图 2-11　苦杏仁苷的分子结构

苦杏仁苷水解后产生苯甲醛、氰氢酸和两个 β-D 葡萄糖。氢氰酸有毒，但具有止咳作用。有的糖苷有强心作用或有某种反应，含有这类糖苷的植物动物不能食用，不宜作牧草。但很多糖苷是药用成分，如云香苷降压、洋地黄苷强心。

糖与糖之间缩合形成二糖、三糖或多糖，本质上也是糖苷，但却不称为糖苷，而称为寡糖或多糖。糖苷专指糖与非糖物质（配糖物）的缩合物。例如，两分子 α-D-葡萄糖可缩合为二糖，称为麦芽糖。

形成的苷键要标明糖的 α 或 β 及碳位置，如上为 β-1,6 糖苷键。

（2）成酯

糖在体内代谢时，首先要磷酸化生成磷酸酯。须指出，糖的磷酸酯与糖脂不同，糖脂是指含糖基的脂类，连接键往往不是酯键而是糖苷键。

4. 氨基化反应生成糖胺

糖胺又称为氨基糖，氨基化反应主要在生物体内进行，一般单糖的 C_2 位或 C_3 位—OH 被取代生成糖胺。在微生物中，主要产生 N-乙酰氨基糖，如微生物细胞壁中大量存在的胞壁酸、N-乙酰胞壁酸都是 N-乙酰氨基糖的衍生物。

N-乙酰葡萄糖胺和 N-乙酰胞壁酸是构成肽聚糖的成分，细菌细胞壁主要成分就是 N-乙酰葡萄糖胺和 N-乙酰胞壁酸与短肽交织连接形成的肽聚糖。N-乙酰葡萄糖胺也是壳多糖（几丁质）的单体成分，是甲壳类动物及昆虫外壳的结构成分。N-乙酰半乳糖胺是软骨蛋白的成分。有些抗生素有氨基糖，如氨基糖苷类及大环内酯抗生素。

此外，单糖还有一种成脎反应，通过糖脎晶体可鉴别单糖。

任务三　寡糖的结构和化学性质

寡糖与多糖的共同点是都属于单糖的聚合物，只是聚合的程度不同。寡糖和多糖是人类重要的食物来源和工业原料。多糖是自然界存在量最大的一类有机物质。

寡糖一般为 2～10 或 2～8 个单糖聚合物，以二糖和三糖多见，尤其是二糖在生物体内的作用更为重要。常见的二糖主要有麦芽糖、乳糖和蔗糖。

一、二糖

（一）麦芽糖

麦芽糖又称饴糖，是重要的制糖工业原料，一般由淀粉制取，是淀粉的水解产物，可以被麦芽糖酶水解为两分子葡萄糖，分子结构如图 2-12 所示。

如果是 α-1,6 糖苷键，则为异麦芽糖，也是淀粉水解时产生的，是支链处产物，分子结构如图 2-13 所示。

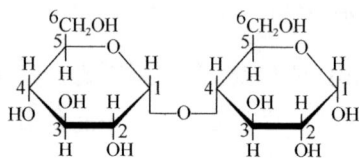

图 2-12　麦芽糖的分子结构

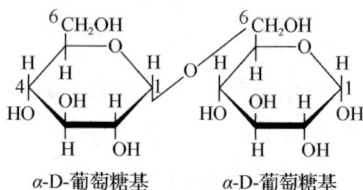

图 2-13　异麦芽糖的分子结构

（二）乳糖

乳糖也是还原糖，化学名为半乳糖 β, α-（1,4）葡萄糖苷，分子结构如图 2-14 所示。

乳糖也是重要的二糖，大量存在于乳汁及乳制品中，不是甜，溶解性略差。乳糖在体外可被稀盐酸水解，在体内可被乳糖酶水解。但个别人胃肠中缺乏乳糖酶，喝牛奶会腹泻或腹痛。

（三）蔗糖

蔗糖的化学名为葡萄糖 α,β-（1,2）-果糖苷，分子结构如图 2-15 所示。

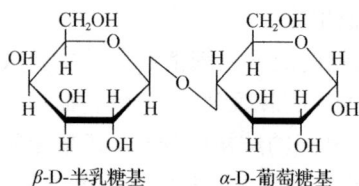

图 2-14　乳糖的分子结构

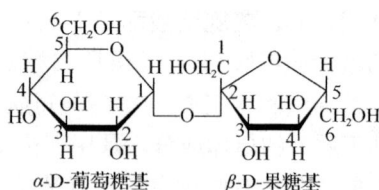

图 2-15　蔗糖的分子结构

蔗糖没有半缩醛羟基，在化学性质上没有还原性，称为非还原糖，在物理上有变旋现象。蔗糖又称转化糖，蔗糖酶也称转化酶。蔗糖加热到 160 ℃溶化后结晶成玻璃状，用于制糖块；加热到 200 ℃变成焦糖，用于食品着色。蔗糖也是医药工业重要原料，以及家庭食品和调味品。

在植物体内，蔗糖是糖运输的主要形式，这是因为其化学性质稳定，极性小，溶解性好，易水解。以质量计算，其渗透势比单糖小，更适合于运输。个别植物器官将蔗糖作为营养储藏，如甜菜、甘蔗等。

（四）海藻糖

海藻糖是由 2 个葡萄糖分子通过半缩醛羟基缩合而成的,由于不存在游离的醛基,是一种非还原型双糖。海藻糖的分子结构如图 2-16 所示。

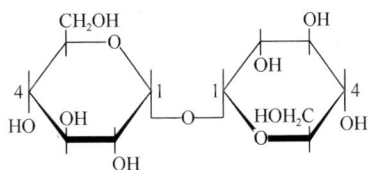

图 2-16　海藻糖的分子结构

二、其他寡糖

寡糖中除二糖外,自然界存在较多的是三糖和四糖,常见有棉子糖、水苏糖等,人体不能消化,对人类不重要。糊精是淀粉的水解产物,在自然界很少游离存在。

α-D-半乳糖以 α-1,6 糖苷键连接在蔗糖的葡萄糖上构成棉子糖。α-D-半乳糖（1,6）α-D-葡萄糖苷称为蜜二糖。棉子糖也可以认为是由蜜二糖的还原端以 α-1,2 糖苷键连接在 β-D-果糖构成的。棉子糖的非还原端以 α-1,6 糖苷键连接 α-D-半乳糖则为水苏糖。棉子糖的分子结构如图 2-17 所示。

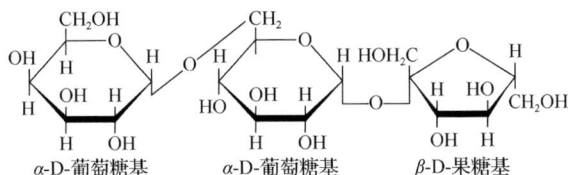

α-D-葡萄糖基　　α-D-葡萄糖基　　β-D-果糖基

图 2-17　棉子糖的分子结构

任务四　多糖的结构和化学性质

一、植物多糖

（一）淀粉

淀粉的直链均为 α-D-葡萄糖以 α-1,4 糖苷键聚合而成,支链以 α-1,6 糖苷键连接,其结构如图 2-18 所示。

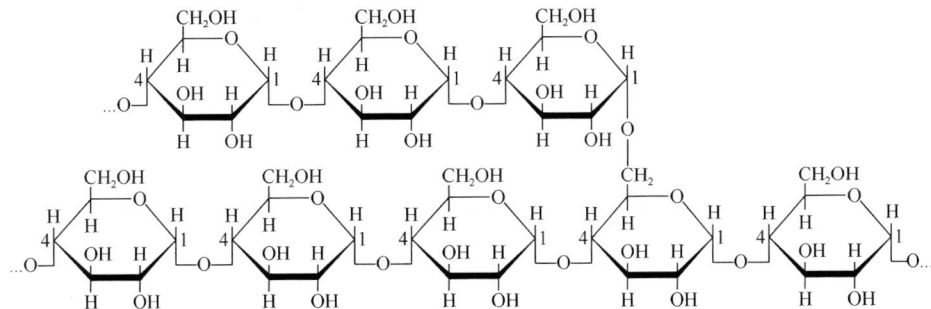

图 2-18　淀粉的结构

淀粉由植物合成,有的是直链,分子量为 1 万～5 万;有的是支链,分子量为 5 万～

10 万。天然淀粉为直链淀粉和支链淀粉的混合物。直链淀粉的二级结构是一个左手螺旋，每圈含有 6 个糖基。支链淀粉的分支也可以形成螺旋，但较短。直链淀粉的二级结构如图 2-19 所示。

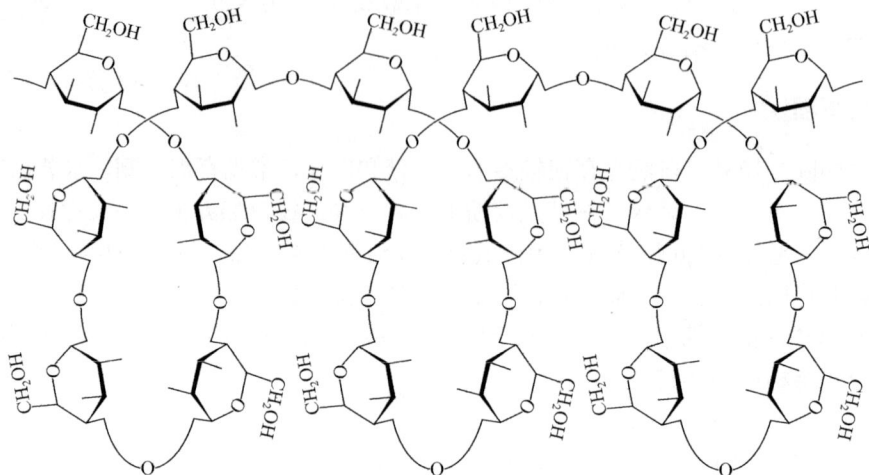

图 2-19 直链淀粉的二级结构

淀粉可在淀粉酶作用下水解或经酸水解：淀粉→红色糊精→无色糊精→麦芽糖→葡萄糖。

在性质上，直链淀粉微溶于水，溶于热水；支链不溶于水，但遇水吸收膨胀或呈糊状。淀粉遇碘显紫色（直链）或紫红色（支链）。在淀粉链的螺旋圈里，每圈可容纳一个碘分子。直链淀粉的螺旋圈长，要比支链的短螺旋圈吸收的光波长更长些，反射的波长短一些，所以直链淀粉遇碘显蓝紫色。

淀粉是重要的工业原料，可用于食品、酿酒、印染、制糖、医药等。

（二）纤维素

纤维素全由 β-D-葡萄糖以 β-1,4 糖苷键聚合而成，无分支。纤维素非常稳定，不溶于水，在一般的自然条件下不与其他试剂发生反应，对稀酸碱稳定。在自然界中能使纤维素降解的是真菌和某些细菌分泌的纤维素酶，可分解纤维素作为营养和能源。纤维素的结构如图 2-20 所示。

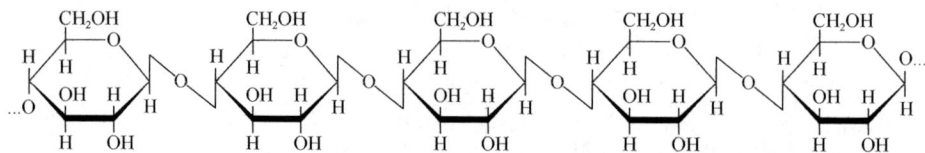

图 2-20 纤维素的分子结构

纤维素可溶于浓硝酸、磷酸和浓硫酸，但易炭化。浓碱也能使其溶解，造纸时用 NaOH 煮木材，然后加亚硫酸钠就能除去木质素，剩下的纤维素溶液即纸浆。

纤维素还溶于氢氧化铜的氨溶液、氯化锌的盐酸溶液，以及 NaOH 和 CS_2 混合液。

纤维素是主要的工业纺织、造纸等原料，也是火药的主要原料。现在生产醋酸纤维用到大量的纤维素原料，主要是棉花，其次是麻类。

食品中的纤维素不能被消化，但可促进胃肠蠕动。食草动物胃中的某些细菌可帮助消化纤维素。

淀粉和纤维素都是由葡萄糖一种单体聚合而成的，称为同聚多糖。如果由不同的单糖聚合而成，或还有除单糖以外的成分，则称为杂聚多糖，简称杂多糖。

（三）琼胶

琼胶也称琼脂，存在于海藻的石花菜尾石莼中，是由 β-D-半乳糖以 β-1,3 糖苷键缩合而成的，但在链的末端不是半乳糖，而是一个 α-L-半乳糖的硫酸酯，—SO$_3$H 接在半乳糖的 6 位 OH 上。琼胶的结构如图 2-21 所示。

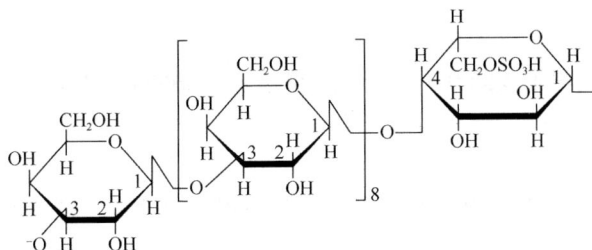

图 2-21 琼胶的结构

琼胶可溶于热水，吸水膨胀，冷却后呈凝胶状。微生物不能使其液化，故多用于培养基。食品工业用作添加剂，如制果冻。

（四）菊糖

菊糖是果糖聚合物，以 β-1,2 糖苷链聚合，末端连一个葡萄糖。菊糖类似于淀粉，但不分支，多存在于菊科植物中。人不能利用菊糖，真菌、蜗牛可以分解菊糖，蜗牛体内含有菊糖酶。菊糖的结构如图 2-22 所示。

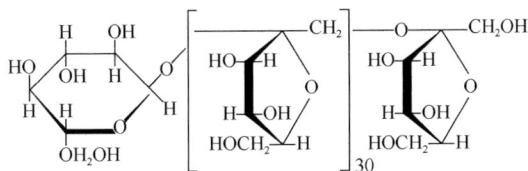

图 2-22 菊糖的结构

琼胶和菊糖的糖链主体都是由同一种单体聚成，但糖链末端都有改变。由此，琼胶和菊糖还不能算真正的同聚多糖。

（五）果胶

果胶实际是两种物质混合在一起，即果胶酸和果胶酸甲酯，二者合称果胶。果胶的结构如图 2-23 所示。

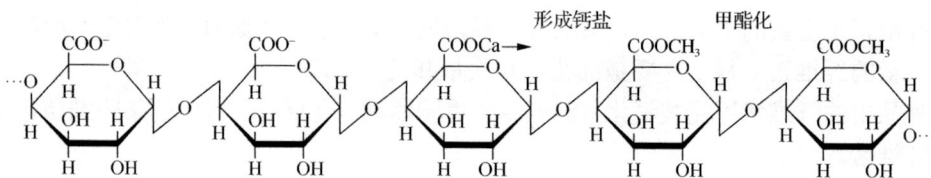

图 2-23 果胶的结构

果胶酸是 *α*-D-半乳糖醛酸的聚合物，为 *α*-1,4 糖苷键连接，不分支。果胶酸甲酯是 *α*-D-半乳糖醛酸甲酯的聚合物，结构和果胶酸一样，只是羧基甲酯化。果胶酸上的甲酯是在发育中逐渐产生甲酯化的。

从果胶的聚合单体看，二者都不算是真正意义上的多糖，而是单糖衍生物的聚合物。但习惯上也将果胶看作杂聚多糖。

纯果胶酸有 100 个左右单体，溶于水。但常与钙结合形成果胶酸钙（或果胶酸镁），借助钙盐使果胶酸交联，便不溶于水。

果胶酸甲酯（也称果胶酯酸）的酯化程度也不是 100%，通常酯化程度在 5%以下仍称为果胶酸。果胶酸甲酯的酯化程度最高可达 85%。因为甲酯化，果胶酸甲酯不能形成钙盐，所以较松弛，易溶于水。

把酯化程度在 45%以下的果胶酸甲酯放在饱和糖溶液（含糖 65%～70%）及 pH 值为 3.1～3.5 的酸性条件下，则形成凝胶状——称为果冻，是果冻及果酱的原料。

在植物细胞壁中，果胶酸（包括钙盐）和果胶酸甲酯是细胞壁胞间层的成分，即粘连细胞的中间层，尤其在果实中含量较多，特别是果胶酸甲酯。如果在果胶中杂入其他糖进行交联，则形成不溶性的原果胶，具体结构不清，可能其中还有纤维素。原果胶存在于初生壁中。

在果实成熟时，有一种半乳糖醛酸酶和果胶酸酶起作用，使果胶分解，细胞黏结松弛，果实明显变软。并且成熟过程果胶酸甲酯化增加，果胶钙盐减少，果胶酸甲酯不能形成钙盐，所以稳定性差，易解聚。此外，植物的落叶、落果现象也与果胶的降解有关。

二、动物多糖

自然界中动物多糖种类很多，人们所熟悉的人与动物的多糖主要有糖原、透明质酸、硫酸软骨素、肝素等。

（一）糖原

糖原是动物体内的营养储藏性多糖，结构与淀粉相同，全部由 *α*-D-葡萄糖以 1,4 糖苷键聚成，支链由 *α*-1,6 苷键形成。糖原的性质与淀粉相似，可以看作动物淀粉。糖原的特点是全部分支，支链还可再分支，并且支链分支多而短，支链一般含 20～30 个葡萄糖。糖原遇碘显棕红色。糖原也可在淀粉酶作用下水解形成糊精和麦芽糖，再水解为葡萄糖。

（二）透明质酸

透明质酸由 *β*-D 葡萄糖醛酸和 *β*-D 葡萄糖胺重复交替连接聚成，以 *β*-1,3 苷键连接，属糖胺聚糖，透明质酸的结构式如图 2-24 所示。

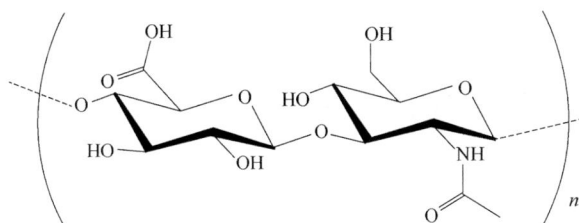

图 2-24　透明质酸的结构式

透明质酸主要存在于动物的结缔组织，以及关节腔、滑膜腔等中。其在组织中的作用是缓冲、润滑，所以又称黏多糖类。

在某些细菌中也含透明质酸，如甲型链球菌，是唯一的人菌同源成分，所以易侵染。细菌有透明质酸酶，侵染可使其解聚，造成关节水肿、囊肿、发炎等症状。蜂毒、蛇毒中也有此酶。

现在透明质酸是药用和工业用品，医药用于眼科手术，工业用于化妆品，用作保湿因子，应用逐渐增多。但尚未作食品用。

（三）硫酸软骨素

硫酸软骨素是另一个属于黏多糖的物质，和透明质酸结构相似，其结构单体由一分子 β-D-葡萄糖酸和一分子 β-D-半乳糖胺结合而成，即 β,β-1,3 糖苷键，只不过在 β-D-半乳糖胺 6 位—OH 形成硫酸酯，所以又称软骨素-6-硫酸。其重复单体是二糖单位，硫酸软骨素的结构片段如图 2-25 所示。

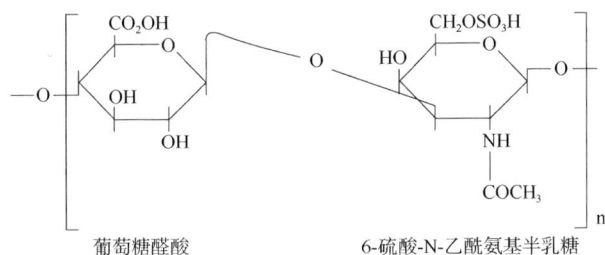

葡萄糖醛酸　　　　　　6-硫酸-N-乙酰氨基半乳糖

图 2-25　硫酸软骨素的结构片段

硫酸软骨素存在于动物的多种组织中，起到润滑等作用。但在体内不是单一的结构，如组织中还存在软骨素-4-硫酸。

硫酸软骨素多用于医药生产，治疗多种肌肉痛类病，如腰痛、肩痛等，也可作为制药辅料。

（四）肝素

肝素单体为二糖重复单位，β-L-艾杜糖醛酸-2-硫酸酯和 N-2-硫酸 α-D-葡萄糖胺-6-硫酸酯，硫酸在 N 位和 6 位—OH，二糖连接也是 β,α-1,4 糖苷键，而二糖单位之间是 α,β-1,4 糖苷键连接。每隔两个二糖单位，第三个二糖单位的 β-L-艾杜糖醛酸没有硫酸酯。实际上就是 3 个二碳糖构成的六碳糖单位的重复。肝素二糖单体的结构如图 2-26 所示。

肝素是生理活性物质，有抗凝血作用，广泛存在于动物组织中。肝素在医学上作为手术用药，在输血中用于抗凝血，防止血栓形成。

（五）几丁质（壳多糖）

几丁质（壳多糖）是 N-甲酰葡萄糖胺的聚合物，也是以 β-1,4 糖苷键连接。几丁质的结构如图 2-27 所示。

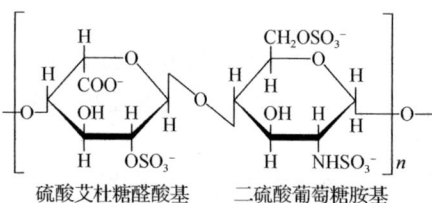

图 2-26　肝素二糖单体的结构

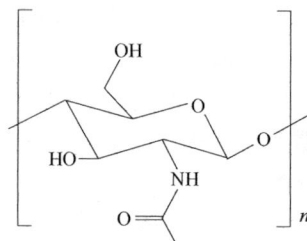

图 2-27　几丁质的结构

三、菌类多糖

菌类多糖主要存在于细菌的细胞壁中，有肽聚糖、磷壁酸等。

（一）肽聚糖

肽聚糖是细菌细胞壁的主要成分，分子中有短肽链，结构比较复杂。

肽聚糖构成细菌细胞壁时以肽链交织成网状，单体 NAG（N-乙酰葡萄糖胺，GlcNAc）和 NAM（N-乙酰胞壁酸，MurNAc）之间以 β-1,4 糖苷键连接，糖链的 N-乙酰葡萄糖胺上在 3-羟基处连接一个四肽侧链，侧链之间以五肽桥连接（革兰氏阳性）。或直接与另一条四肽侧链连接（革兰氏阴性）。常有一些不常见的氨基酸连在侧链上。

（二）磷壁酸

磷壁酸约占革兰氏阳性菌细胞壁干重的 50%。主链由甘油或核糖醇与磷酸分子交替相连，即甘油-3-磷酸或核糖-5-磷酸的聚合物；侧链是 D-丙氨酸或葡萄糖等，分别以酯键或糖苷键相连。磷壁酸具有抗原性。

（三）细菌脂多糖

细菌脂多糖是革兰氏阴性菌细胞壁及荚膜的成分，具有毒性效应，称为内毒素。细菌脂多糖在结构上由脂质部分和杂多糖部分共同构成，如图 2-28 所示。

脂质部分是由两分子 D-葡萄糖胺以 β-1,6 糖苷键连接成的二糖重复单位，二糖两端 C_1 和 C_4 各有一个磷酸基，二糖之间以焦磷酸桥相连。C_3 位（或 C_6 位）与核心寡糖相连。其他碳位羟基被脂肪酸所酯化。脂质部分可诱导发烧及与肠道膜黏附。

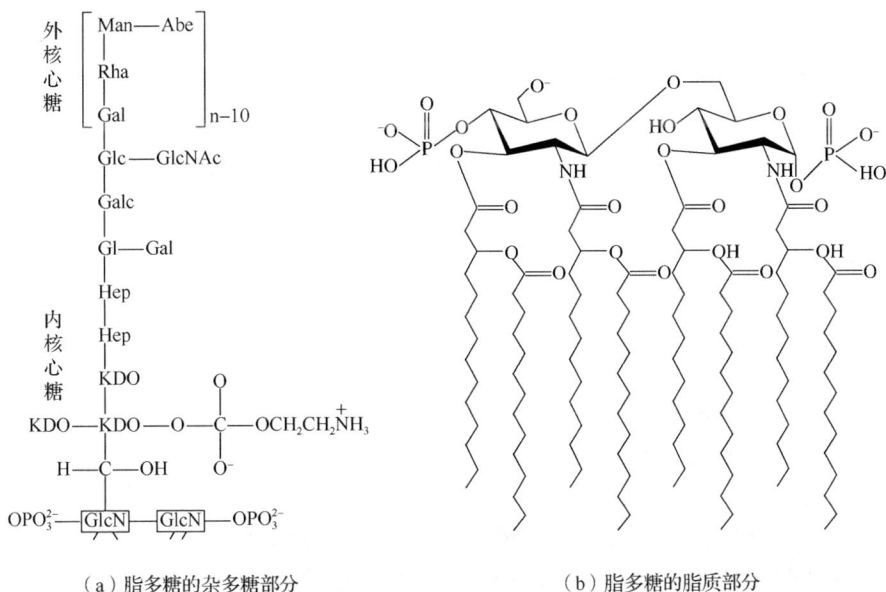

（a）脂多糖的杂多糖部分　　　　　　　　（b）脂多糖的脂质部分

图 2-28　磷壁酸和细菌脂多糖结构示意图

杂多糖部分又由核心寡糖和 O-特异链构成。核心寡糖分内核心和外核心两部分：内核心是八碳糖和七碳糖构成的重复单位，八碳糖为 2-酮-3-脱氧辛糖酸（KDO）的二聚或三聚形式，七碳糖为 L-甘油-D-甘露庚糖（Hep）；外核心是由葡萄糖、半乳糖等常见己糖构成的寡聚糖链。O-特异链也称 O-多糖，由数十个相同的寡糖组成，具有抗原性，称为O-抗原。根据寡糖链的不同可分成几十种血清型。

（四）葡聚糖

葡聚糖又称为右旋糖苷，是由某些微生物合成的，直链为 α-D-葡萄糖以 α-1,6 糖苷键连接，支链以 α-1,3 糖苷键连接分支，少数以 α-1,2 或 α-1,4 糖苷键连接。

葡聚糖在口腔中可形成牙斑，在医药上可作血浆代用品。葡聚糖由于分子体积较大，不易渗出血管，可以代替血浆蛋白质来维持血液渗透压，直至患者血浆蛋白质恢复正常。

葡聚糖经过适当的交联剂加工处理，可产生不同交联度的葡聚糖，用于分离生物大分子作柱层析介质，俗称分子筛，是实验室常用试剂。

任务五　糖的分解代谢

一、多糖和低聚糖的分解

（一）淀粉的降解

淀粉是大分子，不能透过细胞膜，必须降解为小分子的葡萄糖，才能被人体吸收利用。生物体内淀粉的酶促降解有两条途径：一条是水解途径，产物是葡萄糖；另一条是磷酸解途径，产物是葡萄糖-1-磷酸。人体内淀粉降解的途径是水解途径。

催化淀粉水解的酶主要有 α-淀粉酶、β-淀粉酶和 α-1,6-糖苷键酶（脱支酶）。α-淀粉酶是一种内切酶，随机地水解淀粉分子内部的 α-1,4-糖苷键。β-淀粉酶是一种外切酶，它作用于淀粉分子非还原端的 α-1,4-糖苷键，每次切下一个麦芽糖分子。α-淀粉酶和 β-淀粉酶都不能水解 α-1,6-糖苷键。α-1,6-糖苷键酶（脱支酶）可以水解支链淀粉中的 α-1,6-糖苷键。

经过上述 3 种酶的协同作用，淀粉被水解成麦芽糖和少量葡萄糖。麦芽糖被小肠上皮细胞表面的麦芽糖酶水解为葡萄糖。

（二）糖原的降解

糖原是动物体内糖的储存形式，主要存在于肝脏和肌肉中。肌糖原的主要功能是提供肌肉收缩所需的能量，而肝糖原主要用于维持血糖浓度。

糖原的酶促降解需要糖原磷酸化酶、寡聚葡萄糖转移酶和脱支酶的协同作用。

糖原（图 2-29 中 ○）分解是在酸化酶催化下进行的磷酸解，从糖原的非还原端葡萄糖残基（图 2-29 ●）开始，依次切下一个葡萄糖残基，使之转化成葡萄糖-1-磷酸（图 2-29 中 ◖）。当磷酸化酶分解到达一个距分支点 4 个葡萄糖残基时，就停止分解。寡聚葡萄糖转移酶将 3 个葡萄糖残基（图 2-29 ●）转移到另一糖链的非还原端，这时分支点上只剩下 1 个葡萄糖残基以 α-1,6-糖苷键与糖链结合。脱支酶催化 α-1,6-糖苷键水解，脱下葡萄糖。剩下的糖链继续在糖原磷酸化酶催化下进行磷酸解。在糖原磷酸化酶、寡聚葡萄糖转移酶和脱支酶的协同作用下，糖原分子最终被降解成葡萄糖-1-磷酸和少量葡萄糖，如图 2-29 所示。

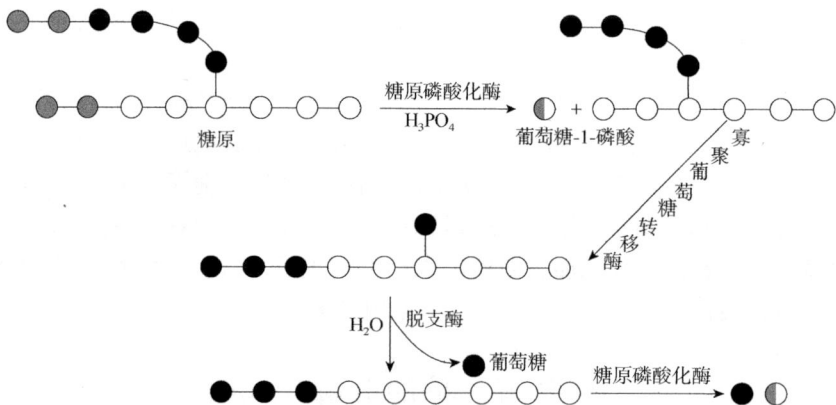

图 2-29　糖原的降解

葡萄糖-1-磷酸在磷酸葡萄糖变位酶催化下，转变为葡萄糖-6-磷酸。

葡萄糖-1-磷酸　　　　　　　　葡萄糖-6-磷酸

葡萄糖-6-磷酸不能透过细胞膜。肝脏中存在葡萄糖-6-磷酸酶,可将葡萄糖-6-磷酸水解成葡萄糖,葡萄糖可以透过细胞膜进入血液,补充血糖,因此,肝糖原可以维持血糖浓度的稳定。肌肉中不存在葡萄糖-6-磷酸酶,故葡萄糖-6-磷酸不能水解成葡萄糖,所以肌糖原降解产生的葡萄糖-6-磷酸直接通过糖酵解途径氧化产能,供肌肉收缩之需。

(三)二糖的降解

食物中的二糖主要有蔗糖、麦芽糖和乳糖等,它们可以被相应的蔗糖酶、麦芽糖酶、乳糖酶水解为单糖。这几种酶都存在于小肠黏膜上皮细胞的表面。

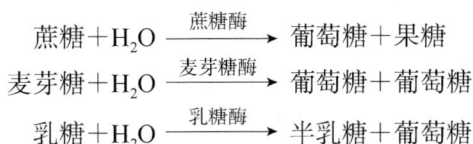

$$蔗糖 + H_2O \xrightarrow{\text{蔗糖酶}} 葡萄糖 + 果糖$$
$$麦芽糖 + H_2O \xrightarrow{\text{麦芽糖酶}} 葡萄糖 + 葡萄糖$$
$$乳糖 + H_2O \xrightarrow{\text{乳糖酶}} 半乳糖 + 葡萄糖$$

二、单糖的分解

生物体通过单糖的分解获取能量和合成其他物质所需要的中间产物。单糖主要是葡萄糖,其分解代谢途径主要有 3 种。

(一)无氧分解

葡萄糖→丙酮酸→乳酸或乙醇。

(二)有氧氧化

葡萄糖→丙酮酸→三羧酸循环→CO_2、H_2O、三磷酸腺苷(ATP)。

(三)磷酸戊糖途径

葡萄糖→葡萄糖-6-磷酸→磷酸戊糖或进一步氧化生成 CO_2、H_2O、ATP。

其中有氧氧化是最主要的分解途径。无氧分解和有氧氧化都有从葡萄糖到丙酮酸的阶段,这一阶段称为糖酵解阶段。

三、糖的无氧分解

在无氧或相对缺氧状态下,葡萄糖经一系列化学反应降解为丙酮酸并伴随 ATP 生成的过程,称为糖酵解。糖酵解是动物、植物及微生物中普遍存在的葡萄糖分解代谢途径。为纪念 3 位生物化学家对阐明糖酵解的贡献,糖酵解也称为 Embden-Meyerhof-Parnas 途径,简称 EMP 途径。

(一)糖酵解的反应历程

糖酵解在细胞液中进行。1 分子葡萄糖经过糖酵解途径被降解成 2 分子丙酮酸。糖酵解的完整过程如图 2-30 所示。

葡萄糖　　　　　　　　　糖原

三磷酸腺苷（ATP）　己糖激酶　　　　　　磷酸化酶

二磷酸腺苷（ADP）

葡萄糖-6-磷酸 ⇌（变位酶）葡萄糖-1-磷酸

磷酸己糖异构酶

果糖-6-磷酸

ATP　　磷酸果糖激酶

ADP

果糖-1,6-二磷酸

醛缩酶

磷酸二羟丙酮 ⇌（磷酸丙糖异构酶）3-磷酸甘油醛　　NAD⁺　NADH+H⁺

Pi

3-磷酸甘油醛脱氢酶　　甘油酸1,3-二磷酸

ADP

磷酸甘油酸激酶　　　ATP

甘油酸3-磷酸

磷酸甘油酸变位酶

甘油酸2-磷酸

烯醇化酶　　H₂O

乳酸

乙醇 ⇠⇠ 乙醛 ⇠⇠ 丙酮酸 ⇌ 烯醇式丙酮酸　　磷酸烯醇式丙酮酸

丙酮酸激酶

Mg²⁺

ATP　ADP

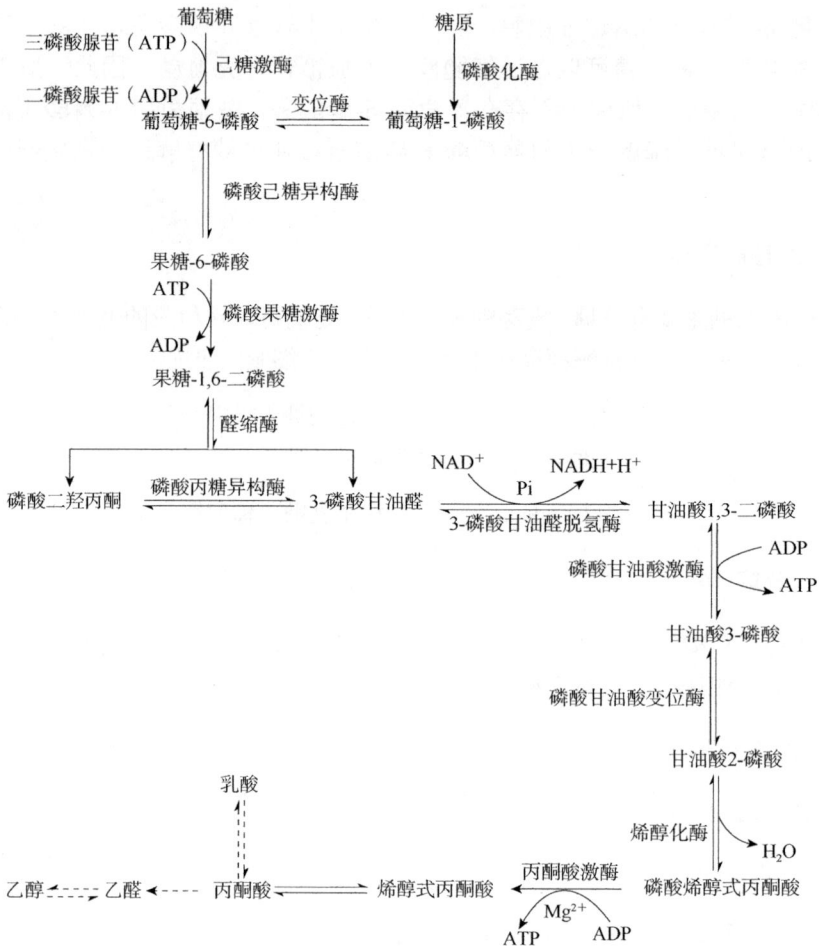

图 2-30　糖酵解途径

糖酵解过程可分为以下 3 个阶段。

第一阶段：生成果糖-1,6-二磷酸，包括 3 步反应。

1. 葡萄糖的磷酸化

在己糖激酶的催化下，葡萄糖磷酸化为葡萄糖-6-磷酸。该反应不可逆，需要 Mg^{2+} 作为辅助因子，消耗 1 分子 ATP。

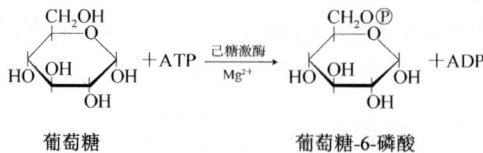

葡萄糖　　　　　　　　　　　葡萄糖-6-磷酸

己糖激酶专一性不强，也可催化其他六碳糖磷酸化。此反应也可在葡萄糖激酶催化下进行，但葡萄糖激酶存在于肝脏中，只能催化葡萄糖磷酸化，并且只有在进食后，肝内葡萄糖浓度高时才起作用。

2. 果糖-6-磷酸的生成

葡萄糖-6-磷酸在磷酸己糖异构酶催化下，可转化为果糖-6-磷酸，这是醛糖与酮糖之间的异构化反应。

葡萄糖-6-磷酸   果糖-6-磷酸

3. 果糖-1,6-二磷酸的生成

果糖-6-磷酸在磷酸果糖激酶的催化下，可进一步磷酸化为果糖-1,6-二磷酸。该反应不可逆，消耗 1 分子 ATP。

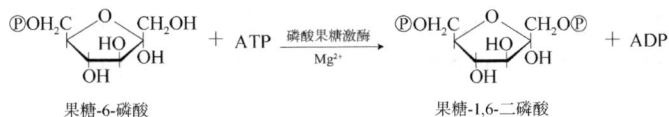

果糖-6-磷酸   果糖-1,6-二磷酸

第二阶段：生成磷酸丙糖，包括两步反应。

1. 果糖-1,6-二磷酸的裂解

在醛缩酶催化下，果糖-1,6-二磷酸裂解为 2 个磷酸丙糖：磷酸二羟丙酮和 3-磷酸甘油醛。

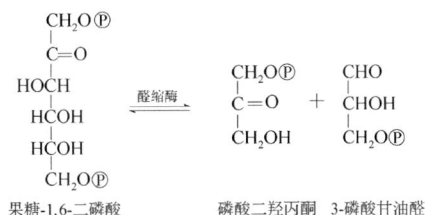

果糖-1,6-二磷酸   磷酸二羟丙酮 3-磷酸甘油醛

该反应在热力学上不利于向右进行，但由于后面的反应中 3-磷酸甘油醛不断被消耗，所以驱动反应向裂解成三碳糖的方向进行。

2. 磷酸丙糖的异构化

果糖-1,6-二磷酸裂解生成的 2 分子磷酸丙糖中，只有 3-磷酸甘油醛能参加糖酵解的下一步反应，所以磷酸二羟丙酮需要在磷酸丙糖异构酶的催化下，转化为 3-磷酸甘油醛。

磷酸二羟丙酮   3-磷酸甘油醛

第三阶段：生成丙酮酸，包括 5 步反应。

1. 3-磷酸甘油醛氧化为 1,3-二磷酸甘油酸

在 3-磷酸甘油醛脱氢酶的催化下，3-磷酸甘油醛被氧化为 1,3-二磷酸甘油酸。这是糖酵解中唯一的一步氧化还原反应。通过脱氢、磷酸化反应，分子内部的能量重新分布和集中，可形成高能磷酸化合物 1,3-二磷酸甘油酸。

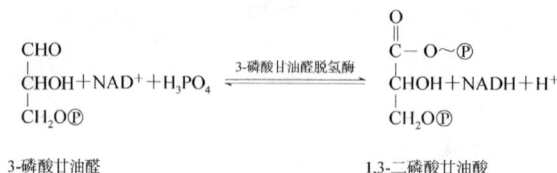

$$
\begin{array}{c}
CHO \\
| \\
CHOH + NAD^+ + H_3PO_4 \\
| \\
CH_2O\textcircled{P}
\end{array}
\xrightleftharpoons{\text{3-磷酸甘油醛脱氢酶}}
\begin{array}{c}
O \\
\| \\
C-O\sim\textcircled{P} \\
| \\
CHOH + NADH + H^+ \\
| \\
CH_2O\textcircled{P}
\end{array}
$$

3-磷酸甘油醛   1,3-二磷酸甘油酸

反应中生成的 $NADH + H^+$ 用于还原丙酮酸，NAD^+ 为烟酰胺腺嘌呤二核苷酸（氧化态），$NADH$ 为烟酰胺腺嘌呤二核苷酸（还原态）。

3-磷酸甘油醛脱氢酶是一种变构酶，由 4 个亚基组成，每个亚基结合 1 分子 NAD^+，其活性基团是—SH。3-磷酸甘油醛脱氢酶的作用机制如图 2-31 所示。

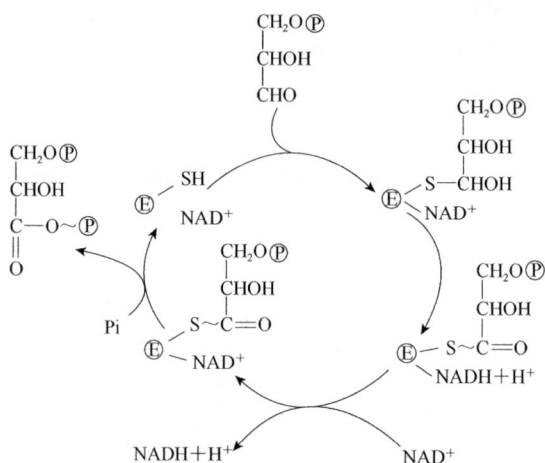

图 2-31 3-磷酸甘油醛脱氢酶作用机制

2. 3-磷酸甘油酸的生成

在磷酸甘油酸激酶的催化下，1,3-二磷酸甘油酸将高能磷酸基团转移给 ADP，形成 ATP 和 3-磷酸甘油酸。这是糖酵解中第一次产生 ATP 的反应，这种生成 ATP 的方式即底物水平磷酸化。

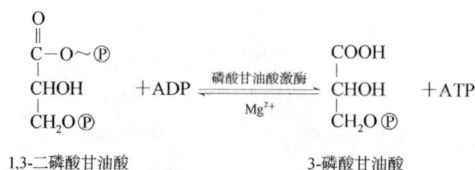

$$
\begin{array}{c}
O \\
\| \\
C-O\sim\textcircled{P} \\
| \\
CHOH \\
| \\
CH_2O\textcircled{P}
\end{array}
+ ADP
\xrightleftharpoons[Mg^{2+}]{\text{磷酸甘油酸激酶}}
\begin{array}{c}
COOH \\
| \\
CHOH \\
| \\
CH_2O\textcircled{P}
\end{array}
+ ATP
$$

1,3-二磷酸甘油酸   3-磷酸甘油酸

3. 2-磷酸甘油酸的生成

在磷酸甘油酸变位酶的催化下，3-磷酸甘油酸转化为2-磷酸甘油酸。

4. 磷酸烯醇式丙酮酸的生成

在烯醇化酶的催化下，2-磷酸甘油酸分子内部脱去 1 分子水，形成高能磷酸化合物——磷酸烯醇式丙酮酸。

5. 丙酮酸的生成

在丙酮酸激酶催化下，磷酸烯醇式丙酮酸将高能磷酸基团转移给 ADP，形成 ATP 和烯醇式丙酮酸。烯醇式丙酮酸极不稳定，可自发形成丙酮酸。该反应不可逆，是糖酵解中第二次产生ATP的反应，需要 Mg^{2+} 参与。

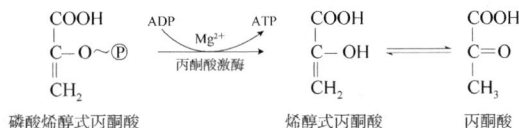

糖原、淀粉也可以进入糖酵解途径。糖原、淀粉在磷酸化酶的催化下，磷酸解生成葡萄糖-1-磷酸，然后在变位酶催化下，转化为葡萄糖-6-磷酸进入糖酵解途径。由于糖原磷酸解生成葡萄糖-1-磷酸不消耗 ATP，因此，糖原的一个葡萄糖残基通过糖酵解途径产生的 ATP 比葡萄糖通过糖酵解途径产生的 ATP 多。

（二）丙酮酸的去路

葡萄糖到丙酮酸的酵解过程在所有生物中都是相同的，丙酮酸的去路取决于生物的种类及生物体所处的条件。在无氧条件下，丙酮酸的去路主要有以下几种：

1. 转化为乳酸

在高等生物和许多微生物中，可以通过乳酸脱氢酶使丙酮酸还原为乳酸。乳酸是动物体内葡萄糖无氧分解的终产物。

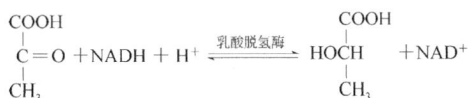

肌肉剧烈运动时处于相对缺氧状态，糖酵解产生的 $NADH+H^+$ 无法经呼吸链氧化，此时丙酮酸还原为乳酸。乳酸是一种在体育锻炼期间和锻炼后引起肌肉酸痛的物质。机体组织中大量的乳酸堆积，会引起血液中乳酸含量升高，称为乳酸性酸中毒。

食品工业中乳酸发酵可用于生产酸奶、奶酪和泡菜等。

2. 转化为乙醇

无氧条件下，酵母菌可将丙酮酸转化为乙醇。这一转化需要在丙酮酸脱羧酶和乙醇脱氢酶催化下完成。

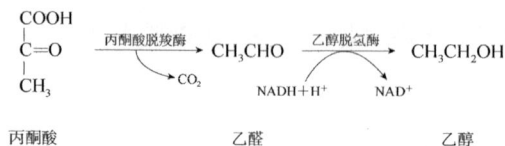

乙醇发酵可用于面包生产和酿酒等。

（三）糖酵解的特点及生理意义

1. 糖酵解的特点

（1）糖酵解途径中有 3 种关键性酶。由己糖激酶、磷酸果糖激酶和丙酮酸激酶所催化的 3 个反应是不可逆的，它们限制着整个糖酵解进行的速率，因此，这 3 种酶称为糖酵解的 3 种关键性酶。其中，磷酸果糖激酶的活性对糖酵解反应速率影响最大。己糖激酶受其产物葡萄糖-6-磷酸的抑制，磷酸果糖激酶和丙酮酸激酶主要受 ATP 和柠檬酸的抑制。

（2）1 mol 葡萄糖经糖酵解净生成 2 mol ATP。1 mol 葡萄糖经糖酵解途径，生成 2 mol 丙酮酸。在此过程中，净生成 2 mol ATP。糖酵解中 ATP 的消耗与生成见表 2-1。

表 2-1　糖酵解中 ATP 的消耗与生成

反应	消耗或生成 ATP 的物质的量/mol
葡萄糖──→葡萄糖-6-磷酸	−1
果糖-6-磷酸──→果糖-1,6-二磷酸	−1
1,3-二磷酸甘油酸──→3-磷酸甘油酸	$1×2$
磷酸烯醇式丙酮酸──→丙酮酸	$1×2$

葡萄糖酵解时释放的能量一部分以热能的形式散失，一部分以 ATP 的形式回收。1 mol 葡萄糖生成 2 mol 丙酮酸，释放能量 196.74 kJ，净生成 2 mol ATP 则回收能量 61.12 kJ。因此，糖酵解的能量回收率约为 31%。

糖原的 1 个葡萄糖单元在形成果糖-1,6-二磷酸时消耗 2 个 ATP，因此，糖原的 1 个葡萄糖单元酵解生成丙酮酸时净产生 2 个 ATP。

（3）糖酵解中 ATP 的生成方式是底物水平磷酸化。糖酵解过程中 3-磷酸甘油醛脱氢产生的 $NADH+H^+$ 不能进入呼吸链氧化产能。糖酵解过程中 2 次产生 ATP 的反应都是高能磷酸化合物将高能磷酸基团转移给 ADP，从而生成 ATP。

2. 糖酵解的生理意义

（1）糖酵解是机体在缺氧状态下获能的有效方式。当机体处于缺氧状态时，糖的有氧氧化受阻，可通过糖酵解获得能量。对于厌氧微生物来说，糖酵解是糖分解的主要形式。

（2）对于某些组织来说，糖酵解是供能的主要方式。例如，成熟红细胞中无线粒体，只能靠糖酵解供能；视网膜等组织即使在有氧条件下也靠糖酵解供能。

（3）提供生物合成所需的原料。糖酵解途径形成的许多中间产物，可作为合成其他物质的原料，在糖和非糖物质的转化中起着重要的作用。例如，磷酸二羟丙酮可转化为甘油，用于脂肪的合成。

（四）其他单糖进入糖酵解的途径

除葡萄糖外，人体从食物中吸收的单糖还有果糖、半乳糖、甘露糖等。这些单糖也可以进入糖酵解途径进行代谢。

1. 果糖的酵解

果糖是蔗糖的组分，一些水果中也存在游离的果糖。果糖的代谢有两条途径：①果糖在肌肉和脂肪组织中，被己糖激酶催化生成果糖-6-磷酸，进入糖酵解途径；②被人体吸收的果糖主要在肝脏中代谢。在果糖激酶催化下，果糖磷酸化为果糖-1-磷酸，再转变成 3-磷酸甘油醛进入糖酵解途径，见图 2-32 所示。

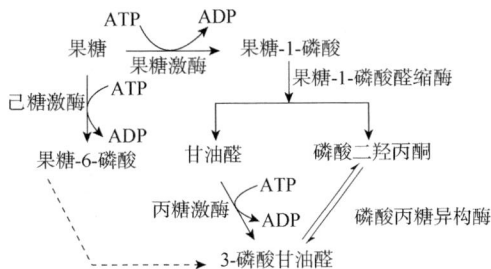

图 2-32　果糖进入糖酵解的途径

2. 半乳糖的酵解

半乳糖来源于乳汁中乳糖的水解。半乳糖在机体中可转化为葡萄糖-6-磷酸，然后进入糖酵解途径（如图 2-33，UDP 为尿苷二磷酸）。

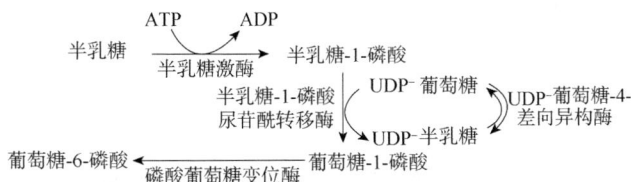

图 2-33　半乳糖进入糖酵解的途径

3. 甘露糖的酵解

甘露糖来自于糖蛋白和某些多糖，在己糖激酶催化下，转化为甘露糖-6-磷酸，再在异构酶催化下转化为果糖-6-磷酸后进入糖酵解途径。

四、糖的有氧氧化

葡萄糖在有氧条件下氧化分解为 CO_2 和 H_2O 的过程称为糖的有氧氧化。每一分子葡萄糖通过糖酵解只能供给 2 分子 ATP，而经有氧氧化则能生成多十几倍的 ATP，因此，糖的有氧氧化是体内糖分解产能的主要途径。

糖有氧氧化的过程分为 3 个阶段。第一阶段，葡萄糖酵解为丙酮酸；第二阶段，丙酮酸氧化脱羧生成乙酰辅酶 A；第三阶段，乙酰辅酶 A 进入三羧酸循环，彻底氧化为 CO_2 和 H_2O。

（一）葡萄糖酵解为丙酮酸

这个阶段的反应历程与葡萄糖的糖酵解过程相同，反应在细胞液中进行。与糖酵解不同的是，3-磷酸甘油醛脱氢反应产生的 $NADH+H^+$ 经过线粒体穿梭作用，进入呼吸链氧化，产生 ATP。

（二）丙酮酸氧化脱羧

丙酮酸进入线粒体后，在丙酮酸脱氢酶系的作用下，氧化脱羧，形成乙酰辅酶 A。

$$\underset{\text{丙酮酸}}{CH_3\overset{O}{\overset{\|}{C}}COOH}+HS-CoA+NAD^+ \xrightarrow{\text{丙酮酸脱氢酶系}} \underset{\text{乙酰辅酶A}}{CH_3\overset{O}{\overset{\|}{C}}\sim SCoA}+CO_2+NADH+H^+$$

丙酮酸脱氢酶系是一个多酶复合体，由 3 种酶和 5 种辅助因子组成，分别是丙酮酸脱羧酶［辅酶是焦磷酸硫胺素（TPP）］、硫辛酸乙酰基转移酶（辅酶是硫辛酸和辅酶 A）、二氢硫辛酸脱氢酶［辅酶是黄素腺嘌呤二核苷酸（FAD）和 NAD^+］。丙酮酸氧化脱羧的反应机理如图 2-34 所示。

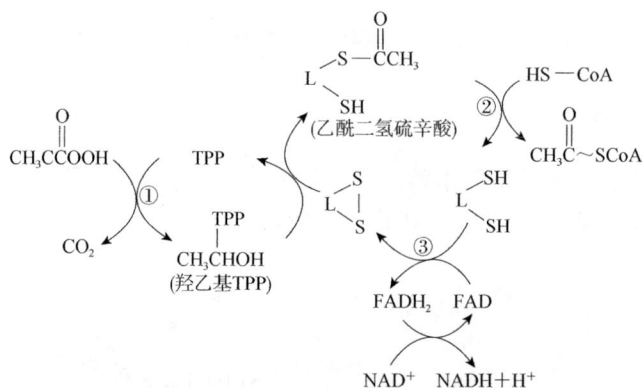

图 2-34　丙酮酸氧化脱羧的反应机理

①丙酮酸脱羧酶；②硫辛酸乙酰基转移酶；③二氢硫辛酸脱氢酶

（三）三羧酸循环

乙酰辅酶 A 经过一个循环反应分解为 CO_2 和 H_2O，该循环以草酰乙酸与乙酰辅酶 A 缩合生成柠檬酸为起点，到重新生成草酰乙酸结束。因为柠檬酸含有 3 个羧基，所以称为三羧酸循环（tricarboxylic acid cycle），简称 TCA 循环，也称为柠檬酸循环。

1. 三羧酸循环的反应过程

三羧酸循环包括 8 个酶促反应，全部在线粒体中进行。

（1）草酰乙酸与乙酰辅酶 A 缩合成柠檬酸。这是三羧酸循环的第一个反应，草酰乙酸与乙酰辅酶 A 在柠檬酸合成酶催化下，缩合形成柠檬酸。该反应不可逆，所需能量来自于乙酰辅酶 A 中高能硫酯键的水解。

乙酰辅酶A　　　　　草酰乙酸　　　　　　　　　柠檬酸

（2）柠檬酸异构为异柠檬酸。在顺乌头酸酶催化下，柠檬酸脱水生成顺乌头酸，然后加水生成异柠檬酸。

柠檬酸　　　　　　　顺乌头酸　　　　　　　异柠檬酸

（3）异柠檬酸氧化脱羧生成 α-酮戊二酸。异柠檬酸在异柠檬酸脱氢酶催化下，脱氢氧化生成中间产物草酰琥珀酸，后者脱羧形成 α-酮戊二酸。该反应为不可逆反应，需要 Mg^{2+} 参加。

异柠檬酸　　　　　　　　草酰琥珀酸　　　　　　　α-酮戊二酸

（4）α-酮戊二酸氧化脱羧生成琥珀酰辅酶 A。α-酮戊二酸在 α-酮戊二酸脱氢酶系催化下，氧化脱羧生成琥珀酰辅酶 A。其反应过程、酶的作用模式与丙酮酸氧化脱羧相似。循环进行到此，被氧化的碳原子数（生成 2 个 CO_2）刚好等于进入三羧酸循环的碳原子数（乙酰辅酶 A 中乙酰基的 2 个碳）。

（5）琥珀酰辅酶 A 转移硫酯键后生成琥珀酸。琥珀酰辅酶 A 在琥珀酰辅酶 A 合成酶（或称为琥珀酸硫激酶）催化下转化为琥珀酸。琥珀酰辅酶 A 的高能硫酯键水解释放的能量驱动 GDP 磷酸化为 GTP（在植物、细菌中则合成 ATP）。这是三羧酸循环中唯一的一步底物水平磷酸化反应。

$$\begin{matrix} CH_2COOH \\ | \\ CH_2CO\sim SCoA \end{matrix} + GDP + Pi \xrightarrow{\text{琥珀酰CoA合成酶}} \begin{matrix} CH_2COOH \\ | \\ CH_2COOH \end{matrix} + GTP + HS-CoA$$

琥珀酰辅酶A   琥珀酸

（6）琥珀酸脱氢生成延胡索酸。此反应由琥珀酸脱氢酶催化，辅酶是 FAD。

$$\begin{matrix} CH_2COOH \\ | \\ CH_2COOH \end{matrix} + FAD \xrightarrow{\text{琥珀酸脱氢酶}} \begin{matrix} CHCOOH \\ \| \\ HOOCHC \end{matrix} + FADH_2$$

琥珀酸   延胡索酸

（7）延胡索酸经水合作用生成 L-苹果酸。延胡索酸酶具有立体异构专一性，它催化延胡索酸的反式双键水合形成 L-苹果酸。

$$\begin{matrix} CHCOOH \\ \| \\ HOOCHC \end{matrix} + H_2O \xrightarrow{\text{延胡索酸酶}} \begin{matrix} HO-CHCOOH \\ | \\ CH_2COOH \end{matrix}$$

延胡索酸   L-苹果酸

（8）L-苹果酸脱氢生成草酰乙酸。在苹果酸脱氢酶催化下，L-苹果酸脱氢生成草酰乙酸。至此，完成一次三羧酸循环。

$$\begin{matrix} HO-CHCOOH \\ | \\ CH_2COOH \end{matrix} + NAD^+ \xrightarrow{\text{苹果酸脱氢酶}} \begin{matrix} O=CCOOH \\ | \\ CH_2COOH \end{matrix} + NADH + H^+$$

L-苹果酸   草酰乙酸

三羧酸循环的总反应过程如图 2-35 所示。

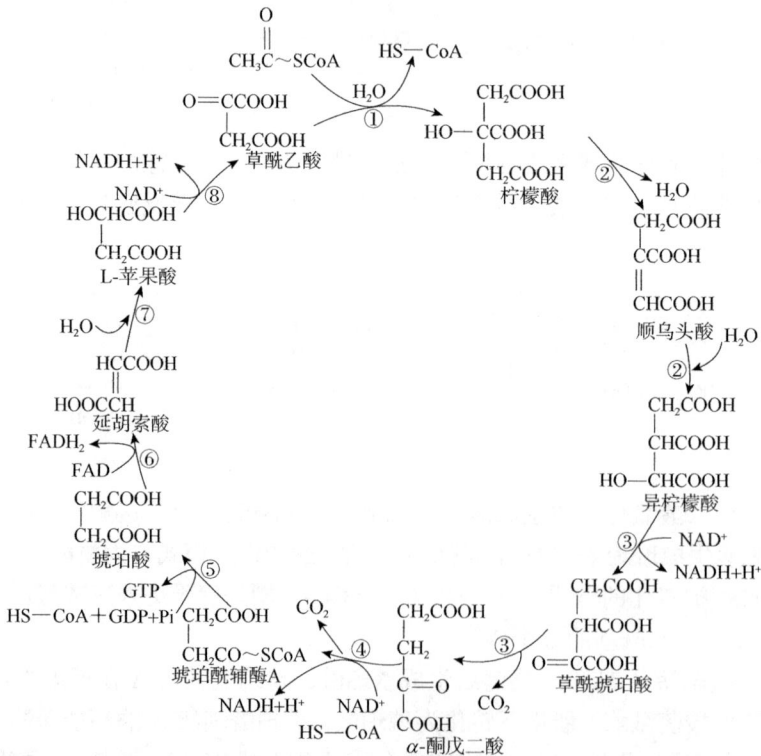

图 2-35　三羧酸循环

①柠檬酸合成酶；②顺乌头酸酶；③异柠檬酸脱氢酶；④α-酮戊二酸脱氢酶系；

⑤琥珀酰辅酶 A 合成酶；⑥琥珀酸脱氢酶；⑦延胡索酸酶；⑧苹果酸脱氢酶

2. 三羧酸循环的特点

（1）由柠檬酸合成酶、异柠檬酸脱氢酶、α-酮戊二酸脱氢酶系催化的反应是不可逆的，因此整个循环是不可逆的。上述 3 种酶是三羧酸循环的关键性酶，它们的活性与细胞内的能量水平（ADP/ATP）有关。当细胞内 ATP 水平高时，三羧酸循环的速率下降。

（2）循环中有两次脱羧反应（图 2-36 中反应③和④），但作用机理不同。由异柠檬酸脱氢酶催化的脱羧属于一种特定的氧化脱羧类型，辅酶为 NAD^+；另一种类型的脱羧和前述丙酮酸脱氢酶系所催化的反应基本相同，即由 α-酮戊二酸脱氢酶系所催化的 α-酮戊二酸的氧化脱羧，该酶系由 3 种酶和 5 种辅助因子组成。

（3）循环中有 4 次脱氢反应，放出 4 对氢原子，受氢体是 3 个 NAD^+，1 个 FAD。循环中有一次底物水平磷酸化，生成 1 分子 GTP。

（4）三羧酸循环是糖类、脂类、蛋白质等物质代谢的共同途径和互变枢纽。由于三羧酸循环的中间产物经常因为参加其他物质的合成而被移去，因此必须从别的途径加以补充才能保证循环的顺利进行。草酰乙酸是三羧酸循环的起始物质，又是循环的终产物，草酰乙酸的浓度对三羧酸循环的进行非常重要。草酰乙酸浓度低时，乙酰辅酶 A 无法进入三羧酸循环。从其他途径补充草酰乙酸的反应，称为草酰乙酸的回补反应。生物体中草酰乙酸的回补有两条途径：一条是丙酮酸的羧化，这是动物体中最重要的回补反应；另一条是磷酸烯醇式丙酮酸的羧化，存在于高等植物、酵母菌及细菌中。

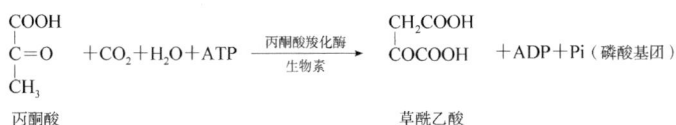

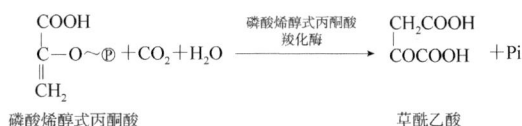

$$\begin{array}{c} \text{COOH} \\ | \\ \text{C}=\text{O} \\ | \\ \text{CH}_3 \\ \text{丙酮酸} \end{array} + CO_2 + H_2O + ATP \xrightarrow[\text{生物素}]{\text{丙酮酸羧化酶}} \begin{array}{c} \text{CH}_2\text{COOH} \\ | \\ \text{COCOOH} \\ \text{草酰乙酸} \end{array} + ADP + Pi \text{（磷酸基团）}$$

$$\begin{array}{c} \text{COOH} \\ | \\ \text{C}-\text{O}\sim\text{\textcircled{P}} \\ || \\ \text{CH}_2 \\ \text{磷酸烯醇式丙酮酸} \end{array} + CO_2 + H_2O \xrightarrow{\text{磷酸烯醇式丙酮酸羧化酶}} \begin{array}{c} \text{CH}_2\text{COOH} \\ | \\ \text{COCOOH} \\ \text{草酰乙酸} \end{array} + Pi$$

（四）糖的有氧氧化中 ATP 的生成

1 分子葡萄糖有氧氧化，可生成 32 分子 ATP，见表 2-2。

表 2-2　1 分子葡萄糖有氧氧化产生 ATP 的分子数

反应阶段及酶		还原型辅酶	ATP 数
糖酵解	己糖激酶	—	−1
	磷酸果糖激酶	—	−1
	3-磷酸甘油醛脱氢酶	$NADH+H^+$	2.5×2
	磷酸甘油酸激酶	—	1×2
	丙酮酸激酶	—	1×2
丙酮酸氧化脱羧	丙酮酸脱氢酶系	$NADH+H^+$	2.5×2

续表

反应阶段及酶		还原型辅酶	ATP 数
三羧酸循环	异柠檬酸脱氢酶	NADH+H$^+$	2.5×2
	α-酮戊二酸脱氢酶系	NADH+H$^+$	2.5×2
	琥珀酰辅酶 A 合成酶	—	1×2
	琥珀酸脱氢酶	FADH$_2$	1.5×2
	苹果酸脱氢酶	NADH+H$^+$	2.5×2
合计			32

葡萄糖的有氧氧化产生的能量有两种形式：一种是直接产生 ATP，另一种是生成高能分子 NADH+H$^+$或 FADH$_2$后者在线粒体呼吸链氧化并生成 ATP。1 分子 NADH+H$^+$经呼吸链可以产生 2.5 分子 ATP，而 1 分子 FADH$_2$可产生 1.5 分子 ATP。在有氧氧化的第一阶段共消耗了 2 个 ATP，产生了 4 个 ATP，同时产生了 2 个 NADH+H$^+$；第二阶段 2 分子丙酮酸氧化脱羧可以产生 2 分子 NADH+H$^+$；第三阶段 2 次三羧酸循环可以产生 2 分子 GTP，6 分子 NADH+H$^+$和 2 分子 FADH$_2$。

（五）有氧氧化的生理意义

表 1-5 为 1 分子葡萄糖有氧氧化过程中 ATP 消耗和生成的总结。1 分子葡萄糖有氧氧化产生的 32 分子 ATP 中，有 20 分子 ATP 来自三羧酸循环，而无氧分解只生成 2 分子 ATP。因此，一般生理条件下，大多数组织细胞皆从糖的有氧氧化中获得能量。糖的有氧氧化不但产能效率高，而且逐步释放能量，并逐步储存于 ATP 分子中，因此能量的利用率也极高。

三羧酸循环的起始物乙酰辅酶 A，不但是糖氧化分解的产物，也可由来自脂肪的甘油、脂肪酸和来自蛋白质的氨基酸代谢生成，因此三羧酸循环实际上是三大有机物质在体内氧化供能的共同途径。据估计，约 2/3 的有机物质通过三羧酸循环分解。

因糖和甘油代谢生成的 α-酮戊二酸及草酰乙酸等三羧酸循环中间产物可以转变成某些氨基酸；而这些氨基酸又可通过不同途径变成草酰乙酸，再经糖酵解逆转过程变成糖或甘油，因此三羧酸循环不仅是三大物质分解代谢的最终共同途径，也是它们互变的枢纽。

五、磷酸戊糖途径

糖酵解和三羧酸循环是葡萄糖氧化的主要途径，葡萄糖通过这一主流代谢途径氧化，可以产生大量的 ATP。在大多数生物体内，糖的氧化分解还普遍存在着磷酸戊糖途径。磷酸戊糖途径是从葡萄糖-6-磷酸开始的，因此又称为磷酸己糖支路（hexose monophosphate pathawy），简称 HMP 途径。该途径在植物组织中普遍存在，在动物及许多微生物中，约有 30%的葡萄糖经此途径氧化。在动物的乳腺、肝脏、肾上腺、脂肪等组织中，磷酸戊糖途径进行得最活跃。

磷酸戊糖途径中的酶都存在于细胞液中。

（一）磷酸戊糖途径的反应过程

磷酸戊糖途径如图 2-36 所示（NADPH 为还原型辅酸Ⅱ）。

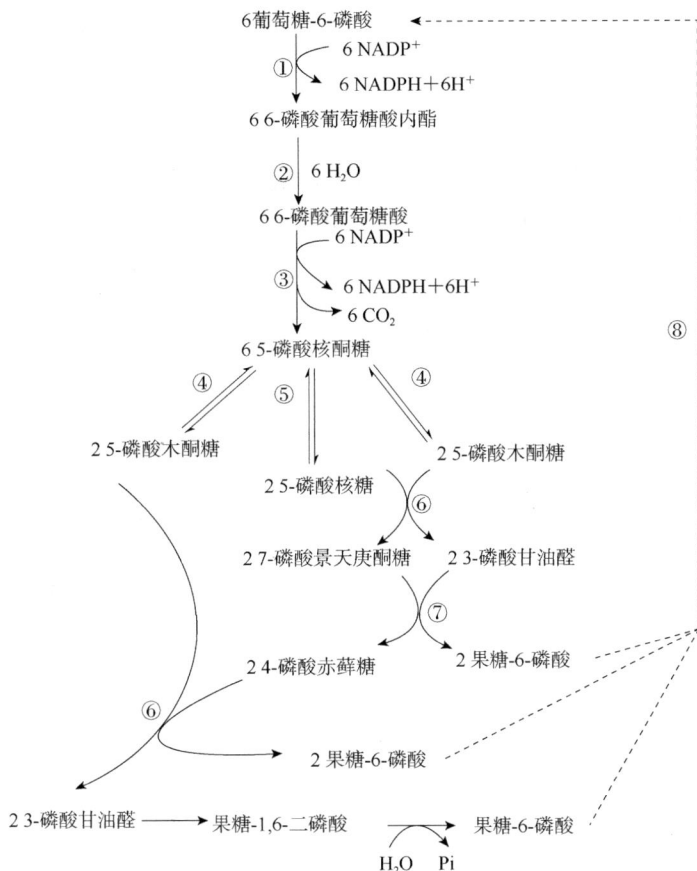

图 2-36 磷酸戊糖途径
①葡萄糖-6-磷酸脱氢酶；②内酯酶；③6-磷酸葡萄糖酸脱氢酶；
④差向异构酶；⑤异构酶；⑥转酮酶；⑦转醛酶；⑧磷酸己糖异构酶

此过程可以分为两个阶段：氧化阶段和非氧化阶段。

1. 氧化阶段

从葡萄糖-6-磷酸开始，在葡萄糖-6-磷酸脱氢酶和 6-磷酸葡萄糖酸脱氢酶的催化下，经历两次脱氢反应，生成磷酸戊糖、NADPH 和 CO_2。反应过程如下。

（1）葡萄糖-6-磷酸脱氢氧化为 6-磷酸葡萄糖酸内酯。此反应由葡萄糖-6-磷酸脱氢酶催化，辅酶是 $NADP^+$。

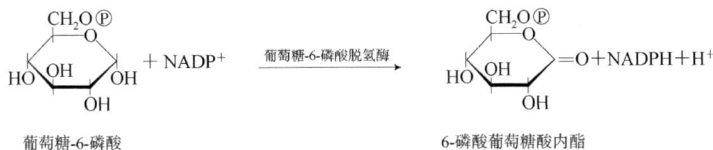

葡萄糖-6-磷酸   6-磷酸葡萄糖酸内酯

47

（2）6-磷酸葡萄糖酸内酯水解生成6-磷酸葡萄糖酸。此反应由内酯酶催化。

6-磷酸葡萄糖酸内酯　　　　　　　6-磷酸葡萄糖酸

（3）6-磷酸葡萄糖酸氧化脱羧生成5-磷酸核酮糖。这是氧化阶段的第二次脱氢反应，由6-磷酸葡萄糖酸脱氢酶催化，辅酶是 $NADP^+$。

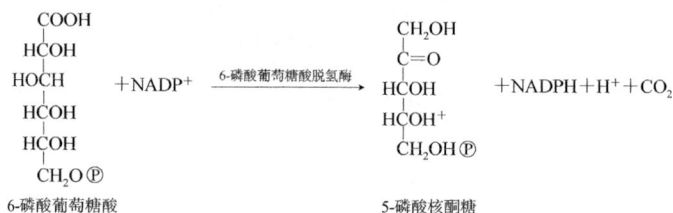

6-磷酸葡萄糖酸　　　　　　　　　5-磷酸核酮糖

2. 非氧化阶段

非氧化阶段是一条转换途径，通过基团之间的转移反应，磷酸戊糖转换为糖酵解的中间产物果糖-6-磷酸和3-磷酸甘油醛。反应过程如下。

（1）5-磷酸核酮糖异构为5-磷酸木酮糖和5-磷酸核糖，分别由差向异构酶和异构酶催化。

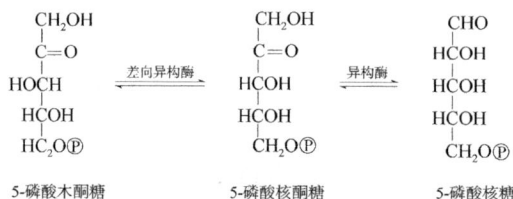

5-磷酸木酮糖　　　　　　5-磷酸核酮糖　　　　　　5-磷酸核糖

（2）转酮基反应。5-磷酸木酮糖在转酮酶催化下，把二碳单位转移给5-磷酸核糖，形成7-磷酸景天庚酮糖和3-磷酸甘油醛。

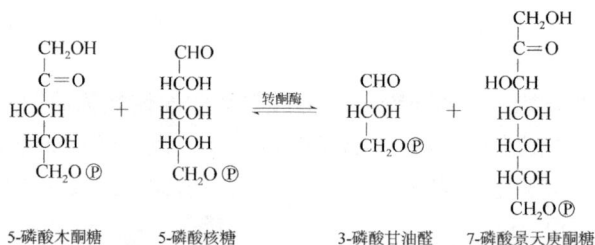

5-磷酸木酮糖　　　　5-磷酸核糖　　　　3-磷酸甘油醛　　　7-磷酸景天庚酮糖

（3）转醛基反应。7-磷酸景天庚酮糖在转醛酶催化下，把三碳单位转移给3-磷酸甘油醛，形成4-磷酸赤藓糖和果糖-6-磷酸。

7-磷酸景天庚酮糖　　3-磷酸甘油醛　　　4-磷酸赤藓糖　　果糖-6-磷酸

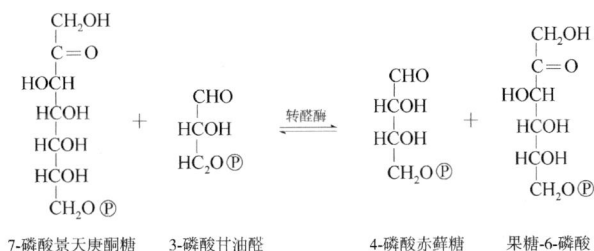

（4）转酮基反应。5-磷酸木酮糖在转酮酶催化下，把二碳单位转移给 4-磷酸赤藓糖，形成 3-磷酸甘油醛和果糖-6-磷酸。

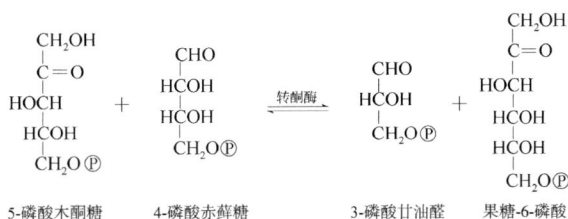

5-磷酸木酮糖　　　4-磷酸赤藓糖　　　3-磷酸甘油醛　　果糖-6-磷酸

（5）异构化反应。果糖-6-磷酸在磷酸己糖异构酶催化下异构为葡萄糖-6-磷酸。

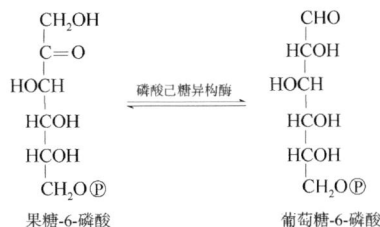

果糖-6-磷酸　　　　　　葡萄糖-6-磷酸

另外，2 分子 3-磷酸甘油醛可以缩合成 1 分子果糖-1,6-二磷酸，再转化为果糖-6-磷酸。

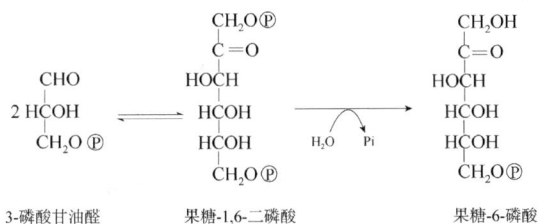

3-磷酸甘油醛　　　果糖-1,6-二磷酸　　　　　果糖-6-磷酸

磷酸戊糖途径从 6 分子葡萄糖-6-磷酸开始，经过氧化阶段的 2 次脱氢、1 次脱羧，生成 6 分子 CO_2、12 分子 NADPH、6 分子 5-磷酸核酮糖；在非氧化阶段，6 分子 5-磷酸核酮糖经异构化、转酮基、转醛基等反应，最后使 5 分子葡萄糖-6-磷酸再生。磷酸戊糖途径的总反应式如下。

$$葡萄糖\text{-}6\text{-}磷酸 + 12NADP^+ + 7H_2O \longrightarrow 6CO_2 + 12NADPH + 12H^+ + Pi$$

（二）磷酸戊糖途径的生理意义

磷酸戊糖途径具有特殊的生理意义，主要表现在以下 3 个方面。

49

1. 体内 NADPH 的重要来源

NADPH 具有许多独有的功能，如脂肪酸、胆固醇、四氢叶酸等的生物合成都需要大量的 NADPH。因此，在生物合成脂肪酸、胆固醇的组织中磷酸戊糖途径进行得最为活跃。此外，NADPH 还是谷胱甘肽还原酶的辅酶，对于维持细胞中还原型谷胱甘肽（glutathione，GSH）的正常含量有重要作用。

2. 为生物合成提供原料

磷酸戊糖途径中产生的 5-磷酸核糖是 NAD^+、$NADP^+$、FAD 等辅酶的组成成分，也是合成核苷酸的重要原料，这是体内产生核糖的主要途径。

3. 沟通了戊糖代谢与己糖代谢

通过转酮基反应、转醛基反应，使丙糖、丁糖、戊糖、己糖及庚糖相互转变。

任务六　糖的合成代谢

在自然界中，只有绿色植物（或光合细菌）可以通过光合作用，利用无机物二氧化碳和水合成糖类物质。人和动物体内的糖主要来源于食物，但在一定条件下，机体内也可由非糖物质合成糖类物质，这种作用通常称为糖的异生作用。

一、糖的异生作用

糖异生作用主要在肝脏中进行，肾脏也可以进行糖异生作用，但比肝脏弱。在人及动物体内糖异生作用的主要原料有乳酸、丙酮酸、甘油、丙酸、生糖氨基酸等。

（一）糖异生作用的途径

非糖物质先转化为糖酵解或三羧酸循环中的某一中间产物，然后转变成葡萄糖。由丙酮酸异生为葡萄糖的途径中，大部分是糖酵解的逆反应。糖酵解中己糖激酶、磷酸果糖激酶及丙酮酸激酶催化的反应是不可逆的，因此，从丙酮酸到磷酸烯醇式丙酮酸、从果糖-1,6-二磷酸到果糖-6-磷酸、从葡萄糖-6-磷酸到葡萄糖均是由另外的酶催化的。

1. 丙酮酸生成磷酸烯醇式丙酮酸

这一过程由两步反应完成。首先，在丙酮酸羧化酶催化下，丙酮酸羧化为草酰乙酸，反应消耗 1 分子 ATP；其次，草酰乙酸在磷酸烯醇式丙酮酸羧激酶（PEP 羧激酶）催化下，生成磷酸烯醇式丙酮酸，消耗 1 分子三磷酸鸟苷（GTP）。这一过程称为丙酮酸羧化支路（GDP 为二磷酸鸟苷）。

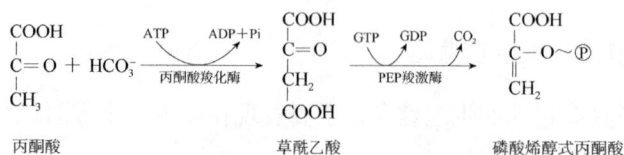

丙酮酸羧化酶存在于线粒体中，其辅基是生物素。PEP 羧激酶存在于细胞液中。因此，线粒体中生成的草酰乙酸必须进入细胞液才能成为 PEP 羧激酶的底物，见图 2-37 所示。

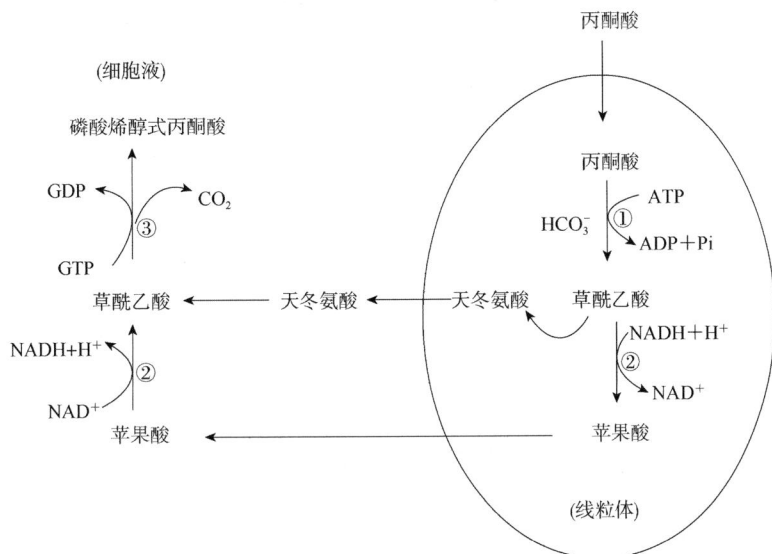

图 2-37 草酰乙酸的转运示意图
①丙酮酸羧化酶；②苹果酸脱氢酶；③磷酸烯醇式丙酮酸羧激酶

2. 果糖-1,6-二磷酸水解生成果糖-6-磷酸

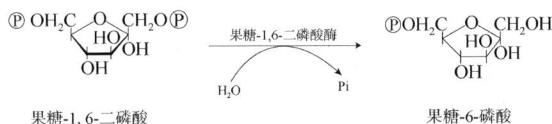

果糖-1,6-二磷酸 果糖-6-磷酸

3. 葡萄糖-6-磷酸水解生成葡萄糖

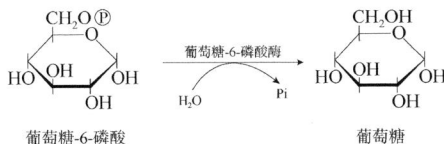

葡萄糖-6-磷酸 葡萄糖

由以上过程可以看出，糖异生作用是个需能过程，由 2 分子丙酮酸合成 1 分子葡萄糖需要 4 分子 ATP 和 2 分子 GTP，相当于消耗 6 分子 ATP。糖异生和糖酵解的比较如图 2-38 所示。

（二）糖异生作用的生理意义

1. 维持血糖浓度的恒定

糖异生作用最重要的生理意义在于糖来源不足时（如饥饿、剧烈运动等），利用非糖物质转化为葡萄糖，从而维持人体血糖浓度的恒定。这对于那些主要依靠葡萄糖供能的组织具有非常重要的意义。

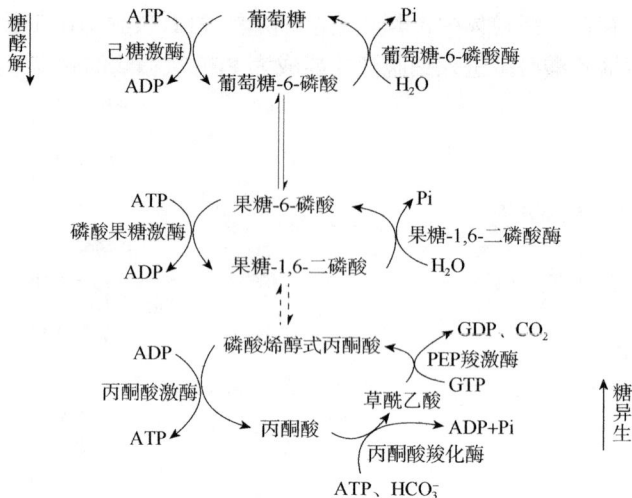

图 2-38 糖异生与糖酵解的比较

2. 清除乳酸积累，防止酸中毒，间接补充血糖

乳酸的生糖作用可以消除糖酵解中产生的乳酸积累，防止乳酸过多引起的酸中毒。同时，可以使肌糖原酵解产生的乳酸重新生成葡萄糖加以利用。这样，就使不能直接补充血糖的肌糖原间接地转变为血糖。

二、糖原的合成

食物中的葡萄糖被吸收后，一部分转化为糖原。糖原合成的场所主要是肝脏和肌肉组织。糖原的合成不是直接由 α-D-葡萄糖以 α-1,4-糖苷键和 α-1,6-糖苷键相连，而是需要活化的葡萄糖作为单糖供体，同时还需要引物。催化糖原合成的酶与催化糖原降解的酶不同。糖原合成的过程如下。

（一）生成葡萄糖-6-磷酸

在己糖激酶催化下，葡萄糖磷酸化为葡萄糖-6-磷酸。

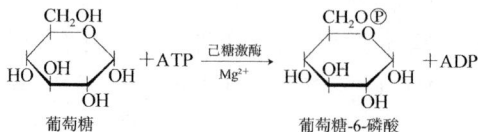

（二）生成葡萄糖-1-磷酸

在磷酸葡萄糖变位酶催化下，葡萄糖-6-磷酸转变为葡萄糖-1-磷酸。

（三）UDPG 的生成

UDPG（尿苷二磷酸葡萄糖）是葡萄糖的活化形式，作为糖原合成中葡萄糖基的供体。UDPG 由葡萄糖-1-磷酸与 UTP（尿苷三磷酸）在 UDPG 焦磷酸化酶催化下生成，见图 2-39。

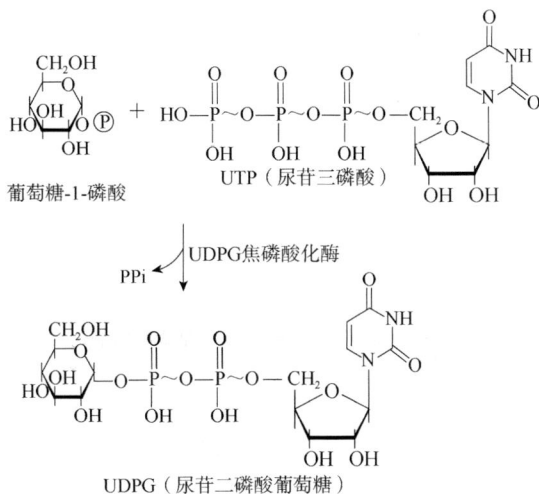

图 2-39　UDPG 的生成

（四）糖链的延长

在糖原合成酶催化下，UDPG 分子中的葡萄糖基以 α-1,4-糖苷键连接到引物（n 个葡萄糖基）的非还原端，使糖链延长一个葡萄糖基。

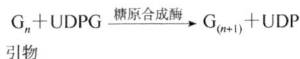

$$G_n + UDPG \xrightarrow{\text{糖原合成酶}} G_{(n+1)} + UDP$$
引物

糖原合成酶只能催化 α-1,4-糖苷键的形成，不能催化 α-1,6-糖苷键的形成。

（五）糖原的形成

催化糖原支链形成的酶是分支酶。当以 α-1,4-糖苷键相连的一段直链足够长时（一般至少是 11 个葡萄糖残基），分支酶从其非还原端截下一小段（约 7 个葡萄糖残基），转移到糖链内部，与另一个葡萄糖基以 α-1,6-糖苷键相连，形成分支。糖原分支的形成如图 2-41 所示。

糖原多分支一方面增加了糖原的水溶性，另一方面使糖原产生了许多非还原端，因此加快了糖原降解和合成的速率。糖原的合成是耗能的过程，在引物上每增加一个葡萄糖基要消耗 2 个高能键（1 个 ATP、1 个 UTP）。糖原合成的过程如图 2-42 所示。

三、糖代谢各途径之间的联系及调节

综合上述可见，糖在动物体内的主要代谢途径有糖原的分解、糖原的合成、糖酵解

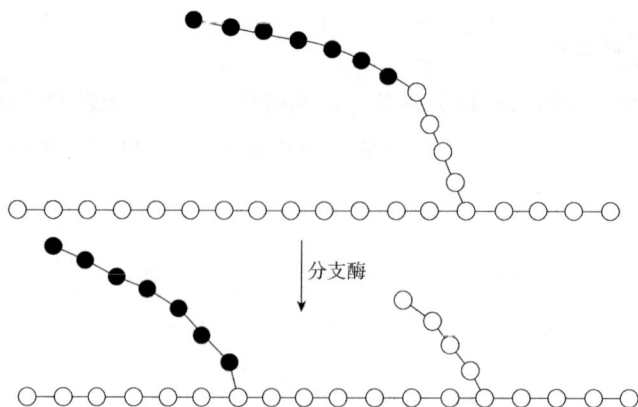

图 2-40　糖原分支的形成

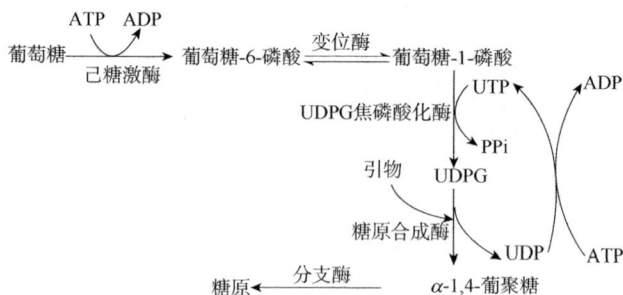

图 2-41　糖原合成的过程

作用、糖的有氧氧化、磷酸戊糖途径和糖的异生作用等。其中有消耗能量的合成代谢，也有释放能量的分解代谢。这些代谢途径的生理功能不同，但又通过共同的代谢中间产物互相联系和互相影响，从而构成一个整体。

糖代谢途径的一个交汇点是葡萄糖-6-磷酸，它连通了所有代谢途径。通过它，葡萄糖可转变为糖原，糖原也可转变为葡萄糖。而且由各种非糖物质生成糖时都要经过它再转变为葡萄糖或糖原。在糖的分解代谢中，葡萄糖或糖原也是先转变为葡萄糖-6-磷酸，然后或经酵解途径及有氧氧化途径进行分解，或经磷酸戊糖途径进行分解。第二个交汇点是 3-磷酸甘油醛，它是酵解和有氧氧化的中间产物，也是磷酸戊糖途径的中间产物。第三个交汇点是丙酮酸，当葡萄糖或糖原分解至丙酮酸时，在无氧的情况下，它接受由 3-磷酸甘油醛脱下的 H 还原为乳酸（无氧酵解）；在有氧的条件下，3-磷酸甘油醛脱下的 H 与氧结合成水，于是丙酮酸进一步氧化分解，最后通过三羧酸循环彻底氧化为 CO_2 和 H_2O（有氧氧化）。另外，丙酮酸还可经草酰乙酸生成糖（糖异生作用），它是许多非糖物质生成糖的必经之路。

此外，磷酸戊糖途径使戊糖与己糖的代谢联系起来，而各种己糖与葡萄糖的互变又沟通了各种己糖的代谢。不仅糖代谢本身的各个途径是相互联系的，糖代谢还和蛋白质、脂肪等的代谢通过中间产物互相联系在一起。

糖代谢各个途径的生理功能不同，因而在不同的生理条件下，各个代谢途径的速率也不相同。例如，当人进食后吸收了大量的葡萄糖，糖原的合成加快；而在激烈运动时，能量消耗增加，则糖的分解代谢加快，糖原合成减慢；当体内糖缺乏时，则糖的异生作用增强等。各种代谢途径的速率是通过其调节机制实现的。

任务七　糖 的 应 用

近年来，由于分子生物学特别是细胞生物学的深入研究，对糖的生物学功能的认识已经取得了重大突破。糖类不只是作为能量或结构物质，还是不可缺少的信息物质。寡糖不仅以游离状态参与生命过程，还常以糖复合物（糖缀合物，如糖蛋白、糖脂等）的形式参与许多重要的生命活动。糖蛋白、糖脂是细胞膜的重要组成部分，它们作为生物信息的携带者和传递者，调节细胞的生长、分化、代谢及免疫反应等。

大量的科学研究表明，在发挥生物功能中起决定性作用的是糖缀合物中的寡糖残基，它们储存各种生物信息。这些寡糖链犹如细胞的耳目，捕获细胞间各种相互作用的信息，联系其他细胞和细胞内外之间的物质信息传递。这将为从分子和分子集合体水平上认识和控制复杂的生命现象和人类疾病等提供新的科学依据，将成为科学研究的新课题之一。

一、功能性单糖的应用

（一）木糖

1. 甜味剂

木糖价格低廉，作为耐受性好的无热量甜味剂，在食品生产中具有较强的竞争力。木糖的甜度和风味与葡萄糖类似，当和其他甜味料混合使用时，能改善口感，抑制异味；木糖与葡萄糖有相近的物理性质，几乎可完全代替葡萄糖，生产各种适合于糖尿病患者和肥胖患者使用的低热量食品，而且口感良好。

2. 风味改良剂

凡制取熟食品，在经过煮、蒸、炸、烤等加热过程后都会产生香味，其中主要原因之一是食品中所含糖醛类和氨基酸在加热过程中发生了美拉德反应。而所有糖类中，以木糖的反应最敏感，只要在食品加热过程中添加少量木糖，就能起到增香效果。木糖作为加热食品增香剂，可用于焙烤食品、火腿、香肠、腊肉等。

3. 肉类香精原料

近年国内外研发的肉类香精主要以肉类酶解提取物为基料，然后配以氨基酸和木糖，加热发生美拉德反应。这样，能得到逼真的各种天然肉类香料。美拉德反应制取肉类香料，除蛋白质基料外，其配料糖基中木糖是必不可少的。

4. 食品抗氧剂

用果糖、葡萄糖、木糖和 5 种不同氨基酸制抗氧剂，并测定其抗氧化性能，不同的糖和不同的氨基酸发生美拉德反应，获得不同抗氧化活性的氧化剂。要获得较高抗氧化活性的氧化剂，原料中糖类以木糖最优，氨基酸以赖氨酸最佳。

5. 饲料添加剂

木糖在发达国家已应用于宠物饲料。

6. 色素

木糖可用作高档酱油色。

（二）木糖醇

1. 作为食糖代用品

木糖醇在食品加工时不会因加热而发生美拉德反应。这是因为木糖醇与糖类不同，没有醛基，不会和氨基酸发生反应使食品色泽加深。木糖醇有吸湿性，不会使食品很快干燥；木糖醇不酶变，可加长食品的保存期。因此，木糖醇广泛应用于巧克力、饮料、糖果和糕点中。

2. 作为代糖品

木糖醇作为代糖品，其甜度与蔗糖相似。木糖醇可作为酒类的添加剂，改善酒类的品质，使酒类香味芳醇，浓郁饱满，绵柔可口，并有减少微生物败坏的特性。

3. 制作口香糖

由于蔗糖易龋齿，以前只得在口香糖中加入防龋药物。后来欧美各国开始采用糖醇，采用山梨醇生产口香糖可以达到减轻龋齿的效果，但其甜度差而不得不在口香糖中添加人工甜味料，致使后味较差。采用木糖醇制作口香糖，甜味和蔗糖相同，只是黏度小于蔗糖，需要加入阿拉伯胶来调整。

4. 应用于巧克力生产

在巧克力生产中，可以用木糖醇代替蔗糖生产出香甜可口的巧克力。唯一的问题是木糖醇黏度低，可通过调整配方或添加适量添加剂来解决。在制作巧克力涂层时，木糖醇巧克力的成壳性能也不错，但巧克力生产场所的相对湿度应不超过85%。

5. 应用于饮料中

生产各种饮料时，用木糖醇代替蔗糖不会改变其风味。国内饮料厂曾用木糖醇试制了橘子汁、酸梅汁，经品评，反映良好。

6. 作为酒类添加剂

木糖醇可以作为酒类添加剂，以改善酒的品质。有研究认为，加入 0.5%～3%的木糖醇能改进酒的色、香、味。例如，合成清酒中加入 0.3%的木糖醇以代替葡萄糖，可使清酒的香味芳醇，甜味柔和，并有减轻招致微生物败坏的特性。威士忌酒中加入0.5%～2%的木糖醇，取得了类似效果。在白酒中加入 1.5%的木糖醇可使白酒口味滑爽、醇厚。和调制前相比，香味浓郁饱满，后味甜而绵长。

7. 制取硬糖

木糖醇易于结晶，不生成玻璃状体，故不能单独用来制取硬糖。国外有加入天然高聚物和山梨醇制造硬糖的专利。在软糖生产方面，国外有加入氢化淀粉作配料制取太妃糖的报道。我国北京某食品厂以木糖醇和奶粉等调配，生产木糖醇奶糖。还有一种以木糖醇直接压成片状或块状的木糖醇食品。

8. 作为食糖代用品

木糖醇可为糖尿病患者提供理想的食糖代用品。牛奶、豆浆、稀饭、糖包、蜂糕都可用木糖醇代替蔗糖使用。总之，正常人怎样用蔗糖，糖尿病患者就可怎样用木糖醇，只不过每天总的食用量，成人最好不超过 40 g，食用过量则易于引起轻微腹泻。

（三）山梨醇

1. 用作保湿剂

山梨醇的保湿性和稳定性被用来制作糖果、烘焙食品及巧克力，以防其变干或变硬，从而达到保鲜的目的。

2. 与其他食品配料联用

山梨醇性能稳定，且化学性质不活跃，即使高温也不会发生美拉德反应。这个优势使山梨醇被用于制作色泽新鲜而担心褐变的饼干。山梨醇也可与其他食品配料联用，如蔗糖、胶剂、蛋白质和植物脂肪。山梨醇用于许多产品中，如香口胶、糖果、冷冻甜点、饼干、蛋糕、糖衣；也可加用于口腔卫生产品中，如牙膏和漱口水等。

3. 用作保湿剂、稳定剂及抗结晶剂

山梨醇是一种很好的保湿剂、稳定剂及抗结晶剂，被广泛用于各种食品，包括无糖糖果、口香糖、冷冻甜点、烘焙食品中。

4. 用于保健食品

山梨醇被人体吸收缓慢，因而当山梨醇被使用时，作用于血糖的胰岛素代谢时间大大减少。山梨醇热量值低［为 2.6 cal/g（1 cal＝4.18 J），蔗糖为 4.0 cal/g］，有利于减肥。因其热量低且无糖，用山梨醇代替蔗糖可生产许多糖尿病患者和肥胖患者适用的保健食品。

（四）赤藓糖醇

1. 在糖果工业方面的应用

如今的糖果工业已经从传统产品转向无糖类健康产品，这对糖的替代品提出了很高的要求，而赤藓糖醇的特性使其在糖果工业中的应用非常广泛。对于口香糖来说，赤藓糖醇的高吸热性使产品具有持久爽口的清凉感觉。它可以被单独应用，也可以和其他糖醇混合使用来改善口香糖的品质，如延长货架寿命、提高柔韧性和改善涂层的黏附性等。通常来说，对于巧克力的生产，高温精炼是一道非常重要的工业步骤。由于赤藓糖醇的受热稳定性和低吸湿性，精炼可以在更高的温度条件下进行，从而增强巧克力的风味形成。赤藓糖醇也可以使产品具有鲜亮光泽、细脆薄嫩、清凉怡人的特性。

2. 在烘焙食品方面的应用

基于上述诸多原因，赤藓糖醇也被广泛应用在烘焙食品上。在饼干、蛋糕和曲奇类产品配方中，赤藓糖醇的用量可达到10%以上，能明显改善烘焙稳定性和保质期。有关实验表明，赤藓糖醇可以用来取代蔗糖，其和麦芽醇混合使用可生产出优质的低热量和无糖类烘焙产品。

3. 在饮料方面的应用

赤藓糖醇对酸性环境具有高稳定性，因此也被应用在传统和新型的低热量饮料中。实验证明，赤藓糖醇对饮料中主要感官特征的影响体现在提高甜度、厚重感和滑润感，以及降低苦涩感。通过掩饰不清爽的口味，从而改善饮料的整体风味。赤藓糖醇同时具有优秀的热稳定性，在加工过程中不会发生美拉德反应，因此可以被应用在需要巴氏、高温短时和超高温等杀菌工艺的饮料中。

4. 在佐餐调料中的应用

对于佐餐调料而言，赤藓糖醇可以改善口感和掩饰不良口味。它不仅提供和蔗糖相似的风味组织、晶体结构和密度，更因为其晶体的非吸湿性而呈现出良好的流动性和稳定性，可用作高强甜味剂的优良载体。

二、功能性寡糖的应用

（一）壳寡糖

壳寡糖是迄今为止人类发现的自然界中唯一带正电荷的低聚糖，是可食性动物性纤维素。

1. 在化妆品中的应用

壳寡糖具有加速表皮细胞的代谢和再生及极好的保温吸湿功能，能有效地阻止皮肤粗糙和老化。此外，壳寡糖还具有抑菌和吸收紫外线的功能，尤其对痤疮具有很好的疗效。在护发用品中添加壳寡糖能保持头发成膜通透性，湿润易梳理，并能抗静电、防灰尘、止痒去头屑。壳寡糖的化学稳定性好，与乳化剂表面活性等成分复配性能好，并能被头皮吸收，因此被广泛用于化妆品制作中。

2. 在农业上的应用

因长期使用化学农药，病虫害的抗药性越来越强，传统农药的用量越来越大，对生态环境保护和资源的可持续开发与利用造成较大负面影响。壳寡糖具有良好的抗病虫害功能，具有安全、微量、高效、成本低等优势，可使水果、蔬菜、粮食增产 10%～30%，因而可以应用于生物农药产品，部分替代化学农药。目前我国农业病虫害共 2000 余种，受灾面积数十亿亩（1 亩≈666.6 m^2）。因此，壳寡糖在农业上的应用对我国的农业可持续发展具有重要意义，以壳寡糖为基础的生物农药将有广阔的发展空间。壳寡糖本身含有丰富的 C、N，可被微生物分解利用并作为植物生长的养分。壳寡糖可改变土壤微生物区系，促进有益微生物的生长而抑制一些植物病原菌。壳寡糖可刺激植物生长，使农作物和水果蔬菜增产丰收。壳寡糖可诱导植物的抗病性，对多种真菌、细菌和病毒产生免疫和杀灭作用，对小麦花叶病、棉花黄萎病、水稻稻瘟病、番茄晚疫病等病害具有良好的防治作用。同时，壳寡糖对多种植物病原菌具有一定程度的直接抑制作用。

3. 在畜牧业上的应用

由于国际上对环境保护日益重视，畜牧生产来自环境保护的压力越来越大，这促使人们努力开发机体本身所拥有的抗病潜力，追求具有生理活性的产品。研究表明，寡糖作为非消化性低聚糖，是一种优于抗生素、具有益生素活性的新型饲料添加剂。壳寡糖作为新型饲料添加剂用于饲料配方已成为新型饲料开发的方向之一，它可以提高动物抗病能力，提高鸡的育成率和产肉率，提高猪的产仔率，促进鱼的生长和减少死亡等。

（二）氨基寡糖素

氨基寡糖素被誉为"植物疫苗"，是继人体疫苗、动物疫苗之后的第三类疫苗。它广泛应用于作物，使用方法也非常灵活，使用价值逐步被挖掘并重视，市场也涌现出丰富的复配产品，将为作物营养及健康开辟新的道路。

1. 用于种子预处理——抗病、壮苗、增产

使用氨基寡糖素，通过拌种、浸种、包衣等方法处理种子，可增强种子发芽势力，提高种子发芽率，促使种子早出苗、出全苗、出壮苗等。经过处理的种子，能激活作物体内的免疫及生长系统，抑制病原菌的侵入生长，并能溶解真菌、细菌及病毒的蛋白质外壳和细胞，从而有效地防治作物病害的发生。通过实验证明，使用氨基寡糖素浸种的花生在生长过程中表现出色，不仅植株健旺，根系更加发达，而且根部的根瘤菌产生更提前、分布更多，能直接促进产量的提升。

2. 用于土壤处理——防治线虫、改良土壤、促进根系发达

杀线虫：氨基寡糖素可以诱导作物产生一种几丁质酶来分解吸收线虫和卵壳中的壳寡糖，使线虫体壁和卵壳溶解掉，从而导致线虫和虫卵死亡。提前和经常在作物上使用氨基寡糖素可诱导几丁质酶的数量长时间保持在较高水平，达到预防线虫的目的。

优化菌群：氨基寡糖素施入土壤后，能在短时间内培养大量的放线菌等有益菌群。这些有益菌群分泌出的大量抗生素类物质和几丁质酶（几丁质酶可以分解破坏线虫卵壁、体壁）可直接抑制线虫和虫卵，同时抑制腐霉菌、疫霉菌、丝核菌、尖镰孢菌、霉菌、镰刀菌等有害菌群，从而减轻线虫危害造成的有害菌的复合侵染，减轻"死棵"。据测定，使用氨基寡糖素肥料可以使土壤中的纤维分解细菌，自生固氮细菌增加近 10 倍，放线菌数量增加 30 倍。

健康根系：氨基寡糖素具有强大的生根养根作用，能促进根系细胞的分生，使毛细根快速增多，减少沤根、死根和腐烂根的出现，促使根系发达。因此，当作物在生长或结果盛期出现线虫危害时，通过灌根处理可以使作物重新恢复生机，保持正常生长状态，从而将线虫危害带来的损失降到最低。

3. 用于叶面喷施——抗病抗菌抗逆、健康增产

诱导抗病抗逆性：氨基寡糖素能诱导植物的结构抗病性，如使植物的细胞壁加厚或木质化程度增强；可迅速活化细胞，短时间内诱导植物产生自身多种抗性物质，诱导植物一系列防御反应，提高植物的抗病能力和抵御不良环境条件的抗逆能力。氨基寡糖素广泛用于由真菌、细菌和病毒引起的各种作物病害防治，特别是对西瓜、番茄、烟草、棉花、水果、辣椒、蔬菜、水稻等作物上的病毒病、黄萎病、疫病、枯萎病等。

诱导内源激素的整体调节：氨基寡糖素喷施于植物叶面上具有透气、保水的功效；喷施于叶面或施入土壤可促进根系细胞的分生，使根系发达，增强植物抗旱抗倒伏能力。使用后能使植物体各器官生长旺盛，增强作物的抗逆性，有助于受害植株的恢复，促根壮苗及促进植物生长发育，提高作物品质。

项目三　脂类及应用

项目导入

大家一定都听说过地沟油。地沟油是废弃食用油脂，是餐饮业和仪器加工业在经营过程中产生的不能再食用的动植物油脂。地沟油不仅对城市排污管网排水能力及污水处理厂处理造成危害，还对社会主义市场经济秩序和广大人民群众身心健康造成危害。

本项目的学习内容有脂类的概念和分类、脂类的结构和化学性质、脂类的消化和吸收、脂肪的代谢、类脂的代谢、脂类及脂类代谢的应用等。

任务一　脂类的概念和分类

一、脂类的概念

有机化学中醇与酸脱水的缩合物称为酯，形成的键称为酯键。而脂类的概念比较模糊，习惯上是指生物体内含有酯键及一些没有酯键但性质上与脂相似的物质。例如，一些没有酯键的异戊二烯衍生物（如固醇、萜类等）也包括在内，过去称为类脂。所以目前的脂类泛指在结构中含有脂肪酸和甘油、高级醇及异戊二烯衍生物，在性质上不溶于水、易溶于非极性有机溶剂的一类化合物。

二、脂类的分类

脂类的分类没有规范的或统一的标准，一般按照脂类结构中的组成分为 3 类。

（一）单脂

单脂分子中只含醇和脂肪酸，又可分为两种类型。

1. 三酰甘油脂

三酰甘油酯也称甘油三酯，或称真脂或油脂，分子由甘油（丙三醇）和 3 分子脂肪酸构成。

2. 蜡

由高级一元醇和脂肪酸形成的酯特称为蜡。高级一元醇一般含有 20 个以上的碳原子。

（二）复脂

分子中除醇和脂肪酸外，还有其他成分，可以分为两种类型。

1. 甘油磷脂

甘油三酯的一个脂肪酸被磷酸取代，磷酸基再与其他带有碱性基团的分子结合生成甘油磷脂。与磷酸基结合的分子常有胆碱、胆胺、丝氨酸等。

2. 鞘脂

鞘脂分子中含有鞘氨醇（神经醇）和脂肪酸，另外还含有磷酸或糖等其他成分。

1）鞘磷脂类。分子中有鞘氨醇、脂肪酸、磷酸基及其他带有碱性基团的成分。

2）鞘糖脂类。分子中含鞘氨醇和糖。可以是单糖，也可以是寡糖。有的鞘糖脂中还含有肌醇及磷酸基。有的鞘糖脂中并没有酯键，糖和醇之间形成的是糖苷键，称为苷脂，如脑苷脂、神经节苷脂等。

（三）固醇类和萜类

固醇类和萜类现在也称异戊二烯衍生脂，过去称类脂，不属于真正的脂。类脂中一般不含脂肪酸，但多数可与脂肪酸结合成脂。其有两个特点：一是均属于脂溶性物质，都不溶于水而溶于脂性溶剂；二是分子主体结构碳原子数符合异戊二烯单位。

1. 固醇类

固醇类也称甾醇类或甾体，分子中有环戊烷多氢菲母核，如胆固醇、胆酸等。

2. 萜类

萜类分子中有个芳环（或其他环）和一个较长的侧链，链中常有多个共轭双键，如胡萝卜素、叶黄素等。在植物中还常存在一些易挥发的萜类（如樟脑等），这类物质也称为挥发油。

脂类物质在生物体内也可与非脂类物质结合在一起，称为结合脂，如脂蛋白和脂多糖。有些情况结合脂与复脂也不易分清，如神经节苷脂中有寡糖链，似乎属于复合脂或属于结合脂都有道理。但结合脂中的非脂成分一般较大。

任务二　脂类的结构和化学性质

一、单脂

（一）三酰甘油脂

1. 脂肪酸

脂肪酸是指不溶于水的长碳链羧酸，绝大多数是一元羧酸。而甲酸、乙酸、丙酸、丁酸等都溶于水，一般不列入脂肪酸。

脂肪酸碳链的原子数一般是偶数，奇数很少。碳原子数一般为 12～20，少数有 20

以上。脂肪酸都有特定的名称，如 12 碳羧酸称为月桂酸，14 碳羧酸称为豆蔻酸，16 碳羧酸称为软脂酸，18 碳羧酸称为硬脂酸，20 碳羧酸称为花生酸等。

脂肪酸碳链中没有双键的称为饱和脂肪酸，有双键的称为不饱和脂肪酸。常见的不饱和脂酸有油酸、亚油酸、亚麻酸、花生四烯酸等。

双键位置要用数字标出，表示方法为脂肪酸碳链原子数:双键数（双键起始位置）。

例如油酸双键为 18:1（9），表示油酸有 18 个碳原子，1 个双键，位于第 9～10 位，过去写作 $18:1\triangle^9$；花生四烯酸为 20:4（5，8，11，14），过去写作 $20:4\triangle^{5,8,11,14}$。其他如亚油酸为 18:2（9，12），亚麻酸为 18:3（9，12，15）。

有的脂肪酸有取代基，如蓖麻油酸为 12-羟基油酸、大枫子酸为环戊烯十三酸。

2. 三酰甘油酯的分子结构

三酰甘油酯由 1 分子甘油与 3 分子脂肪酸通过 3 个酯键结合形成，结合时释放 3 个 H_2O，如图 3-1 所示。

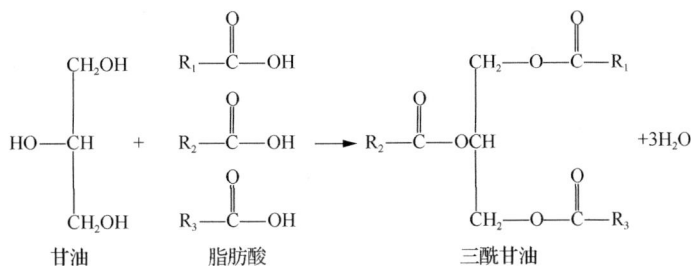

图 3-1　三酰甘油酯的结构组成

图 3-1 中，R 代表脂肪酸羟基，编号 1、2、3 表示所对应甘油的碳链位置，也有用 α、β、α' 表示甘油的碳原子位置的，1 位碳为 α，2 位碳为 β，3 位碳为 α'。三酰甘油脂中的 3 个脂肪酸可以相同，也可以不同，不同时称为甘油三杂脂。如果脂肪酸的 R_1 与 R_3 不同，则有旋光性。

旋光异构体的构型表示法仍是以甘油醛作为参照，但这种参照法对三酰甘油酯有时可能产生混乱。例如，图 3-2 中的 L-甘油-3-磷酸和 D-甘油-1-磷酸实际是同一种化合物。

为避免这种混乱，国际上采用统一的命名规则：三酰甘油脂中甘油的 3 个碳定为 1、2、3 位，如 2 位是手性碳，1、3 位碳的位置不能随意调换，2 位的羟基（或酰基）一定要写在左边，前面冠以 sn 字。这称为 sn-表示法（所有甘油衍生物都应冠以 sn），上面的分子则称为 sn-甘油-3-磷酸。

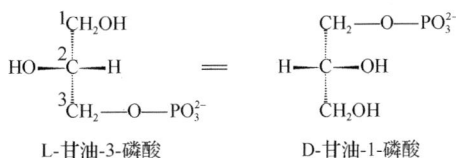

图 3-2　甘油醛旋光异构体的构型表示法

每个脂肪分子中可以有 1～3 个不饱和脂酸，不饱和度高则熔点低。多数脂肪的第 2 个脂肪酸是不饱和的。因为各种脂肪中的脂肪酸是不确定的，即使是同一种生物来源的脂肪，脂肪酸也是不固定的，所以脂肪的物理性质如密度、熔点、沸点等也常是不确定的。

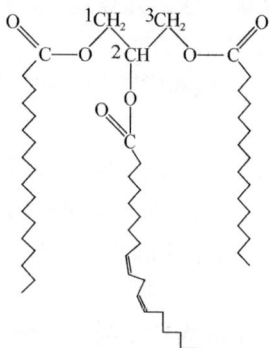

图 3-3　1-硬脂酰-2-亚油酰-3-棕榈酰-甘油的结构

1-硬脂酰-2-亚油酰-3-棕榈酰-甘油的结构如图 3-3 所示。

在三酰甘油脂的合成或水解等代谢中，也可以只有 2 个或 1 个脂肪酸，分别称为二脂酰甘油和一脂酰甘油（或称甘油二酯和甘油一酯）。

3. 三酰甘油酯的主要化学性质

（1）水解

三酰甘油酯可以在酸、碱、酶的作用下水解为甘油和脂肪酸（盐）。

三酰甘油脂在酸作用下水解为脂肪酸和甘油；在碱作用下的水解称为皂化反应，水解为甘油和脂肪酸盐。皂化 1 g 脂肪所需的 KOH 的毫克数称为皂化价。

（2）加成

游离的不饱和脂肪酸能与卤素和氢发生加成反应，三酰甘油酯中的不饱和脂肪酸也可发生加成反应。100 g 甘油酯加成所需的碘克数称为碘价。

不饱和脂肪在有催化剂如 Ni 催化下，可加氢成为饱和脂肪，这一作用称为氢化。利用氢化可将植物油如棉籽油、豆油等制成半固体脂肪，俗称"人造猪油"。

（3）氧化及酸败

油脂储存时间久后（尤其是夏季高温条件下）会发生氧化，出现难闻的气味，称为酸败。这是由于脂肪自发水解出的游离脂肪酸氧化为醛或酮类物质，也有认为是微生物作用所致。中和 1 g 脂肪内游离脂肪酸所需要 KOH 的毫克数称为酸价（酸值）。酸价可表示酸败程度。

还有一些植物油在空气中氧化发生聚合形成固体油，这一过程称为油脂的干化。这类植物油属于天然的油漆，如桐油等。

（二）蜡

蜡是脂肪酸与高级一元醇（24～36 个碳原子）形成的酯类，常温下为固体，不溶于水，也不溶于有机溶剂，化学性质比较稳定，但都不是单一成分。

较重要的是蜂蜡和虫蜡，蜂蜡的主要成分是三十醇的棕榈酸酯，结构如图 3-4 所示。中国虫蜡是二十六醇的二十六酸酯或二十八酸酯。它们都是工业提取高级醇的原料。

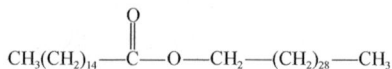

$$CH_3(CH_2)_{14}—\overset{\overset{\displaystyle O}{\|}}{C}—O—CH_2—(CH_2)_{28}—CH_3$$

图 3-4　蜂蜡的结构

应用较广的羊毛蜡，也称羊毛脂，主要成分是三羟蜡酸环醇酯（以胆固醇为主），是高级化妆品的原料。

植物表面都有不同程度的蜡层，如叶片表面、水果表面，蜡层的主要作用是防止水分散失及防病虫。

二、复脂

（一）甘油磷脂类

甘油磷脂的基本结构是甘油C1位和C2位上各连接1分子脂肪酸，C3位上连磷酸后称为磷脂酸，磷酸基上再连接一个碱性基团X。甘油磷脂的通式如图3-5所示。

磷脂中C1位多为饱和脂肪酸，C2位一般为不饱和脂肪酸。

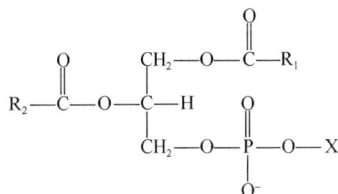

图3-5 甘油磷脂的通式

1. 常见甘油磷脂的类型及结构

如不考虑脂肪酸，按碱性基团的种类可将甘油磷脂划分为以下几种。

（1）磷脂酰胆碱，俗称卵磷脂或胆碱磷脂，通式中X为胆碱。磷脂酰胆碱的结构如图3-6所示。

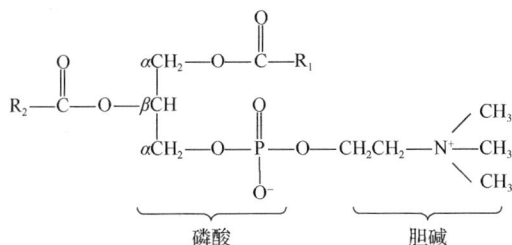

图3-6 磷脂酰胆碱的结构

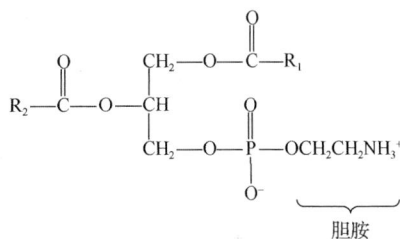

图3-7 磷脂酰乙醇胺的结构

（2）磷脂酰乙醇胺，也称为氨基乙醇磷脂，通式中X为胆胺。磷脂酰乙醇胺的结构如图3-7所示。

（3）磷脂酰丝氨酸，又称丝氨酸磷脂，通式中X为丝氨酸。磷脂酰丝氨酸的结构如图3-8所示。磷脂酰乙醇胺和磷脂酰丝氨酸都称为脑磷脂。

（4）磷脂酰肌醇，又称肌醇磷脂，通式中X为肌醇。磷脂酰肌醇的结构如图3-9所示。肌醇中的羟基可继续磷酸化形成一磷酸肌醇、二磷酸肌醇或三磷酸肌醇。

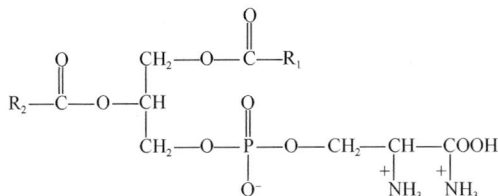

图3-8 磷脂酰丝氨酸的结构

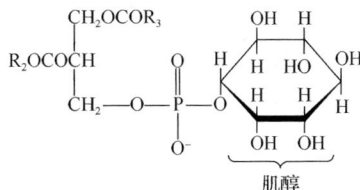

图3-9 磷脂酰肌醇的结构

（5）磷脂酰甘油及二磷脂酰甘油（心肌磷脂），磷脂酰甘油中X为甘油，多存在于微生物中；磷脂酰甘油的甘油羟基再与另一个磷脂酸连接，则形成二磷脂酰甘油。二磷脂酰甘油中有两个磷脂酸，共3个甘油分子。二磷脂酰甘油（心肌磷脂）的结构如图3-10所示。

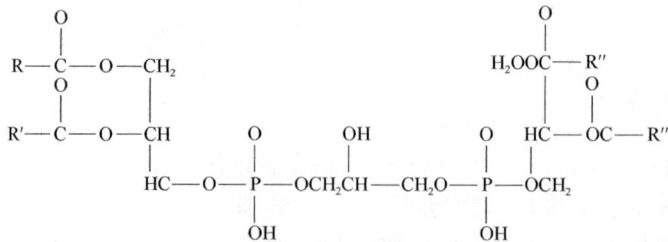

图 3-10　二磷脂酰甘油（心肌磷脂）的结构

（6）缩醛磷脂，是甘油磷脂的另一类型，也称为醚甘油磷脂。其结构特点与甘油磷脂基本一样，差别在于甘油 C1 位上的羟基与脂肪酸的连接不是酯键，而是醚键。实际上 C1 位上连接的是一个不饱和醇基。甘油 C3 位上的磷酸基上的 X，可以是胆碱、乙醇胺、丝氨酸等，这点与甘油磷脂相似。乙醇胺缩醛磷脂的结构如图 3-11 所示。

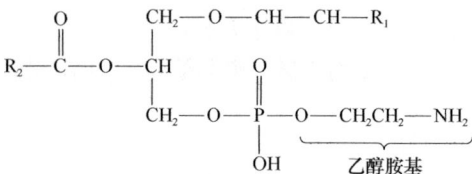

血小板活化因子（PAF）即是一种缩醛磷脂，甘油 C2 位上是乙酰基，其结构如图 3-12 所示。

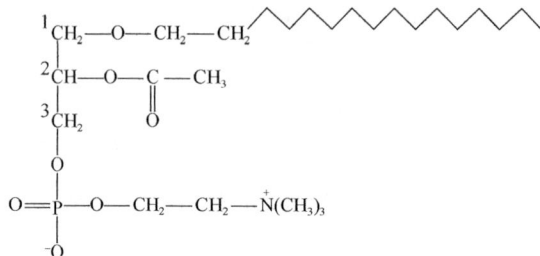

图 3-11　乙醇胺缩醛磷脂的结构

图 3-12　血小板活化因子（PAF）

缩醛磷脂在脊椎动物的心脏中含量丰富，某些无脊椎动物和嗜盐菌细胞膜中也出现高比例的缩醛磷脂，具体功能尚不清楚。

2. 甘油磷脂的主要性质

（1）单极性特征。甘油磷脂分子中两个脂酰基具有强大疏水性，为非极性端，磷酰基一端具有强亲水性，为亲水端。同一分子中既含有极性端又含非极性端的化合物称为单极性化合物，有的书上也称两性化合物。这类分子在水溶液中可以将亲水一端伸向水溶液中，将疏水一端伸向水溶液表面，平行排列为单层分子。细胞膜的脂质双分子层结构就是这样排列的。甘油磷脂是细胞膜的主要成分。

（2）甘油磷脂的水解。弱碱水解时只是脂肪酸水解成盐，甘油磷酸部分不水解。强碱水解时生成脂肪酸盐、磷酸甘油和含氮碱。

甘油磷脂可以在磷脂酶作用下水解。不同的磷脂酶水解部位不同，磷脂酶 A_1 水解 α 位酯键，磷脂酶 A_2 水解 β 位酯键，磷脂酶 C 水解甘油磷酸酯键，磷脂酶 D 水解磷酸与其他基团间的酯键，如图 3-13 所示。

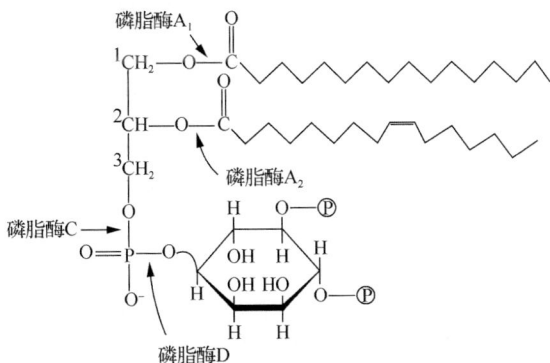

图 3-13 不同磷脂酶水解磷脂不同的酯键

（3）磷脂中不饱和脂酸在空气中易氧化成黑色过氧化物，引起磷脂的聚合。

（二）鞘脂类

1. 鞘磷脂

鞘磷脂也称鞘氨醇磷脂，其结构与甘油磷脂的区别在于鞘磷脂分子中不含甘油而含鞘氨醇，其他成分有脂肪酸、磷酸基、胆碱或胆胺等。鞘氨醇又称神经鞘氨醇或神经醇，已发现的有 30 余种，其结构如图 3-14 所示。

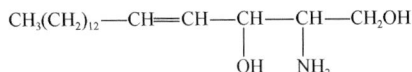

$$CH_3(CH_2)_{12}—CH=CH-CH-CH-CH_2OH$$

图 3-14 鞘氨醇的结构

脂肪酸通过酰胺键与神经鞘氨醇的氨基连接形成神经酰胺，然后神经酰胺与碱性基团通过磷酸基连在一起形成鞘磷脂。与磷酸基相连的碱性基团多为胆碱或乙醇胺。鞘磷脂的通式如图 3-15 所示。

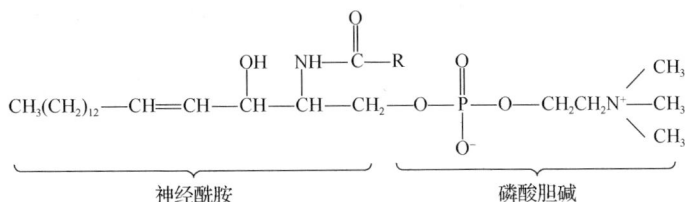

图 3-15 鞘磷脂的通式

但植物鞘磷脂中磷酸基连接的基团（X）常是一个肌醇并再连接三糖或四糖。因含有糖基，特称为植物鞘磷脂。鞘磷脂主要存在于动物的细胞膜中，是构成生物膜的第二类脂成分。

2. 鞘糖脂

鞘糖脂结构也是由鞘氨醇先与脂肪酸结合为神经酰胺，再与糖分子结合，结合的键一般是糖与鞘氨醇之间形成的苷键，所以又称苷脂，也有酰胺键连接的。有的书中将鞘糖脂直接称为糖脂，二者界线不是很明确。鞘糖脂中往往也有磷酸，如甘露糖肌

67

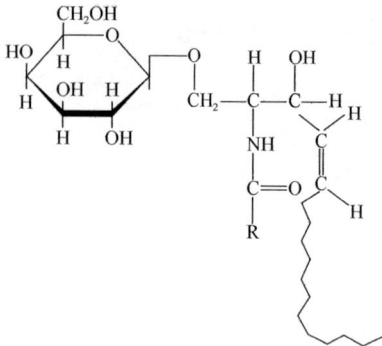

图 3-16 *β*-D 半乳糖脑苷脂的结构

醇磷脂等。

（1）脑苷脂，是鞘氨醇（神经酰胺）与一个单糖残基以苷键结合在糖的 *β* 位—OH 上。分子中没有酸性基团，所以称为中性鞘糖脂。此类苷脂多存在于神经组织中，如髓鞘。例如 *β*-D 半乳糖脑苷脂，如图 3-16 所示。也有的残基单糖是葡萄糖。

（2）神经节苷脂，是较复杂的鞘糖脂，分子中除神经酰胺外，还有 *N*-乙酰神经氨酸和一个寡糖链。例如，神经节苷脂的结构如图 3-17 所示。神经节苷脂分子中有酸性基团，属于酸性鞘糖脂。

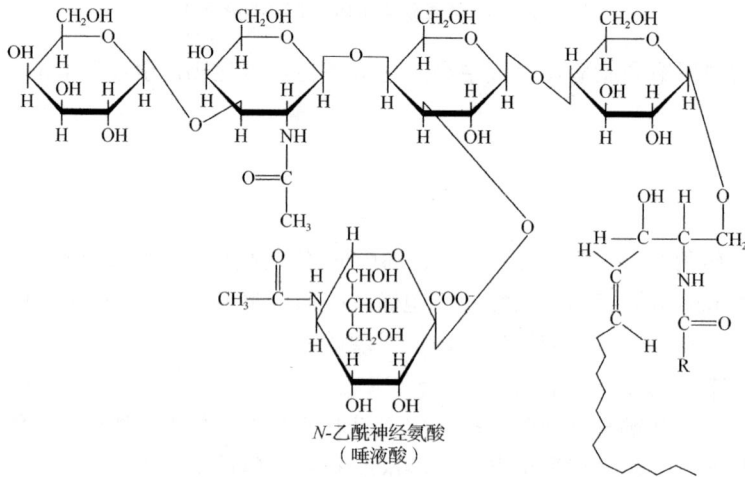

N-乙酰神经氨酸
（唾液酸）

图 3-17 神经节苷脂的结构

脑苷脂和神经节苷脂也是单极性分子，极性头部由糖承担，但神经节苷脂有羧基，可带负电荷。

三、固醇类和萜类

固醇类和萜类都属于异戊二烯系脂类（过去称类脂），结构上为异戊二烯单位。类脂中没有脂肪酸，但在性质上与脂类相似（易溶于脂性溶剂中）。

（一）固醇类

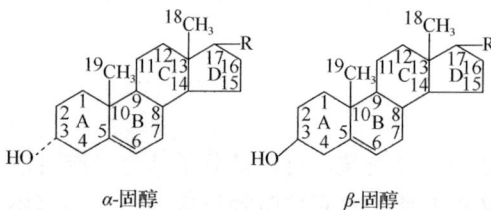

α-固醇　　　　*β*-固醇

图 3-18 固醇的结构通式

固醇类物质广泛存在于生物界，功能多样。胆固醇是动物细胞膜的重要成分。

1. 固醇类的基本结构

固醇的基本结构都属于环戊烷多氢菲衍生物，有 3 条侧链，其中一个较长，一般为异辛基，其结构通式如图 3-18 所示。

2. 胆固醇

胆固醇是非常重要的固醇，是哺乳动物细胞膜的重要成分，可以游离存在，也可以和脂肪酸形成胆固醇脂。植物不含胆固醇，含有麦角固醇、豆固醇、谷固醇等。

胆固醇为白色晶体，无臭无味，熔点高（148.5 ℃）。C_3—OH 可与脂肪酸成脂，双键可以发生加成反应。胆固醇的氯仿溶液与乙酸酐反应产生蓝绿色，可用于鉴定固醇类。

胆固醇属于单极性分子，极性端为 C_3—OH，主体环及侧链部分都属于非极性端。胆固醇的结构如图 3-19 所示。

3. 胆固醇的衍生物

皮肤细胞中的胆固醇可以还原为 7-脱氢胆固醇，经紫外光照射可转化为维生素 D_3。7-脱氢胆固醇的结构如图 3-20 所示。植物体内的麦角固醇吸收后在体内可转化为维生素 D_2。

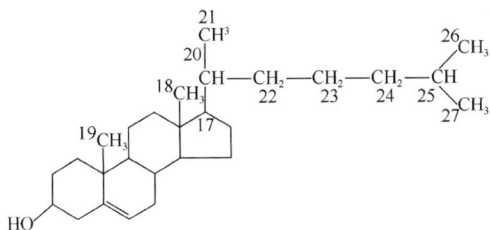

图 3-19 胆固醇的结构   图 3-20 7-脱氢胆固醇的结构

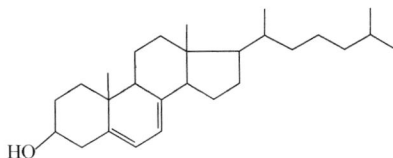

胆固醇可转化为胆汁酸。胆固醇在肝细胞中经羟化和氧化去除侧链，转化为胆酸、脱氧胆酸、鹅脱氧胆酸和少量胆石酸，它们都在肝中合成进入胆囊储存。胆固醇在肝中转化为胆汁类衍生物，如图 3-21 所示。

胆汁酸可游离存在，也可以结合型存在，主要是与甘氨酸和牛磺酸结合形成结合型。有的书中将肝中合成的胆汁酸称为初级胆汁酸，将进入肠道后在细菌作用下生成的胆汁酸称为次级胆汁酸。实际上二者难以区分。

形成胆汁酸是胆固醇的主要代谢去向。经代谢脱去 7 位—OH 为脱氧胆酸，去掉 12 位—OH 为鹅脱氧胆酸，7 位和 12 位—OH 都去掉为石胆酸。

4. 类固醇激素

类固醇激素的种类很多，其中主要有两部分。一部分是肾上腺皮质激素，如皮质酮、醛固酮等；另一部分是性激素，如孕酮、雌二醇、雌三醇等。皮质酮又称糖皮质激素，醛固酮又称盐皮质激素。类固醇激素之间也可以转化。

皮质酮的作用是促进糖、脂代谢，能提高应激能力及抗炎。醛固酮、脱氧皮质酮等的作用是调节水盐代谢，减少血中水盐外排。

可的松、强的松、脱氢可的松、醛固酮、睾酮、雌二醇的结构如图 3-22 所示。

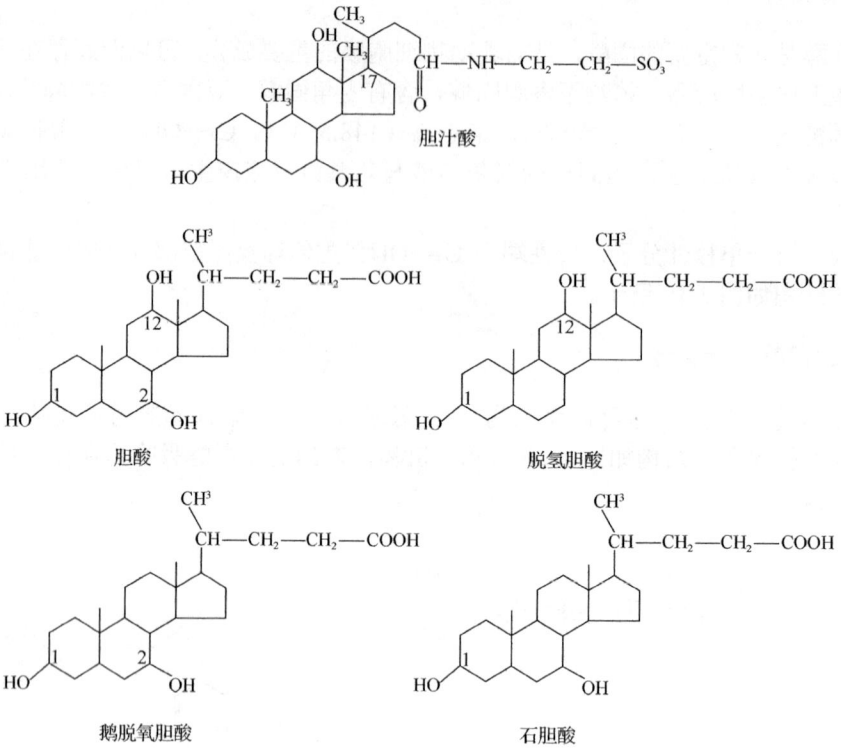

图 3-21 胆固醇在肝中转化为胆汁类衍生物

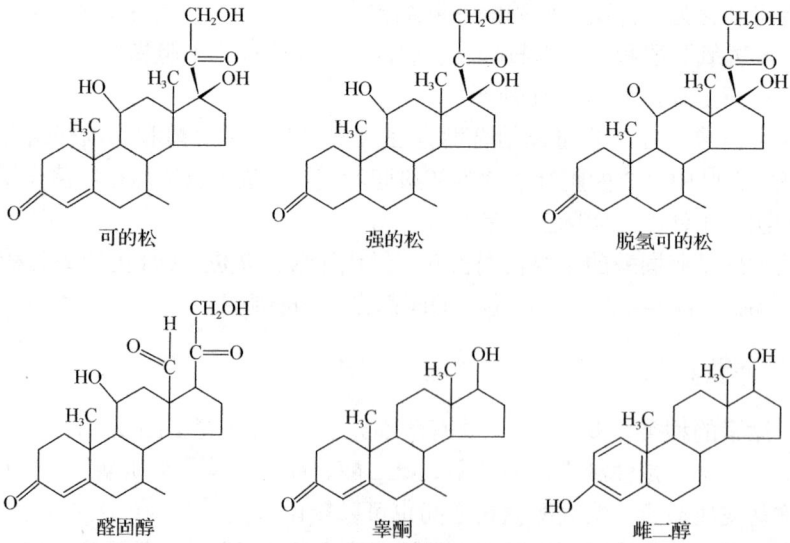

图 3-22 几种固醇激素的结构

（二）萜类

萜类为异戊二烯单位结合物。在植物体中萜类的种类很多，常有挥发性，如樟脑、薄荷等挥发油。几种萜类的结构如图3-23所示。

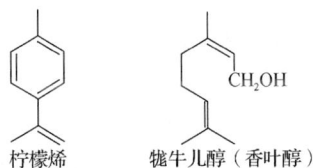

图3-23　几种萜类的结构

植物色素中的叶黄素、胡萝卜素、叶醇都属于萜类物质，植物激素中的赤霉素和脱落酸等也是萜类物质。β-胡萝卜素的结构如图2-24所示。

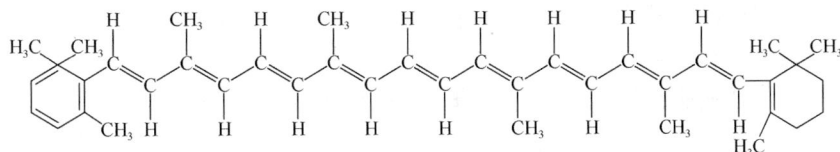

图3-24　β-胡萝卜素的结构

植物叶绿体中的质体醌是光合电子传递中重要的传递体，也是一种萜类。质体醌的结构如图3-25所示。

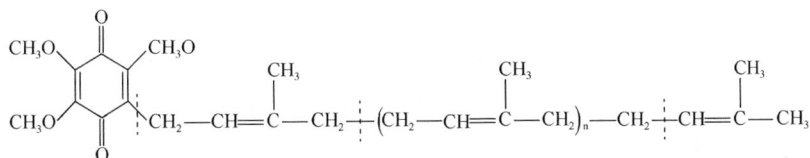

图3-25　质体醌的结构

脊椎动物体内萜类较少，固醇类较多。传递电子的辅酶 Q 是动物与植物共有的萜类，其基本结构与质体醌相同，但对于不同生物，异戊二烯单位数可略有区别。有些昆虫激素也属于萜类。

植物中的很多萜类是香料，有些可用于生产高级香料，如玫瑰油。有些萜类是重要的工业原料，如橡胶是多萜类物质，来自橡胶树的汁液。

任务三　脂类的消化和吸收

脂类是脂肪和类脂的总称，类脂是构成机体组织的结构成分，包括磷脂、糖脂、胆固醇及其酯，称为结构脂质；脂肪（又称三酰甘油、甘油三酯）作为高等动植物的重要能源物质大量储存于某些组织细胞内，称为储存脂质。脂肪广泛存在于动植物体内，其中动物脂肪组织和植物种子中储藏量最多。

一、脂肪的消化

正常人每日从食物中摄取的脂类，脂肪占了90%以上。此外，还有少量的磷脂、胆固醇及其酯和一些游离脂肪酸。

脂肪在人和动物消化道中的水解过程称为消化。食物中的脂类在成人口腔和胃中不能被消化，这是由于口腔中没有消化脂类的酶，胃中虽有少量脂肪酶，但该酶只有在 pH 值中性时才有活性，因此正常胃液中该酶几乎没有活性（但是婴儿时期，胃酸浓度低，胃中 pH 值接近中性，脂肪尤其是乳脂可被部分消化）。

消化脂肪的部位在小肠。在人和动物的小肠中，存在能够消化脂肪的酶。脂类不溶于水，必须在小肠经胆汁中胆汁酸盐的作用，乳化并分散成细小的微团后，才能被消化酶消化。胰液及胆汁均分泌入十二指肠，因此小肠上段是脂类消化的主要场所。在小肠上段，通过小肠蠕动，胆汁中的胆汁酸盐使食物脂类乳化，使不溶于水的脂类分散成水包油的小胶体颗粒，提高溶解度，从而增加酶与脂类的接触面积，有利于脂类的消化及吸收。在形成的水油界面上，分泌入小肠的胰液中包含的酶类开始对食物中的脂类进行消化。这些酶包括胰脂肪酶、胆固醇酯酶、辅脂酶和磷脂酶 A_2。

脂类经过上述胰液中酶类消化后，生成甘油一酯、脂肪酸、胆固醇及溶血磷脂等，这些产物极性明显增强，与胆汁乳化成混合微团。这种微团体积很小，极性较强，可被肠黏膜细胞吸收。

二、脂肪的吸收

脂肪被吸收的形式有以下 3 种。

一是完全水解，脂肪被水解为甘油和脂肪酸，脂肪酸再与胆汁盐按比例结合成可溶于水的复合物，与甘油一起被小肠上皮细胞吸收并进入血液。

二是不完全水解，脂肪经部分水解为脂肪酸、单酰甘油、二酰甘油，也可被吸收。

三是完全不水解，少量脂肪完全不水解，经胆汁高度乳化成脂肪微粒，直径小于 0.5 μm，同样能被小肠黏膜细胞吸收，经淋巴系统再进入血液循环。小肠中长链脂肪酸和甘油一酯的吸收如图 3-26 所示。

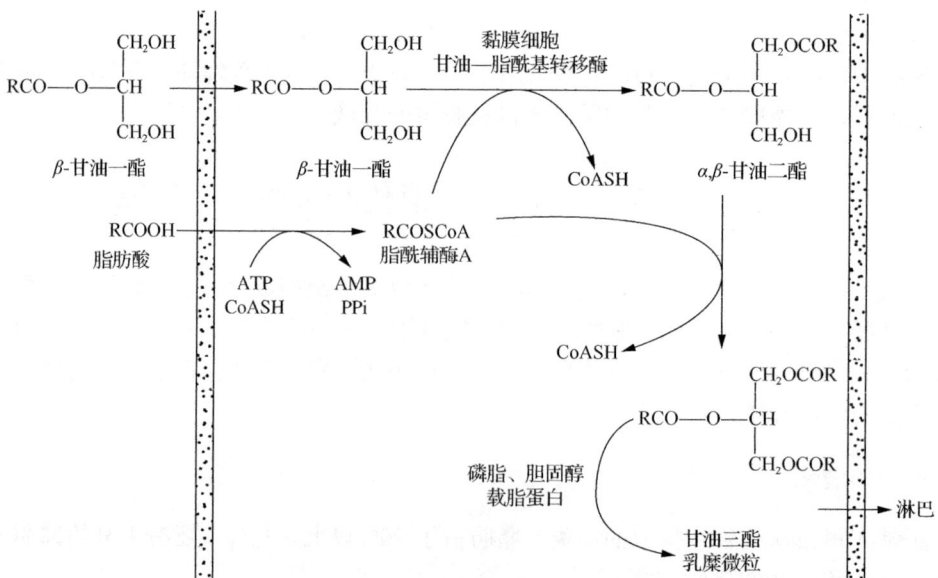

图 3-26　小肠中长链脂肪酸和甘油一酯的吸收

任务四 脂肪的代谢

脂类是人类膳食中不可缺少的成分，脂肪的摄入量一般不以其具体质量来表示，而是以供能表示。成人脂肪供能占总热能的 20%～30%，其中甘油三酯占到 90% 以上，另外还有少量的磷脂、胆固醇及其酯和一些游离脂肪酸。食物中的脂类在人的口腔和胃中不能被消化，其消化和吸收主要在小肠中进行。脂类代谢与人类健康有着密切的关系。

一、脂肪的分解代谢

（一）脂肪的酶促水解

生物体利用脂肪作为能源时，必须将脂肪降解为甘油和脂肪酸。甘油和脂肪酸能彻底氧化分解为 CO_2 和 H_2O，并释放出能量。食物中的脂肪是在小肠被消化吸收的。催化脂肪水解的酶是脂肪酶。脂肪酶的活性受激素的调节。

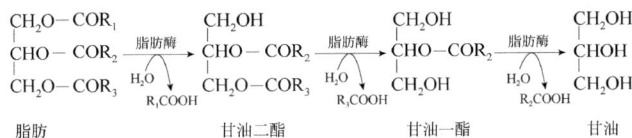

（二）甘油的降解及转化

甘油是在肝、肾等组织中被利用的。甘油在甘油激酶催化下，磷酸化生成 α-磷酸甘油，然后在磷酸甘油脱氢酶催化下，转变为磷酸二羟丙酮。磷酸二羟丙酮可异构为 3-磷酸甘油醛进入糖酵解途径生成丙酮酸，再经三羧酸循环彻底氧化为 CO_2 和 H_2O；也可以异生为葡萄糖。

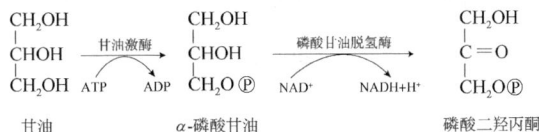

甘油在脂肪分子中只占很小的一部分，因此脂肪产生的能量主要来自于脂肪酸的氧化。

（三）脂肪酸的氧化分解

脂肪酸氧化分解的途径有 3 条：β-氧化、α-氧化、ω-氧化，其中最主要的途径是 β-氧化。α-氧化和 ω-氧化只存在于生物的某些组织中，并不普遍。

β-氧化是指脂肪酸在一系列酶的作用下，羧基端的 β-碳原子上发生氧化，碳链在 α-位和 β-位碳原子之间断裂，生成 1 个乙酰辅酶 A 和少 2 个碳原子的脂酰辅酶 A。这个过程不断重复，直至全部生成乙酰辅酶 A。

1. 饱和脂肪酸的氧化分解

细胞内脂肪酸彻底氧化分解可分为 4 个阶段：脂肪酸在细胞液中被激活形成脂酰辅

酶 A；脂酰基被转运进线粒体；脂酰辅酶 A 经 β-氧化过程降解为乙酰辅酶 A；乙酰辅酶 A 进入三羧酸循环彻底氧化分解。

（1）脂肪酸的活化

脂肪酸在进行 β-氧化之前，需要在脂酰辅酶 A 合成酶催化下，与 HS—CoA 结合成活化状态脂酰辅酶 A，该反应需要 ATP 供能。

$$ROOH + HS-CoA + ATP \xrightarrow[\text{Mg}^{2+}]{\text{脂酰辅酶A合成酶}} RCO\sim SCoA + AMP + PPi$$

脂肪酸   脂酰辅酶A

活化 1 分子脂肪酸，需要消耗 1 分子 ATP 的 2 个高能磷酸键。

（2）脂酰辅酶 A 的转运

脂肪酸的活化是在细胞液中进行的，而 β-氧化在线粒体中进行。脂酰辅酶 A 不能透过线粒体内膜，因此，必须由一种物质携带其进入线粒体。这种物质是肉毒碱，也称为肉碱。肉毒碱是一种载体，可以把脂酰辅酶 A 从线粒体内膜外运进线粒体。

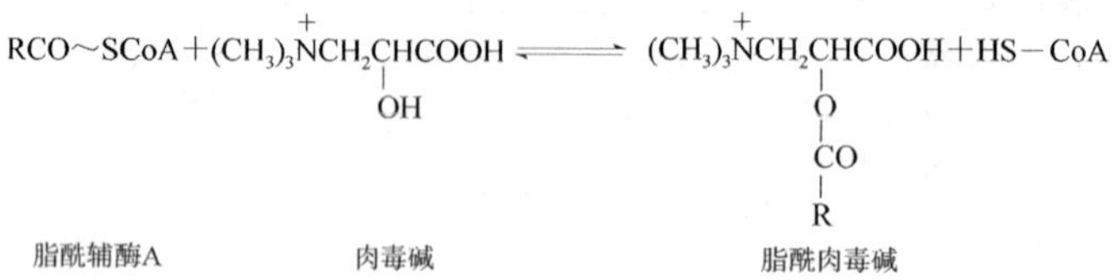

$$RCO\sim SCoA + (CH_3)_3\overset{+}{N}CH_2CHCOOH \rightleftharpoons (CH_3)_3\overset{+}{N}CH_2CHCOOH + HS-CoA$$

脂酰辅酶A   肉毒碱   脂酰肉毒碱

催化该反应的酶分别是肉毒碱脂酰转移酶 I 和肉毒碱脂酰转移酶 II。肉毒碱脂酰转移酶 I 位于线粒体内膜外侧，肉毒碱脂酰转移酶 II 位于线粒体内膜内侧。脂酰辅酶 A 与肉毒碱在肉毒碱脂酰转移酶 I 催化下形成脂酰肉毒碱，脂酰肉毒碱通过线粒体内膜的移位酶穿过内膜，在肉毒碱脂酰转移酶 II 的催化下，与线粒体基质中的 HS—CoA 交换脂酰基，重新生成脂酰辅酶 A 和游离的肉毒碱。肉毒碱在移位酶作用下，重回细胞液中。肉毒碱转运脂酰辅酶 A 的机制如图 3-27 所示。

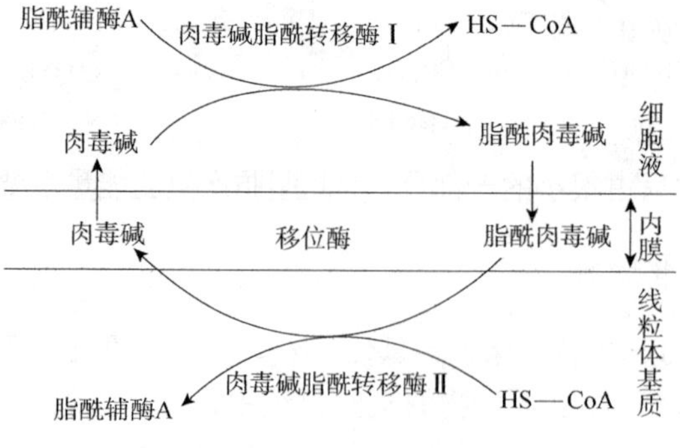

图 3-27　肉毒碱转运脂酰辅酶 A 的机制

（3）脂肪酸 β-氧化的反应历程

进入线粒体的脂酰辅酶 A，经过 β-氧化作用，生成乙酰辅酶 A。一次 β-氧化包括 4 步化学反应。

1）脱氢。在脂酰辅酶 A 脱氢酶（辅基是 FAD）催化下，脂酰辅酶 A 在 α-位和 β-位碳原子上脱氢，形成 α,β-反烯脂酰辅酶 A（Δ^2-反烯脂酰 CoA）。

$$\underset{\text{脂酰辅酶A}}{RCH_2CH_2CO{\sim}SCoA} + FAD \underset{\text{脂酰辅酶A脱氢酶}}{\rightleftharpoons} \underset{\alpha,\beta\text{-反烯脂酰辅酶A}}{RC\overset{H}{\underset{H}{=}}CCO{\sim}SCoA} + FADH_2$$

2）水化。在烯脂酰辅酶 A 水化酶催化下，α,β-反烯脂酰辅酶 A 水化生成 L-β-羟脂酰辅酶 A。

$$\underset{\alpha,\beta\text{-反烯脂酰辅酶A}}{RC\overset{H}{\underset{H}{=}}CCO{\sim}SCoA} + H_2O \underset{\text{烯脂酰CoA水化酶}}{\rightleftharpoons} \underset{\text{L-}\beta\text{-羟脂酰辅酶A}}{RC\overset{OH}{H}CH_2CO{\sim}SCoA}$$

3）再脱氢。在 β-羟脂酰辅酶 A 脱氢酶（辅酶是 NAD^+）催化下，L-β-羟脂酰辅酶 A 脱氢生成 β-酮脂酰辅酶 A。

$$\underset{\text{L-}\beta\text{-羟脂酰辅酶A}}{RC\overset{OH}{H}CH_2CO{\sim}SCoA} + NAD^+ \underset{\text{脱氢酶}}{\overset{\beta\text{-羟脂酰辅酶A}}{\rightleftharpoons}} \underset{\beta\text{-酮脂酰辅酶A}}{RC\overset{O}{C}CH_2CO{\sim}SCoA} + NADH + H^+$$

4）硫解。在硫解酶催化下，β-酮脂酰辅酶 A 与 1 分子 HS—CoA 作用，生成 1 分子乙酰辅酶 A 和 1 分子少 2 个碳的脂酰辅酶 A。

$$\underset{\beta\text{-酮脂酰辅酶A}}{RC\overset{O}{C}CH_2CO{\sim}SCoA} + HS-CoA \underset{\text{硫解酶}}{\rightleftharpoons} \underset{\text{脂酰辅酶A（少2个碳）}}{RCO{\sim}SCoA} + \underset{\text{乙酰辅酶A}}{CH_3CO{\sim}SCoA}$$

少 2 个碳的脂酰辅酶 A 再作为底物，重复脱氢、水化、再脱氢、硫解，直至整个脂酰辅酶 A 都生成乙酰辅酶 A。

虽然 β-氧化的 4 步反应均是可逆反应，但是硫解反应是高度放能反应，所以整个 β-氧化过程趋向裂解方向，难以逆向进行。脂肪酸 β-氧化作用的全过程如图 3-28 所示。

（4）乙酰辅酶 A 的去向

脂肪酸 β-氧化的终产物是乙酰辅酶 A。乙酰辅酶 A 的代谢去向有：

1）进入三羧酸循环。在人和动物体及一般的植物组织中，β-氧化在线粒体中进行，乙酰辅酶 A 进入三羧酸循环彻底氧化分解。

2）进入乙醛酸循环。在发芽的油料作物种子中，β-氧化在乙醛酸循环体中进行。2 分子乙酰辅酶 A 通过乙醛酸循环合成 1 分子琥珀酸。

3）合成其他物质。乙酰辅酶 A 除氧化产能外，还可以参加生物体的合成反应，如合成脂肪酸、酮体等。

（5）脂肪酸氧化分解产生的能量

以软脂酸为例，计算脂肪酸氧化分解产生的能量：软脂酸是含有 16 个碳原子的饱和脂肪酸，在参加 β-氧化时需先进行活化，生成软脂酰辅酶 A，再经过 7 次 β-氧化。1 次 β-氧化有 2 次脱氢反应，产生 1 个 $FADH_2$ 和 1 个 $NADH+H^+$。软脂酸经 7 次 β-氧化，产生 7 个 $FADH_2$、7 个 $NADH+H^+$ 和 8 个乙酰辅酶 A。7 次 β-氧化和 8 次三羧酸循环共

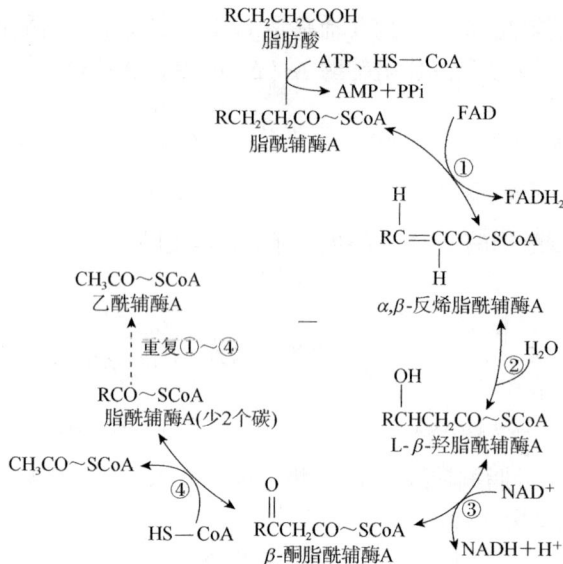

图 3-28　脂肪酸 β-氧化作用的全过程

①脂酰辅酶 A 脱氢酶；②烯脂酰辅酶 A 水化酶；③β-羟脂酰辅酶 A 脱氢酶；④硫解酶

产生 108 个 ATP（$7\times1.5+7\times2.5+8\times10$）。软脂酸活化时消耗 1 个 ATP 的 2 个高能键（看作消耗 2 个 ATP），所以，1 分子软脂酸完全氧化分解为 CO_2 和 H_2O，净产生 106 分子 ATP。

2. 不饱和脂肪酸的氧化分解

动、植物脂肪中除饱和脂肪酸外，还有不饱和脂肪酸，尤其是植物油中含大量不饱和脂肪酸（如油酸、亚油酸等）。不饱和脂肪酸的氧化分解与饱和脂肪酸的氧化分解过程基本相同，但不饱和脂肪酸的 β-氧化进行到一定阶段需要有另外的酶参与，催化结构改变后才能继续进行。

油酸（$18:1\Delta^9$）的氧化分解，如图 3-29 所示。其饱和部分先进行 β-氧化，因在天然不饱和脂肪酸中的双键为顺式构型，所以当经 β-氧化作用生成 Δ^3-顺十二碳烯脂酰辅酶

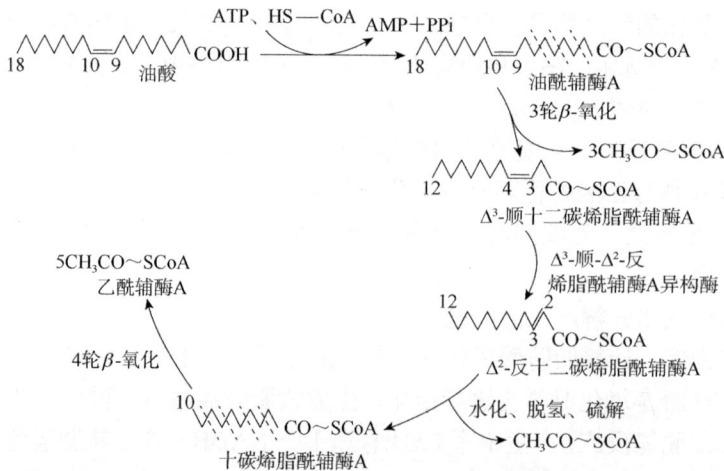

图 3-29　油酸的氧化分解

A 时，β-氧化就不能再进行。在 Δ^3-顺-Δ^2-反烯脂酰辅酶 A 异构酶作用下，Δ^3-顺烯脂酰辅酶 A 异构为 Δ^2-反十二碳烯脂酰辅酶 A 后，β-氧化继续进行，最后生成的乙酰辅酶 A 经三羧酸循环彻底氧化为 CO_2 和 H_2O。

多不饱和脂肪酸的氧化分解还需要 β-羟脂酰辅酶 A 差向异构酶的催化，如亚油酸（$18：2\Delta^9, 12$）的氧化分解，如图 3-30 所示。

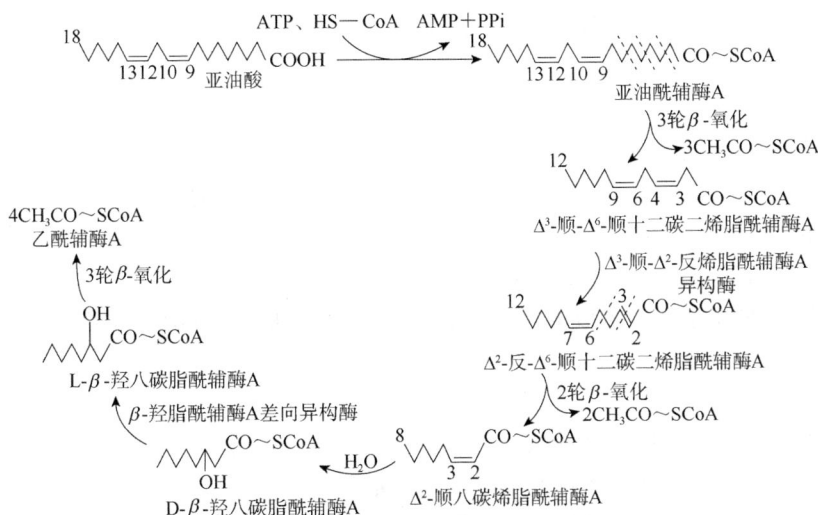

图 3-30　亚油酸的氧化分解

由此可见，在 Δ^3-顺-Δ^2-反烯脂酰辅酶 A 异构酶和 β-羟脂酰辅酶 A 差向异构酶作用下，任何不饱和脂肪酸都可以经 β-氧化途径氧化分解。由油酸和亚油酸的氧化分解过程可以看出，与相同碳原子数的饱和脂肪酸相比，不饱和脂肪酸氧化产生的 ATP 要少。

3. 奇数碳原子脂肪酸的氧化分解

人体脂肪中含有少量奇数碳原子脂肪酸，它们通过 β-氧化生成乙酰辅酶 A 之外，还余下丙酰辅酶 A。此外，支链脂肪酸氧化时也可产生丙酰辅酶 A。丙酸可通过短链脂肪酰辅酶 A 合成酶催化直接形成丙酰辅酶 A。丙酰辅酶 A 通过羧化作用生成琥珀酰辅酶 A，参加三羧酸循环。

4. 脂肪酸的其他氧化方式

脂肪酸的氧化分解主要是通过 β-氧化途径，在哺乳动物体内还发现脂肪酸的 ω-氧化和 α-氧化过程。

（1）脂肪酸的 ω-氧化

在动物的肝微粒体中存在着一种酶体系，它能催化长链脂肪酸的末端（称为 ω-位）碳氧化为 ω-羟脂肪酸，然后氧化成 α, ω-二羧酸。二羧酸形成后可转移到线粒体内，从分子的任一末端继续进行 β-氧化，最后余下琥珀酰辅酶 A 进入三羧酸循环。

（2）脂肪酸的 α-氧化

脂肪酸的 α-氧化是在微粒体中进行的。长链脂肪酸氧化成 α-羟脂肪酸，继续氧化则成为比原来少 1 个碳原子的脂肪酸并脱去 1 分子 CO_2，这就是 α-氧化过程。

5. 酮体的代谢

正常情况下，心肌、骨骼肌等组织中脂肪酸 β-氧化产生的乙酰辅酶 A 进入三羧酸循环，彻底氧化为 CO_2 和 H_2O。肝脏中脂肪酸的氧化不完全，生成乙酰乙酸、β-羟丁酸和丙酮等中间产物，统称为酮体。酮体中 β-羟丁酸含量最多，占 70%，乙酰乙酸占 30%，丙酮含量极微。

（1）酮体的生成

酮体在肝细胞线粒体基质中由 2 分子乙酰辅酶 A 生成。首先，由 2 分子乙酰辅酶 A 经硫解酶催化缩合成乙酰乙酰辅酶 A，再与 1 分子乙酰辅酶 A 结合，形成 3-羟基-3-甲基戊二酸单酰辅酶 A（HMG-CoA），反应由 HMG-CoA 合成酶催化。然后，在 HMG-CoA 裂解酶催化下，HMG-CoA 裂解生成乙酰乙酸和乙酰辅酶 A。乙酰乙酸在 β-羟丁酸脱氢酶的催化下，形成 β-羟丁酸。乙酰乙酸也可以自动脱羧，形成丙酮。酮体的生成如图 3-31 所示。

（2）酮体的利用

肝脏中没有可以利用酮体的酶，因此肝脏中产生的酮体是在肝外组织中被利用的。β-羟丁酸、乙酰乙酸随血液循环进入心肌、骨骼肌、大脑等组织中，这些组织中含有活性很高的能利用酮体的酶，能够使酮体氧化分解。β-羟丁酸经 β-羟丁酸脱氢酶的催化转化为乙酰乙酸，乙酰乙酸与琥珀酰辅酶 A 在乙酰乙酸-琥珀酰辅酶 A 转移酶催化下，形成乙酰乙酰辅酶 A 和 1 分子琥珀酸，再在硫解酶催化下，形成 2 分子乙酰辅酶 A，乙酰辅酶 A 进入三羧酸循环氧化分解。酮体的利用如图 3-32 所示。

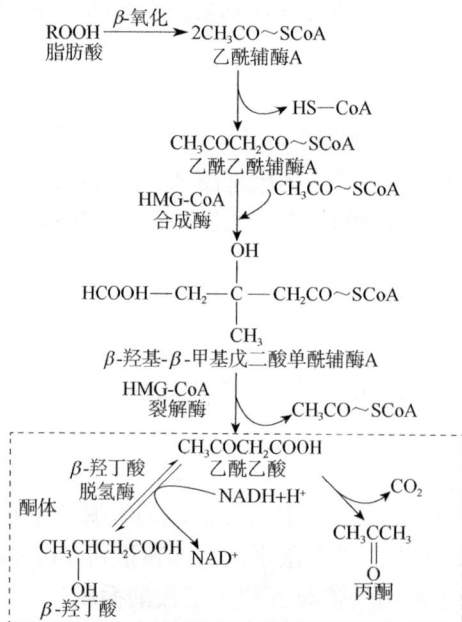

图 3-31 酮体的生成

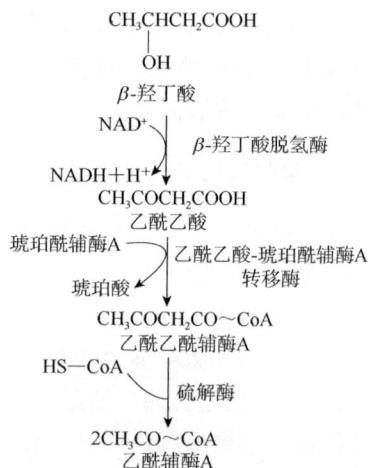

图 3-32 酮体的利用

（3）酮体的生理意义

酮体是脂肪酸在肝脏中氧化分解时产生的正常中间产物，产生酮体是肝脏输出能源的一种方式。酮体是小分子水溶性物质，能通过肌肉毛细血管壁和血脑屏障，因此能成为肌肉和大脑组织的能源。肌肉组织对脂肪酸利用能力有限，可以优先利用酮体以节约葡萄糖。脑组织在正常代谢时主要以葡萄糖为能源，但在饥饿时，脑组织可利用酮体代替其所需葡萄糖的 25%左右，但不能利用脂肪酸。可见，酮体与脂肪酸相比，能更有效地代替葡萄糖。

二、脂肪的合成代谢

脂肪是 1 分子甘油与 3 分子脂肪酸形成的酯。甘油和脂肪酸不能直接形成酯键，必须转化为活化形式 α-磷酸甘油和脂酰辅酶 A，才能合成脂肪。

（一）α-磷酸甘油的生物合成

α-磷酸甘油的生物合成有两条途径：一是由糖酵解产生的磷酸二羟丙酮还原而成；二是脂肪水解产生的甘油与 ATP 作用而成。脂肪组织中缺乏有活性的甘油激酶，因此，脂肪组织中合成脂肪所需的 α-磷酸甘油来自糖代谢。

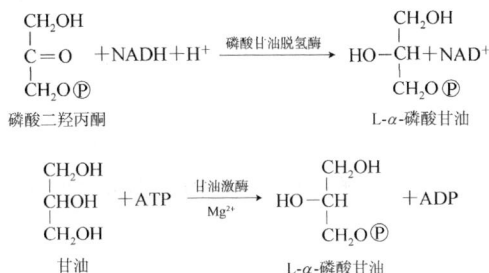

$$\begin{array}{c} CH_2OH \\ | \\ C=O \\ | \\ CH_2O\text{(P)} \end{array} + NADH + H^+ \xrightarrow{\text{磷酸甘油脱氢酶}} \begin{array}{c} CH_2OH \\ | \\ HO-CH \\ | \\ CH_2O\text{(P)} \end{array} + NAD^+$$

磷酸二羟丙酮　　　　　　　　　　　　　　　L-α-磷酸甘油

$$\begin{array}{c} CH_2OH \\ | \\ CHOH \\ | \\ CH_2OH \end{array} + ATP \xrightarrow[Mg^{2+}]{\text{甘油激酶}} \begin{array}{c} CH_2OH \\ | \\ HO-CH \\ | \\ CH_2O\text{(P)} \end{array} + ADP$$

甘油　　　　　　　　　　　　　　　L-α-磷酸甘油

（二）脂肪酸的生物合成

合成脂肪酸的原料是乙酰辅酶 A。乙酰辅酶 A 来自丙酮酸氧化脱羧，也可来自氨基酸降解和长链脂肪酸的 β-氧化过程。在脂肪酸合成酶系催化下，由乙酰辅酶 A 合成脂肪酸的过程，称为脂肪酸的从头合成。

脂肪酸合成酶系存在于细胞液中，能催化 16 个碳原子以下脂肪酸的生物合成。脂肪酸碳链的进一步延长则需要另外的酶。

1. 饱和脂肪酸的从头合成

（1）乙酰辅酶 A 的转运

乙酰辅酶 A 是线粒体中产生的，而脂肪酸的合成在细胞液中进行，所以乙酰辅酶 A 必须从线粒体转运到细胞液。乙酰辅酶 A 的转运是通过一个循环系统完成的，即柠檬酸-丙酮酸循环（图 3-33）。

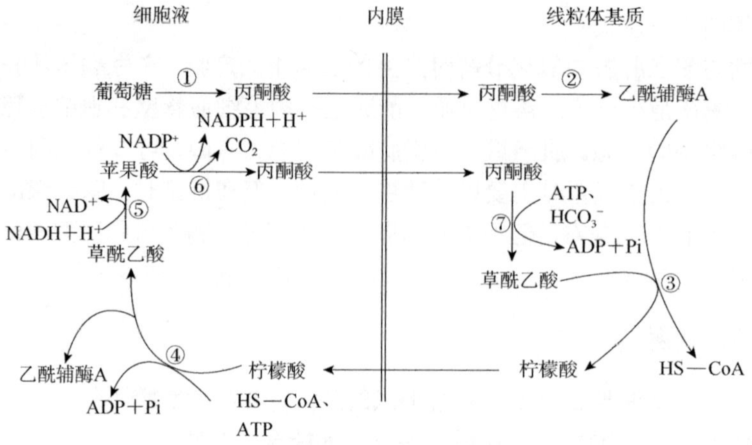

图 3-33　柠檬酸-丙酮酸循环
①糖酵解；②丙酮酸脱氢酶系；③柠檬酸合成酶；④柠檬酸裂解酶；
⑤苹果酸脱氢酶；⑥苹果酸酶；⑦丙酮酸羧化酶

（2）丙二酸单酰辅酶 A 的生成

乙酰辅酶 A 在乙酰辅酶 A 羧化酶催化下，羧化形成丙二酸单酰辅酶 A。乙酰辅酶 A 羧化酶是脂肪酸合成反应中的一个限速酶，被柠檬酸激活，受软脂酸反馈抑制，其辅基是生物素。

$$CH_3CO{\sim}SCoA+ATP+HCO_3^- \xrightarrow[\text{生物素}]{\substack{\text{乙酰辅酶A}\\\text{羧化酶}}} HOOCCH_2CO{\sim}SCoA+ADP+Pi$$

乙酰辅酶A　　　　　　　　　　　　　　　　丙二酸单酰辅酶A

在脂肪酸合成反应中，丙二酸单酰辅酶 A 转化为丙二酸单酰 ACP，作为二碳单位的供体。

（3）脂肪酸合成酶系

脂肪酸合成酶系包括 7 种成分：乙酰辅酶 A-ACP 转酰酶、丙二酸单酰辅酶 A-ACP 转酰酶、β-酮脂酰-ACP 合成酶（合成酶—SH）、β-酮脂酰-ACP 还原酶、β-羟脂酰-ACP 脱水酶、烯脂酰-ACP 还原酶和酰基载体蛋白（ACP—SH）。

酰基载体蛋白（ACP—SH）的功能是携带和转移酰基，其功能基团是—SH。ACP—SH 的辅基是磷酸泛酰巯基乙胺，其结构如图 3-34 所示。

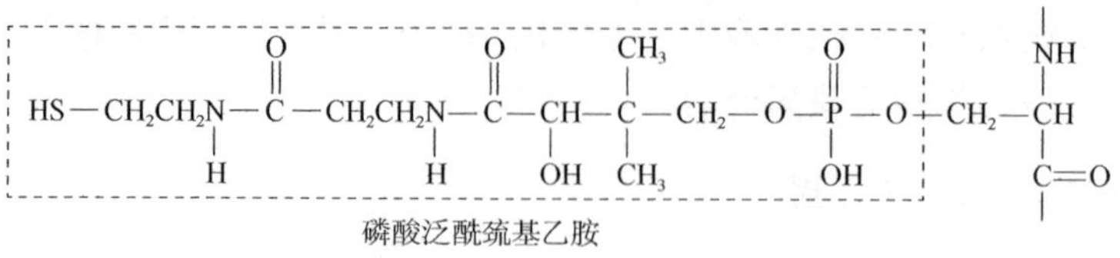

磷酸泛酰巯基乙胺

图 3-34　酰基载体蛋白的辅基

动物细胞中，6 种酶围绕 ACP—SH 形成多酶复合体，各组分紧密结合，不能解离成有活性的单体酶。

（4）脂肪酸生物合成的过程

1）原初反应。在乙酰辅酶 A-ACP 转酰酶催化下，乙酰辅酶 A 中的乙酰基转移到

ACP—SH 上，形成乙酰-ACP 和 HS—CoA。

$$CH_3CO{\sim}SCoA+ACP—SH \underset{\text{乙酰-ACP}}{\overset{\text{乙酰辅酶A-ACP转酰酶}}{\rightleftharpoons}} CH_3CO{\sim}SACP+CoA—SH$$

$CH_3CO{\sim}SACP$ 中的 CH_3CO— 随即转移到 β-酮脂酰 ACP 合成酶（合成酶—SH）上，释放出 ACP—SH。

$$CH_3CO{\sim}SACP+合成酶-SH \rightleftharpoons CH_3CO{\sim}S合成酶+ACP-SH$$

2）丙二酸单酰基转移反应。在丙二酸单酰辅酶 A-ACP 转酰酶催化下，丙二酸单酰辅酶 A 中的丙二酸单酰基转移到 ACP—SH 上，形成丙二酸单酰-ACP 和 CoA—SH。

$$\underset{\text{丙二酸单酰辅酶A}}{HOOCCH_2CO{\sim}SCoA}+ACP—SH \overset{\substack{\text{丙二酸单酰}\\\text{辅酶A-ACP转酰酶}}}{\rightleftharpoons} \underset{\text{丙二酸单酰-ACP}}{HOOCCH_2CO{\sim}SACP}+CoA—SH$$

3）缩合反应。在 β-酮脂酰 ACP 合成酶催化下，$CH_3CO{\sim}S$ 合成酶与丙二酸单酰-ACP 缩合形成 β-酮丁酰-ACP，脱去合成酶—SH 和 CO_2。

$$CH_3CO{\sim}S合成酶 + \underset{\substack{\text{丙二酸单酰-ACP}}}{\overset{\substack{\text{COOH}}}{\underset{\substack{\text{CO}{\sim}\text{SACP}}}{CH_2}}} \xrightarrow[\text{β-酮脂酰ACP合成酶}]{\text{CO}_2} \underset{\text{β-酮丁酰-ACP}}{CH_3\overset{O}{\overset{\|}{C}}CH_2CO{\sim}SACP} + 合成酶—SH$$

4）还原反应。在 β-酮脂酰-ACP 还原酶催化下，β-酮丁酰-ACP 被 NADPH 还原为 β-羟丁酰-ACP。

$$\underset{\text{β-酮丁酰-ACP}}{CH_3\overset{O}{\overset{\|}{C}}CH_2CO{\sim}SACP}+NADPH+H^+ \xrightarrow{\text{β-酮脂酰ACP还原酶}} \underset{\text{β-羟丁酰-ACP}}{CH_3\overset{OH}{\overset{|}{C}}HCH_2CO{\sim}SACP}+NADP^+$$

5）脱水反应。在 β-羟脂酰-ACP 脱水酶催化下，β-羟丁酰-ACP 脱水，在 α、β 碳原子之间形成反式双键。

$$\underset{\text{β-羟丁酰-ACP}}{CH_3\overset{OH}{\overset{|}{C}}HCH_2CO{\sim}SACP} \xrightarrow{\text{β-羟脂酰-ACP脱水酶}} \underset{\text{α,β-反烯脂酰-ACP}}{CH_3\overset{H}{\overset{|}{C}}=\underset{\overset{|}{H}}{C}CO{\sim}SACP}+H_2O$$

6）再还原。在烯脂酰-ACP 还原酶催化下，α,β-反烯脂酰-ACP 被 NADPH 还原为丁酰-ACP。

$$\underset{\text{α,β-反烯脂酰-ACP}}{CH_3\overset{H}{\overset{|}{C}}=\underset{\overset{|}{H}}{C}CO{\sim}SACP}+NADPH+H^+ \xrightarrow{\text{烯脂酰-ACP还原酶}} \underset{\text{丁酰-ACP}}{CH_3CH_2CH_2CO{\sim}SACP}+NADP^+$$

在上述反应中，经过缩合、还原、脱水、再还原 4 步反应，由 2 个二碳的乙酰基便合成了一个四碳的丁酰-ACP。接下来，再以丙二酸单酰-ACP 作为二碳供体，重复缩合、还原、脱水、再还原 4 步反应，又可以使碳链延长 2 个碳原子。不断重复上述过程，碳链可以延长到 16 个碳原子，即形成软脂酰-ACP。软脂酰-ACP 在转酰基酶催化下，与 HS—CoA 作用形成软脂酰辅酶 A；也可以在硫酯酶作用下水解，转化为软脂酸。

$$\text{软脂酰-ACP} + \text{HS—CoA} \xrightarrow{\text{转酰基酶}} \text{软脂酰辅酶A} + \text{HS—ACP}$$

$$\text{软脂酰-ACP} + H_2O \xrightarrow{\text{硫酯酶}} \text{软脂酸} + \text{HS—ACP}$$

（5）NADPH 的来源

脂肪酸合成过程中的两次还原反应需要的 NADPH 主要来自磷酸戊糖途径，也可以由柠檬酸-丙酮酸循环提供。

饱和脂肪酸从头合成的全过程如图 3-35 所示。

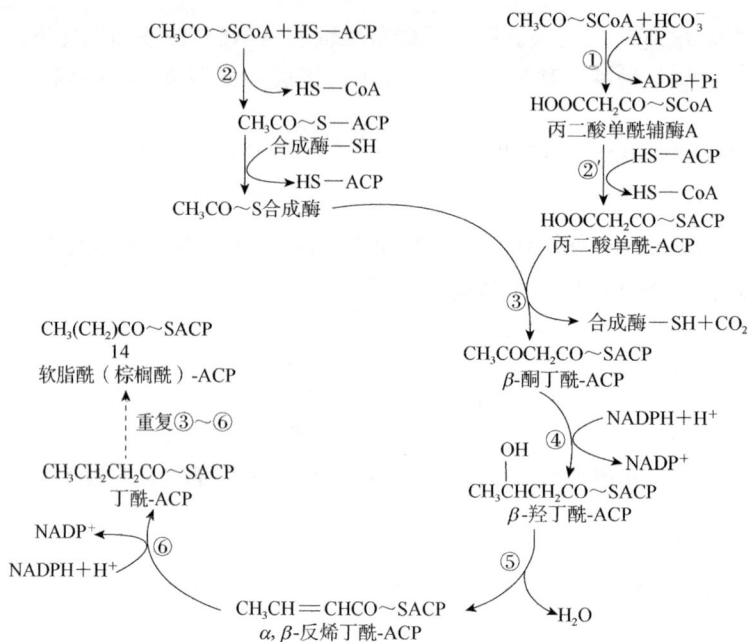

图 3-35　饱和脂肪酸的从头合成全过程

①乙酰辅酶 A 羧化酶；②乙酰辅酶 A-ACP 转酰酶；②′丙二酸单酰辅酶 A-ACP 转酰酶；
③β-酮脂酰-ACP 合成酶；④β-酮脂酰-ACP 还原酶；⑤β-羟脂酰-ACP 脱水酶；⑥烯脂酰-ACP 还原酶

2. 饱和脂肪酸碳链的延长

饱和脂肪酸的从头合成是在细胞质中进行的，最常见的产物是软脂酸。动物体内，催化脂肪酸碳链延长的酶存在于线粒体和微粒体中。

（1）线粒体系统饱和脂肪酸碳链的延长。利用乙酰辅酶 A 作为二碳供体，软脂酰辅酶 A 与乙酰辅酶 A 缩合形成 β-酮十八碳脂酰辅酶 A，再经还原、脱水、再还原，形成硬脂酰辅酶 A。然后重复缩合、还原、脱水、再还原 4 步反应，一般可以使碳链延长至 24 个碳原子。

（2）微粒体系统饱和脂肪酸碳链的延长。利用丙二酸单酰辅酶 A 作为二碳供体，在软脂酰辅酶 A 基础上进行缩合、还原、脱水、再还原四步反应，形成硬脂酰辅酶 A，然后重复循环，生成 20 碳以上的脂酰辅酶 A。微粒体系统中饱和脂肪酸碳链的延长以 NADPH 作为供氢体，以 HS—CoA 作为酰基载体。

3. **不饱和脂肪酸的合成**

生物体内不饱和脂肪酸的合成有两条途径，即需氧途径和厌氧途径。

（1）需氧途径

该途径存在于一切真核生物中。不饱和脂肪酸是饱和脂肪酸在去饱和酶作用下形成的。

去饱和酶是一种连接还原剂和 O_2 的单加氧酶。它催化的反应是：O_2 中的一个 O 接受来自饱和脂酰基中的 2 个 H^+，另一个 O 接受来自还原剂的 2 个 H^+，形成 2 分子 H_2O 和不饱和脂酰基。

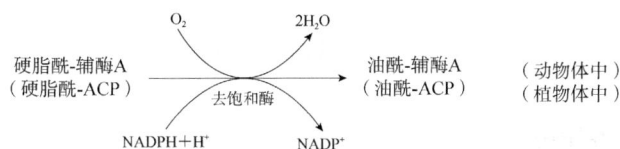

$$\text{硬脂酰-辅酶A（硬脂酰-ACP）} \xrightarrow[\text{去饱和酶}]{O_2 \quad 2H_2O \quad NADPH+H^+ \quad NADP^+} \text{油酰-辅酶A（油酰-ACP）} \quad \text{（动物体中）（植物体中）}$$

在去饱和过程中传递 4 个电子，从还原剂到分子氧的电子传递体在动物和植物中有所不同，植物体中是黄素蛋白和铁氧还蛋白，动物体中是细胞色素 b_5 还原酶和细胞色素 b_5。不饱和脂肪酸形成过程中的电子传递如图 3-36 所示。

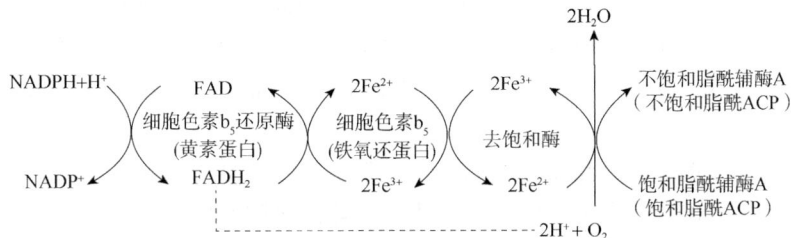

图 3-36　不饱和脂肪酸形成过程中的电子传递

植物体中单不饱和脂酰-ACP 可以继续在专一性的去饱和酶作用下，形成多不饱和脂酰-ACP。

（2）厌氧途径

此途径仅存在于原核生物中。细菌中的不饱和脂肪酸都是单不饱和脂肪酸。先由脂肪酸合成酶系催化形成 10 个碳原子的 β-羟癸酰-ACP，然后在 β、γ 碳原子间脱水，形成 β,γ-顺癸烯脂酰-ACP，再以丙二酸单酰-ACP 为二碳供体，形成碳链长度不同的单烯脂酰-ACP。

（三）脂肪的生物合成

脂肪由 1 分子 α-L-磷酸甘油和 3 分子脂酰辅酶 A 缩合而成。脂酰辅酶 A 的生成：

$$\text{脂酰-ACP}+H_2O \xrightarrow{\text{硫酯酶}} \text{脂肪酸}+\text{HS—ACP}$$

$$\text{脂肪酸}+\text{HS—CoA}+\text{ATP} \xrightarrow{\text{硫激酶}} \text{脂酰CoA}+\text{AMP}+\text{PPi}$$

脂肪的生物合成过程如图 3-37 所示。

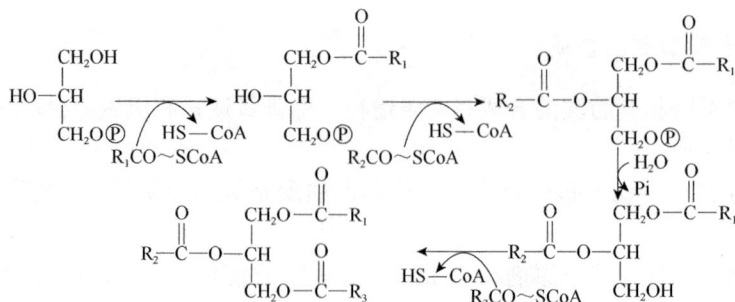

图 3-37　脂肪的生物合成

任务五　脂类的应用

一、海洋生物功能性脂类

（一）概述

功能性脂类主要分为两类：一类是 ω-3 系列多不饱和脂肪酸，从碳链的甲基端开始，第 1 个不饱和双键位于 C3 位上，主要包括二十碳五烯酸（eicosapentaenoic acid，EPA）和二十二碳六烯酸（decosahexaenoic acid，DHA）；另一类是 ω-6 系列多不饱和脂肪酸，即第 1 个不饱和双键位于 C6 位上，主要有亚油酸（linoleic acid，LA）和花生四烯酸（arachidonic acid，AA）等。其中，亚油酸和 α-亚麻酸在体内无法合成，只能从外界摄取，又称必需脂肪酸。ω-3 和 ω-6 系列不饱和脂肪酸在许多方面互相制约，协同调节人体的生命活动。100 多年来，功能性脂类从首次被命名到发现与抗血栓等心血管疾病形成有关，再到证实 EPA 和 DHA 等长链不饱和脂肪酸可促进大脑及视力发育，大大促进了生物活性脂类研究的发展，使其逐渐成为功能性食品等领域的研究热点。

海洋是生命起始的地方，同时也是人类赖以生存的屏障，是覆盖于地球表面的"蓝色领土"，占地球总面积的 70% 左右。海洋由于其独有的生物多样性和高度复杂的地理环境，孕育出丰富多样的生物种类，仅当下记录在册的海洋生物种类就多达 40 万种。到目前为止，科学家已经在海洋中发现了近 1 万种海洋天然物质，而且在这些天然物质中，具有重要生物活性的新化合物有 200 多种。据了解，海洋生物活性物质主要涉及微量元素、海洋药物、海洋生物毒素、生理活性物质和生物功能材料 5 类。

海洋中蕴含的生物活性物质，如抗菌肽、心血管活性肽、抗氧化因子、抗肿瘤因子、DHA、EPA 等化合物，是未来开发食品、药品、动物饲料、化工材料的巨大宝库。其中，海洋生物脂类被发现具有特有的功能特性，海洋环境的特殊性导致海洋生物脂类的化学结构、作用机理、功能特性等方面与陆地生物脂类具有显著的差异，从海洋生物中获得天然脂类是未来的重点研究方向。

（二）海洋生物功能性脂类的来源

从海洋细菌、真菌、微藻、各种鱼类，以及大型海洋动物中分离提取海洋生物功能性脂类，具有巨大的生产与科学应用价值。就目前的技术而言，海洋生物功能性脂类主要集中于鱼类、藻类、贝类这 3 类海洋生物。功能性脂类主要包括脂肪酸、磷脂、固醇和甘油酯等，如今海洋生物功能性脂类由于自身特有的生理功能，如抗肿瘤、降血脂、增强智力、预防改善代谢综合征等，而备受人们关注。

（三）海洋生物功能性脂类的功能

1. 抑制肿瘤

目前已有诸多研究证实，海洋生物功能性脂类在治疗肿瘤方面有一定的效果。长期的流行病学研究揭示，爱斯基摩人的癌症发病率很低，这与当地人常年捕食海洋产品有关，而海洋产品中被发现含有大量的 DHA 等多不饱和脂肪酸。一份针对 9 万多名日本受试者的研究也显示，大量食用鱼类或含有 ω-3 不饱和脂肪酸的产品均可降低人类肝脏细胞癌变的概率。也就是说，海洋活性脂类与抑制肿瘤的发生密切相关。从海洋生物中提取的多不饱和脂肪酸能影响肿瘤细胞的生长、增殖、分化和凋亡，其抑制肿瘤的机制是通过激活 Caspase 蛋白酶、致线粒体膜损伤、调控恶病质因子的表达等方面参与肿瘤细胞的增殖分化过程。早期研究表明，提取河豚鱼肝脏的脂质成分作为临床药物，对肿瘤患者可起到镇痛作用，一定程度上可以抑制肿瘤细胞的转移。在代谢水平上，使用不同浓度的 DHA 和 EPA 处理肿瘤细胞时发现，ω-3 不饱和脂肪酸可明显抑制人肝癌细胞 HepG2 的增殖率与存活率，呈一定的剂量依赖性。作为脂质过氧化的天然底物，DHA 和 EPA 过氧化产生的脂质过氧化物及自由基能控制缩短染色体的端粒，有效加速肿瘤细胞的凋亡。在基因水平上，ω-3 不饱和脂肪酸可抑制肿瘤侵袭基因 *IGF-1* 和 *IGF-2* 的表达，以此降低肿瘤细胞的增殖率。DHA 和 EPA 可显著抑制前列腺癌细胞的增殖，增加促凋亡蛋白基因的表达。在免疫方面，由 ω-3 不饱和脂肪酸影响胃癌治疗的作用机制可知，ω-3 不饱和脂肪酸可通过降低致炎因子 *1L-1β* 和 *IL-6* 的表达，降低肿瘤细胞的表达。

此外，从海洋生物中提取的甾醇化合物也具有抑制肿瘤活性的功能，从海鞘中分离出的 5,8-环二氧甾醇可抑制乳腺癌细胞（MCF-7）的增殖。诸多研究表明，海洋生物细胞膜和原生质中存在的磷脂具有抗肿瘤功能。海洋生物功能性脂类，无论从生物代谢水平、基因水平还是免疫调节水平，都参与了抑制肿瘤细胞的增殖凋亡等过程。若将海洋生物功能性脂类联合化疗药物，可达到化疗增敏作用。

可见，海洋生物功能性脂类对开发抗肿瘤药物、进一步探索肿瘤致病机制等方面具有重要的意义，如果继续在临床上得到验证与突破，对最为安全有效的摄入量进行研究并加以充分利用，将成为当今科学界聚焦的重点。

2. 降低血脂

高血脂症，即血浆中的总胆固醇（total cholesterol，TC）、甘油三酯（triglyceride，TG）和血清中的低密度脂蛋白胆固醇（low density lipoprotein cholesterol，LDL-C）超出正常浓度，高密度脂蛋白胆固醇（high density lipoprotein cholesterol，HDL-C）的浓度过低，继而引起动脉粥样硬化、冠心病、脑血栓等症候的一种疾病，已经成为当今世界高致死率的主要疾病。

一般情况下，低密度脂蛋白（low density lipoprotein，LDL）与极低密度脂蛋白（very low density lipoprotein，VLDL）超出人体正常水平时，极易造成血管平滑肌细胞增生，诱发血脉硬化及血栓。而海洋活性脂类（如 ω-3 不饱和脂肪酸）可以有效防止上述情况的发生，尤其是 EPA 等物质可抑制内源性甘油三酯和内源性胆固醇的合成，降低血清 TC、TG、LDL 和 VLDL 等致动脉硬化因子的含量，减少动脉内膜的厚度，故摄入适量的不饱和脂肪酸（如 EPA 等）能有效降低血脂，并降低心血管疾病的发病率。DHA 及 EPA 还可以促进卵磷脂-胆固醇酰基转移酶的产生，提高脂蛋白脂酶的活性和抑制肝内皮细胞脂酶的活性，改善血液循环，稀释血液黏度，抑制胆固醇的积累，能够有效缓解甚至治疗心脑血管方面的疾病。

除了不饱和脂肪酸，磷脂和甾醇类物质同样具有调节血脂浓度、防止冠心病及脑血栓的发生等功能。以大黄鱼鱼卵为受试对象，建立高血脂症小鼠模型，证实喂养饲料中磷脂含量越高的试验组，小鼠血清中的 TC、TG 和 LDL-C 水平下降越显著，而有效提高了 HDL-C 水平，说明大黄鱼鱼卵磷脂对高血脂症有显著的抑制效果。另外，从褐藻中提取出的岩藻甾醇及其同系物马尾藻甾醇和异岩藻甾醇均能够起到降低血脂的作用。

海洋生物活性物质的降血脂作用已经基本得到认可，将海洋生物的活性成分添加到食品或药物中，可大大预防心血管疾病，是降低血脂、防止动脉粥样硬化的一种行之有效的方法，而继续探索海洋生物功能性脂类的生物活性和作用机制势在必行。

3. 防治糖尿病

糖尿病（diabetes mellitus，DM）是世界性高发疾病，目前已成为继心脑血管病、肿瘤之后危害人类健康的第三大慢性疾病，其发病机理是人体缺乏胰岛素或胰岛素抵抗的因素。根据国际糖尿病联盟（International Diabetes Federation，IDF）统计，2017 年全球有糖尿病患者 4.25 亿人，估计到 2045 年将有 7 亿人患糖尿病。

目前，治疗糖尿病的方法主要是服用西药和注射胰岛素，但价格昂贵、副作用大，因此开发具有高效低毒的降糖天然海洋药物是国内外学者关注的重点。人们对脂肪酸在糖尿病治疗中的利弊尚无定论，但多不饱和脂肪酸被多项试验证实，能够降低血糖、改善胰岛素的敏感性。研究表明，多不饱和脂肪酸能够抑制内源性脂质及脂蛋白的合成，而且人体细胞内的促炎因子信号途径与胰岛素信号通路之间存在交叉，可以抑制胰岛素信号途径，以此达到降血糖的效果。美国糖尿病协会（American Diabetes Association，ADA）和美国心脏协会（American Heart Association，AHA）已推荐糖尿病患者增加 ω-3 不饱和脂肪酸在饮食中的比例。DHA 和 EPA 可以改变细胞膜脂肪酸的组成，从而影响细胞膜的流动性及其他性质，促进细胞代谢的修复，因而对防治糖尿病有非常显著的效果。此外，有研究结果显示，高含量 DHA/EPA 甘油三酯能够显著上调糖尿病小鼠肝脏中 PI3K/PKB 信号通路的基因表达，通过抑制 GSK-3βmRNA 表达，促进肝糖原的合成，以此有效抑制胰岛素抵抗（insulin resistance，IR）的发生，改善糖尿病小鼠的糖代谢平衡。另外，共轭亚油酸被发现能提高干细胞中胰岛素受体的敏感性，恢复葡萄糖耐受性，从而对糖尿病具有防治作用。

4. 增强智力

DHA 是人体生长与大脑发育必不可少的物质，被称为"脑黄金"。对早产婴儿进行对照试验，结果显示，服用含 0.2% DHA、0.4% AA 配方奶粉和纯母乳喂养的新生早产儿相比，服用含 0.4% DHA、0.4% AA 配方奶粉的早产婴儿体内红细胞中 DHA 含量明显较高，而红细胞 DHA 含量不仅是人体长高和体重增加的"促进剂"，还能够增强婴幼儿的敏锐性。DHA 是神经系统细胞生长和维持的主要成分，在人体大脑皮层中含量高达 20%，细胞膜磷脂吸附 DHA 后，增强了细胞膜可塑性，导致神经递质的传递性和神经细胞的活力大大提高，因而大脑的记忆力和智力增强，所以 DHA 对婴幼儿智力的发育、记忆的形成至关重要。

此外，有关研究已证实 DHA 可维持脑功能、延缓脑老化，能够改善大脑供能状况，因此对萎缩死亡的脑细胞具有显著修复作用，从而帮助治疗患有阿尔兹海默症的老年人。

为探讨学习障碍（learning disabilities，LD）儿童智力结构与高度不饱和脂肪酸之间的关系，有研究利用中国韦氏–儿童智力量表和逐步回归分析法研究 DHA、EPA、AA 与智商的相关性，结果显示，LD 组 DHA 和 EPA 平均 1 d 的摄入量均低于对照组，说明 LD 儿童的特征与多不饱和脂肪酸的摄入不足有重要关系。在研究 ω-3 和 ω-6 脂肪酸水平对智商高低学生体内的差异性中，IQ>135 的学生体内 EPA、DHA、AA 及 ω-3 不饱和脂肪酸水平明显高于 IQ<90 的学生；而亚油酸水平及 ω-6/ω-3 不饱和脂肪酸比例明显低于 IQ<90 的学生。上述研究均表明，功能性脂类与学生智力的发育有密不可分的关系。鱼油、藻油及绝大多数海洋瓣鳃纲贝类中含有丰富的多不饱和脂肪酸，是婴幼儿、老年人和脑力工作者必不可少的食物。如今市面上已经先后出现了许多强化 DHA 的配方奶粉和保健食品，可满足婴儿大脑发育的需求，缓解老人的记忆退化。

5. 抗菌抗炎症

以 DHA 和 EPA 为主的多不饱和脂肪酸对多种炎症疾病的治疗均有不错疗效，其主要机理为通过竞争性抑制作用，减少 AA 产生的致炎因子前列腺素 E2（prostaglandin E2，PGE2），同时促进白三烯 B5（Leukotriene B5，LTB5）的合成，从而减少炎症的产生。早期的研究证明，从小球藻中分离出的小球藻素（chlorellin）具有自身毒性和抗细菌功能。

临床医学评估发现，风湿性关节炎患者服用鱼油，能够明显缓解关节痛的症状。甾醇类化合物可抑制 COX-2 诱导作用的表达，阻碍脂多糖（lipopolysaccharide，LPS）诱导小鼠巨噬细胞产生炎症介质前体，以达到抗炎效果。除此之外，从贝类中提取出的 β-谷固醇、菜油甾醇也具有消炎作用。从长松龙须菜中提取出的不饱和脂肪酸可作为天然的抗生素来源，具有良好的抗菌作用。2-炔基脂肪酸被证实可抑制三酰基甘油的合成，从而抑制真菌活性。

6. 抗疟活性

疟疾是因感染疟原虫而引起的一种虫媒传染病。该疾病具有传染性，主要在热带和业热带地区流行，每年因疟疾死亡的人数高达 60 万人。常用的抗疟疾药物包括：①喹啉类，包括甲氟喹、奎宁；②青蒿素类衍生物；③叶酸代谢抑制药，如乙胺嘧啶；④抗菌药类，如四环素。现阶段治疗疟疾的可用药物少，且不能将患者体内的疟原虫完全彻底地清除，抗疟药物还在研发寻找中。海洋生物中的多不饱和脂肪酸被发现具有抗疟活性，ω-3 族和 ω-6 族多不饱和脂肪酸的不饱和程度与抗疟活性成正比，而且 DHA 是脂肪酸中抗疟活性最高的一种，在 20～40 μg/mL 质量浓度范围内即可使 90%以上的疟原虫死亡。早在 20 世纪 90 年代就有报道称十八碳脂肪酸具有抗疟性，剂量在 200 μg/mL 时能抑制被单体疟原虫感染。海洋生物中的长链多不饱和脂肪酸可以在不伤害宿主细胞的前提下消灭疟原虫烯酰-ACP 还原酶的活性，从而抑制疟原虫。

7. 其他功能

除上述功能外，从海洋生物中提取的油脂中发现油酸、DHA 等不饱和脂肪酸可降低肥胖小鼠的体重和脏器指数，抑制脂肪堆积，具有显著的减肥作用；DHA 和 EPA 可以有效改善人体的免疫调节功能，增强机体抵御内毒素的能力。同时，充足的 DHA 可以有效防止视网膜血栓的产生，阻止脂质渗出，维持视网膜对光的敏感性，从而改善视力。

二、脂类在药物制剂中的应用

目前，临床上常用的亲脂性药物水溶性差、渗透性低等，导致其生物利用度低，从而限制其临床应用。油、脂类被用于纳米乳、固体脂质纳米粒、纳米结构脂质载体、软膏透皮制剂、脂质体、磷脂复合物等药物载体的制备，以增加难溶性药物的溶解度，从而提高其生物利用度。近年来，基于油、脂类的药物载体以提高难溶性药物的生物利用度的报道越来越多。以 sefsol-218 作为油相制备的纳米乳可增加难溶性药物水飞蓟素的溶解度，从而提高其生物利用度。以棕榈酸作为脂质材料制备的固体脂质纳米粒可通过肠道的淋巴转运促进难溶性药物尼莫地平的口服生物利用度。以 Compritol 888 ATO 作为脂质材料制备的纳米结构脂质载体可增加难溶性药物长春西汀的溶解度，其生物利用度显著提高，同时具有明显的缓释效果。因此，为了能够更好地提高难溶性药物的溶解度和生物利用度，并使其具有良好的缓释和靶向作用，开发研究含油、脂类的新制剂具有重要的现实意义。

（一）在固体脂质纳米粒和纳米结构脂质载体中的应用

脂质纳米粒是采用天然或合成的类脂作为载体材料制成的，药物被包裹或镶嵌在脂质基质当中，一般包括固体脂质纳米粒和纳米结构脂质载体。固体脂质纳米粒是采用固体脂质材料为载体，将药物吸附于纳米粒表面或包裹于类脂核中形成的一种新型给药体系。固体脂质材料主要包括甘油三酯、脂肪酸及类固醇等。与传统的药物制剂相比，将药物溶于类脂核中制成的固体脂质纳米粒能够提高难溶性药物的生物利用度、控制药物释放、增加其在体内的吸收和靶向性等。有人以无水乙醇溶解的山嵛酸甘油酯为油相，将难溶性药物塞来昔布溶解于油相中制备成固体脂质纳米粒。大鼠药动学研究表明，塞来昔布固体脂质纳米的生物利用度是塞来昔布原料药的 2.6 倍，同时具有明显的缓释效果。另外，以 Lipoid S 75 作为类脂材料制备的固体脂质纳米粒可通过肠道的淋巴转运促进难溶性药物的口服吸收。

固体脂质纳米粒是一种控制药物释放的新型给药系统。该系统虽然具有诸多优点，但也存在许多缺点，如结晶度高、载药量低、易泄漏、亲水性药物包封率低等。为了解决这些问题，人们寻找了一种性能更为优异的新型载体材料。纳米结构脂质载体是在固体脂质纳米粒基础上，采用一定比例的液态油或混合脂质代替固体脂质纳米粒中的固体脂质而制备出的新型固体脂质纳米粒。液态油的加入打乱了固体脂质原本的有序结构，使脂质结构更加稳定，不易发生晶型转变而结晶，从而使药物的载药率和稳定性显著增加。以山嵛酸甘油酯和肉豆蔻异丙酯为混合脂质，将难溶性药物 N1014 溶解于混合脂质制备了 N-NLC，并考察考察了 N-NLC 与市售 N1014 注射液在家兔体内的药动学差异。实验结果表明，与市售 N1014 注射液相比，所制备的 N-NLC 在家兔体内的药动学参数 $t_{1/2\alpha}$（吸收半衰期）、$t_{1/2\beta}$（血浆清除半衰期）、AUC（药时曲线下面积）分别为市售制剂的 1.26、1.62 和 1.70 倍，表明 N-NLC 在一定程度上延长了药物的体内作用时间，提高了生物利用度。

（二）在纳米乳中的应用

纳米乳（nanoemulsion）是由油相、表面活性剂、助表面活性剂和水相按适当的比例自发形成的一种透明或半透明的、黏度低、热力学稳定的分散系统。其粒径通常为 10～100 nm，乳滴为球形，大小均匀，按结构主要分为油包水（W/O）型纳米乳和水包油（O/W）型纳米乳。将难溶性药物溶解于油相中制备成纳米乳，具有增加难溶性药物溶解度、提高其口服生物利用度、降低药物毒副作用等优点，并具有靶向性及对药物的缓控释作用。近年来，已有环孢素 A、利托那韦、沙奎那韦等药物的纳米乳制剂上市。

用于纳米乳给药系统中的油包括中链、长链甘油三酯，但油链过长不易形成纳米乳。文献报道，纳米乳中的油分子与界面膜上的表面活性剂之间渗透并联系着，与表面活性剂易于形成界面膜，不仅可以促进药物的肠吸收，还能够提高亲脂性药物经淋巴转运的比例，这与油相的分子结构有关。

实验结果表明，不同碳链长度油相的葛根素纳米乳吸收表现为吸收率与油相碳链长度呈正相关关系；采用乳糜微粒流阻滞技术将大鼠的淋巴途径阻滞后，对葛根素纳米乳经淋巴转运的情况进行了考察，结果表明葛根素纳米乳可以显著增加葛根素经淋巴转运的比例，从而提高了其口服吸收。油相的碳链长度对纳米乳液的增溶也有一定影响，随油相分子碳链长度的增加，纳米乳液的增溶性能显著降低。这可能是由于碳链越短的油分子越易于穿过微乳液的栅栏层，越有利于微乳液的增溶。

（三）在脂质体中的应用

脂质体（liposomes）是将药物包封于脂质双分子层所形成的一种超微球形载体制剂。将难溶性药物溶于脂质双分子层中制成的脂质体具有很多优良的性质，如具有靶向性、缓释性、细胞亲和性和组织相容性，且能降低药物毒性等。目前，在国内经国家食品药品监督管理总局批准的脂质体形式的药品主要有注射用紫杉醇脂质体、注射用两性霉素 B 脂质体及盐酸多柔比星脂质体注射液。

制备脂质体的成膜材料主要为脂和类脂成分，很多类脂可用于制备脂质体，如磷脂和胆固醇等，而磷脂最为常用。磷脂和胆固醇是制备脂质体的基本材料，根据研究设计或治疗用途向基本材料中添加一些亲脂性或两亲性药用辅料，从而可以制备一些功能化的脂质体。藤黄酸及藤黄酸长循环脂质体在体外释放和大鼠体内药动学研究表明，脂质体可以平缓释放，且具有长循环、血药浓度高等特点。

（四）在其他制剂中的应用

磷脂复合物（phospholipids complex）是药物和磷脂分子通过电荷迁移作用而形成的较为稳定的化合物或络合物。作为一种新型的给药系统，将难溶性药物溶解于磷脂复合物可以显著提高其生物利用度的原因可能是药物磷脂化后其亲脂性增加，导致药物与细胞膜的亲和力加强，从而提高药物的生物利用度。另外，以大豆磷脂制备的磷脂复合物溶解难溶性药物还可通过肠道的淋巴转运促进药物分子的口服吸收。类脂纳米囊是由类脂构成的囊核和表面活性剂构成的囊壳组成的一种核-壳结构的新型载药体系。作为一种药物载体，难溶性药物溶于类脂纳米囊中可以增加其溶解度与溶出速度，进而提高药物的口服生物利用度。

任务六　脂类代谢的应用

一、脂质代谢在食品工业的应用

（一）对食品风味的影响

脂肪酶作用于食品材料中的油脂，产生游离的脂肪酸，游离的脂肪酸进一步氧化会产生一系列短碳链的脂肪酸、脂肪醛等，从而影响食品的风味。例如在香料生产中，如果香料中含有脂肪酶，香料和食品油同时使用时，可能产生不良的风味。

脂肪酶对于乳制品风味的影响也比较复杂，脂肪酶作用于脂肪，产生的脂肪酸进一步氧化分解产生一系列低级脂肪酸，特别是丁酸、乙酸、辛酸等，这是牛乳成品酸败的主要原因。

低级脂肪酸酯是酒类发酵食品中香气、香味的重要成分。例如，低级脂肪酸酯在白酒中的含量并不高，但其种类和数量却决定了白酒的香型和风格。再如，浓香型白酒是以己酸乙酯为主体香，清香型白酒是以乙酸乙酯为主体香。名优白酒中各种醇、醛、酸、酯的搭配适当，形成了醇香浓厚的特殊风味，而一般白酒含酯低，酒体轻薄。

（二）开发新产品的手段

在某些情况下，采用脂酶水解的方法比化学水解方法得到的产品具有更好的气味和颜色，特别是含有不饱和脂肪酸的甘油酯。例如，采用微生物脂酶从鱼油中生产多不饱和脂肪酸，用于食品或医药。

利用微生物脂酶催化脂肪水解反应具有可逆性的特点，用脂酶可将醇和脂肪酸合成酯。改变不同的脂肪酸，即可与甘油反应生成不同的甘油酯。例如，饱和中等链长脂肪酸的萜烯醇酯可作为乳化剂或食品添加剂。

当脂酶作用于油和脂肪时，同时发生甘油酯的水解和再合成反应，于是酰基在甘油酯分子间移动和发生酯交换反应。在反应体系中控制关键因素，如水的含量、加入脂肪的种类和量等就可能生产出具有独特性质的有价值的新产品。例如，通过酯交换反应从廉价的原料中生产价值可观的可可奶油。

二、脂质代谢在发酵行业的应用

脂肪酸是肥皂、医药、食品、化工等行业的原料。长链饱和二羧酸是制造合成纤维、工程塑料、涂料、香料和医药的重要原料，有机合成比较困难，可以以石油等为原料，利用假丝酵母及其诱变种的作用，生产十三碳二羧酸和十四碳二羧酸。

三、脂质代谢在临床医学的应用

（一）γ-亚麻酸的应用

γ-亚麻酸为全顺式 6,9,12-十八碳三烯，是人体内不能合成而又必需的一种脂肪酸。γ-亚麻酸作为体内合成前列腺素的前体具有重要的生理功能，在临床上 γ-亚麻酸用于防止冠心病和心绞痛、抑制血小板凝集、降低胆固醇、抗高血压、治疗血管痉挛和糖尿病、减低胆固醇及抑制溃疡，以及治疗胃出血、妇科疾病、肥胖症等。γ-亚麻酸在体内被转化成前列腺素而使褐色脂肪活化，达到减肥效果。另外，γ-亚麻酸具有抗黑色素生成作用，添加到护肤品中可用于抗色素沉着。γ-亚麻酸作为食品营养补充剂也具有广阔的应用前景。

（二）共轭亚油酸的应用

共轭亚油酸是亚麻酸的一系列位置异构体和几何异构体的混合物，是存在于食品中的天然成分，具有抗动脉硬化、抗血栓、降血压、降血脂、减肥、提高免疫力、抗肿瘤等一系列惊人的生理活性。共轭亚油酸作为一种新发现的营养素，无论是作为药品、保健食品、功能食品、食品防腐剂，还是肉类工业、饲料工业均有重要作用。

（三）临床检测中的应用

脂肪必须通过血液循环才能输送到其他组织，而各种脂类都是以脂蛋白的形式在血液中运输的，临床上血脂、高密度脂蛋白、低密度脂蛋白的测定可作为高脂血症和心脑血管疾病的一个重要指标。酮体的代谢与检测也是酮血症、酮尿症、酮症酸中毒等疾病检测的重要方法。

四、脂质代谢在石油开采和处理石油污染中的应用

利用一些生物可将烷烃及石油氧化成醛并进一步氧化成脂肪酸，供微生物生长发育或转化成其他产物，用于石油开采或海洋石油污染的处理，从而保护环境。

目前石油开采工业的采出率并不高，常用物理或化学的方法。利用微生物进行二次采油、三次采油可使石油的采出率大大增高。美国采用遗传工程手段对厌氧、嗜热耐盐细菌加以改造，使之具有分解烷烃、石蜡的能力，使石油增产 50%。

海洋石油污染是全世界，特别是沿海国家非常重视的问题。一些可分解烃类的微生物可将烃类末端甲基氧化为伯醇，再被与 NADH 偶联的脱氢酶氧化为醛，并进一步氧化为相应的脂肪酸。除了末端氧化外，有的微生物能够在亚末端氧化烃类，还有的能将烃类的两个末端甲基同时氧化成二羧酸，进而进行 β-氧化分解利用。现在更有利用基因工程技术构建的"超级菌"，其可用于处理大面积的海洋石油污染。

项目四　蛋白质及应用

项目导入

1985 年 4 月，一种传染病在英国发现并迅速蔓延，仅英国每年有成千上万头牛因患这种病导致神经错乱、痴呆，不久死亡。1986 年 11 月将该病定名为疯牛病，即牛海绵状脑病（bovine spongiform encephalopathy，BSE），并首次在英国报刊上报道。

疯牛病的发病机制，从分子水平看，是蛋白质分子形态的改变，由原来的单个球状分子变成了纤维状的聚集态。分子中 β 折叠增加，进而导致分子聚集，对蛋白水解酶的抗性增大。PrP 蛋白质中特定肽键的断裂是引起变构的原因。相邻的成簇的磷酸基团间的排斥力可能会导致 Tau 蛋白的构象改变，致使分子内的相互作用变成分子间的相互作用，最终同样会形成长的纤维。

本项目的学习内容有蛋白质的概念和分类、蛋白质的分子组成、蛋白质的分子结构、蛋白质的理化性质、蛋白质的分离纯化、蛋白质的消化和吸收、氨基酸的代谢，以及蛋白质和氨基酸的应用。

任务一　蛋白质的概念和分类

一、蛋白质的化学组成

蛋白质是 20 种 α-L-氨基酸按不同比例和不同顺序经肽键聚合成肽链后，进一步卷曲折叠成的具有特定三维立体结构和特定生物功能的一大类高分子有机物。可将蛋白质的特征概括为以氨基酸为结构单体；以肽链为分子基本结构；分子量大；有特定三维结构；有特定生物功能。

蛋白质存在于所有生物体内，是与生命现象不可分割的物质。protein 一词的原意是原始最初，由此可以想象蛋白质是与生命现象同时出现或早于生命现象出现在地球上的原始生命物质。现习惯将蛋白质称作生物大分子，更进一步将其称为生命的大分子。

组成蛋白质的基本元素有碳、氢、氧、氮、硫 5 种。各种蛋白质的氮含量比较一致，平均值为 16%，这是蛋白质化学成分的一个重要特征。可通过测定蛋白质的含氮量确定蛋白质含量：

$$蛋白质含量 = \frac{蛋白质含氮量N}{16\%}$$

或

$$蛋白质含量 = 蛋白质含氮量 \times 6.25（16\%的倒数）$$

有些蛋白质中可能含有少量的磷，但都是以磷酸基的形式掺入的。还有些蛋白质中含有金属元素，如钙、镁、铜、锰、锌、铜、铁等，其中以碱土金属和铁居多，这些金属元素只有少数与蛋白质以共价键结合，多数以配价键或离子键形式与蛋白质结合，并且都是在蛋白质形成以后结合上去的。

如果将蛋白质彻底水解，其可全部转为氨基酸。但水解产物不一定全是 α-L-氨基酸，因为水解过程可能发生消旋变化。

组成蛋白质的氨基酸有 20 种 α-L-氨基酸（其中脯氨酸为亚氨基酸），但是蛋白质的水解产物中可能不止 20 种氨基酸，因为某些氨基酸在蛋白质合成后又修饰了某些基团，如 4-羟基脯氨酸、5-羟基赖氨酸是在脯氨酸、赖氨酸形成蛋白质后修饰的。供蛋白质合成的每个氨基酸原料称为氨基酸单体，蛋白质中的每个氨基酸已不再是完整的氨基酸，习惯上称为氨基酸残基，在不至于混淆的情况下也可称为氨基酸单体。

氨基酸可以聚合为蛋白质，中间要经历一个肽链的形成过程。多肽是从氨基酸单体到蛋白质之间的中间结构体。一个蛋白质分子至少由一条肽链构成，也可由多条肽链构成。

从肽链到蛋白质之间，并没有一个十分严格的界线，在此提出两点区别仅供参考。

（一）分子量

一般认为，蛋白质的分子量应在 5000 Da 以上，氨基酸残基数在 50 个以上，胰岛素是目前研究已知最小的蛋白质，含有 51 个氨基酸残基，分子量是 5734 Da。也有观点认为，蛋白质的分子量应在 4400 Da 以上，氨基酸残基数应在 40 以上。例如，促肾上腺皮质激素为 39 个氨基酸，分子量为 4700 Da，介于多肽和蛋白质之间，故有的书中称其为多肽，有的书中称其为蛋白质。一般来说，蛋白质的分子量应为 6000～1000000 Da 或者更大些，大多数蛋白质的分子量为 12000～36000 Da，有 100～300 个氨基酸残基。

（二）空间结构

蛋白质有复杂的高层次的空间立体结构，一般有三四级结构。多肽只能出现二级结构，很少出现更高级结构。

此外，蛋白质在生物体内大多以结合态存在，如糖蛋白、脂蛋白与金属离子或某些基团结合。需要指明，蛋白质是一类物质，除理化性质上的差别外，生物功能也相差甚远。

二、蛋白质的类型

蛋白质的分类没有统一标准，按照形状可分为纤维状蛋白质、球状蛋白质和膜蛋白质。纤维状蛋白质呈线形结构，有些纤维状蛋白质是水溶性的，如血纤维蛋白；有些是不溶于水的，如角蛋白、丝蛋白等。球状蛋白质的形状近似于球形或椭圆形，基本都是水溶性的，如细胞中的酶蛋白、免疫球蛋白等。膜蛋白质是与细胞膜系统紧密结合的蛋白，都是不溶于水（疏水性）的，不单独存在，很难与膜分离。

蛋白质的名称大多数是按功能称谓的，因此也可将蛋白质按功能分为不同类型，如多酶蛋白质、收缩蛋白质、免疫球蛋白、膜蛋白等。

按照蛋白质的组成、结合性质和来源可将蛋白质分为简单蛋白质和结合蛋白。

（一）简单蛋白质

简单蛋白质完全由氨基酸组成，通常分为清蛋白（白蛋白）、球蛋白、醇溶蛋白、谷蛋白、组蛋白、鱼精蛋白、硬蛋白 7 类。

清蛋白如血清蛋白、卵清蛋白等，分子小，可溶于水。

球蛋白分子为球状或椭圆状，如优球蛋白（不溶水而溶于稀盐溶液）、拟球蛋白（溶于水）。

醇溶蛋白是植物种子储存蛋白的组分之一，发现于小麦和玉米中。醇溶蛋白具有很强的耐水性、耐热性和耐脂性。

谷蛋白多存在于种子中，谷氨酸含量多，是面筋的主要成分。

组蛋白本身是简单蛋白质，在生物体内与 DNA 结合构成染色体存在。

鱼精蛋白在精子或生殖细胞里较多，含碱性氨基酸多，属碱性蛋白。

硬蛋白多为结缔组织，还可分为角蛋白、胶质蛋白及弹性蛋白，多存在于毛发、角、皮肤等组织中，不溶于水及稀酸或稀碱。

（二）结合蛋白

结合蛋白组成中除氨基酸外还有其他成分，按其非氨基酸组分划分为 7 类：核蛋白、糖蛋白、脂蛋白、金属蛋白、色素蛋白、黄蛋白、磷蛋白。

核蛋白是蛋白与核酸结合形成的，如染色体中与 DNA 结合的是组蛋白，rRNA 组成核糖体时也有多达几十个蛋白分子共同参与到核糖体结构中。病毒也可以看作核蛋白。

糖蛋白是蛋白分子上连有不同长度的糖链形成的。糖蛋白有两种连接方式：第一种是 "O" 连接，糖链半缩醛羟基与肽链氨基酸残基（含羟基的氨基酸残基）形成糖苷键连接；第二种是 "N" 连接，糖链羟基连在蛋白多肽链中天冬酰胺或谷酰胺的酰胺基上。有的糖蛋白中糖链巨大，称为蛋白聚糖。糖蛋白功能多样，如结缔组织、血浆中的抗体、激素、膜上载体蛋白及受体蛋白等。

脂蛋白多在细胞膜及血浆中。细胞膜上的脂蛋白多为载体蛋白或离子通道，细胞内外物质的运输等功能；血浆中的脂蛋白主要是载脂蛋白，如 β-脂蛋白现称为低密度或高密度脂蛋白，负责将血中脂类物质运输到所需部位，这类脂蛋白过多则说明血脂不正常。

金属蛋白含结合牢固的金属离子，如铁硫蛋白、铜蛋白。这些金属离子在酶蛋白中也称辅基。

色素蛋白是蛋白与某种色素结合形成的，如血红蛋白是球蛋白与血红素结合形成的。植物体内很多色素也是与蛋白结合形成的，如大量的叶绿素结合蛋白、豆科植物根瘤菌中的豆血红蛋白等。

黄素蛋白是指与黄素核苷酸 FAD 或 FMN 结合的蛋白质如黄素氧还蛋白、D-氨基酸氧化酶等。

磷蛋白是指与磷酸共价结合的蛋白质。磷酸与蛋白质中的丝氨酸或苏氨酸的侧链羟基结合，并具有可解离的酸性基团，主要存在于蛋黄、乳之中如酪蛋白、胃蛋白酶。

三、蛋白质的生物功能

蛋白质的生物功能体现在生物生命活动的各个方面，生物的结构构成、运动、代谢活动、信息传递、自身防御等都离不开蛋白质的作用，甚至连生物的遗传和繁殖也离不开蛋白质的参与。

（一）生物体的结构物质

蛋白质参与所有生物机体的结构组成。

1. 构成细胞及细胞内亚显微结构的主要物质

如细胞中的微管、微丝、膜蛋白，染色体中的组蛋白，核糖体中的核蛋白，动植物细胞中的色素蛋白等。

2. 构成动植物细胞间的基质成分及细胞外液成分

如植物细胞的胞间连丝、表皮的角质蛋白、动物结缔组织中的胶原蛋白、血液中的血纤维蛋白、皮肤毛发中的角蛋白等。

（二）生物催化剂——酶

生物在生命活程中要不断地从环境中摄取物质（营养），加工合成为自身的结构成分或分解氧化获得能量，这些反应过程都有生物体内作为生物催化剂的酶参与，使反应能够有序地进行。细胞内的每一步反应都有酶参与，包括蛋白质自身的代谢在内；细胞外也存在酶的活动，如动物分泌消化酶到肠道中消化食物，微生物和植物根尖可分泌一些水解酶类到体外，将一些难溶性养分分解并吸收等。

（三）生物代谢活动的辅助因子

有很多蛋白质在生物代谢中充当辅助因子的作用。例如，生物氧化中酶的辅因子黄蛋白、铁硫蛋白等；核酸合成中起调节作用的阻遏蛋白、转录因子等；蛋白质合成的起始因子、延长因子等。这些辅因子参与了细胞内的大多数重要代谢过程。

（四）生物信息物质

大多数生物在细胞间及不同器官之间要传递信息，以达到生命活动的协调和对环境的适应，作为传递信息的物质中有一部分是蛋白质，如激素中的促甲状腺素、促皮质素、胰岛素等；还有一些蛋白质充当细胞间的识别物质及信息的感受物质，如红细胞表面的血型蛋白、植物花粉和柱头表面的识别蛋白、激素的受体蛋白等。这类物质大多是糖蛋白，位于细胞膜表面。

（五）运载功能

生物细胞对物质的跨膜转运是由膜上的某些蛋白质利用其构象变化完成的，如已研究清楚的钠-钾离子泵。再如，动物利用血液中的血红蛋白长距离运输 O_2 供呼吸并将 CO_2 运出，血液中的载脂蛋白运转脂肪，植物筛管中的磷蛋白协助转运糖类等。

（六）运动功能

动物的所有运动都源于肌细胞的纤维蛋白，依靠肌细胞中的粗肌丝和细肌丝之间的相对滑行产生伸缩运动，如骨骼肌、平滑肌、心肌的运动等。

（七）防御功能

动物感染细菌等微生物或有异体组分进入体内，可产生免疫球蛋白清除侵染物或外源异物；发生创伤时，血液中的纤维蛋白可聚集形成血栓，阻止血液过多外流，这也是一种防御；有的动物体内产生毒蛋白用于御敌，如蜂蝎毒、蛇毒等。

（八）营养功能

生物在繁殖过程中可将蛋白质作为营养物质供下一代利用，如乳汁中的蛋白质、花粉中的蛋白质等。有些植物种子中储藏有大量蛋白质，如豆类、花生等。动物在摄取食物过程中，食物中的蛋白质也是不可缺少的营养物质。

任务二 蛋白质的分子组成

蛋白质的结构基础是肽链，也称多肽。多肽是氨基酸的聚合物。氨基酸是含氮有机物，绝大多数为 α-L-氨基酸。氨基酸的结构与性质直接影响蛋白质的结构与功能。

一、氨基酸的分子结构

氨基酸分子中既含有氨基，又含有羧基，属于两性化合物，不同于一般的有机酸，所以在有机物中自成一类，不列入一般的有机酸（或取代酸）中。

（一）氨基酸的结构共性

氨基酸分子中的氨基绝大多数位于 α 碳原子上，故称 α-氨基酸。α 碳原子（C_α）上还连有一个氢和一个可变化的 R 基团（基本碳链），R 基团通常称为侧链。氨基酸之间的区别主要在侧链。氨基酸的结构举例如图 4-1 所示。

因为氨基酸的 α 碳原子上连接 4 个不同的基团（甘氨酸除外），所以 α 碳原子是不对称碳原子，或称手性碳原子。这使氨基酸出现两种分子构型，成为对映异构体，具有旋光性。

$$\underset{6}{\overset{\varepsilon}{CH_2}}-\underset{5}{\overset{\delta}{CH_2}}-\underset{4}{\overset{\gamma}{CH_2}}-\underset{3}{\overset{\beta}{CH_2}}-\underset{2}{\overset{\alpha}{CH}}-\underset{1}{COO^-}$$

L-赖氨酸

图 4-1 氨基酸的结构举例

氨基酸的分子构型表示方法与单糖一样，可用费歇尔投影式表示，也可以甘油醛为参照，确定为 L 型或 D 型。氨基酸分子中的羧基位于上方，R 基团位于下方，氨基位于左侧的为 L 型，氨基位于右侧的为 D 型。甘油醛与氨基酸的分子构型如图 4-2 所示。

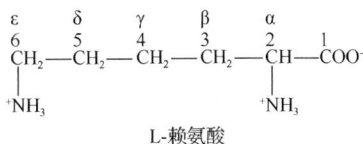

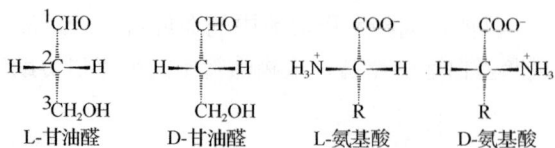

图 4-2　甘油醛与氨基酸的分子构型

这种构型为相对构型，也可以采用绝对构型，用 R 或 S 表示，L 型氨基酸为 S 型，D 型氨基酸为 R 型。

天然的氨基酸绝大多数是 L 型氨基酸。后面如不特别指明，所说的氨基酸即是指 α-L-氨基酸。

个别氨基酸有第二手性碳原子，在另一对不常见的对映体上要加"别"字（allo）。例如，L-苏氨酸的对映体是 D-苏氨酸，但 L-苏氨酸和 D-苏氨酸还有另一个差向异构体，即 L-别苏氨酸和 D-别苏氨酸，结构如图 4-3 所示。

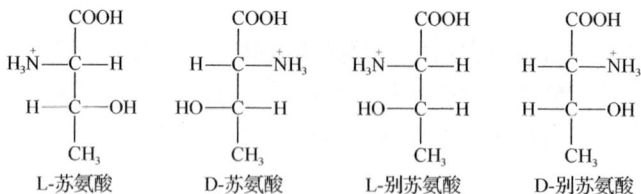

图 4-3　苏氨酸的异构体

L-别苏氨酸和 D-别苏氨酸是对映异构体。α-氨基与 β-羟基同在一侧为别型。需要注意，L-苏氨酸和 L-别苏氨酸不是对映体（不成镜像关系），D-苏氨酸和 D-别苏氨酸也同样不是对映体。天然的苏氨酸只有 L-苏氨酸一种，L-别苏氨酸则是在蛋白质碱性水解中出现的。

异亮氨酸也有第二手性碳原子，其分子构型的命名与苏氨酸一样，天然的也只有 L-异亮氨酸。异亮氨酸的异构体如图 4-4 所示。

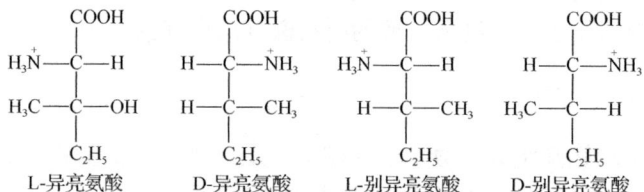

图 4-4　异亮氨酸的异构体

半胱氨酸的对映异构体还会出现一种特殊情况，两个互为对映体的半胱氨酸经二硫键连在一起形成胱氨酸，则分子旋光性消失（即两个对映体的旋光性抵消），特称为内消旋体。

（二）标准氨基酸的侧链结构和分类

根据是否参与蛋白质的合成过程，分为标准氨基酸和非标准氨基酸两类。

组成蛋白质的氨基酸在所有生物中只有 20 种，每种都有相对应的遗传密码。这 20 种氨基酸称为标准氨基酸。但是这 20 种中只有 19 种符合上面的结构通式，一种没有自由氨基，属于亚氨基酸（脯氨酸）。

氨基酸的分类主要是为了便于比较和理解不同氨基酸之间的结构区别，并没有统一或明确的标准。氨基酸的分类主要是按照侧链基团的性质或侧链的极性。一是按照氨基酸侧链 R 基团的性质来划分，如侧链基团有脂肪烃基、芳烃基、酰胺基、巯基、羟基等，可以分为脂肪族氨基酸、芳香族氨基酸等。二是按照侧链基团的极性，划分为极性氨基酸和非极性氨基酸，极性氨基酸又可分为极性不带电荷氨基酸和极性带电荷氨基酸。这种划分法简单实用，对于进一步理解氨基酸在蛋白质中的作用更有帮助，故多采用。

原子是没有极性的，当原子之间以共价键组成分子时，由于共用电子对向电负性大的原子偏移，出现极性共价键，致使分子有了极性，成为极性分子。或者说极性就是指正负电荷重心不重合。例如，水分子，由于氧原子对电子吸引力大于氢原子，负电荷重心偏向氧原子一端，正电荷重心偏向氢原子一端，因此出现极性。当极性增大到一定程度时，电子对就不再绕两个原子核旋转，而是发生电子得失，成为离子或离子型化合物，离子也自然存在极性。电子对绝对不偏移的分子只占少数，大多数分子是有极性的，但是有的极性分子的极性不明显，对性质没有明显影响，也可以看作非极性分子。

如果严格地从整个氨基酸分子来讲，所有氨基酸都含有极性基团羧基和氨基，但是氨基和羧基的极性相反，大体上可以抵消，所以氨基酸的极性主要是指来自侧链 R 基团的极性。

1. 非极性氨基酸

非极性氨基酸是指侧链基团没有明显的极性。非极性氨基酸有 9 个，包括甘氨酸、丙氨酸、缬氨酸、亮氨酸、异亮氨酸、甲硫氨酸（蛋氨酸）、脯氨酸、苯丙氨酸、色氨酸。也常将其简称（包括英文缩写）为甘（Gly）、丙（Ala）、缬（Val）、亮（Leu）、异亮（Ile）、甲硫（Met）、脯（Pro）、苯丙（Phe）、色（Trp）。非极性氨基酸的结构式如图 4-5 所示。

有的书中将甲硫氨酸称为蛋氨酸，也有的书中将甘氨酸划为极性氨基酸，认为非极性氨基酸具有疏水性，甘氨酸分子没有侧链，对疏水性影响不大，同时因为羧基氧电负性略大于氨基氮的电正性，所以认为分子是有极性的，如将甘氨酸划入极性氨基酸中，非极性氨基酸则只有 8 种。也有人认为，氨基酸的极性应主要体现在侧链上，甘氨酸无侧链，无法体现极性，尤其是在聚合成肽链之后，羧基和氨基已不再游离存在的情况下更是如此，所以应划入非极性氨基酸。还有人认为，甘氨酸划入极性氨基酸或非极性氨基酸都可以。本书暂且将甘氨酸放在非极性氨基酸中。

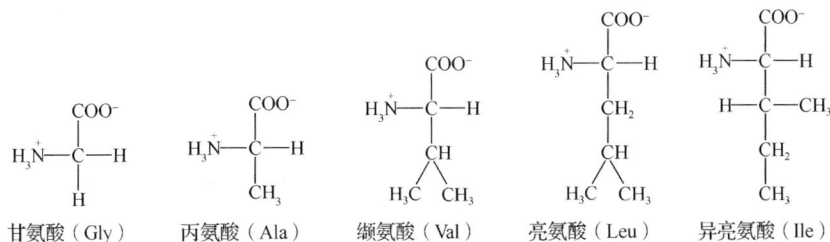

图 4-5 非极性氨基酸的结构式

99

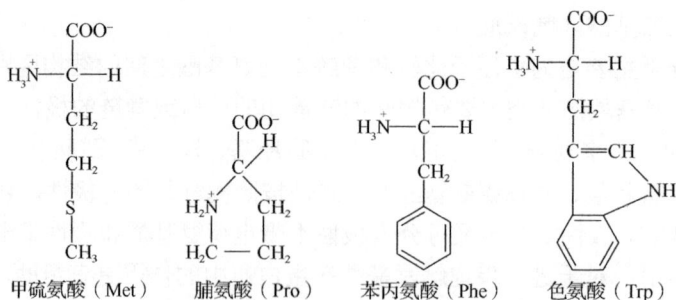

甲硫氨酸（Met）　　脯氨酸（Pro）　　苯丙氨酸（Phe）　　色氨酸（Trp）

图 4-5　非极性氨基酸的结构式（续）

2. 极性不带电荷氨基酸

这类氨基酸侧链上都有极性基团，并且这些基团在一般情况下不会解离。极性不带电荷氨基酸共有 6 个：丝氨酸（Ser）、苏氨酸（Thr）、半胱氨酸（Cys）、天冬酰胺（Asn）、谷氨酰胺（Gln）、酪氨酸（Tyr）。极性不带电荷氨基酸的结构式如图 4-6 所示。

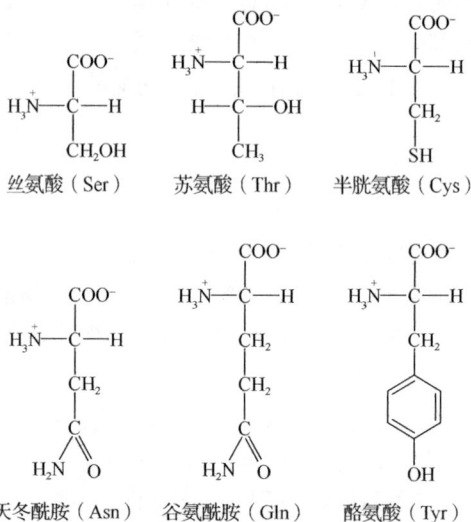

丝氨酸（Ser）　　苏氨酸（Thr）　　半胱氨酸（Cys）

天冬酰胺（Asn）　　谷氨酰胺（Gln）　　酪氨酸（Tyr）

图 4-6　极性不带电氨基酸的结构式

3. 极性带正电荷氨基酸

极性带正电荷氨基酸共有 3 个：赖氨酸（Lys）和精氨酸（Arg）的侧链有可解离的氨基，组氨酸（His）侧链的咪唑基可解离。极性带正电荷氨基酸的结构式如图 4-7 所示。

4. 极性带负电荷氨基酸

极性带负电荷氨基酸共有两个：天冬氨酸（Asp）和谷氨酸（Glu）的侧链有可解离的羧基。天冬氨酸和谷氨酸的结构式如图 4-8 所示。

上述 20 种氨基酸中，苯丙氨酸和酪氨酸的侧链有芳环，称为芳环氨基酸；脯氨酸、色氨酸和组氨酸的侧链有杂环，称为杂环氨基酸；其余 15 种称为脂肪族氨基酸。

赖氨酸（Lys）　　精氨酸（Arg）　　精氨酸（His）

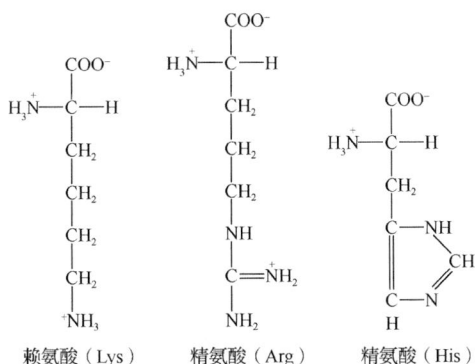

图 4-7　极性带正电荷氨基酸的结构式

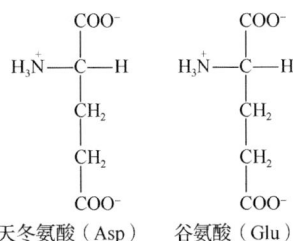

天冬氨酸（Asp）　　谷氨酸（Glu）

图 4-8　极性带负电荷氨基酸的结构式

（三）非标准氨基酸

1. 蛋白质中的衍生氨基酸

这些氨基酸可出现在蛋白质中，但是没有对应的遗传密码。这些氨基酸是在形成蛋白质后某个基团发生改变或引入新的基团衍生而来的。例如，胱氨酸、4-羟基脯氨酸、5-羟基赖氨酸、6-N-甲基赖氨酸、γ-羟基谷氨酸（存在于人凝血酶原中）等，分别来自半胱氨酸、脯氨酸、赖氨酸和谷氨酸。这类氨基酸有多少种，目前还不清楚，其结构式如图 4-9 所示。

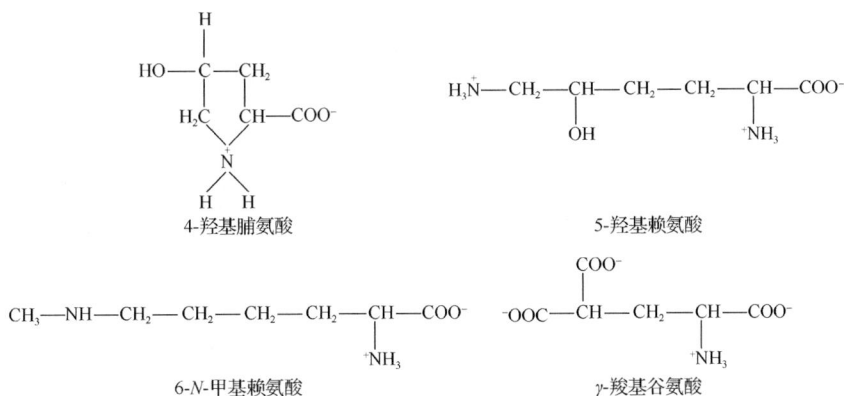

4-羟基脯氨酸　　　　　　　　　　5-羟基赖氨酸

6-N-甲基赖氨酸　　　　　　　　　γ-羧基谷氨酸

图 4-9　蛋白质中的衍生氨基酸的结构式

2. 代谢中的中间产物氨基酸

有些氨基酸只出现在某些代谢反应中，是某些代谢的中间产物，如鸟氨酸、瓜氨酸是尿素循环的中间产物；还有大多是氨基酸代谢的中间产物，如高半胱氨酸、高丝氨酸、S-腺苷甲硫氨酸等，其结构式如图 4-10 所示。

（四）非 α-的碳位的氨基酸

除上述 α-氨基酸以外，生物中还存在一些非 α-氨基酸，这些氨基酸大多具有一定的

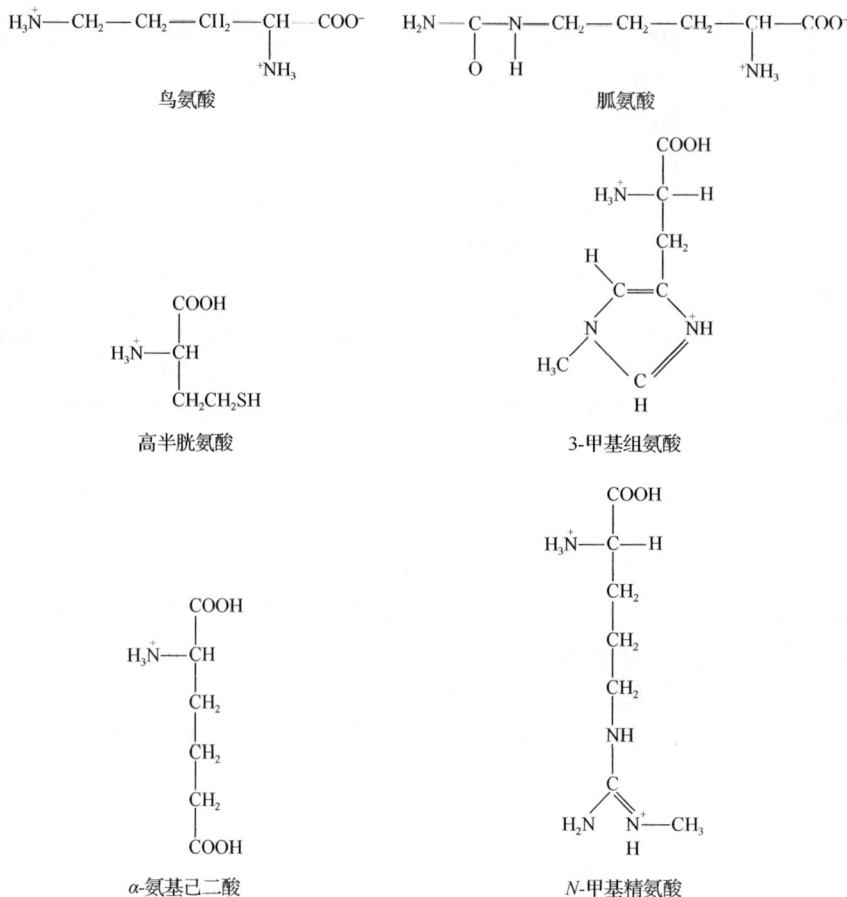

图4-10　代谢中的中间产物氨基酸结构式

生物活性。例如，作为激素的甲状腺素和 3,5-二碘酪氨酸，作为神经递质的 γ-氨基丁酸（在植物中也出现过），作为辅酶 A 组分的 β-丙氨酸等。这些氨基酸也可以看作正常氨基酸的衍生物。

　　除 L 型氨基酸外，在低等生物细菌中还常出现 D 型氨基酸，如细菌细胞壁中有 D-谷氨酸和 D-丙氨酸，短杆菌肽中有 D-苯丙氨酸，放线菌素中有 D-缬氨酸等。还有一些抗生素中也含有 D-氨基酸。

　　自然界中已发现的天然氨基酸有 180 多种，除上述常见的 20 几种外，其余大多数的作用目前还不清楚。

二、氨基酸的两性解离

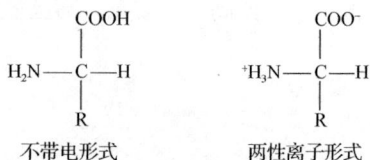

图4-11　氨基酸的不带电形式和两性离子形式

　　氨基酸分子中至少有两个可解离基团，—NH_2 和 —COOH，如果不考虑侧链，对于一氨基一羧基氨基酸来讲，应写成分子型还是离子型呢？氨基酸的不带电形式和两性离子形式如图 4-11 所示。

实验表明，氨基酸是离子型分子，但是正负离子电性中和，分子仍表现为中性不带电荷。

氨基酸为离子型分子主要有两点证据：一是熔点在 200℃ 以上，只有离子型晶体才有如此高的熔点（普通胺熔点低，如二苯胺的熔点为 53℃，戊胺的熔点为 5.5℃，乙二胺的熔点为 8.5℃）；二是普通胺有挥发性，而氨基酸无挥发性。

（一）氨基酸分子的两性解离和等电点

根据酸碱理论，释放质子的是酸，可与质子结合的是碱，放出质子或结合质子后成为其共轭碱或共轭酸。还有一种理论认为，有接受电子对能力即有空轨道的物质是酸，能提供电子对的是碱。

氨基酸分子既可显酸性，又可显碱性，既可酸性解离，又可碱性解离，所以称为两性电解质。氨基酸既能以正离子存在，又能以负离子存在，还能以两性离子存在。向何方向解离，视溶液酸碱性（pH 值）而定。氨基酸的两性解离如图 4-12 所示。

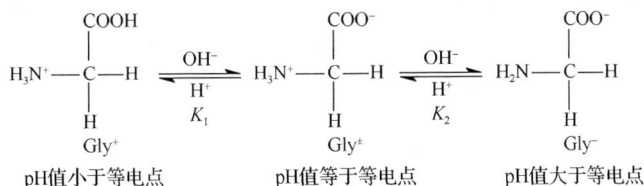

图 4-12　氨基酸的两性解离

调节氨基酸溶液的 pH 值，当氨基酸分子上的氨基和羧基的解离程度完全相等，即分子所带净电荷为零时，氨基酸所处溶液的 pH 值称为该氨基酸的等电点（pI），或称等离子点。

如果在溶液中通入直流电，则正离子向电场负极移动，负离子向电场正极移动，而两性离子在电场中不移动。

带电荷分子在电场中的移动称为电泳现象。

在等电点时，氨基酸处于两性离子状态，分子是中性的，不带电荷，在直流电场中不移动；并且在等电点时，溶解度也最小（极化作用小），易于沉淀分离。

当 pH 值小于等电点时（相对酸性条件下），氨基酸的碱性基团解离（氨基解离），分子带正电荷，电泳向负极移动；相反，当 pH 值大于等电点时（相对碱性条件下），酸性基团解离（羧基解离），分子带负电荷，电泳向正极移动。只要氨基酸溶液处在等电点外，分子都是带电荷的。

（二）氨基酸的滴定曲线和解离常数

1. 解离常数

在所有的化学反应中，只要反应产物不是生成气体或沉淀，反应就不能进行到底。在一定的反应体系中，生成物浓度积与反应物浓度积之比是一个常数，称为化学平衡常数。平衡常数实际是浓度的比值，可以看作生成物的浓度是反应物浓度的几倍，也可以看作浓度变化的系数。化学平衡常数的意义在于表明反应所能进行的最大程度。在外界

103

条件不变的情况下，这一平衡常数也是不变的。

氨基酸的解离，不论是酸性基团的解离还是碱性基团的解离，都可以看作一个可逆的化学反应。在一定的条件下，解离过程也会达到一个平衡。对于某个特定的氨基酸来讲，会有一个固定的解离常数，或者说是解离的平衡常数。这类解离反应一般有氢离子参与，溶液的 pH 值即代表着氢离子浓度，是氢离子摩尔浓度的负对数。

甘氨酸的分子最简单，没有侧链影响，现就以甘氨酸的解离为例标示出其解离常数。甘氨酸的两性解离如图 4-13 所示。

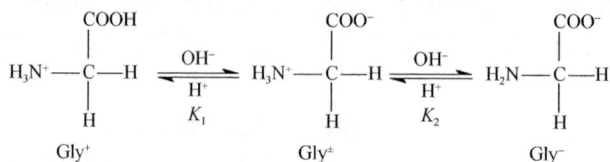

图 4-13　甘氨酸的两性解离

在上面氨基酸的两性解离当中，酸性基团解离的平衡常数为 K_1，碱性基团解离的平衡常数为 K_2。当外界条件固定后，每个氨基酸的酸性基团和碱性基团的解离都有一个固定的平衡常数，称为该氨基酸的解离常数。

$$K_1 = \frac{[\text{Gly}^\pm][\text{H}^+]}{[\text{Gly}^+]}$$

$$K_2 = \frac{[\text{Gly}^-][\text{H}^+]}{[\text{Gly}^\pm]}$$

2. 滴定曲线和等电点

如果在等电点处开始用盐酸滴定甘氨酸，则溶液的 pH 值不断降低，酸性解离不断减少，碱性解离不断增大。

如果滴定时以 pH 值为纵坐标，以消耗 HCl 的物质的量为横坐标作图，则得到一条酸滴定曲线（曲线 A），以消耗 NaOH 的物质的量为横坐标作图，则得到另一条碱滴定曲线（曲线 B），都是甘氨酸的滴定曲线，如图 4-14 所示。

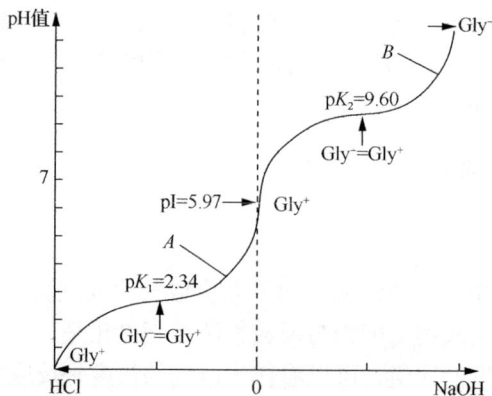

图 4-14　氨基酸的滴定曲线

现在来分析一下这两部分曲线。在用酸滴定过程中，由于氢离子的不断增加，羧基的解离会不断减少。根据解离常数计算式可知，当解离的羧基减少到原来的一半时，溶液中的氢离子浓度就是甘氨酸羧基的解离常数，用负对数表示就是 pK_1，现已知 pK_1 为 2.34。

在酸滴定曲线中有一个拐点，该拐点就是羧基解离的平衡点，出现曲线拐点的原因是氢离子变化速度发生改变。在用酸测定过程的开始阶段，滴定中增加的氢离子中的一部分被解离态的羧基中和，氢离子消耗量大于增加量；当一半的解离羧基被中和，再继续滴加氢离子时，则会出现氢离子增加量大于消耗量，所以滴定曲线会出现拐点。

对于碱滴定的曲线 B，也同曲线 A 一样，在滴定中是 OH^- 增加而 H^+ 不断减少，使解离的氨基不断减少。当解离的氨基减少到原来的一半时，溶液中氢离子浓度就是甘氨酸碱性基团氨基的解离常数，现已知 pK_2 为 9.60，同样也会在滴定曲线中出现拐点（解离平衡点）。

那么，pK_1、pK_2 和 pI 之间关系如何？从滴定曲线可以看出，pI 位于 pK_1 和 pK_2 之间，相当于二者的中间值，也可从两性解离常数 K_1、K_2 的等式推导出 pI。

仍以甘氨酸为例：

$$K_1=\frac{[Gly^{\pm}][H^+]}{[Gly^+]} \qquad K_2=\frac{[Gly^-][H^+]}{[Gly^{\pm}]}$$

令 K_1 乘 K_2（方程两边乘以等量值方程不变）得

$$K_1K_2=\frac{[Gly^{\pm}][H^+]}{[Gly^+]}\frac{[Gly^-][H^+]}{[Gly^{\pm}]}$$

因为在等电点时 $[Gly^+]=[Gly^-]$，所以 $K_1K_2=[H^+]^2$。两边取对数，则 pH 值 $=1/2$（pK_1+pK_2）。

在等电点时的 pH 值写作 pI，所以 pI$=1/2$（pK_1+pK_2）。例如，甘氨酸的 $pK_1=2.34$，$pK_2=9.60$，则 pI$=1/2$（2.34＋9.60）=5.97。再如，丙氨酸的等电点 pI$=1/2$（2.34＋9.69）=6.02。

3. 氨基酸侧链的解离

氨基酸侧链解离时情况比较复杂，分子中除 α-羧基和 α-氨基的解离外，还有侧链 R 基团的解离。其解离常数除 pK_1 和 pK_2 外，还多一个解离常数 pK_R。

侧链解离的氨基酸的解离常数可按多元酸解离的平衡常数计算，但是多元酸的解离平衡常数计算比较麻烦，在不影响氨基酸性质判断的基础上，可以将带有可解离侧链的氨基酸等电点的计算简化处理。比较简单的办法就是将其中一个解离常数忽略。

例如，谷氨酸侧链有羧基，可解离，解离常数有 K_1、K_2 和 K_R（或 pK_1、pK_2 和 pK_R）。谷氨酸的两性解离如图 4-15 所示。谷氨酸在实际解离过程中，很难发生 3 个基团同时

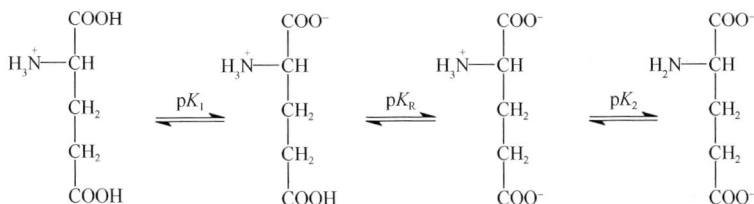

图 4-15 谷氨酸的两性解离

解离，即 2 个羧基同时带负电荷。即使在解离过程中会有少量发生，K_2（pK_2）值也极小，可以忽略不计。只能通过 pK_1 和 pK_R 计算出等电点。

谷氨酸的解离常数 K_1 为 2.19，K_R 为 4.25，所以谷氨酸的等电点 $pI = 1/2\,(pK_1 + pK_R) = 1/2\,(2.19 + 4.25) = 3.22$。

侧链有氨基或其他正离子解的氨基酸解离时，也同样采用这种方法。例如，组氨酸的解离，两个可解离的碱性基团同时解离很难发生，则忽略 pK_1。组氨酸的两性解离如图 4-16 所示。

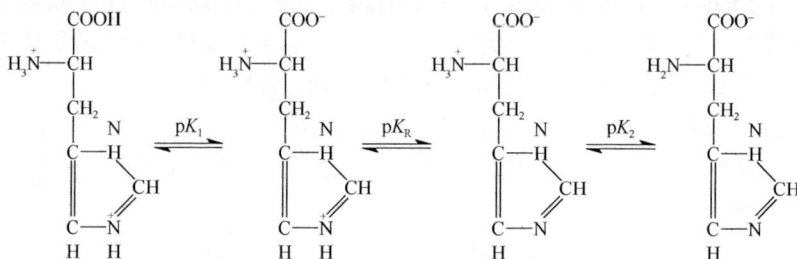

图 4-16　组氨酸的两性解离

若将组氨酸的 pK_1 忽略不计，则组氨酸的等电点 $pI = 1/2\,(6.0 + 9.17) = 7.59$。

还可以直观确定忽略一个解离常数，即忽略距离两性离子最远的一个，留下两性离子两边的解离常数进行计算。例如，谷氨酸的两性离子位于 pK_1 和 pK_R 之间，等电点位于 pK_1 和 pK_R 之间；组氨酸的两性离子位于 pK_R 和 pK_2 之间。需要注意的是，有的书中将解离常数写作 pK_1、pK_2 和 pK_3，不写 pK_R。

标准蛋白质氨基酸的解离常数和等电点见表 4-1。

表 4-1　标准蛋白质氨基酸的解离常数和等电点

氨基酸类型		缩写符号	分子量	pK_s 值			pI	疏水性指数	蛋白质中出现概率/%
				pK_1（—COO⁻）	pK_2（—NH₃⁺）	pK_R（R 基团）			
脂肪族 R 基团	甘氨酸	Gly　G	75	2.34	9.60	—	5.97	−0.4	7.2
	丙氨酸	Ala　A	89	2.34	9.69	—	6.01	1.8	7.8
	脯氨酸	Pro　P	115	1.99	10.96	—	6.48	1.6	5.2
	缬氨酸	Val　V	117	2.32	9.62	—	5.97	4.2	6.6
	亮氨酸	Leu　L	131	2.36	9.60	—	5.98	3.8	9.1
	异亮氨酸	Ile　I	131	2.36	9.68	—	6.02	4.5	5.3
	甲硫氨酸	Mel　M	149	2.28	9.21	—	5.74	1.9	2.3
芳香族 R 基团	苯丙氨酸	Phe　F	165	1.83	9.13	—	5.48	2.8	3.9
	酪氨酸	Tyr　Y	181	2.20	9.11	10.07	5.66	−1.3	3.2
	色氨酸	Tro　W	204	2.38	9.39	—	5.89	−0.9	1.4
极性不带电 R 基团	丝氨酸	Ser　S	105	2.21	9.15	—	5.68	−0.8	6.8
	苏氨酸	Thr　T	119	2.11	9.62	—	5.87	−0.7	5.9

氨基酸类型		缩写符号	分子量	pK_s 值			pI	疏水性指数	蛋白质中出现概率/%
				pK_1 (—COO$^-$)	pK_2 (—NH$_3^+$)	pK_R (R 基团)			
极性不带电 R 基团	半胱氨酸	Cys　C	121	1.96	10.28	8.18	5.07	2.5	1.9
	天冬酰胺	Asn　N	132	2.02	8.80	—	5.41	−3.5	4.3
	谷氨酰胺	Gln　Q	146	2.17	9.13	—	5.65	−3.5	4.2
带正电荷 R 基团	赖氨酸	Lys　K	146	2.18	8.95	10.53	9.74	−3.9	5.9
	组氨酸	His　H	155	1.82	9.17	6.00	7.59	−3.2	2.3
	粗氨酸	Arg　R	174	2.17	9.04	12.48	10.76	−4.5	5.1
带负电荷 R 基团	天冬氨酸	Asp　D	133	1.88	9.60	3.65	2.77	−3.5	5.3
	谷氨酸	Glu　E	147	2.19	9.67	4.25	3.22	−3.5	6.3

三、氨基酸的化学性质和颜色反应

氨基酸的物理性质比较简单，都是固体，有不同程度的溶解性，除甘氨酸外都有旋光性。

氨基酸分子中有多个基团可以发生化学反应。其中氨基酸的 α-氨基和 α-羧基是相同的，可以发生共同的反应。每个氨基酸都有自己的侧链，特殊的 R 基团可以有自己独特的化学反应。

（一）α-氨基和 α-羧基的反应

1. 与茚三酮反应

茚三酮在水溶液中可以转为水合茚三酮（也可能直接用水合茚三酮），然后在弱酸条件下与 α-氨基酸反应使之氧化脱氨生成酮酸，并进一步脱羧变为醛。水合茚三酮被还原为还原型茚三酮，再与氨和另一分子水合茚三酮作用，经加热生成蓝色物质（氧化型和还原型两种混合物质），如图 4-17 所示。

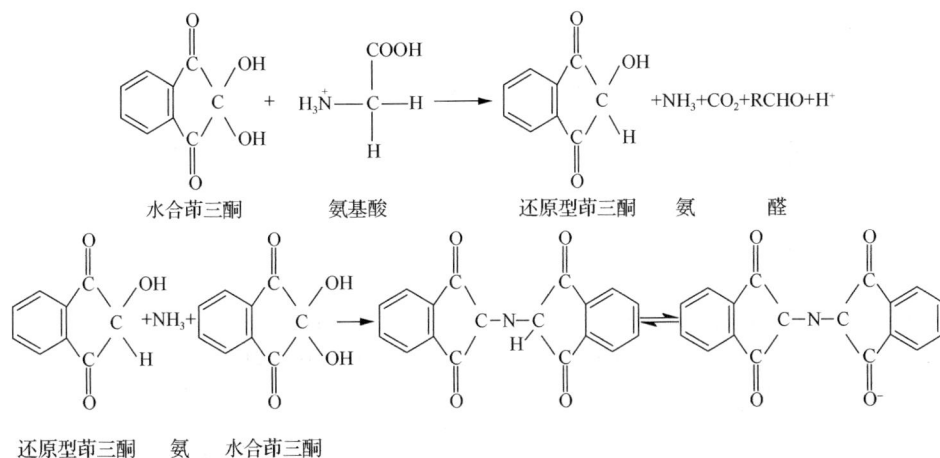

图 4-17　氨基酸与茚三酮反应

脯氨酸和羟脯氨酸与水合茚三酮反应时不分解，直接与茚三酮结合生成黄色物质。显色反应非常灵敏，可以在几微克（μg）水平上进行鉴别和测定。蓝色物质的最大吸收在 570 nm，黄色物质的最大吸收在 440 nm，都可以进行定量测定。

2. 与甲醛反应生成氨基酸的二羟甲基衍生物（席夫碱）

与甲醛反应生成氨基酸的二羟甲基衍生物的反应能使氨基酸分子中的氨基被掩蔽，显示最大酸性，能用标准碱液滴定，用于定量测定，称为甲醛滴定法，如图 4-18 所示。

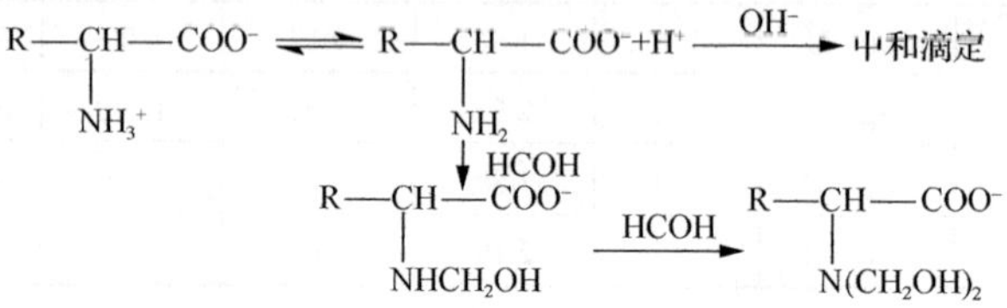

图 4-18　氨基酸与甲醛反应

3. 酰基化反应

氨基酸的 α-氨基的一个 H 可被酰基取代，取代基团对氨基酸的氨基有保护作用，可用于氨基酸的分析，更主要的是可用于肽链的氨基酸序列分析及人工合成肽链反应，如图 4-19 所示。常用的酰基化试剂为丹磺酰氯（DNS），化学名称为 5-二甲基氨基萘-1-磺酰氯。

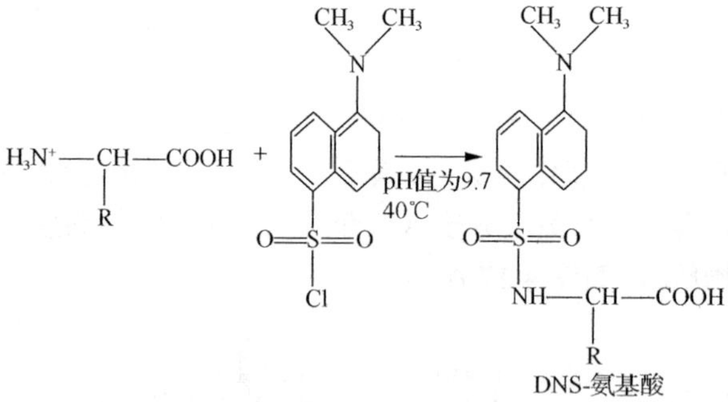

图 4-19　氨基酸的酰基化反应

常见的用于酰基化的试剂还有苯氧酰氯、对甲苯磺酰氯、叔丁氧甲酰氯、邻苯二甲酸酐等。

4. 烃基化反应

与酰基化反应相似，α-氨基的一个 H 可被羟基（包括环烃及其衍生物）取代。这些取代基对氨基酸的氨基具有保护作用，可用于氨基酸的分析、肽链的氨基酸序列分析及人工合成肽链反应等。

1）与 2,4-二硝基氟苯的烃基化反应。2,4-二硝基氟苯与氨基酸作用生成 DNP-氨基酸，如图 4-20 所示。该反应在过去主要用于肽链 N 端标记，被英国的桑格首先采用，用于测定蛋白质肽链氨基酸序列。现在已被更灵敏的烃基化试剂苯异硫氰酸酯取代。

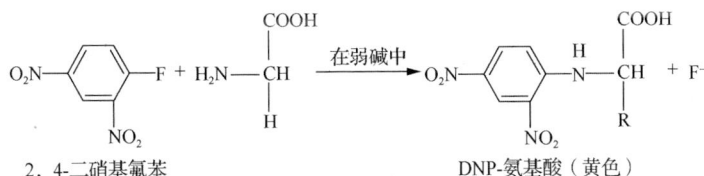

图 4-20　氨基酸与 2,4-二硝基氟苯的烃基化反应

2）与苯异硫氰酸酯的烃基化反应。苯异硫氰酸酯与 2,4-二硝基氟苯作用相同，用于测定蛋白质 N 端氨基酸，但比 2,4-二硝基氟苯灵敏度高，如图 4-21 所示。

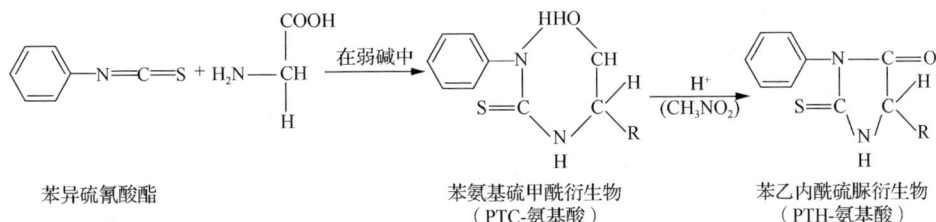

图 4-21　氨基酸与苯异硫氰酸酯的烃基化反应

氨基酸与苯异硫氰酸酯在弱碱中反应生成苯氨基硫甲酰氨基酸（PTC-氨基酸），然后在硝基甲烷和氟酸作用下生成苯乙内酰硫脲氨基酸（衍生物），即 PTH-氨基酸。PTH-氨基酸无色，容易分离。因为 PTH-氨基酸是在肽链游离 N 端（氨基）形成的，所以可用于 N-端分析。PTH-氨基酸在酸中很稳定，能保护氨基，使肽链水解时 N 端的氨基酸降解一个，随即保护下一个，直至 N 端分析结束，可连续测定多肽链 N 端氨基酸排列顺序。该反应已用于氨基酸序列分析的自动化测定，出现了多肽顺序自动分析仪，大大提高了多肽链的测序效率。

5. 生成羟基酸及氨基酸酯的反应

氨基酸的 α-氨基也具有伯胺的性质，在室温下可与亚硝酸作用生成氮气，氨基酸转化为羟基酸，如图 4-22 所示。

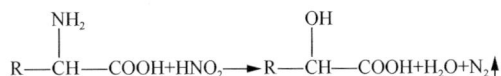

图 4-22　氨基酸与亚硝酸生成羟基酸

在标准状况下通过测定生成的氮气量可测定氨基酸含量，称为范斯莱克法生成氮气的氮原子只有一半来自氨基酸。赖氨酸等侧链的氨基也可参与反应，但是速度很慢。

氨基酸的 α-羧基在一定条件下可与醇反应生成相应的氨基酸酯。例如，氨基酸在无水乙醇中通入干燥的氯化氢或加入二氯亚砜，经回流可生成氨基酸乙酯的盐酸盐，具有保护羧基的作用。

6. 氨基酸在生物体内的反应

氨基酸的 α-氨基和 α-羧基在生物体内可发生脱氨、脱羧和缩合成肽的反应。

氨基酸经氧化酶（或脱氢酶）作用脱氨生成相应的酮酸，可进一步彻底氧化分解。氨基酸经脱羧酶催化可生成 CO_2 和相应的胺。胺在生物体内具有毒性或有生理活性。例如，谷氨酸脱羧生成的 γ-氨基丁酸是神经递质，组胺、色胺也是局部生理活性物质。

氨基酸的 α-氨基和 α-羧基在生物体内可以缩合成肽键，进而聚合成多肽，但是合成受遗传基因控制，在体外难于进行。

（二）个别氨基酸的侧链反应

氨基酸侧链的基团也能发生化学反应，其中有些基团的某些化学反应会产生颜色，可用于氨基酸的鉴别或分析。这些基团主要是酚基、吲哚基、胍基、硫氢基等。

1. 酚试剂反应

酪氨酸的酚基或色氨酸的吲哚基可与酚试剂反应显蓝色。酚试剂（Folin-酚试剂）由两组试剂组成：①碱性硫酸铜（0.5% $CuSO_4$ 的 1%酒石酸钾或钠与 10%碳酸钠的 0.5 mol 氢氧化钠溶液按 1：10 混合）；②Folin-酚试剂（100 g 钨酸钠＋25 g 钼酸钠＋85%磷酸 50 mL＋浓盐酸 100 mL＋700 mL 水，回流 10 h 后加入 150 g 硫酸锂定容为 1000 mL，配好为黄色，使用前稀释 10 倍）。实际参与反应的是磷钼酸和磷钨酸盐。

1 mL 含酪氨酸或色氨酸样品＋1 mL 碱性硫酸铜＋3 mL Folin-酚试剂 —→ 蓝色物质（最大吸收为 650 nm）

该反应也可用于蛋白质定量测定，称为 Folin-酚法，又称 Lowry 法。

2. 米伦反应

酪氨酸（酚基）＋$HgNO_3$、$Hg(NO_3)_2$ 和 HNO_3 混合液 —→ 白色物质 $\xrightarrow{\triangle}$ 红色沉淀

亚硝酸汞、硝酸汞及硝酸的混合液称为米伦试剂，也可用于蛋白质的测定。

此外，酪氨酸还可与重氮化物（对氨基苯磺酸重氮盐）反应生成橘黄色物质。组氨酸（咪唑基）与对氨基苯磺酸重氮盐也有该反应，但显棕黄色，可用于测定组氨酸。

3. 坂口反应

精氨酸（胍基）＋α-萘酚＋NaClO（或次溴酸）—→ 红色物质（碱性条件下）

该反应可用于精氨酸的定性和定量测定。

4. 乙酸铅反应

含巯基的氨基酸（半胱氨酸、甲硫氨酸）＋乙酸铅 $\xrightarrow[\triangle]{\text{碱性}}$ 黑色沉淀（硫化铅）

该反应用于检测含硫氨基酸及硫化物。

此外，半胱氨酸还可与二硫硝基苯甲酸（Ellman 试剂）发生硫醇-二硫化物交换反应，一分子半胱氨酸可引起一分子二硫硝基苯甲酸释放，pH 值为 8.0 时在 412 nm 有强烈吸收，可用于测定硫氢基（巯基）的含量。

氨基酸侧链的反应还有很多，一般情况下不常用。目前鉴别氨基酸常用高效液相色谱或质谱等方法，灵敏度高且测定速度快。

四、氨基酸的分离

氨基酸在生物体内很少游离存在，主要以蛋白质或肽的形式存在于生物细胞内。氨基酸的分离包括两个方面：一是将氨基酸从生物材料中分离出来；二是将不同的氨基酸分离开来。

制备氨基酸可以从生物材料中直接提取，由于含量很低，难以大量制备，只有少数氨基酸可以利用微生物发酵或采用转基因细胞进行大量培养制取。另一制备方法是利用蛋白质水解获取。目前这两种方法都在应用，无论用哪一种方法，获取的都是多种氨基酸的混合物。

要将各种氨基酸从混合物中分离开，还要采取进一步的分离方法。

氨基酸的分离有很多种方法，如可以根据氨基酸的溶解性分子极性或带电荷情况等进行分离。目前应用较多的是层析分离。

层析过程是由两个相组成的分离系统，两相之间基本互不相溶。常用的有两种类型，即液-固相层析和液-液相层析。其原理都是基于被分离的物质在两相中的溶解度或亲和力不同，在两相接触过程中，可以从一相转移到另一相中，从而得到分离。

液-固相层析中，一种介质固定不动，称为固定相；另一种介质在固定相中流过，称为流动相。氨基酸分离较常用的是离子交换层析法。

离子交换层析法的原理是固定相中具有可解离的离子，这些离子与固定相之间结合比较松弛，可以被流动相中的另一些离子取代，这一过程称为离子交换，固定相物质称为离子交换剂，交换后改换一种流动相或改变 pH 值，交换上去的离子还可以被洗脱下来，这就使物质得到分离。氨基酸中有些是可解离带电荷的，其解离受到溶液酸碱性的影响，可以调节酸碱性使其解离进行交换，交换之后可改变酸碱性再洗脱收集。

常用的是聚苯乙烯型离子交换树脂，其由苯乙烯和二乙烯苯的共聚物为骨架，形成交联网状，再引入可交换离子的功能基团。引入酸性基团则为阳离子交换树脂，引入碱性基团则为阴离子交换树脂。根据功能基团酸碱性强弱，可将离子交换树脂分为强酸（碱）型、中强酸（碱）型及弱酸（碱）型 3 种。例如，聚苯乙烯磺酸型离子交换树脂如图 4-23 所示。

磺酸基为强酸型，如常用的聚苯乙烯 732 树脂；磷酸基和亚磷酸基为中强酸型；羧基为弱酸型。

碱性基团一般是胺基，季胺基 [$-N^+(CH_3)_3$] 为强碱性，叔胺基 [$-N(CH_3)_2$] 为中强碱，仲胺基 [$-NHCH_3$] 和伯胺基（$-NH_2$）属于弱碱性。

氨基酸被洗脱后，可利用显色反应检测氨基酸的存在，如用茚三酮显色。

液-液相层析中两相都是液体，但互不混溶，这种层析也称分配层析，生产中称为

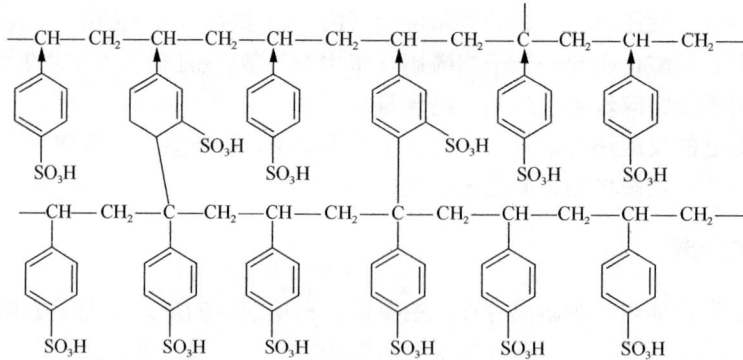

图 4-23 聚苯乙烯磺酸型离子交换树脂

萃取。被分离物质溶解在一相溶液中，是被萃取相；另加入一相溶液，通常是不易混溶的有机溶剂，称为萃取相。如被分离的某种氨基酸在萃取相中溶解度较大，就会大部分转移到萃取相中而获得分离。分离物在两相中的浓度比称为分配系数，分配系数＝萃取相浓度/被萃取相浓度。当温度和压力一定时，分配系数为一常数，称为分配定律。分配系数越大，转入萃取相的溶质就越多，萃取也就越完全。所以分离时选择分配系数较大的溶剂萃取容易达到分离目的。也可以通过改变酸度、温度、压力等条件改变分配系数，或用多级分离方法提高分离效率和纯度。

实验室中也常用薄层层析法对氨基酸进行分离，但是只能用于鉴别，不能将被分离氨基酸与分离介质分开，并且不能进行大规模分离。

五、肽链与肽键

肽是氨基酸的聚合物。氨基酸之间可以通过 α-氨基和 α-羧基脱水形成特殊的酰胺键，称为肽键。形成的聚合物无分支，称为肽链。肽链是蛋白质的基本结构，一些较短的肽常是生物体内的激素或活性物质。

（一）肽链

氨基酸缩合时，第一个氨基酸的羧基与第二个氨基酸的氨基结合，所以肽链的顺序是 N 端为首，C 端为尾。多肽链聚合顺序也是如此。

两个氨基酸结合称为二肽，如图 4-24 所示。3 个氨基酸结合称为三肽，以至多肽可以到几百个氨基酸，如图 4-25 所示。肽链中的氨基酸称为残基。

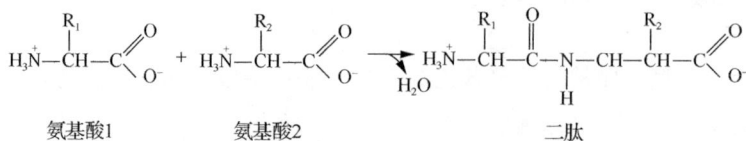

图 4-24 二肽的形成

肽链中主链原子排列很有规律，N—C—C—N—C—C 重复，无分支，个别短肽（寡肽）可头尾闭合成环状肽。两链之间通过两个半胱氨酸形成二硫键也可形成环状，但与

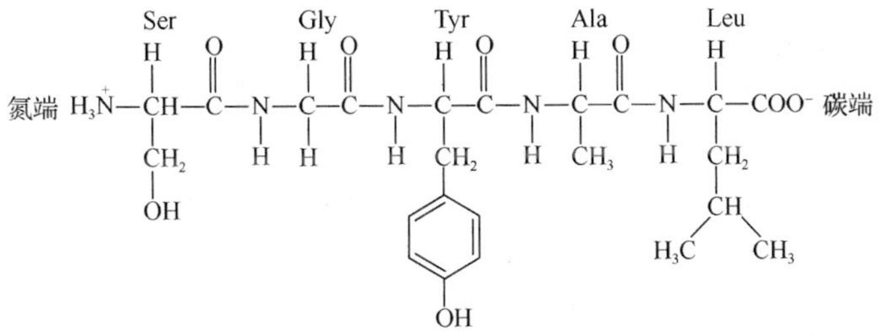

图 4-25　肽链的形成

主链环状不同，属于次级结构。肽链主链由于键角的原因，并不是直线，而是曲折的。肽链的重复结构如图 4-26 所示。

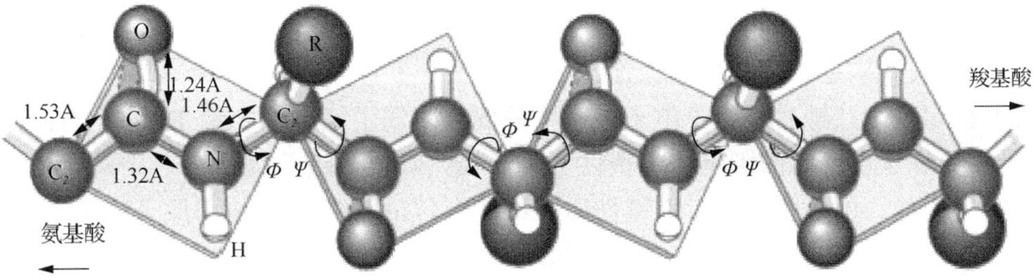

图 4-26　肽链的重复结构

肽链只是从氨基酸到蛋白质之间的过渡分子，绝大多数多肽构成蛋白质的初级结构，只有很短的肽停在一级结构上。

（二）肽键

氨基酸分子之间脱水缩合是通过酰胺键连接的，但是这种酰胺键又不同于普通的酰胺键或 C—N 键，而是介于 C—N 键和 C＝N 键之间的一种特殊键。

研究表明，肽键键长为 0.133 nm，普通 C—N 键键长为 0.148 nm，C＝N 键键长为 0.127 nm。肽键有部分双键的性质，如图 4-27 所示。

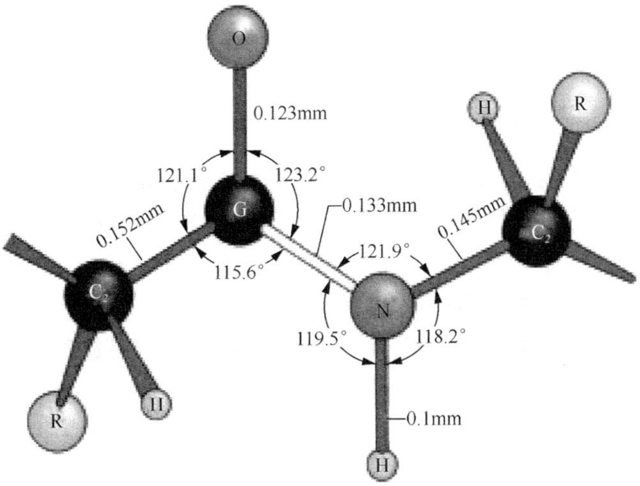

图 4-27　肽键有部分双键的性质

113

氮原子上有未共用电子对（$2s^2$），与碳氧双键发生 p-π 共轭，与酰胺键的 p-π 共轭相似。因为氧原子电负性大，羰基上的 p-π 共轭电子云偏向氧，C_α 的电子云密度降低，氮原子上的孤对电子与 C_α 的 p 电子也产生 p-π 共轭（允许存在共振结构），所以肽键有部分双键性质，如图 4-28 所示。因为只是部分共轭，还未能形成 C＝N 键。

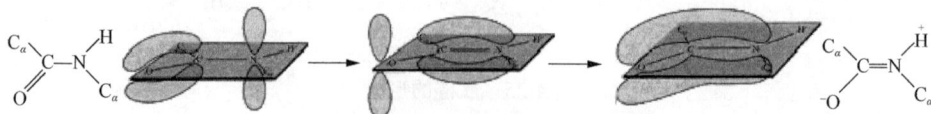

图 4-28　肽键具有的双键性质的形成

这种共轭的存在使肽键不能旋转，且具有稳定性和平面性。

1）不能旋转。肽键不能旋转，致使肽键（肽平面基团排列）有顺、反式构型，天然肽键皆为反式构型，反式更为稳定。

2）稳定性。共轭后氮原子电子云密度降低，减弱了氮原子接受 H^+ 的能力；C＝O 键由于受氮原子电子对的影响，电负性下降，极性降低，趋于稳定。

3）平面性。由于肽键具有双键性质，不能旋转，肽键两边 6 个原子处于同一水平面上。这个平面称为肽平面，这样重复出现的结构称为肽单位。

六、肽的性质与生物功能

（一）肽的性质

肽由氨基酸组成，仍具有氨基酸的如下性质。

1. 具有旋光性

对于短的小肽，其比旋光度约等于肽中各氨基酸比旋光度总和。

2. 可两性解离并具有等电点

肽的两性解离基团主要是肽两端的游离氨基和游离羧基，以及侧链基团。由于解离较复杂，不能以氨基酸解离常数及等电点推断肽的等电点。

3. 具有氨基酸的大部分化学性质

肽的游离羧基可成酯；游离氨基可发生酰基化或羟基化反应，用于进行肽链序列分析。

肽可与茚三酮反应显色用于定量分析（N 端氨基酸残基反应）。肽链中的氨基酸侧链仍能产生颜色反应，如酪氨酸、色氨酸残基可用酚试剂进行测定。

肽可与碱性硫酸酮发生双缩脲反应，形成粉色或紫红色物质，而氨基酸不发生双缩脲反应，可用该反应区别肽和氨基酸，以及检查肽的水解程度；也可用比色法定量测定肽或蛋白质含量。

（二）肽的生物功能

肽的生物功能有两方面：一是作为蛋白质的结构要素构成蛋白质；二是以不同长度

的肽游离存在，具有特定的生理活性，统称生物活性肽。

1. 作为激素

例如，比较熟悉的催产素（9 肽）、加压素（9 肽）、降钙素（32 肽）、胰高血糖素（29 肽）等都是寡肽或多肽。牛催产素和牛加压素如图 4-29 所示。胰高血糖素由胰岛 α 细胞分泌，可在瞬间使血糖升高，调节或维持血糖浓度。

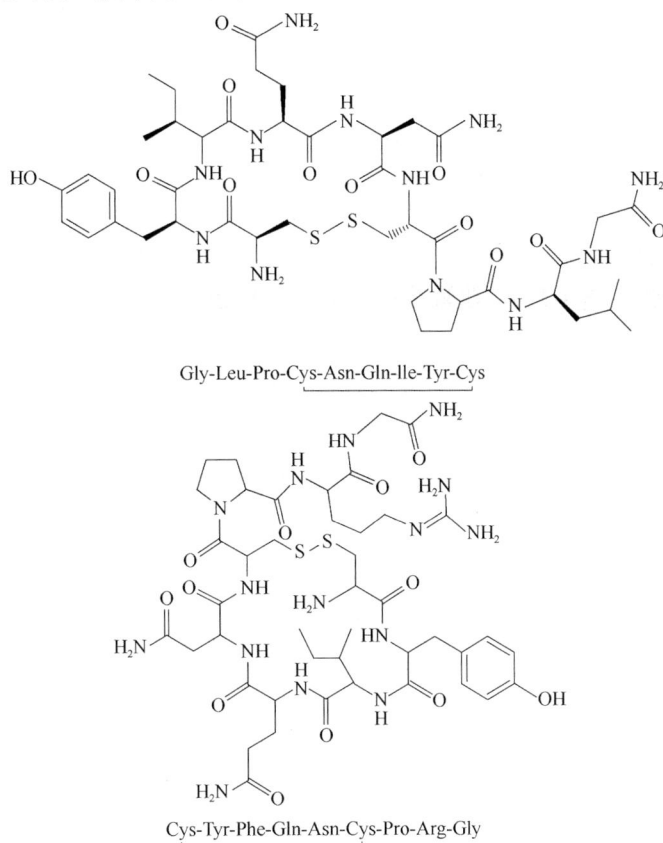

Gly-Leu-Pro-Cys-Asn-Gln-Ile-Tyr-Cys

Cys-Tyr-Phe-Gln-Asn-Cys-Pro-Arg-Gly

图 4-29　催产素（左）和加压素（右）

2. 作为代谢辅助因子或生理活动调节因子

谷胱甘肽可以处于还原态与另一分子结合为氧化态，在代谢中可作为电子递体，也用于保护含巯基蛋白，以及维持血红蛋白中二价铁的还原态，具有非常重要的代谢功能，如图 4-30 所示。肌肉中的生理缓冲剂肌肽和鹅肌肽、大脑中的神经调质脑啡肽等也是重要的生理活动调节因子。

脑啡肽具有强烈的镇痛作用（强于吗啡），没有依赖性。β-内啡肽（31 肽）具有较强的吗啡活性与镇痛作用。

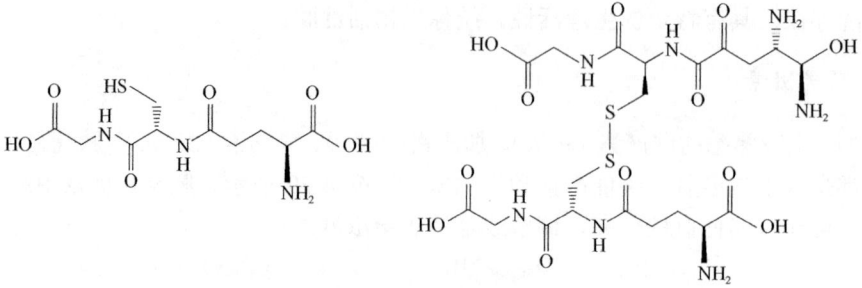

图4-30　还原型谷胱甘肽态（左）与氧化型谷胱甘肽态（右）

3. 作为抗生素存在于细菌或真菌等生物中

这是一类特殊的肽，具有抑制某些致病菌或肿瘤细胞的作用。有些对人体毒性较小的肽可用于临床治疗感染等疾病，有些可用于实验室生物学研究。例如，比较熟悉的放线菌素、短杆菌肽（图4-31）、鹅膏蕈碱（图4-32）等。

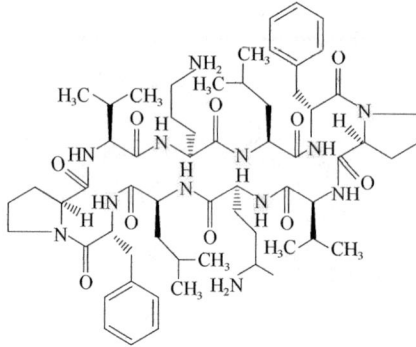

图4-31　短杆菌肽

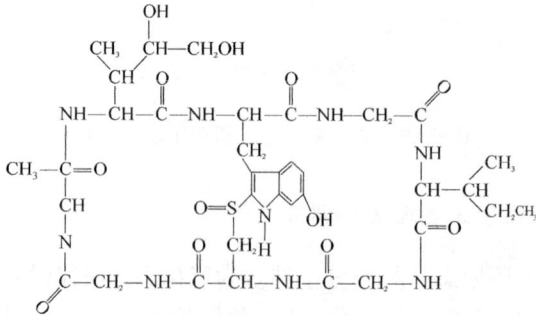

图4-32　鹅膏蕈碱的化学结构

七、肽链顺序分析

肽链结构决定蛋白质的性质和功能。为了确定某个蛋白质的结构及功能，经常需要测定蛋白质的肽链结构，即测定肽链的氨基酸组成和氨基酸排列顺序。氨基酸组成的测定比较容易，而顺序的测定比较困难。

肽链氨基酸顺序分析通常分两个阶段进行。首先将整个肽链水解为较短的片段，然后对各片段进行氨基酸顺序测定；也可以先将肽链彻底水解，尽量准确地定量测出组成肽链的氨基酸的种类和数目，以便为下一步测序提供参考。

（一）肽水解为肽链片段

肽链水解常用的方法有酸水解、碱水解和酶水解。

酸水解时会破坏色氨酸，丝氨酸和苏氨酸也会遭到不同程度的破坏。另一个问题是水解后天冬氨酸和天冬酰胺、谷氨酸和谷氨酰胺之间不易区分，可先用 Asx、Glx 代表。碱水解会使丝氨酸、苏氨酸、精氨酸和半胱氨酸遭到破坏，并且水解产物会发生消旋变化。酶水解不会破坏氨基酸。由于酶作用有专一性，一种酶并不能打断所有的肽键。

经过某几种酶对肽链进行部分水解，可获得大小不同的肽链片段。水解为片段是因为小片段比较容易测序。但有时酶切割会使片段重复或缺失，所以要用不同方法切出几套进行印证。

胰蛋白酶是内肽酶，切点位于碱性氨基酸羧基所形成的肽键（如 Arg、Lys），但遇到脯氨酸就不能切割，如图 4-33 所示。

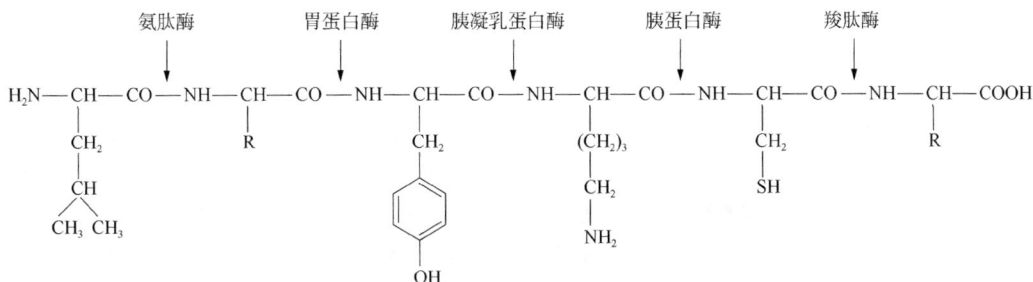

图 4-33　几种蛋白酶作用的专一性

胰凝乳蛋白酶也是内肽酶，专一性较差。切点是带芳环的氨基酸（Phe、Tyr、Trp）形成的肽键。同样，C 端遇到脯氨酸也不能水解。

溴化氰（CNBr）可高度专一地与肽链中的甲硫氨酸残基作用，生成 C 端为高丝氨酸内酯的片段。

（二）氨基酸顺序测定

1. Edman 降解法

最早是桑格用 N 端生成 DNP-氨基酸的方法来对肽链进行测序。后来发现了苯异硫氰酸酯，便取代了 2,4-二硝基氟苯。埃德曼（Edman）最早将苯异硫氰酸酯用于肽链的顺序分析，称为 Edman 降解。生成的 PHT-氨基酸非常稳定，便于提取分离。降解后可继续反应保护下一个氨基酸，反应可连续进行。Edman 降解法测序是从肽链 N 端开始的。

2. 肼解法

多肽与无水肼加热则发生肼解，C 端氨基酸会解离以游离态形式存在，其他氨基酸转为相应的氨基酸酰肼化物，如图 4-34 所示。生成的氨基酸酰肼可与苯甲醛作用转变成不溶性的二苯基衍生物而沉淀，上述清液中游离的 C 端氨基酸可用 5-二甲基氨基萘-1-磺酰氯法或 2,4-二硝基氟苯法进行鉴定。

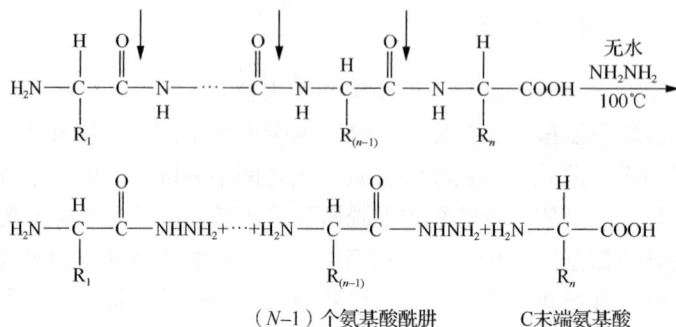

（N-1）个氨基酸酰肼　　　　C末端氨基酸

图 4-34　肼解法

与 Edman 降解法不同的是，肼解法是从肽链 C 端开始分析的。最早桑格（Samger）曾用氢硼化锂还原 C 端羧基形成相应的 α-氨基醇，再以层析等方法加以鉴别，并曾用该方法对胰岛素进行了肽链测序。

3. 羧肽酶法

羧肽酶是外肽酶，有 A、B、C、Y 共 4 种，都从肽链 C 端降解。A、B 来自胰腺，C 来自植物（相橘叶），Y 来自面包酵母。其中酶 A 可切下除精氨酸、赖氨酸和脯氨酸外的其他 C 端末端的氨基酸残基；酶 B 只切 C 端末端的精氨酸和赖氨酸；酶 C 和 Y 可切任一氨基酸残基，没有专一性，很少使用。由于酶 A 和 B 的局限性，以及酶 C 和 Y 的不专一性，羧肽酶法只能作为辅助手段。

4. 二硫键的断裂

断开二硫键的方法很多，如过甲酸氧化法和巯基化合物还原法。使用普遍的方法是用过量的巯基乙醇还原，并用烷基化试剂如碘乙酸保护，使还原的巯基不再被重新氧化。

5. 肽链的拼接

将测好的小肽链顺序连接起来，小片段之间排除重叠部分，即可获得完整肽链顺序。重叠部分是在肽链水解中特意留下的，如没有重叠部分，则对于各个肽段之间的连接顺序不好确定。

任务三　蛋白质的分子结构

一、蛋白质的一级结构

蛋白质的一级结构是由氨基酸通过肽键聚合形成的多肽链，更准确地说一级结构就是构成蛋白质的肽链的氨基酸顺序，一级结构全部由肽键组成。

在肽链的不同半胱氨酸之间，或不同肽链的半胱氨酸之间经常出现二硫键相连接，但是不属于一级结构，原因是二硫键是在肽链合成后形成的，一般将二硫键列入空间结构的维持键中。有一种情况需要说明，如果蛋白质的一条肽链断开后仍由二硫键连接，仍看作由单肽链组成（如胰岛素）。

一级结构取决于肽链中的氨基酸种类和顺序，一级结构中的氨基酸序列是由生物遗传基因控制的，一级结构是决定蛋白质生物功能的前提，每一种蛋白质都有其特定的氨基酸组成种类和顺序。

具有同一功能的蛋白质，在不同种生物体内可能有不同的氨基酸组成和序列，这种现象称为同源蛋白质或序列同源性。例如，人胰岛素和牛胰岛素氨基酸组成不同，牛、马、猪、兔等的胰岛素组成也各不相同，脊椎动物间的血红蛋白的氨基酸组成也不同。

同源蛋白质的氨基酸组成差别可以反映生物进化中的变异差别。亲缘关系较近的生物，同源蛋白质的差异小，而亲缘关系越远差异越大，这可能是由遗传变异积累引起的。例如，细胞色素 C，人和黑猩猩是相同的，人和绵羊相差 10 个氨基酸（残基），人和蜗牛相差 29 个；猪、牛、臕羊细胞色素 C 相同，而马和酵母相差 48 个。

在生物进化的变异过程中，同源蛋白质的某些位置或区段氨基酸顺序相同并不改变，称为不变残基。这些残基对执行其生物功能可能是必需的，改变后将会影响生物的生存，进化中不易改变。另一些发生变异的残基称为可变残基，这些残基可能对执行其生物功能不是必需的，其作用只是维持蛋白质的结构，这些残基在进化中的改变对功能影响不大或没有影响，得以保留。例如，人与马的细胞色素 C 相差 8 个氨基酸，但是第 14 位和 17 位都是 Cys，70～80 区段也是相同不变的。

基因突变或其他因素可导致蛋白质一级结构中某一个或某几个氨基酸残基改变，如果这种变异影响到生物功能但不是致死的，也可以遗传保留下来，成为遗传病。例如，镰刀状贫血病，就是由于血红蛋白的 β 链第六个氨基酸（全链共 146 个氨基酸）由谷氨酸转变为缬氨酸所致，这种变异对生物的生存能力是有影响的。如果变异带来的是生物功能的增强，对该生物的生存竞争和适应环境是有利的。正常红细胞和镰刀状贫血病红细胞如图 4-35 所示。

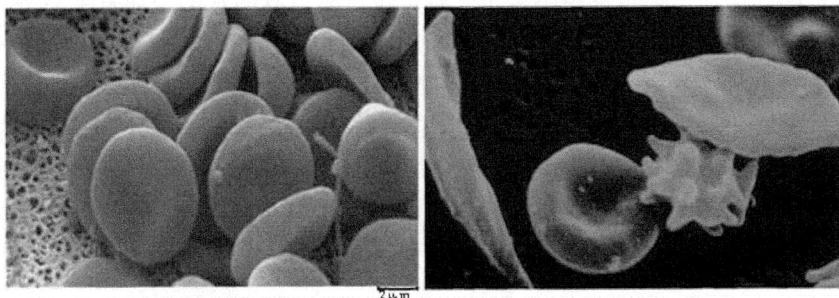

正常红细胞   镰刀状贫血病红细胞

图 4-35 正常红细胞和锄刀状贫血病红细胞

有些蛋白质一级结构合成后并没有生物功能，要经剪切或拼接才有生物功能，该过程称为激活，由此使这种生物功能的表现时间和环境受到了限定。这一现象主要存在于某些酶的酶原和激素的激素原中。

例如，胰岛素原合成时是一条肽链，为 84 个氨基酸残基，额外还有一段信号肽有 20 个残基，进入内质网先切去信号肽后存储起来，即胰岛素原，如图 4-36 所示。活化时从中间切去 33 个残基，剩下的分为两段（30 肽和 21 肽）共 51 个残基，由二硫键连在一起，为有活性的胰岛素。

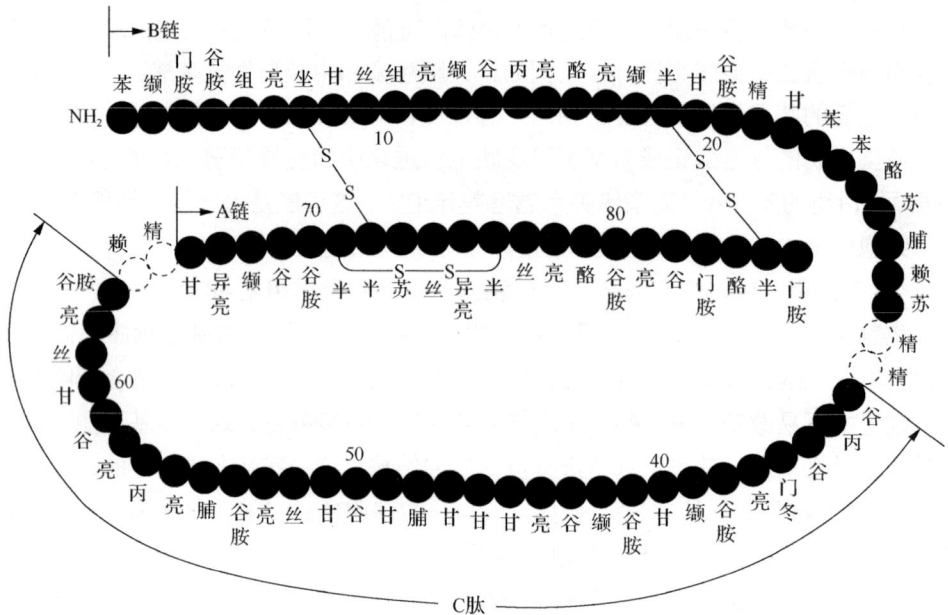

图 4-36　胰岛素原的活化

再如，胃蛋白酶，其由胃黏膜细胞合成分泌，合成后是无活性的酶原。进食后刺激胃分泌胃泌素，促使胃中柱细胞分泌盐酸，使胃液变酸（pH 值为 1.5～2.5），在胃酸作用下胃蛋白酶原从 N 端水解下 42 个碱性氨基酸而激活。由此将胃蛋白酶的功能限制在进食以后，即进食可刺激胃酸产生，然后胃蛋白酶才激活，从而大大减少了胃在空食情况下胃蛋白酶的活性，使胃黏膜不至于受到胃蛋白酶自身的水解破坏发生溃疡。

血液中含有大量的凝血酶原，合成时有 582 个氨基酸残基，激活时切去大部分肽段，只剩两段（49 肽和 259 肽）连在一起。凝血酶原的激活也要受到外界条件的限制，或者说要受到环境变化的刺激，即只有当血管受伤时才通过一系列激活因子使凝血酶原激活发生血凝现象。由此保证了受伤时可产生凝血止血作用，又使血液在平时不会自行凝聚，保证了血循环的流畅。

二、蛋白质的空间构象

蛋白质中原子的空间排列称为构象，也称为蛋白质的三维结构或空间结构。蛋白质中的多肽链可以在一级结构不断裂的基础上进行无数种空间排列，产生无数种空间构象。由于一级结构中氨基酸种类和顺序的限制，在特定条件下只能形成特定的空间构象，产生具体的生物功能。

蛋白质的一级结构为蛋白质结构的最低层次。根据多肽链在空间排列的方式和三维程度，可将蛋白质的空间结构分为 3 个层次，依次称为二级结构、三级结构、四级结构。二级结构常形成固定的组合，称为超二级结构；或形成较固定的结构区域，称为结构域。目前认为，超二级结构和结构域是介于二级结构和三级结构之间的空间结构层次。在空间结构的形成或维持中要形成很多如氢键等的次级键。氨基酸经多肽过渡到蛋白质，如图 4-37 所示。

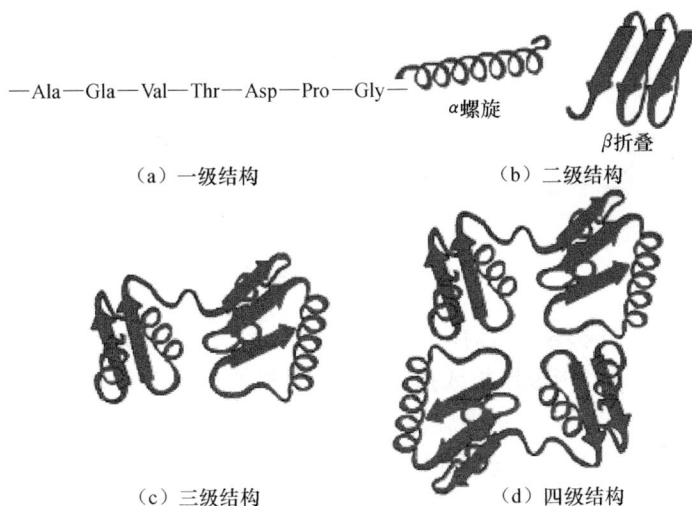

—Ala—Gla—Val—Thr—Asp—Pro—Gly—

α螺旋

β折叠

（a）一级结构　　　　　　　　　　（b）二级结构

（c）三级结构　　　　　　　　　　（d）四级结构

图 4-37　由氨基酸经多肽过渡到蛋白质

（一）二级结构

蛋白质的二级结构是指肽链在一级结构基础上进行空间取向，形成的比较有规律的螺旋卷曲或折叠回折等空间构象。二级结构使肽链具有初步的三维构象，这只是形成更高级构象的基础。二级结构是肽链单键旋转产生的，基本不涉及共价键。二级结构可以体现在整条肽链上，有时也可能只体现在局部的肽链上。常见的二级结构有以下 4 种形式。

1. α-螺旋

α-螺旋是指肽链中两个肽平面之间大约以 100°夹角偏差围绕假定的同一轴心呈螺旋状盘绕延伸，约每 3.6 个氨基酸旋转一周，螺旋方向可以是右手螺旋，也可以是左手螺旋。天然蛋白质中多为右手螺旋，右手螺旋比左手螺旋稳定，α-螺旋是蛋白质中存在的比较普遍的二级结构，在大多数蛋白质的构象中都有存在。α-螺旋结构如图 4-38 所示。

螺旋盘绕后靠氢键维持构象稳定。氢键是一个肽平面上的氢原子和另一个肽平面上的羰基氧原子之间形成的，即每个肽键形成一个氢键。由于螺旋，必须间隔 4 个以上氨基酸（3 个肽平面）才相遇形成氢键，第一个肽键上羰基氧原子和第四个肽键上的氢原子之间形成氢键（不影响 p-p 共轭），第二个肽键上的氢原子与第五个肽键上的氢原子形成氢键，以此类推。

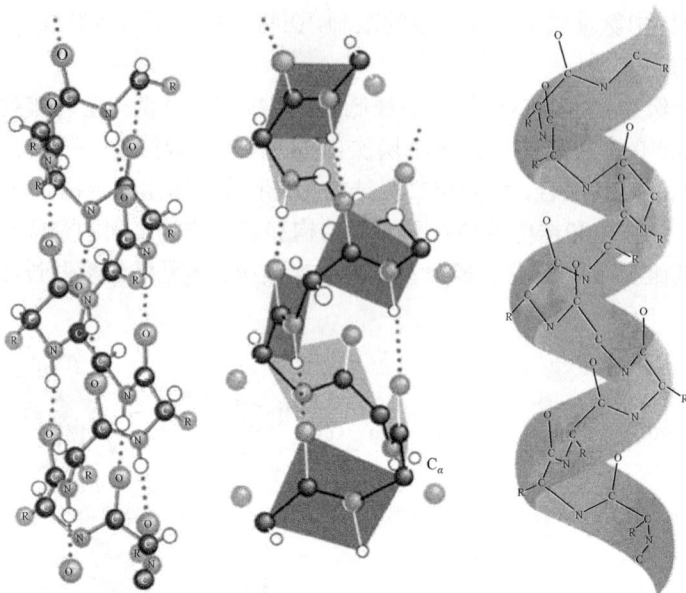

图 4-38　α-螺旋结构

脯氨酸的 α-C 参与吡咯环结构，不能旋转；也没有 α-H，不能形成氢键。所以多肽 α-螺旋遇脯氨酸则中断，形成回折或扭曲的节。甘氨酸出现在 α-螺旋的概率也不多，可能是甘氨酸没有侧链，形成的 α-螺旋富于柔性使结构不够稳定。

除 α-螺旋外，有的书中还提到其他螺旋结构，如 γ-螺旋，π-螺旋等，都是不常见的构象。α、γ、π 等都只是名称标识，与结构无关。

2. β-折叠

β-折叠也称 β-构象，是指肽链并行排列成平行的片状结构，所以又称 β-折叠片，可以是一条肽链反复折叠成平行排列状（不包括回折部位），也可以是多条肽链并行排列，如图 4-39 所示。

肽链排列方向一致的称为平行式，方向相反的称为反平行式，一条链排列只能是反平行式。

β-折叠的构象方式是以肽链为平面的伸展态，相邻肽链上的肽键之间形成氢键，侧链 R 则与折叠片垂直，排在折叠片两侧，交替排列，氢键方向与肽链方向垂直。

两氨基酸的肽平面角，一般 $\phi = -119°$，$\psi = +113°$。因碳原子的键角为 109°28′，为了使肽链平行排列，α-碳原子必须旋转一定角度，下一个肽平面才能和前一个肽平面保持平行，形成氢键，再下一个肽平面还要向回旋转，所以肽平面角总是一正一负。

相邻的 β-折叠肽链中，如果某一条链比相邻的肽链多出一个肽平面或某些氨基酸，则形成一个突起的环，称为 β-突环。这样可能利于 β-折叠的弯曲。

β-折叠片在纤维蛋白中较多，在很多球蛋白中也存在。

α-螺旋和 β-折叠在分子模型中经常用简式表示，如图 4-40 所示。

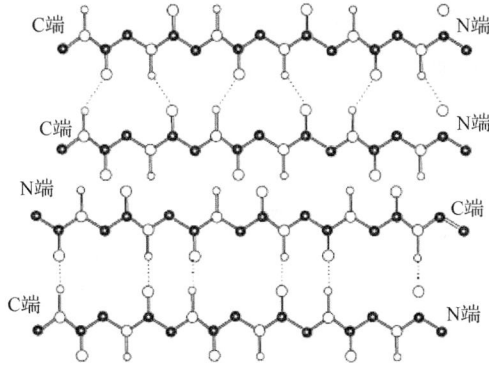

（a）β-折叠的顺式排列和反式排列

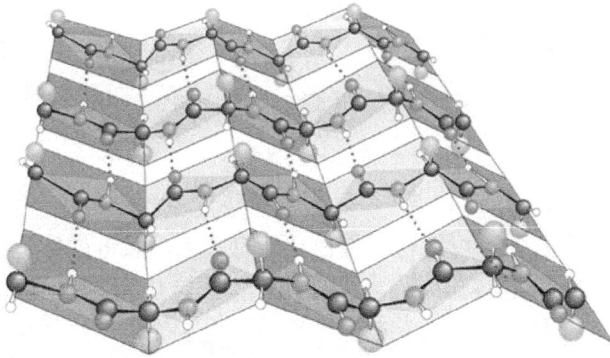

（b）β-折叠片

图 4-39 β-折叠结构

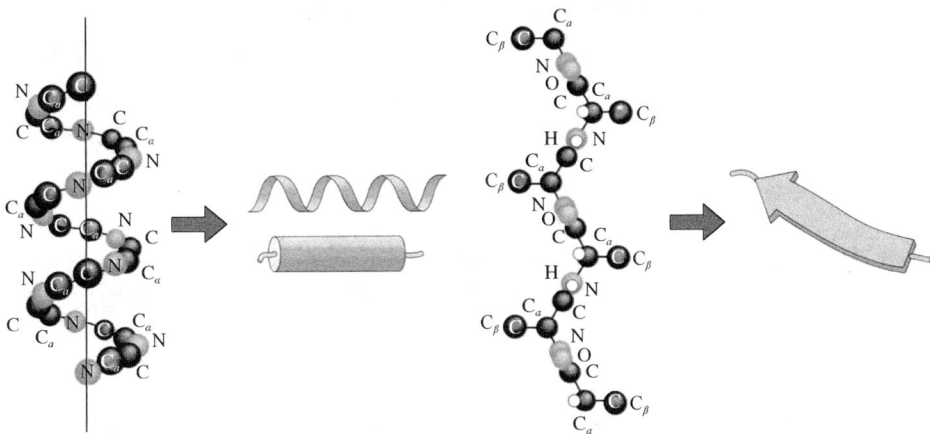

图 4-40 β-折叠的简单表示方法

3. β-转角

β-转角是蛋白质空间构象中肽链的回折部位，也称 β-弯曲或发夹结构等。其构象特点是在肽链 180°转弯处形成突起呈半环状，如图 4-41 所示。这种回折在球蛋白的肽链中较多，纤维蛋白中也有。例如，α-螺旋之间及 α-螺旋和 β-折叠之间的回折、β-折叠之间（β-折叠头部）的回折等部位。

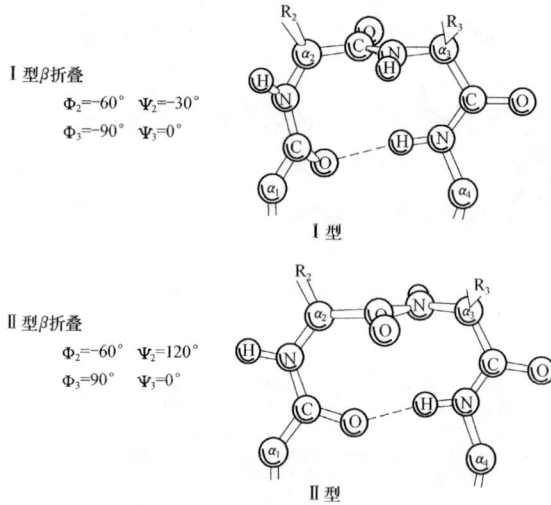

I 型β折叠
$\Phi_2=-60°\quad\Psi_2=-30°$
$\Phi_3=-90°\quad\Psi_3=0°$

I 型

II 型β折叠
$\Phi_2=-60°\quad\Psi_2=120°$
$\Phi_3=90°\quad\Psi_3=0°$

II 型

图 4-41　β-转角示意图

β-转角多在球蛋白表面，可能与球蛋白功能有关系。肽链的回折方式有两种类型：固定排列和不固定排列。固定排列称为 β-转角，不固定排列的称为无规则卷曲。

β-转角一般由 4 个氨基酸构成。4 个氨基酸形成 3 个肽平面，大约相互垂直。β-转角第一个肽键（第一个肽平面）上的羧基氧原子与第三个肽键（第三个肽平面的第四个氨基酸）上的氢原子形成氢键维持转角；第二个氨基酸通常为脯氨酸，脯氨酸不能形成螺旋；第三个常为甘氨酸，因甘氨酸无侧链在转角处，不会出现位阻问题，同时增大柔性易于回折。其他氨基酸出现概率很低，如偶尔有色氨酸等出现。

4 个氨基酸形成的 3 个肽平面，有顺、反两种排列：第二个肽平面上的羧基氧原子与两侧 R_2 和 R_3 在同一侧的为顺式排列，称 I 型，但 I 型的前提必须是 R_3 为甘氨酸，否则空间位阻不能成立；羧基氧原子与两侧 R_2 和 R_3 呈相对排列的为反式排列，称为 II 型。

4. 无规则卷曲

无规则卷曲是指肽链转角处氨基酸残基没有固定排列，为自由松散型。也有的情况是在 β-转角处相连一段 α-螺旋，即在 β-转角的第一残基和第三残基之间增加一段 α-螺旋，过去称为 β-转角的第III型。

无规则卷曲这类结构过去未予重视，后来发现酶的功能部位大多位于此处，并不是真正的无规则。对是否应将此类型看作二级结构也不统一。有人认为，无规则卷曲包括 α-螺旋、β-折叠和 β-转角以外的其他所有二级结构。

（二）超二级结构和结构域

二级结构的几种构象形式常常同时出现于一种蛋白质分子中，还可组合在一起形成超二级结构和结构域。

1. 超二级结构

超二级结构是指几个二级结构连接在一起形成的比较稳定的排列组合体，也称为二级结构的折叠或基序。相邻的二级结构组合在一起，彼此相互作用形成有规则的、在空间上能辨认的二级结构组合体，即超二级结构。超二级结构可以作为更高级结构的组成部分，更有利于发挥生物功能，是介于二级结构和三级结构之间的蛋白质构象过程。

常见的组合有 α-螺旋之间的 $\alpha\alpha$ 组合，α-螺旋和 β-折叠之间的 $\beta\alpha\beta$ 组合及 $\beta\beta\beta$ 组合等，如图 4-42 所示。

$\alpha\alpha$　　　　$\beta\alpha\beta$　　　　$\beta\beta\beta$

图 4-42　超二级结构的几种组合示意图

多个组合加在一起就是三级结构，三级结构是对整个分子而言的。

2. 结构域

结构域是蛋白分子中的一个由二级结构组合成的折叠组合单位，特征是空间排列相对比较紧密，立体性明显，外形多为近似球状，但没有明显的排列规律，如图 4-43 所示。一个结构域氨基酸残基数为 40～400 个，通常含有 100～200 个氨基酸，其中包括 α-螺旋、β-折叠及 β-转角等。

图 4-43　结构域示意图

结构域与超二级结构相似又略有区别。相对来讲，超二级结构在排列上更显有规律或有重复排列，多出现于结构相对规整的蛋白质中，功能简单，如纤维蛋白；结构域在排列上更显紧凑但是规律性不强，有凸出，多出现于球形蛋白中，功能相对复杂，甚至一个球蛋白的不同结构域有不同的功能。

一个球蛋白可以有几个结构域，相当于亚基，但彼此互相以共价键连接，又似乎彼此独立。多个结构域通过无规则卷曲连接在一起，构成三级结构。

（三）蛋白质的三级结构

三级结构是在二级结构基础上进一步卷曲折叠形成的具有明显三维特征的蛋白质空间构象，结构更为复杂，没有规律性。三级结构看似无规则可循，但是对于特定蛋白质的确是固定的构象，尽管目前对多数蛋白的三级结构还不清楚。

三级结构普遍存在于球蛋白中，对于较小的蛋白质分子（或蛋白质亚基）可能只有一个结构域，称为单结构域蛋白，这时结构域和三级结构是同一含义。较大的蛋白质分子一般有几个结构域。

例如，最早研究的三级结构是抹香鲸肌红蛋白，用于充当肌肉中氧的载体。肌红蛋白是单条肽链，含 153 个氨基酸残基，分子量为 17600，折叠成 4.5 nm×3.5 nm×2.5 nm 的立体结构，一共折叠成 8 段，即 8 段 α-螺旋，每段 7~24 个氨基酸，共同组装成单结构域蛋白。分子非常严密，内部空隙只能容纳 4 个水分子，疏水基团在内，亲水基团在外，表面留有一个洞穴，结合铁卟啉。肌红蛋白的三级结构示意图如图 4-44 所示。

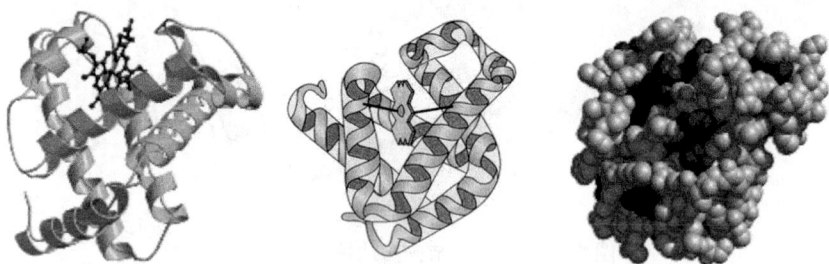

图 4-44　肌红蛋白的三级结构示意图

通过二级结构、超二级结构及结构域建立起三级结构，使整个分子中既有刚性的二级结构或结构域稳定区域，又有充满柔性的无规则连接的可变区域，使蛋白质分子在执行生物功能时具有可变性，由此可以完成更复杂的生物功能。

三级结构中的可变性（柔性）和精确性（刚性）是保证生物大分子特有生物功能不可缺少的对立统一两方面。

超二级结构也可以重复组合成较大型的单元再组装成蛋白质，如 α-角蛋白中 α-螺旋的重复组合。这种情况构成的蛋白质也应属于三级结构。由于结构排列规整、功能简单，三维性不突出，多为线形结构，因此常将这类蛋白质看作由二级结构或超二级结构的重复组合体构成。

（四）蛋白质的四级结构

四级结构是指两条或两条以上具有三级结构的肽链，以非共价键结合在一起，形成的有特定生物活性的蛋白质立体结构（构象）。其中每一条肽链称为亚基（也称亚单位），由两个或多个亚基组成的蛋白质统称为寡聚蛋白质或多体蛋白质。两个亚基称为二聚体，4 个亚基称为四聚体，简称四体。无四级结构的称为单体蛋白质，如溶菌酶、肌红蛋白等。

亚基之间通常以非共价键缔合成球蛋白，共同执行一种生物功能。这种缔合不是永久固定的，有些寡聚蛋白质的亚基会时常分开。对于蛋白质等生物大分子，在这种情况下分子的界线很难把握，完整的蛋白质分子应是能够完成一个完整的独立功能的单位，如血红蛋白分子是指四聚体的血红蛋白。

亚基通常只有一条多肽链，有时是两条肽链中间以二硫键连接，有人认为其可以算一个亚基，也有人不同意这种观点。例如，胰岛素分子，有功能的胰岛素是指两条链组成的单体，单体还可聚合成二体或六体。

寡聚蛋白质分子一般是对称的结构，可由两个或多个不对称的等同结构亚基成分组成。例如，血红蛋白有 4 条肽链，α 键和 β 链各两条，α 键和 β 链是不对称的，各两条组合在一起就对称了。有人将不对称的两条肽链看作一个亚基，并改称为原体。血红蛋白就由两个原体构成。蛋白质四级结构中亚基的几种对称排列示意图如图 4-45 所示。

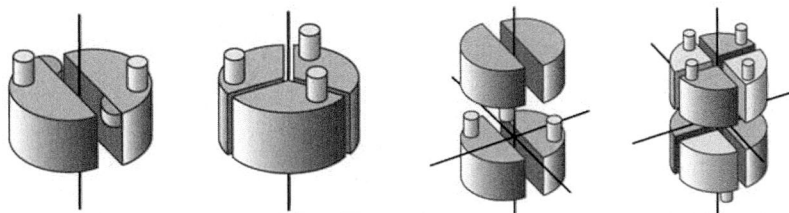

图 4-45　蛋白质四级结构中亚基的几种对称排列示意图

大多数寡聚蛋白质的亚基数为偶数，奇数很少，如已发现的虫荧光素酶是 3 个亚基。

三、蛋白质空间构象形成的因素和维持力

（一）影响二级结构的因素

从理论上讲，肽链可以有无数种空间排列方式（构象），但实际上只出现一种（或两种）比较稳定的空间排列。这是由热力学定律决定的，能量最低的构象才是最稳定的构象。空间排列的动力是分子最大限度趋于稳定，不稳定的构象维持不了多长时间，也发挥不了功能。

影响肽链空间定向排列的因素大致有以下几个方面。

1. 键的角度和旋转能力

蛋白质四级结构中键的角度和旋转功能如图 4-46 所示。碳的键角是 109°28′，碳原子形成分子后，键角越接近 109°28′，构象越稳定 [图 4-46（a）]。在多肽链中由于肽键不能自由旋转，肽平面上 6 个原子处于一个平面上，极大地限制了构象的任意性 [图 4-46（b）]。

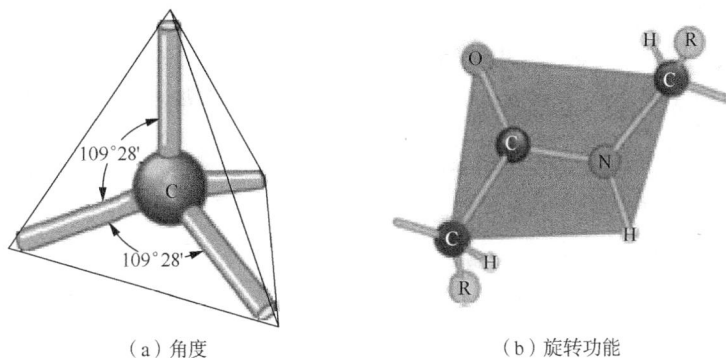

（a）角度　　　　　　　　　（b）旋转功能

图 4-46　蛋白质四级结构中键的角度和旋转功能

127

　　氨基酸残基中连有 R 基团的 C 称为 α-C 或 C_α。肽链上 C_α 两边的键能自由旋转,其中 C_α—N 键旋转角度称为 ϕ,C_α—C 键旋转的角度称为 ψ,这两个角称为肽链的构象角,如图 4-47 所示。

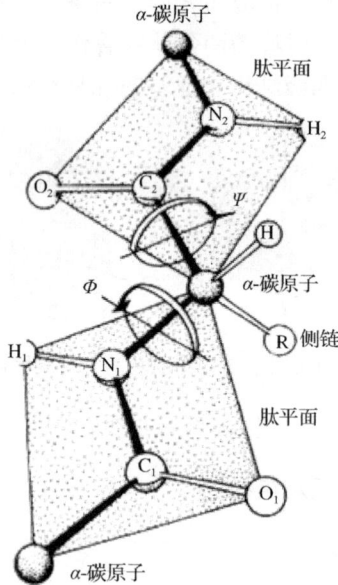

图 4-47　肽链的构象角

　　人为规定,当肽平面羧基氧原子与 C_α 上的 R 基团同在一侧的为顺式,$\psi=0$;同样,肽键中 C_α—N 键上的 H 和 C_α 上的 R 基团同在一侧的为反式,$\phi=0$。

　　这两个构象角在旋转时,顺时针旋转为正值,逆时针旋转为负值。

　　肽链上可能的构象取决于这个构象角,角度范围为 $-180°\sim+180°$,即 $360°$,但事实上和同时为 0° 是不可能存在的,因为空间位阻使基团无法重叠。肽链的两个构象角的旋转取向如图 4-48 所示。

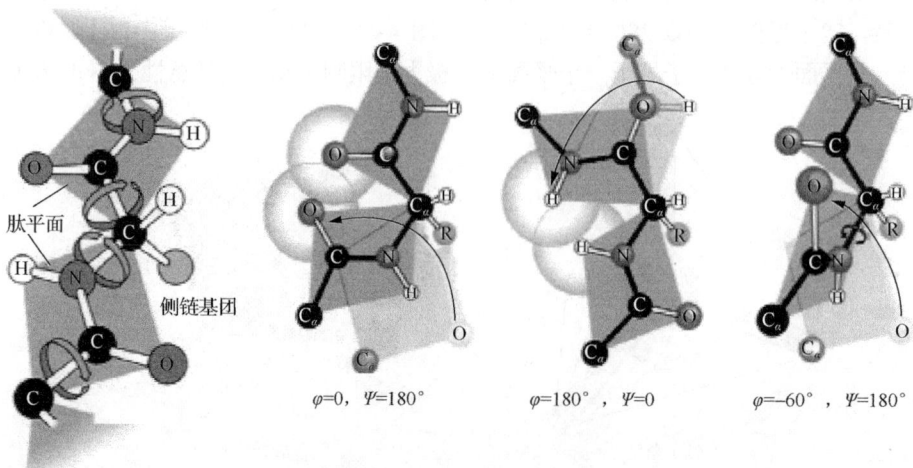

$\varphi=0°$,$\Psi=180°$　　　　$\varphi=180°$,$\Psi=0$　　　　$\varphi=-60°$,$\Psi=180°$

图 4-48　肽链的两个构象角的旋转取向

在 α-螺旋中，从肽链的首端 N 端纵向看肽平面，两平面之间的夹角即旋转角大约为 100°，是由两个键分别旋转形成的两个角组成的。第一个角是 ϕ，由 C_α—N 键转动而来；第二个角是 ψ，由 C_α—C 键转动而来。

肽链出现旋转形成螺旋的动力来自 ϕ 角和 ψ 角的取向、基团 R 大小和电荷性等因素。合适的取向可降低分子的能量，使之趋于稳定。

在实测的 α-螺旋中，$\phi=47°$，$\psi=57°$，合在一起应是 104°。由于两个角的方向不同，不能简单加合。可能转到这样角度，分子能量最低，比较合适。α-螺旋卷曲是自发的，多聚丙氨酸在 pH 值为 7 的条件下可自发卷曲。多聚赖氨酸则不能，第二氨基正电荷相斥，要 pH 值为 12 才自动卷曲。这说明降低能量的卷曲可自发进行。

肽链旋转后，有的 R 基团在外，有的 R 基团在内，R 基团也影响构象角旋转。

2. 空间位阻效应

为什么构象角 ϕ 和 ψ 不能同时为 0（顺式排列）？这是由于肽链各基团的空间排列位阻问题。假如顺式排列，由于键角关系，两个基团过于靠近，超过范德华半径，发生重叠相遇，相互斥力加大而无法接近，事实上不可能发生。

侧链的大小关系到位阻的大小。例如，甘氨酸无侧链，无位阻；脯氨酸位阻大，并且脯氨酸的 C_α 不能旋转，在脯氨酸处则键角旋转中断。

非键合原子或基团之间的距离要小于一个最低距离，称为允许区，否则构象不稳定，所以多肽链二级结构排列是有限的，某些 R 基团在空间的取向受到了限制。

印度学者 Ramachadran 及同事对此进行了专门研究，并将两面角的构象可能性用简化的拉氏图来解释。他们首先以 ϕ 变化为横坐标，以 ψ 变化为纵坐标，根据范德华半径计算出非共价键键合原子的最小接触半径（允许区），然后根据两面角的变化值确定侧链基团及原子间的范德华半径是否在允许区内，以此推测该构象是否能产生或稳定存在。

从图 4-49 L-丙氨酸残基的拉氏图可以看到，其允许区基本在左侧，不对称，这是由于氨基酸是不对称分子。允许区集中在两个区域：一个是构象角 ϕ 大约为 100°，ψ 大约为 120°；另一是构象角 ϕ 大约为 70°，ψ 大约为 40°。ϕ 和 ψ 之和大约为 110°，基本符合碳的自然键角区域。

3. 侧链基团的疏水性

R 基团在空间取向时，疏水基团大多尽量靠近，以降低其在水溶液中暴露的程度；亲水基团则相反。这种作用称为疏水力或疏水效应，是影响二级结构中基团空间取向的重要因素。由于侧链基团的疏水或亲水作用，肽链在卷曲或折叠过程中，亲水基团表现为尽量向空间结构外侧伸展，而疏水基团尽量向空间结构内侧伸展，从而使得 ϕ 和 ψ 最后定位受到某种程度的制约。

肽平面的构象角、侧链基团的空间位阻效应、侧链基团的疏水性 3 方面因素共同决定了肽链二级结构的空间构象。由于多种因素的制约限制，最终排列方式只能局限于某一种构象，以达到分子最大稳定。

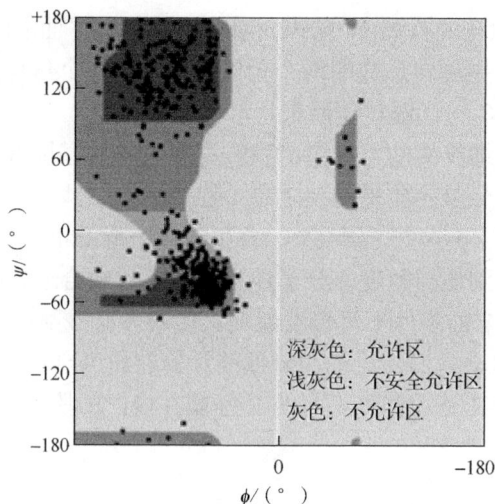

图 4-49　L-丙氨酸残基的拉式图

　　上面 3 种因素中的空间位阻和疏水作用都与肽链的氨基酸组成和排序有关。由此进一步推论，一级结构可以进一步决定蛋白质的空间结构，或者说有什么样的一级结构，便会有相应的空间结构出现。

（二）影响三、四级结构形成的因素（动力）

　　三级结构看似并无规律，但是每个蛋白质又确有特定的构象，说明构象有自身规律。例如，抹香鲸肌红蛋白肽链折叠成 8 段，为什么会这样折叠？为什么不是别的样式？遵循的法则是什么？

　　一个蛋白质的肽链可以有上百个单键，可以形成无数种构象。但事实上每个蛋白质只以一种或极少的几种构象存在并具有生理功能，这种占绝对优势的构象应该是热力学上最稳定的构象，是自由能状态最低的构象，以这种构象存在的蛋白质称为天然蛋白质。由此表明，肽链形成特定空间构象所遵循的基本原则是热力学定律。按照热力学原则，任何物质都要趋向于低能量状态，即热力学稳定状态；反之，热力学稳定状态的形式必然是自然存在的主要形式。例如，反丁烯二酸比顺丁烯二酸稳定，说明反式比顺式能量更低。

　　在蛋白质分子的三级结构中，除上面讲到的肽平面的键角取向、R 基团的大小和亲水或疏水性因素外，肽链的继续折叠将取决于折叠后的能量状态，那就是热力学最稳定的构象。为寻求这一最稳定的构象，分子中各基团都尽力寻找自身最合适的位置，最终形成一种固定的构象。各个基团的位置、数目、电荷数、基团之间及与水溶液的相互作用等因素，共同影响各基团的取向和定位。这些因素从不同角度限制了整个分子构象，使之趋向于（自然的）一种最稳定状态的排列方式，形成一种特定的构象。

　　热力学因素是客观的，主导因素还是氨基酸的顺序，这是构象的根本因素，即高级构象也取决于一级结构。一级结构确定了氨基酸的种类和顺序，也就决定了某个基团出现的位置和空间，如脯氨酸出现处就有转角回折。这种构象是自发进行的，在肽链刚一合成时就开始了。也有些肽链不能完全地自发折叠，需要其他蛋白质的帮助。在细胞内常常存在一类帮助肽链折叠的蛋白质，称为分子伴侣，也称为伴侣蛋白或热休克蛋白。当出现不正确的折叠时，其会与多肽链相互作用，帮助多肽链进行正确折叠，或提供折叠时所需要的微环境。

亚基是如何缔合在一起的？动力是什么？仍是热力学稳定性的趋使，也是自发过程。这涉及亚基的结构，包括种类和数量，尤其是亚基的构象。缔合使亚基间结构趋于互补性，进一步增加整个构象的稳定性。

（三）蛋白质空间构象的维持力

蛋白质的空间构象形成后要保持下来，需要有一种或几种力维持使其不轻易变型，否则生物功能不稳定。空间构象的维持力有以下几种。

1. 氢键

氢键是基团中氢原子和另外的电负性较大的原子间因静电相互作用形成的一种次级键。氢键在很多大分子中形成，对维持大分子构象的稳定起重要作用。尤其是对二级结构和三级结构都不可缺少，并且是主要维持力。氢键的特点是数量大，范围广。主链之间、侧链 R 基团之间形成的氢键称为分子内氢键；肽链基团与溶剂之间形成的氢键称为分子间氢键。

氢键形成的条件：一要有带氢原子的基团；二要有电负性大或未共用电子对的原子与之对应，如 O、N、S 等；三要使基团之间接近到适合氢键形成的距离。常见的形成氢键的基团如图 4-50 所示。

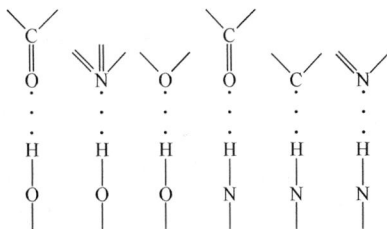

图 4-50 常见的形成氢键的基团

2. 二硫键

二硫键在性质上属于共价键，力量强，基本是构象中形成的，所以常常不算一级结构。二硫键形成的条件是有两个半胱氨酸残基在位置上对应，形成的数量不多，对构象的形成作用不大，但是对维持构象稳定性起关键作用。二硫键对蛋白质分子的活性是必需的，包括结构蛋白的加固。有时可通过改变二硫键来改变蛋白质分子的构型，如酶原激活与变构等。

3. 离子键（盐键）

离子键也称盐键或盐桥，特点是没有方向性和饱和性。氨基酸残基侧链有很多可以解离的基团，如氨基、羧基、胍基、咪唑基等，在溶液中解离后带电荷，正负离子发生静电作用，即形成离子键，产生引力维持空间构象。这种离子键略不同于离子型分子中的离子键，因为解离的基团还不是游离的，即不是完全自由的，同时由于邻近基团的影响，其静电作用力要受到不同程度的影响，所以有时不称为离子键而称为盐键。

离子键受 pH 值影响较大，温度及离子强度也对其有一定影响。加入盐类离子键减弱，加入电解质溶液后介电常数增高；加入非极性溶剂离子键增强，因为在疏水环境中介电常数比在水中低；另外，加入盐也可中和一部分电荷，甚至还破坏一部分氢键。

4. 范德瓦耳斯力

范德瓦耳斯力又称范德华力，也称色散力，是分子、基团或原子间因正负电荷重心瞬间的偏离产生的瞬间偶极的静电引力。其特点是作用力微弱，并且是瞬时的、有诱导性的，并在一定距离内才产生。肽链侧链 R 基团之间，由于距离接近也会产生范德瓦耳斯力，可增加稳定性。对于小分子，因其力量太少，不是很重要。对于蛋白质大分子，由于数量巨大并产生加合作用，就构成重要作用力，尤其是在非极性基团之间。

5. 疏水力

疏水力也称疏水键，实际不是键，是一种疏水效应。肽链的侧链有些是疏水的，即非极性侧链。在水溶液中某些疏水基团为避水向内躲藏就凑到一起，相互产生范德瓦耳斯力黏附在一起，在构象形成时起很大作用，影响到基团的排列取向。但对维持三级结构作用不大，主要使基团排列更紧凑，实际并不是基团的作用而是水的作用。

某些外界因素可以对这些蛋白质次级键起到破坏作用而破坏蛋白质的三维结构使蛋白质发生变性，影响生物功能。例如，非极性有机溶剂及去污剂可破坏疏水力，溶剂中脲（尿素）、盐酸胍及过多的盐离子可大量破坏氢键，某些还原剂可破坏二硫键等。

四、蛋白质的空间构象与生物功能

蛋白质是生物体内维持生命活动的重要大分子，对生命活动的各个环节都是不可缺少的，这些生物功能有赖于其空间构象的存在和具体蛋白质构象的特殊性。

（一）蛋白质的二级结构与生物功能

二级结构是蛋白质更高级结构的基础，不同的二级结构及不同的组合方式直接影响所构成的蛋白质种类及其生物功能。

二级结构中的 α-螺旋、β-折叠和 β-转角都有明显的构象规律，以二级结构的重复组合体构成的蛋白质也同样具有结构上的规律性，由此使这类蛋白质具有一定的刚性，相对缺少柔性（可变性）。或者说这类蛋白质刚性较强，可变性较差，比较适合作为结构物质，生物功能较为简单。

以二级结构为主的蛋白质主要是纤维蛋白，主要存在于动物体内，作为组织支撑或保护性结构，不溶于水，如角蛋白、胶原蛋白、肌球蛋白、纤维蛋白原等。下面对角蛋白和胶原蛋白中的结构组合和作用进行简单说明。

1. 角蛋白

α-角蛋白为右手型螺旋，全由 α-螺旋构成，两条 α-螺旋以左手螺旋互绕形成一根左旋双螺旋结构（*two-chain coiled coil*），属于 $\alpha\alpha$ 组合结构。成对的（两根）双链卷曲成螺旋体再按左手螺旋扭曲成原纤丝（*protofilament*），4 条原纤丝以右手螺旋旋转扭曲成原纤维（*proto-fibril*），然后原纤维再组合成更粗的中间纤维（*intermediate filament*）。角蛋白是在二级结构基础上再组合，多个 α-螺旋链组合在一起，实际上属于四级结构，如图 4-51 所示。α-螺旋之间含大量氢键和二硫键，使微纤丝之间交联，含—SH 越多，硬度越大。毛发燃烧时发出的臭味即是巯基氧化为硫化氢。角蛋白多为一些体表组织的结构蛋白，常见的有软角蛋白（人的毛发）、硬角蛋白（角、爪甲）等。

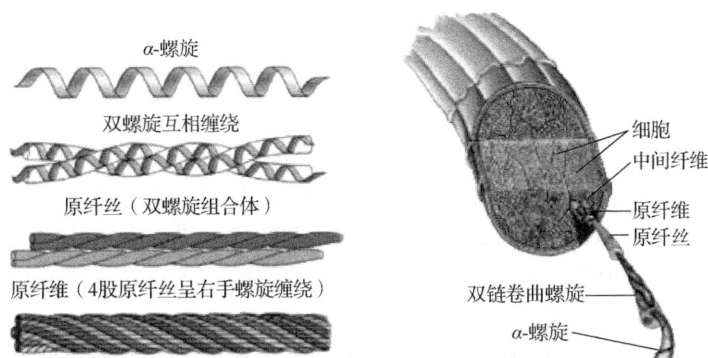

图 4-51　角蛋白结构形成示意图

β-角蛋白由 β-折叠片组成，如蚕丝丝心蛋白由 β-折叠片反平行折叠堆积形成，抗拉能力差，但较柔软，弹性好。

2. 胶原蛋白

胶原蛋白的卷曲与角蛋白不同，它是由 3 条肽链以右手螺旋相互卷绕，形成一种与二级结构相似的四级结构，每条肽链并不单独卷曲成 α-螺旋。从这一点来讲，胶原蛋白似乎是以二级结构方式直接形成四级结构。3 股右旋 α-链称为胶原超螺旋（也称胶原分子），再按 1/4 错位排列，聚成胶原纤维，肽链上有多处的羟基修饰，增加肽链间氢键或连接羰基，以增加强度，但是二硫键远比角蛋白少得多。胶原蛋白结构形成示意图如图 4-52 所示。

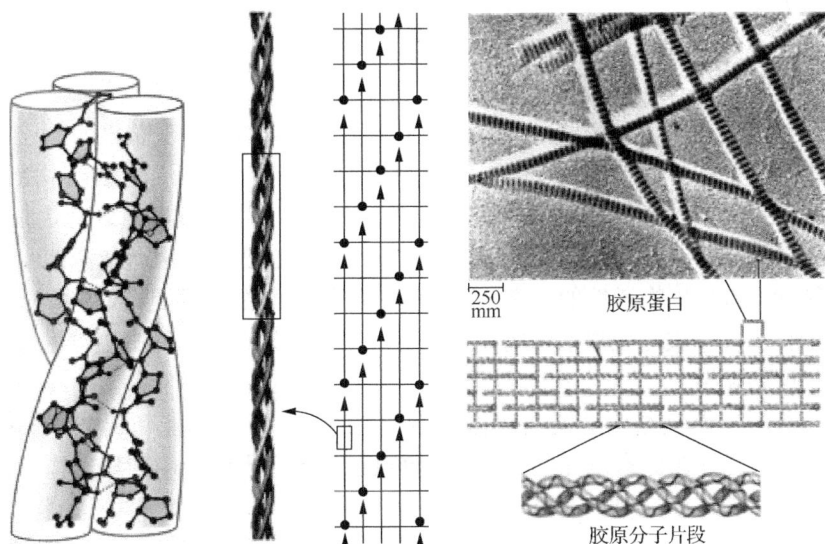

图 4-52　胶原蛋白结构形成示意图

133

胶原蛋白弹性较大，主要存在于动物中，作为肌腱、软骨、角膜、皮肤、血管等结缔组织的结构物质。胶原蛋白在热水中煮沸变为明胶，为可溶性多肽。

皮肤中胶原蛋白最多，随着年龄增长，原胶原纤维之间共价键连接增多，弹性下降，组织变脆而硬，如皮肤出现皱纹。现在也有一些人尝试用有抗氧化作用的维生素等药物（如维生素 C、维生素 E）等抗皮肤老化，实际效果如何还有待探讨。

（二）蛋白质的三级结构与生物功能

三级结构与二级结构的区别不只是在空间构象上，而且在生物功能上也有着明显的不同。三级结构的基础是二级结构，二级结构进一步组合形成结构域（或超二级结构），再由无规则卷曲等结构连接形成三级结构。从结构特点上讲，三级结构中既包括二级结构的刚性，具有稳定的空间结构；又使三级结构的结构域之间具有可变性，为蛋白质活性中心的建立提供了可能。

蛋白质要执行一定的生物功能，必须具有一个工作中心，称为活性中心。在执行生物功能时，既要求蛋白质分子保持一定的刚性（稳定性），又要使蛋白质分子保持一定程度的可变性（柔性）。结构域的出现能够满足这一要求。结构域之间只由一条肽链相连，使结构域之间容易发生相对错动改变构象又不至于完全分开，这样活性中心具有一定的柔性，有利于活性中心结合底物或配体等分子，以便实施相应的生物功能。结构域的刚性保证了蛋白分子的稳定性，而结构域之间的柔性使生物活性能够更好地表现。

例如，肌红蛋白是单肽链组成的单结构域蛋白质，在哺乳动物肌细胞中有存储氧的作用。二级结构 α-螺旋组合在一起形成一个紧密的三维结构体，并产生一个疏水孔洞作为活性中心，内有一个铁卟啉辅基，与肽链非共价键结合，这一活性中心起到与氧分子结合的作用。由于此孔隙的疏水性，不但容纳了功能性辅基铁卟啉，而且为二价铁提供了疏水性的还原性条件，同时也由于精确的孔洞间隙恰好容纳氧分子的出入，避免了不必要的反应发生。

（三）蛋白质的四级结构与生物功能

四级结构的蛋白质都是由两条或更多的肽链为亚基组成的。亚基之间的连接更为松弛，使四级结构中的可变性（柔性）更大，并且亚基间存在更广泛的相互作用。一个亚基构象的变化可以带动其他亚基构象的变化，由此可产生协同效应或联动效应。

一个亚基由于结合某个小分子而带来整个分子构象的改变，由此使活性中心发生位置改变或错动，带来生物活性的改变，称为蛋白质的别构作用或变构效应。这种改变使一些小分子物质可以成为生物活性的调节物质，也就使其生物功能产生可调节性，更有利于生物代谢的调节。

生物体内具有四级结构的蛋白质占有相当大的比例，其功能和调节方式也多种多样，其中有很多还处在探索研究之中，下面仅以血红蛋白为例说明四级结构对蛋白质功能的作用及对别构作用的机制探讨。

肌红蛋白虽然结构精确，但是对氧的结合能力不能调整。而血红蛋白具有四级结构，一个亚基结合氧后，会对其他亚基结合氧的能力产生影响；同样，一个亚基失去氧后，也会使其他亚基构象改变从而改变对氧的结合能力。这种具有别构效应的蛋白质称为别构蛋白。

1. 血红蛋白的分子结构特点

血红蛋白是一种四聚体蛋白质，有 4 个亚基，如图 4-53 所示。在成年人中大多数血红蛋白是 α-亚基 2 个，β-亚基 2 个，这种组合占 96% 以上；大约还有 2% 的血红蛋白是 $\alpha_2\beta_2$，称为血红蛋白 HbA$_2$。胎儿是 HbF 为 $\alpha_2\gamma_2$，出生后逐渐转为 $\alpha_2\beta_2$。α-亚基为 141 个氨基酸残基，β、δ、γ 都是 146 个氨基残基，十分相似，只有个别氨基酸不同。

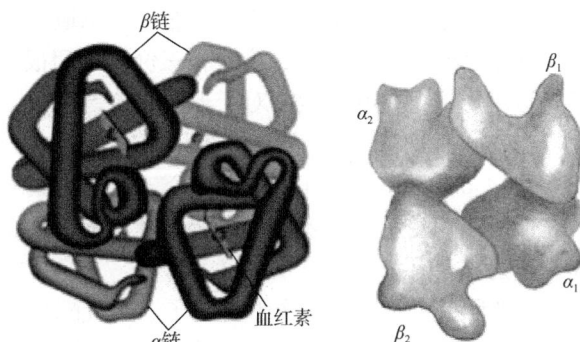

图 4-53 血红蛋白分子模型

4 个亚基呈对角排列，有二重对称轴（称为 C$_2$ 点群对称型），每个亚基结合一个血红素分子作为辅基，4 条链通过盐桥连接。4 个亚基有 4 个血红素，可结合 4 个 O$_2$。氧分子与 Fe^{2+} 结合并未发生化学反应，而是形成配价键，Fe^{2+} 也不发生氧化。这是由于血红素所在位置处于高度疏水区不与水接触，与氧分子的结合也是静电场的作用。

2. 氧合过程中血红蛋白构象的变化

血红蛋白虽然是四聚体，但是亚基之间由多个盐桥连接使分子构象受到很大束缚，特别是 2,3-二磷酸甘油酸的插入，使四级结构更加稳定。

血红蛋白与氧结合时四级结构发生明显的变化，盐桥发生断裂，BPG 被挤出血红蛋白外，亚基间相对错位，二聚体偏心轴旋转，尤其是 α_1-β_2 和 α_2-β_1 之间接触区变化更大些，如图 4-54 所示。

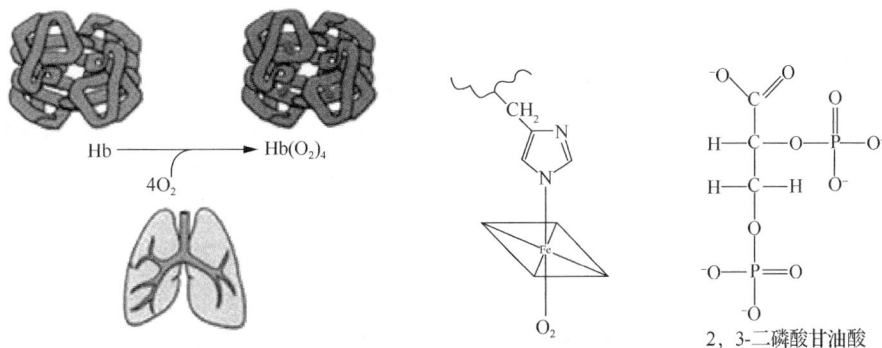

图 4-54 氧合过程中血红蛋白构象的变化

135

亚基内血红素中的铁原子是二价铁，铁的原子序数是 26，铁的价电子层结构是 $3s^2 3p^6 3d^6 4s^2$。在多电子原子中存在内层电子对外层电子的屏蔽效应，使电子层出现能级交错现象。由于能级交错，3 d 轨道能量反而高于 4 s 轨道。按照电子能量由低向高排列的趋势，电子先填充 $4 s^2$ 轨道，然后才填充 3 d 轨道。3 d 轨道共能容纳 10 个电子，如果不是 4 s 轨道能量更低，则不会填充到 4 s 轨道上。4 s 轨道填充后，还剩 6 个电子，就填充到 3 d 轨道上。但是在失去电子时，却不是先失去 3 d 轨道上的电子，而是先失去 4 s 轨道上的电子，所以铁可以出现 +2 价。根据电子轨道全充满或半充满是稳定态的原理，铁正常是 +3 价，即容易失去 3 个电子，失去 $4 s^2$ 轨道和 3 d 轨道上的一个电子，二价铁是失去 $4 s^2$ 轨道上的两个电子。二价铁和三价铁之间很容易转化。

铁原子有很多空轨道可形成配位化合物。对于形成配价键来说，要求形成配价键的双方一方提供未共用电子对（孤对电子），另一方提供空轨道。二价铁离子可以提供 8 个空轨道：4 s 轨道 1 个，4 p 轨道 3 个，4 d 轨道 5 个。但是形成配价键还要看轨道的方向性，并且轨道要进行杂化，能量一致才能形成配价键。所以铁通常只能形成 6 个配价键，铁元素的最高价态为 +6 价。

在血红素中，4 个吡咯环提供给 Fe^{2+} 4 个孤对电子，第五配价键的孤对电子是由组氨酸的咪唑氮提供（α 链为 87 位组氨酸，β 链为 92 位，肌红蛋白为 93 位）的，占用 4 d 轨道。配价键占用 4 d 轨道，虽然进行杂化，但是电子层半径还是增大，所以 Fe^{2+} 越出卟啉环平面约 0.06 nm 的距离。实际配位数为 5（占用 5 个轨道：3d②①①①4s 〇 4p 〇 〇 〇 4d 〇 〇）。血红素结合氧分子示意模型如图 4-55 所示。

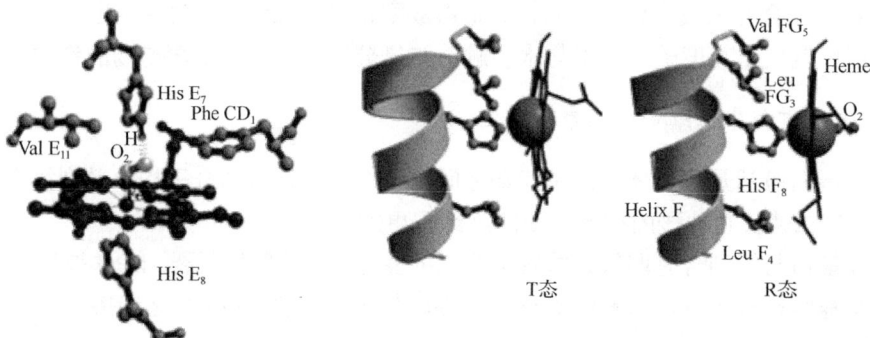

图 4-55　血红素结合氧分子示意模型

血红蛋白结构变化是从 α_1-亚基结合氧开始的。当血红蛋白氧合后，铁的配位数为 6，O_2 成为第六个配位体，占用第 6 个轨道。由于氧的电负性大，O_2 的加入并不是继续占用 4 d 轨道，而是将 3 d 轨道的 4 个单电子挤入两个轨道成为 3d②②②〇〇 4s 〇 4p 〇 〇 〇，按照正常排列原来应占用两个 4 d 轨道，加入氧后反而空出不用，所以分子直径反而减小，Fe^{2+} 能进入卟啉平面中央孔隙中，移动距离为 0.06 nm。正是这一移动牵动了组氨酸，并牵动了所在的肽链，也牵动了邻近的酪氨酸（倒数第二个），酪氨酸移动使盐桥发生断裂，使两个 β-亚基靠拢，挤出 2,3-二磷酸甘油酸，从而引起 β-亚基构象的改变，使 β-亚基中疏水空隙打开，便于第二个 O_2 进入结合部位与 Fe^{2+} 结合，也同时引起第三、第四个 O_2 进入结合部位与 Fe^{2+} 结合。整个过程是连锁进行的，4 个亚基的疏水空隙变构前全都充填一个酪氨酸残基，通过变构将酪氨酸挤出，便于 O_2 进入。有的书中将 4 个亚基的疏水空隙称为疏水口袋。

脱氧合状态下 β-亚基的口袋是压缩状态，不允许 O_2 进入，α-亚基的口袋可以结合 O_2，引起 β-亚基变化。

其实第一个 O_2 结合也是不方便进行的，亲和力很低，但是结合了第一个 O_2 第二个就容易结合，以致第三、第四个也可以结合，这称为正协同效应或正协同性。

2,3-二磷酸甘油酸起到别构效应剂的作用，是负效应剂；O_2 本身起到正效应剂的作用，也称别构激活剂。2,3-二磷酸甘油酸起到抑制氧合作用，这有助于在低氧分压下 O_2 的释放，否则亲和力太高不利于氧的释放。因为在没有 2,3-二磷酸甘油酸时，很低的氧分压下（20 torr）血红蛋白就被 O_2 饱和，则无能力卸载 O_2 给肌肉等缺氧组织。

肌肉组织中是肌红蛋白，结构相当于一个血红蛋白亚基，没有别构作用，对 O_2 的亲和力大于血红蛋白。所以在肌肉中 O_2 容易从血红蛋白卸给肌红蛋白。

三价铁血红素不能结合氧，因为三价铁电子的排列为 3d①①①①①4s○4p○○○4d○○，3 d 轨道正好处于半饱和状态，比较稳定，氧的结合不能将其 5 个电子挤入 3 个轨道，电子层半径不能减小，也就不能容纳血红素入内，无法进行变构。

当血红素失去氧时，第六个配位位置空出，这可以使铁的 3 d 电子重排，占据全部 3 d 轨道，变为 5 个配位键（4 s 轨道 1 个，4 p 轨道 3 个，另外一个即是 4 d 轨道）。这样就导致离子变大，脱离血红素平面，凸出血红素平面，当再次结合氧时再被拉回平面上。

3. 血红蛋白和肌红蛋白的氧合曲线

血红蛋白（Hb）和肌红蛋白（Mb）都能结合氧，但是血红蛋白可以运输氧，是四聚体；肌红蛋白是单体，可以储存氧，作用是使氧在肌肉中扩散和储存。

肌红蛋白解离常数

$$K = \frac{[\text{Mb}][O_2]}{[\text{MbO}_2]}$$

当肌红蛋白分子全部被氧饱和，即所有肌红蛋白都结合氧时，饱和度为 1（100%），全部脱氧时为 0。如氧饱和度（氧饱和分数）用 Y 表示，并将肌红蛋白解离常数代入，则

$$Y = \frac{[\text{MbO}_2]}{[\text{MbO}_2][\text{Mb}]} = \frac{[O_2]}{K + [O_2]} = \frac{P[O_2]}{K + P[O_2]}$$

氧是气体，也可以用氧分压（$P[O_2]$）表示，氧的分压用 torr（托）或 Pa（帕斯卡）表示。1 torr ＝ 1 mmHg ≈ 133.3 Pa。Y 值为 0～1。当 $Y = 0.5$ 时，P 值规定为 P_{50}，此时表示有一半肌红蛋白结合氧。O_2 的结合或解离受氧分压影响较大。血红蛋白对 O_2 的结合和分离与肌红蛋白不同，血红蛋白可结合不止一个 O_2，血红蛋白对氧的解离不能用单分子反应的解离表示。

根据血红蛋白的解离式，血红蛋白的氧饱和度 Y 为

$$Y = \frac{P[O_2]^n}{P[O_2]^n + K}$$

137

以氧分压作为横坐标，以氧饱和度作为纵坐标可得到一条曲线，称为氧合曲线（或称氧饱和曲线），也可以称为氧解离曲线。肌红蛋白和血红蛋白的曲线是不同的，如图4-56所示。

从曲线可看出，血红蛋白氧合曲线为S形，而肌红蛋白为双曲线形。在给定氧分压下，肌红蛋白的饱和度均高于血红蛋白。比较血红蛋白和肌红蛋白，肌红蛋白的 P_{50} 为2.8 torr，血红蛋白的 P_{50} 为26 torr。毛细血管中血液的氧浓度约30 torr。

P_{50} 越高，说明对氧亲和力越低，反之，P_{50} 低表示对氧亲和力高。肌红蛋白和血红蛋白的 P_{50} 差别有利于在肌肉组织中血红蛋白将 O_2 传给肌红蛋白，也使肺中 O_2 能有效传给肌肉。这一差别主要是血红蛋白变构的结果，失去一个 O_2 后，其他 O_2 也容易失去，表现为正协同性。而2,3-二磷酸甘油酸的存在作为负效应剂则降低了血红蛋白的饱和度。2,3-二磷酸甘油酸对血红蛋白的变构效应的功能如图4-57所示。

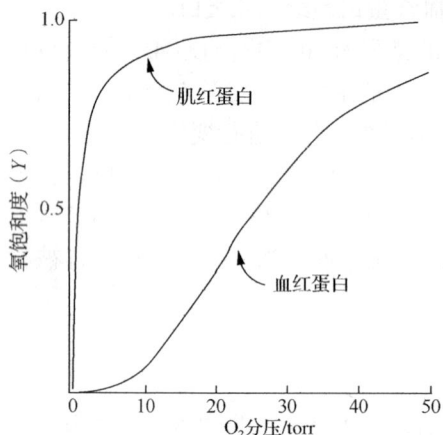

图 4-56　肌红蛋白与血红蛋白氧和曲线的区别　　图 4-57　2,3-二磷酸甘油酸对血红蛋白的变构效应的功能

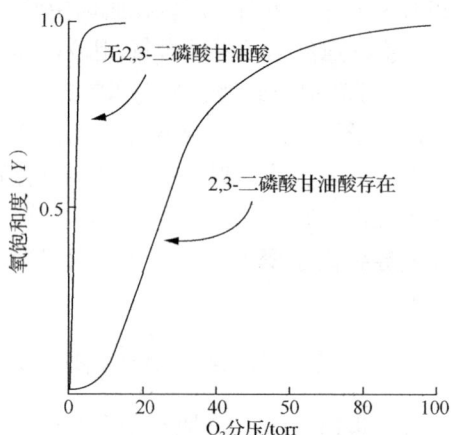

血红蛋白结合 O_2 的能力还受 CO_2 浓度和 H^+ 浓度的调节。CO_2 可自发水合成碳酸，但较慢。如在碳酸酐酶作用下，则水合生成碳酸较快。

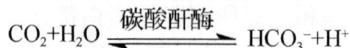

$$CO_2 + H_2O \xrightarrow{\text{碳酸酐酶}} HCO_3^- + H^+$$

CO_2 浓度升高及相应的 pH 值降低可导致血红蛋白 P_{50} 升高，这一现象称为波尔（Bohr）效应。这一效应有利于 O_2 的结合及运输和卸载。在肺泡中，血红蛋白的 CO_2 浓度低，P_{50} 相对低，易与 O_2 结合；到达肌肉后，CO_2 浓度相对高，使 P_{50} 升高，O_2 容易解离卸载，H^+ 也由于肺泡 CO_2 浓度低而 pH 值相对较高，肌肉组织中 CO_2 浓度高而pH 值相对较低，都是同一道理。

氧的 S 形曲线结合、波尔效应及 2,3-二磷酸甘油酸效应物的调节使血红蛋白的输氧能力达到最高效应。同时由于能在较窄的氧分压范围内完成输氧功能，机体的氧水平不至于有很大的起伏。此外，血红蛋白使机体内的 pH 值也维持在一个较稳定的水平。

血红蛋白的别构效应充分地反映了它的生物学适应性、结构与功能的高度统一性。

任务四　蛋白质的理化性质

蛋白质是一类物质，种类不计其数，分子大小相差悬殊，生物功能多样，但都是氨基酸的多聚体，在性质上存在共性。了解蛋白质的性质，目的在于对其进行提取、分离、纯化、鉴定及改造利用。

一、蛋白质的两性电离与等电点

蛋白质与氨基酸相似，也有两性解离性质。肽链由多个氨基酸聚合成，链中有很多游离基团能发生解离。例如，肽链首尾的游离氨基和羧基侧链的 ε-氨基、γ-羧基、δ-羧基、咪唑基、胍基等。

蛋白质的解离受 pH 值影响，pH 值较低时以正电荷为主，主要是碱性基团解离，如氨基、胍基、咪唑基等，这时蛋白质分子以正电荷为主，电泳时易向负极移动。当 pH 值较高时（碱性条件），主要是酸性的羧基解离，蛋白质以负电荷为主，电泳时向正极移动。当碱性大到一定程度时，酚羟基甚至硫基也可解离。一般讲，酸性基团解离能力大于碱性基团。这里所说的蛋白质带正电荷或负电荷，是指整个分子的净电荷。各基团解离时要求的 pH 值范围是不同的。

当溶液处于某一 pH 值条件下，刚好某蛋白质的酸性解离和碱性解离相等，分子所带正电荷数和负电荷数相等，净电荷值为零，这时溶液的 pH 值为该种蛋白质的等电点 pI。在等电点时，蛋白质在电场中既不向正极移动，也不向负极移动。

大多数蛋白质（动物）的等电点接近 pH 值＝5，所以在人及动物体液 pH 值为 7.4 的环境下，大部分蛋白质形成游离负离子（阴离子）。

氨基酸组成的不同可影响蛋白质的等电点。含酸性基团多的，等电点偏低，称为酸性蛋白质，如胃蛋白酶。含碱性基团多的，等电点偏高，称为碱性蛋白质，如细胞色素 C、鱼精蛋白。溶液中的离子强度及温度也会影响基团的解离，所以在不同的溶液中等电点可能略有差异。

蛋白质处于等电点时，黏度、溶解度最小，这时易于沉淀分离。

利用其带电荷及电泳现象可进行电泳分离。因带电荷数不同、电泳迁移率不同而将不同蛋白质分开。蛋白质在等电点时相对易于沉淀，如离心沉淀可选在等电点附近。

由于蛋白质带电荷，还常用离子交换法分离蛋白质，常用的阳离子交换剂是弱酸型羧甲基纤维素（CM 纤维素），阴离子交换剂常用二乙氨基乙基纤维素（DEAE 纤维素）。

二、蛋白质的胶体性质

胶体是指分散颗粒在 $1\sim100$ μm 所形成的一种较稳定的液体状态。颗粒再大属于悬浊液或乳浊液，颗粒再小则属于真溶液。大多数蛋白质的分子量为 1 万～100 万，分子直径为 1 nm～100 μm，属于胶体颗粒范围。

胶体有两种：一种属于均相分散胶体，主要是高分子化合物溶液，比较稳定，如蛋白质溶液、淀粉溶液等；另一种是非匀相分散的溶胶，是小分子物质聚集形成的胶体，如氢氧化铝溶胶、墨水、土壤等，有时小分子可达几百万以上聚在一起，这类胶体不稳定。

（一）影响蛋白质胶体稳定性的因素

影响蛋白质胶体稳定性的因素主要有以下两方面。

1. 蛋白质表面带有电荷

胶粒表面如带有同种电荷则产生斥力，彼此不易过分接近而聚集沉淀。蛋白质分子有很多可解离基团，如在大于蛋白质等电点时进行酸性解离带负电荷（如 COO^-），在小于蛋白质等电点时进行碱性解离带正电荷（如 NH^+）。位于胶粒表面的自身基团解离电荷又称决定电位离子层，通过静电吸引作用可以将胶粒周围溶液中的一些小的带相反电荷的离子吸附在胶粒表面（如 COO^- 可吸引 H^+），这些被吸附的离子层称为反离子层。一些受吸引力大的反离子，距离胶粒近一些，另一些则远一些，这就构成胶粒表面的双电层结构。由于胶粒（蛋白质）表面的反离子电荷相同而相互排斥，胶粒之间不易相互接触发生聚集，而保持胶体的分散性。

2. 蛋白质表面水膜的存在

蛋白质分子中有很多亲水基团，包括极性带电荷基团和极性不带电荷基团。在形成三、四级结构时，疏水基团由于疏水力作用位于分子内部，亲水基团则悬露外部，使蛋白质分子有很大的亲水性。一部分水分子被牢牢吸附在蛋白质表面或外围，形成一层稳定的水膜。胶粒之间由于水膜的屏障不便接触，从而维持蛋白质胶粒的分散性。

很多外部因素会影响胶粒表面的电荷和水膜，从而影响胶体的稳定性。例如，溶液 pH 值、离子强度（浓度）、亲水性溶剂、加热或剧烈搅拌等。其影响作用都是降低胶粒表面基团的解离及争夺胶粒表面水分子，导致蛋白质分子颗粒间易于聚集而发生沉淀。

（二）蛋白质胶体的透析性和凝胶状态

1. 透析性

透析性是指胶粒大分子不能通过半透膜（如羊皮纸、火胶棉、肠衣膜）的性质。细胞膜属于半透膜，蛋白质不能通过则维持了细胞内的原生质胶体状态和细胞的渗透压。植物细胞由于跨膜渗透压的存在使细胞能够吸水膨胀，维持叶片或幼嫩器官的挺拔姿势。医学上用透析方法代替肾的作用清除血液中的代谢废物，治疗肾功能衰竭等疾病。在蛋白质分离过程中，可用透析方法除去杂质。透析袋制成不同孔径规格可以选择透析不同分子量的蛋白质。

需要说明的是，某些用于超滤分离的超滤膜与透析膜不同，超滤是指在一定的压力（加压）作用下使小分子排出，蛋白分子（或其他大分子）留下。

2. 凝胶状态

当蛋白质胶体脱水浓缩达到一定程度时，整个胶体就凝成一种半固体状态，称为凝胶。例如，动物角质、毛皮等都可看作凝胶态蛋白质。其他生物大分子也有凝胶现象，如果胶制备的果冻、种子中的淀粉等。凝胶吸水后还可恢复溶胶状态，但是蛋白质变性的凝胶难以恢复。

凝胶是分子的团聚现象，当高分子微粒外层水膜被除去，仅剩内层结合水时，颗粒间彼此靠近，合并水膜团聚在一起，失去流动性。含水较高的蛋白质凝胶在加热后会失去凝胶状态出现流动，是因为加热后束缚水膜变薄，有部分水游离。

凝胶具有一定的膨润性，可自动向周围吸水，保持其膨润状态。种子可利用凝胶膨胀吸水萌发穿透种皮和覆土；动物凝胶老化后膨润性下降，如人老时脸上出现皱纹，血管老化失去弹性导致动脉硬化。

三、蛋白质的变性作用

在某种程度的理化因素作用下，蛋白质的空间构象遭到破坏（但一级结构未破坏），从而导致蛋白质某些物理性质的改变和生物活性的丧失，称为蛋白质的变性。

（一）影响变性的因素

蛋白质的空间结构决定着它的生物功能，空间构象遭到破坏是导致生物活性丧失的原因。变性除导致生物活性改变外，还会引起某些物理性质的改变，如溶解度、黏度等，但是化学性质基本不变。

1. 物理因素

物理因素包括高温、高压、紫外线、X 射线、超声波、剧烈振荡与搅拌等。例如，用紫外灯杀菌消毒、高温灭菌等都是利用蛋白质变性机制。

2. 化学因素

化学因素包括强酸、强碱、重金属盐、有机溶剂、生物碱试剂、浓尿素、去污剂等。例如，用乙醇消毒是常用的灭菌方法，有机溶剂处理一般会造成变性。

（二）变性的机制

这些引起变性的理化因素都能破坏蛋白质的二、三、四级结构，除强酸、强碱外都不至于破坏一级结构。有机溶剂、去污剂主要破坏疏水键，尿素等可破坏氢键，强酸、强碱、盐可破坏离子键（盐键）和氢键，某些重金属可破坏二硫键。

高温、高压、紫外线或 X 射线等都是赋予能量的，可以使蛋白质分子获得额外的能量而使肽链展开、次级键打开、水膜破坏等，最后导致分子空间结构变得无序。

变性蛋白质在空间构象破坏后，原来的功能部位（活性中心）解体，丧失生物功能，特别是作为生物催化剂的酶，则失去催化能力。变性的蛋白质在理化性质上的最大变化是溶解度大大降低，分子黏性增大，容易发生结絮沉淀。变性的蛋白质必然要沉淀，但是沉淀的蛋白质并不一定都已变性。

黏性增大使蛋白质变性后空间结构破坏，分子松散，肽链展开，容易互相缠绕而聚集，所以黏性大，易沉淀，溶解度降低。检测尿蛋白的原始方法就是加热法，如尿中有蛋白，加热后尿液中有结絮出现（可能患有肾炎）。

变性的蛋白质容易水解，所以食物蛋白经煮熟后容易消化。

蛋白质变性后，是否可以复性？原则上是可以恢复的。事实上有的可以恢复，有的不能恢复，需要看变性条件和时间。条件越剧烈，时间越长，越不易恢复。若条件不剧烈，时间短，移去变性条件后还可慢慢恢复，如不太高的温度、低剂量紫外线照射等。但是恢复速度慢，且不是百分之百。时间也很重要，因为时间长，蛋白质结构发生不可逆改变，如多个分子缠绕在一起或以其他方式连接起来，则不能再复性。如果是一个蛋白质分子，则变性后很容易复性。核糖核酸酶的变性与自发复性如图 4-58 所示。

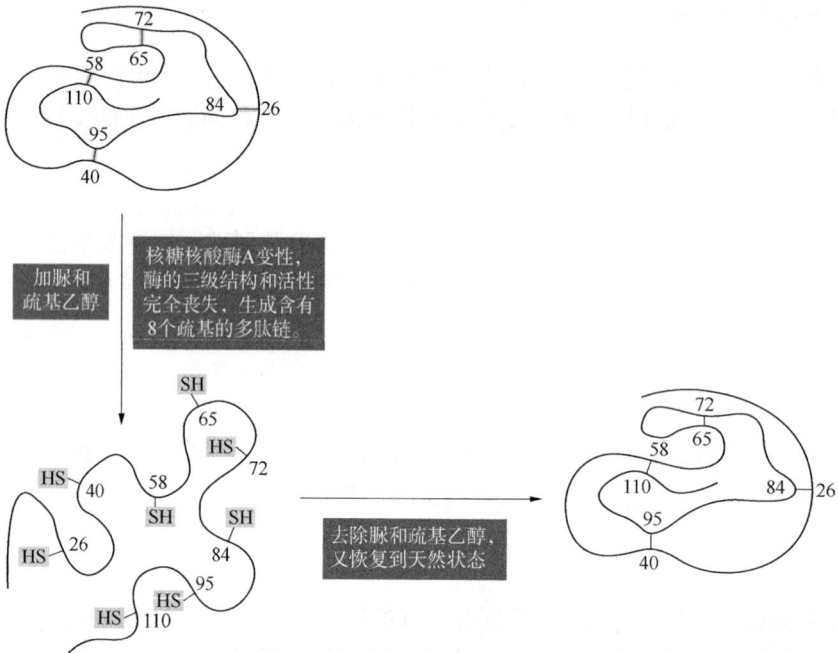

图 4-58　核糖核酸酶的变性与自发复性

有人试验牛胰核糖核酸酶，用尿素和巯基乙醇使氢键和二硫键全打断后，分子变得无规则，酶活性也消失。但是当除去尿素和巯基乙醇后，一部分能恢复酶活性，即恢复立体结构原状。这说明构象恢复是自发的，并且非常准确，不是随机的，否则酶活性不会恢复。这种变性后的复性折叠在体外不如体内快，在体内有热休克蛋白帮助折叠。

可逆的变性在于移去变性条件就自动恢复，恢复时不需从外界吸收能量。如果变性已达到结絮或凝固状态，则已不可逆了。重金属中毒时间短时，可喝牛奶、蛋清、猪血、鸡血等抢救，其目的也是让这些蛋白质与重金属作用，以减少人体对重金属的吸收。

四、蛋白质的沉淀反应

蛋白质的沉淀反应指的是蛋白质溶液的沉淀反应，而不溶性蛋白质则是另一回事。

蛋白质是高分子胶体溶液，一般情况不发生沉淀，因为水膜和电荷的存在保护了其稳定性，但是若破坏水膜或中和电荷，或加入某些沉淀剂，则可发生沉淀。

（一）加入大量电解质

在蛋白质溶液中加入硫酸铵、硫酸钠、氯化钠等，这些电解质在溶液中解离后，产生大量水化离子（也形成水膜），既可以争夺蛋白质水膜的水分子，破坏蛋白质水膜，又可以中和蛋白质分子的电荷，因而使蛋白质发生沉淀。

这种加过量中性盐（电解质）使蛋白质析出沉淀的现象称为盐析。实验室常用这种方法分离制备蛋白质。在生活中做豆腐即是一种盐析作用，一般用硫酸钙或氯化镁等，但此时蛋白质已加热变性。

盐析时蛋白质溶液最好处于等电点，可调节 pH 值至等电点，净电荷少可减少盐的用量。

各种蛋白质分子大小不同，亲水程度也不同，故盐析所需的盐溶液浓度也不一样。若调整盐溶液浓度，可以使溶液中几种不同的蛋白质得到分离，称为分段盐析。这也是蛋白分离的常用方法。

盐析的优点是能保留蛋白质活性，不至于使蛋白质变性，即盐析沉淀是可逆的，除去盐后蛋白质还可溶解，生物活性不变。盐析的缺点是蛋白质中混进大量盐分，提纯时还要透析除去。

（二）加入有机溶剂

亲水性有机溶剂如乙醇、丙酮等也可破坏水膜，使蛋白质沉淀。例如，前述乙醇灭菌作用，人喝酒多时就会口渴，也是酒中乙醇接触消化道与蛋白质争夺水的关系。

有机溶剂沉淀的缺点是蛋白质易变性，大多是不可逆的，易失去生物活性。若在低温、低浓度、时间短情况下变性不严重，还可缓慢恢复或不变性，但是需要很好地控制。有机溶剂沉淀的优点是有机溶剂易于除去，如可加热蒸发除去，也可配合其他分离方法。

（三）加入重金属盐

有些重金属盐，如乙酸铅、氯化高汞、硝酸银、三氧化铁等可与蛋白质不可逆地结合生成不易溶解的盐而沉淀。

这些重金属主要与蛋白质负离子结合，所以重金属沉淀蛋白质的条件是 pH 值必须大于蛋白质等电点，使蛋白质以负离子形式存在，即在碱性条件下，更易发生沉淀。在人体的生理条件下，大多数蛋白质带负电荷，因此，重金属对人体是有害的，食品、饮水等须控制重金属含量。

（四）加入生物碱试剂

有些酸类也能与蛋白质分子中的阳离子结合，形成不溶性的盐而沉淀。例如，苦味酸、单宁酸（鞣酸、五倍子酸）、三氯乙酸，还有无机的钨酸、钼酸、磷钨酸等，这些统称为生物碱试剂，因为它们都可与生物碱反应生成沉淀。有时碰到手上可使皮肤变色，如植物汁液中的鞣酸与手接触后便可变色。

　　生物碱试剂沉淀蛋白质的 pH 值必须小于蛋白质的等电点，使蛋白质处于正离子状态。这种沉淀也是不可逆的，过去多用于皮革生产，称为鞣皮，使皮革固定。有些中药治胃溃疡就是利用鞣酸固定胃黏膜蛋白的机制。

　　除此之外，动物的抗体蛋白与抗原也可产生沉淀反应，属于生物学反应。

　　还需要说明的是，蛋白质的沉淀与沉降是有所区别的。沉淀与沉降都是蛋白质分子下沉。沉降是可逆的，是分子个体的行为。沉淀是分子群体过程，多分子聚集在一起下沉，形成可见的沉淀物，一般经过了变性处理或盐析等处理，沉淀的蛋白质一般是变性的。

　　沉降行为是指每个蛋白质分子在自身重力作用下下沉，可以聚集形成沉淀，也可以不聚集，不形成沉淀，因为扩散存在可抵消沉降。只有分子较大（颗粒大）且分子形状不对称时，较一般分子扩散运动慢些，重力作用大于扩散力，才能沉淀。但是一般室温下，扩散力比重力大 200 倍，所以很难下沉沉淀。要取得蛋白质沉淀物，必须在低温下静置，最好加离心力。现在很多蛋白质分离都加离心过程，用高速离心或超速离心（如 80000 r/min 以上）。离心力也可用地心引力 g 表示，如相当于地心引力 60000 倍就称 60000 g。现在的高速离心机可达 $10^6 g$。当离心力超过蛋白分子的扩散力时就开始下沉，对于大多数分子可以计算用多少离心力可以分离。

　　沉降系数用 S 表示。1×10^{-12} mm/s/dyn/g 为一个单位（或 1×10^{-13} cm/secldrn/g）。其含义是每克物质在 1 达因力场作用下，每秒钟下降 1×10^{-12} mm，为一个沉降单位。

　　沉降系数与离心力的关系为

$$S = \frac{v}{\omega^2 r}$$

式中：v 为沉降速度（mg/h）；ω 为离心角角度（r/s）；r 为离心距（cm）。$\omega^2 r$ 为离心力场强度，说明离心力越大，沉降越快。

　　反过来，也可根据沉降系数求得蛋白的分子量。

$$蛋白质的分子量（Da）= \frac{RTS}{d(1-V_m \rho)}$$

式中：R 为气体常数；T 为绝对温度；d 为扩散常数；ρ 为溶剂密度；V_m 为摩尔体积。

　　蛋白质除上述性质外，还有一个通性，即所有蛋白质都可发生水解反应，不论在体内还是体外，都可以水解为氨基酸。在生物体内主要是酶水解，如食物中的蛋白质在胃中经胃蛋白酶水解，在十二指肠中由胰蛋白酶和糜蛋白酶等水解为氨基酸。在体外可由酸水解或碱水解，也可经加热在沸水中慢慢自然水解。

五、蛋白质的颜色反应

　　在蛋白质分析工作中，常常要测定蛋白质的含量或鉴定蛋白质的存在与否，因此需要了解蛋白质特有的颜色反应。蛋白质分子中含有某种特殊结构或特殊氨基酸时可与某些试剂作用产生颜色反应，见表 4-2。

表 4-2　蛋白质的颜色反应

反应名称	试剂	颜色及最大吸收	反应基团	用途
考马斯亮蓝反应	G-250 R-250	蓝色，595 nm	—	定性定量测定
双缩脲反应	碱性硫酸铜	粉紫色，540 nm	肽键	定性定量测定、鉴别 蛋白质水解
茚三酮反应	水合茚三酮	蓝色，570 nm	氨基酸	分析蛋白质、肽、氨基酸
酚试剂反应	碱性硫酸铜 钨酸钠＋钼酸钠＋磷酸	蓝色，650 nm	酪氨酸	定性定量测定蛋白质
黄色反应	硝酸（碱加热）	白色（碱性加热黄色）	酪氨酸、苯丙氨酸、苯环	检测蛋白质
乙酸铅反应	乙酸铅	黑色（沉淀）	半胱氨酸（巯基）	检测巯基半胱氨酸
米伦（Millon）反应	米伦试剂 $HgNO_3$＋Hg $(NO_3)_2$＋HNO_3	白色，加热后红色	酪氨酸（酚基）	检测蛋白质
坂口（Sakaguchi）反应	α-萘酚＋NaClO 或 NaBrO	红色（碱性条件）	精氨酸（胍基）	检测蛋白精氨酸

任务五　蛋白质的分离提纯

一、分离蛋白质的基本途径

蛋白质的分离纯化方法有很多种，根据分离原理主要有以下几种途径。

（一）根据分子大小不同进行分离纯化

常用的方法有透析和超过滤、离心分离和凝胶过滤。

1. 透析和超过滤

可以将蛋白质与小分子物质如无机盐、单糖等分开。透析采用半透膜，蛋白质分子大不能透过，而小分子物质能透过。

2. 离心分离

分子量不同，则沉降速度不同，在不同的离心力下，可将某些蛋白质分子沉淀获得分离。

3. 凝胶过滤方法分离

凝胶是具有多孔的网状结构，交联程度不同，网眼的大小也不同。当不同粒径的蛋白质及杂质通过凝胶时，由于分子的排阻作用，大小不同的分子所走的路径不同，保留时间也就不同，被洗脱下来的顺序也不同，可以达到分离目的。

（二）根据溶解度差异进行分离纯化

由于蛋白质的氨基酸残基不同，溶解度也会不同。另外，溶液的 pH 值、离子强度、温度等也会影响蛋白质的溶解度。

常用方法有以下几种。

1）调节等电点使某种蛋白质的溶解度下降，从而进行沉淀分离。

2）加入中性盐改变溶液的介电常数，导致蛋白质溶解度下降而沉淀析出。

3）采用有机溶剂沉淀分离，有机溶剂可使蛋白质表面水化程度降低，解离程度降低相互聚集而沉淀，但是沉淀应在低温下进行。

（三）根据电荷不同进行分离

常用方法是离子交换和电泳。蛋白质所带电荷不同或电荷多少有区别，在电场中的移动方向和速度都不同，在电泳过程中可将不同蛋白质分开；离子交换剂表面有可供交换的离子，如果蛋白质所带电荷的亲和力大于交换剂的离子，可以发生交换被吸附上去，再用亲和力更大的离子溶液洗脱下来，即得到分离。

（四）利用特异亲和力进行层析

某些吸附剂可能对某些蛋白质有特异的亲和力，可制成层析柱将蛋白质分离，如免疫亲和层析、疏水作用层析等。如果亲和力过强，则洗脱困难。

二、提取分离蛋白质的一般过程

（一）组织或细胞匀浆（粉碎）

一般加入中性盐或缓冲溶液，最好保持在低温或冰浴下，采用研磨或匀浆，使一些结合性蛋白质释放游离下来。

（二）提取

向组织或细胞的匀浆液中加入适当的提取液，并调节 pH 值到合适的酸碱度，如为保持活性，最好在低温或冰溶下浸提一定时间。

（三）分离纯化

提取是容易的，但是分离是比较困难的。可溶性的蛋白质可直接离心取上清液，不溶性的蛋白质要处理使其变为可溶性的，如加酸碱调节等。

分离的方法很多，可根据提取蛋白质的不同及提取溶液的不同，选用不同的分离方法，如电泳分离法、离子交换法、盐析法、分子筛凝胶层析法、有机溶剂沉淀法和透析法等。

分离过程往往不能一次完成，需要多次反复进行才能得到相对较纯的蛋白质产物。例如，用离心结合分子筛柱层析分离或再结合用盐溶剂沉淀等。

（四）分离物的鉴别和测定

在分离或纯化过程中需要不断对目标蛋白质进行追踪分析或定量检测，以判断目标物质是否丢失或损失过多，然后加以对分离方法的调整。这方面可参阅有关书籍，并要在不断实验操作中才能有所掌握。

任务六　蛋白质的消化和吸收

一、蛋白质的消化和吸收

（一）蛋白质的消化

蛋白质的消化是指食物蛋白质经过消化道中各种蛋白酶及肽酶的作用，水解为氨基酸的过程。唾液中没有消化蛋白质的酶，食物蛋白质的消化从胃开始，蛋白质在胃中的消化由胃蛋白酶作用。胃黏膜细胞刚分泌出来的胃蛋白酶原没有活性，其经胃酸的激活转变为具有催化活性的胃蛋白酶，又反过来激活胃蛋白酶原。胃蛋白酶最适 pH 值为 $1.5 \sim 2.5$，pH 值达到 6.0 使酶失去活性。该酶对肽键的特异性差，水解不完全，产物是多肽、寡肽和少量氨基酸。

小肠是蛋白质消化的主要场所。小肠中存在多种蛋白水解酶，在这些酶的协同作用下，蛋白质水解为氨基酸。在各种蛋白酶中，能从内部水解特定肽键的酶称为内肽酶，包括胰蛋白酶、糜蛋白酶、弹性蛋白酶。外肽酶包括羧肽酶、氨肽酶，它们分别催化断裂羧基末端和氨基末端，最后生成二肽，在二肽酶作用下水解为氨基酸。

（二）蛋白质的吸收

蛋白质的消化产物主要以氨基酸的形式吸收，其次是二肽、三肽等寡肽也可被黏膜细胞吸收。一般认为，这种吸收是消耗能量的主动运输过程，同时需要载体。蛋白质的消化与吸收如图 4-59 所示。

二、蛋白质的腐败和解毒

在消化的过程中，有一部分蛋白质未被消化或消化后未被吸收，肠道细菌对这部分蛋白质及其消化产物进行的分解过程称为腐败作用。腐败作用是细菌本身的代谢过程，其代谢产物有胺类、脂肪酸、醇类、酚类、吲哚、氨、硫化物等，多数是对人体有害的，只有少数产物如维生素和脂肪酸对人体有益。通常大部分有毒产物会随粪便排出，少量被吸收进入体内，经过肝脏代谢转化而解毒，所以不会发生中毒现象。

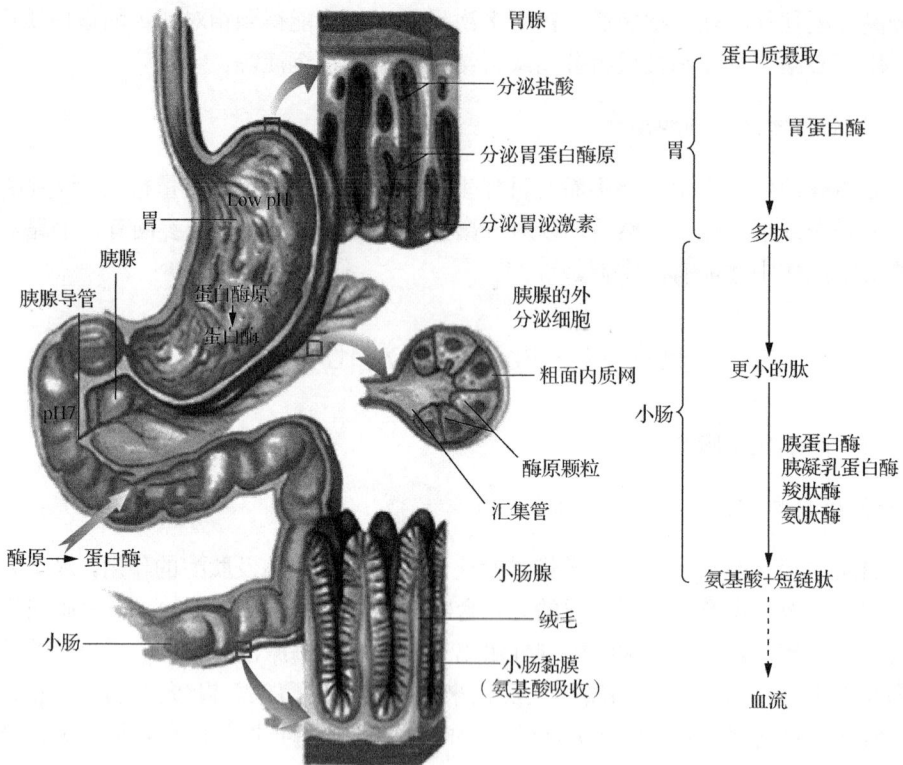

胃腺

分泌盐酸

分泌胃蛋白酶原

分泌胃泌激素

胃

Low pH

胰腺

胰腺导管

蛋白酶原

蛋白酶

pH7

酶原 → 蛋白酶

小肠

胰腺的外
分泌细胞

粗面内质网

酶原颗粒

汇集管

小肠腺

绒毛

小肠黏膜
（氨基酸吸收）

蛋白质摄取

胃蛋白酶

多肽

更小的肽

胰蛋白酶
胰凝乳蛋白酶
羧肽酶
氨肽酶

氨基酸+短链肽

血流

胃

小肠

图 4-59　蛋白质的消化与吸收

任务七　氨基酸的代谢

蛋白质的基本单位是氨基酸。体内蛋白质水解为氨基酸后进一步代谢，所以蛋白质分解代谢的中心内容是氨基酸代谢。氨基酸代谢包括合成代谢和分解代谢，本任务重点介绍氨基酸的分解代谢及代谢产物的去路。

一、氨基酸代谢概述

机体内没有专一的组织器官来储存氨基酸，食物蛋白质经消化吸收的氨基酸不能作为能源物质储存起来，而是通过血液循环运到全身各组织，这种来源的氨基酸称为外源性氨基酸。同时，机体内各组织的蛋白质在酶的作用下不断分解为氨基酸，机体还能合成非必需氨基酸，这两种来源的氨基酸称为内源性氨基酸。外源性氨基酸和内源性氨基酸之间没有区别，混合在一起，分布于体内各处参与代谢，称为氨基酸代谢库。

因为氨基酸不能自由透过细胞膜，所以在体内各处分布不均匀。肌肉细胞内的氨基酸约占整个代谢库的 50% 以上，肝细胞内占 10%，肾细胞内约占 4%，血浆中占 1%～6%。因为肝肾体积较小，所以氨基酸浓度很高，代谢也很旺盛。大多数氨基酸主要在肝中分解代谢，氨基酸代谢基本概况如图 4-60 所示。

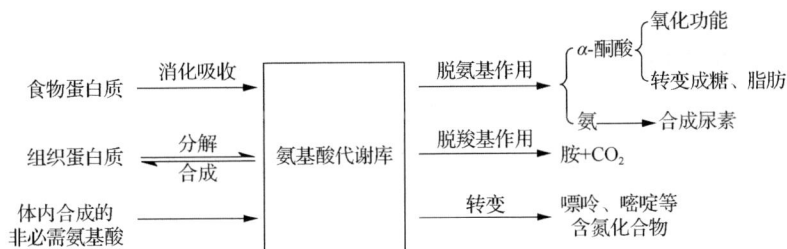

图 4-60　氨基酸代谢基本概况

二、氨基酸分解代谢途径

虽然氨基酸的氧化分解途径各异，但是它们集中形成了 5 种产物进入糖酵解、三羧酸循环，最后氧化成 CO_2 和 H_2O，并产生 ATP，满足机体对能量的需求。代谢产物也能进入合成。综上所述，将氨基酸的分解途径用图 4-61 来表示。

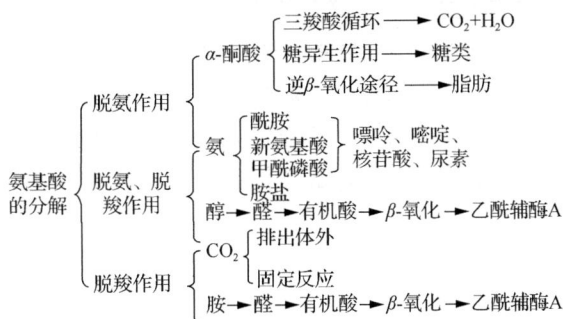

图 4-61　氨基酸的分解途径

三、氨基酸的合成代谢

氨基酸是构成蛋白质的原件，在不同生物体内，利用 20 种氨基酸可以组成各种各样的蛋白质。但是氨基酸本身的合成在不同生物中有较大的差异。不仅不同生物合成氨基酸的能力不同，而且合成氨基酸的种类、原料等也有所不同。然而许多氨基酸的生物合成都与机体的几个中心代谢环节有密切联系，如糖酵解途径、五碳糖磷酸途径、三羧酸循环等。因此，可将这些代谢环节中的几个与氨基酸生物合成有密切联系的物质看作氨基酸生物合成的起始物，按照起始物可将氨基酸的合成分成几个家族。以下分别介绍几个不同家族氨基酸的生物合成途径。

（一）脂肪族氨基酸的合成

1. α-酮戊二酸衍生类型

由 α-酮戊二酸转化生成的氨基酸有谷氨酸、谷氨酰胺、精氨酸及脯氨酸。α-酮戊二酸先形成谷氨酸，再由谷氨酸转化生成另外 3 种氨基酸。

2. 草酰乙酸衍生类型

草酰乙酸衍生类型指的是某些氨基酸由草酰乙酸衍生而来。属于这种类型的氨基酸有天冬氨酸、天冬酰胺、甲硫氨酸、苏氨酸、异亮氨酸及赖氨酸。

3. 丙酮酸衍生类型

由丙酮酸形成的氨基酸有丙氨酸、缬氨酸及亮氨酸。

4. 3-磷酸甘油酸衍生类型

由 3-磷酸甘油醛转化生成的氨基酸有丝氨酸、甘氨酸及半胱氨酸。

（二）芳香族氨基酸及组氨酸的生物合成

1. 苯丙氨酸、酪氨酸、色氨酸的生物合成

芳香族氨基酸包括苯丙氨酸、酪氨酸、色氨酸，这 3 种氨基酸都属于必需氨基酸，只能在植物和微生物中合成。它们都是以糖酵解中间产物磷酸烯醇式丙酮酸和 4-磷酸赤藓糖为起始物，到分支酸生成的前 7 步是共同的。分支酸通过变位酶催化形成预苯酸，而后通过脱水、脱羧和转氨分别形成苯丙氨酸和酪氨酸。由分支酸经 5 步反应形成色氨酸。

2. 组氨酸的生物合成

组氨酸的合成途径是独立的。组氨酸的合成以磷酸核糖焦磷酸为起始物，在 9 种酶的参与下，经过 10 步反应，生成组氨酸。

四、氨基酸的脱氨基作用

氨基酸在酶的作用下脱去氨基生成 α-酮酸和氨的过程称为脱氨基作用，是机体氨基酸分解代谢的第一步。根据不同作用机制将脱氨作用分为氧化脱氨基、转氨基使用和联合脱氨基使用等。

（一）氧化脱氨基作用

氨基酸在氧化酶的催化下脱氢生成相应的酮酸并脱去氨基的过程，称为氧化脱氨基作用。催化这一过程的酶为氨基酸氧化酶或氨基酸脱氢酶。人体内催化氧化脱氨基作用的酶有很多种，其中 L-谷氨酸脱氢酶最重要。该酶活性较强，广泛存在于肝、脑、肾等组织中。L-谷氨酸脱氢酶以 NAD^+ 或 $NADP^+$ 为辅酶，催化 L-谷氨酸氧化脱羧生成 α-酮戊二酸和氨。该脱氨基作用是可逆反应，如图 4-62 所示。

L-谷氨酸脱氢酶是一种变构酶，ATP、CTP 是它的变构抑制剂，ADP、CDP 是变构激活剂。因此，当 ATP、CTP 不足时，谷氨酸加速氧化脱氨，这对氨基酸氧化供能起重要的调节作用。L-谷氨酸脱氢酶专一性很强，只能用于 L-谷氨酸，不能催化体内其他氨基酸的脱氨基作用，所以该方式单独存在时并非氨基酸脱氨基的主要方式。

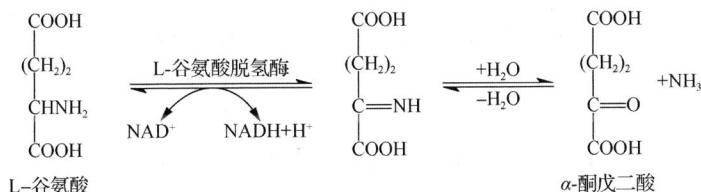

图 4-62 L-谷氨酸氧化脱氨

（二）转氨基作用

转氨基作用是指 α-氨基酸在转氨酶的催化作用下，将某一氨基酸的 α-氨基转移到另一种 α-酮酸的酮基上，生成相应的氨基酸，原来的氨基酸则变成新的 α-酮酸。转氨酶催化的反应是可逆的，转氨作用不仅参与氨基酸分解代谢，还参加氨基酸合成代谢，如图 4-63 所示。

图 4-63 α-氨基酸的转氨基作用

转氨基作用是氨基酸脱去氨基的一种重要方式。转氨基作用可以在氨基酸与酮酸之间普遍进行。实验证明，构成蛋白质的氨基酸除甘氨酸、赖氨酸、苏氨酸、脯氨酸及羟脯氨酸外，都能以不同程度参加转氨基作用。催化转氨反应的酶称为转氨酶。转氨酶有很多种，分布广，它们都是以磷酸吡哆醛作为辅酶。人体重要的转氨酶是谷丙转氨酶和谷草转氨酶。它们催化的反应如图 4-64 和图 4-65 所示。

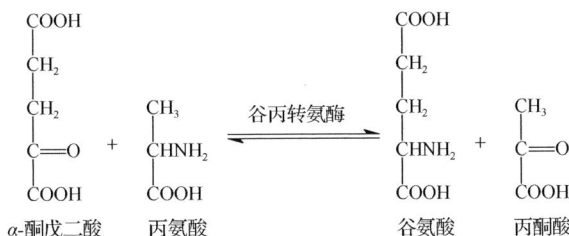

图 4-64 谷丙转氨酶催化丙氨酸的转氨基作用

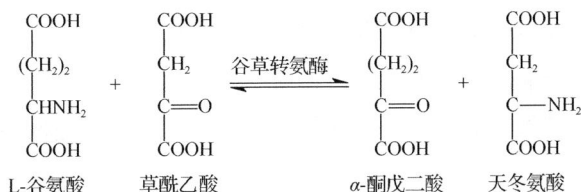

图 4-65 谷草转氨酶催化 L-谷氨酸的转氨基作用

正常情况下，这两种转氨酶主要存在于细胞内，血清中的活性很低，各组织器官中含量不等，以心脏和肝脏最高。医院的肝功能化验单上都注明了这两种转氨酶，它们都是肝细胞内的酶，如果两种含量较高，而且谷草转氨酶水平超过了谷丙转氨酶，一般说明肝细胞损害比较严重。

由糖代谢产生的丙酮酸、草酰乙酸及 α-酮戊二酸可分别被转变为丙氨酸、天冬氨酸和谷氨酸。反之，丙氨酸、天冬氨酸及谷氨酸也可转氨后参加三羧酸循环，从而沟通糖代谢与蛋白质代谢。

实际上，人体内除必需氨基酸外，所有非必需氨基酸都不同程度地参加转氨作用，并有各自的转氨酶。这样体内通过转氨基作用可以调节体内非必需氨基酸的种类和数量，以满足体内对蛋白质合成时非必需氨基酸的需求。

（三）联合脱氨基作用

两种脱氨基方式的联合作用，使氨基酸脱下 α-氨基生产 α-酮酸的过程称为联合脱氨基作用，这是组织细胞最主要的脱氨基方式。体内的联合脱氨基方式主要有两种反应途径。

1. 转氨酶-谷氨酸脱氢酶偶联的联合脱氨基作用

先在转氨酶催化下，将氨基酸的 α-氨基转移到 α-酮戊二酸上生成谷氨酸的分子上，生成相应的 α-酮酸和谷氨酸，然后谷氨酸在 L-谷氨酸脱氢酶的催化下，脱氨基生成 α-酮戊二酸同时释放出氨，如图 4-66 所示。

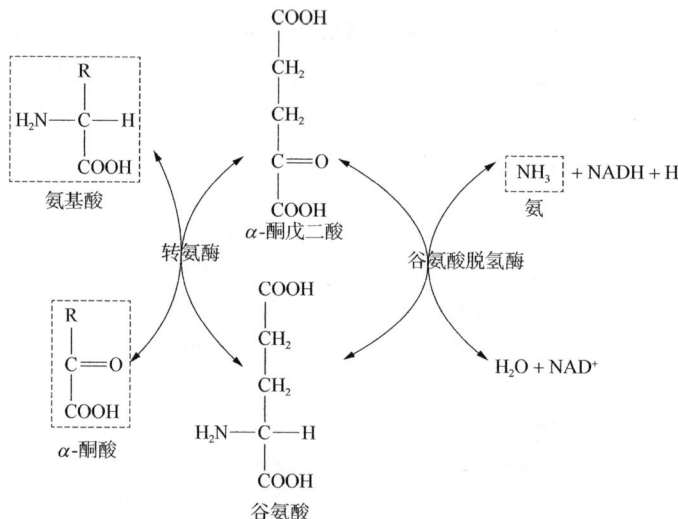

图 4-66　转氨酶-谷氨酸脱氢酶偶联的联合脱氨基作用

由于 L-谷氨酸脱氢酶在肝、肾和脑组织中活性高，该联合脱氨基作用主要在这些组织中进行。联合脱氨基作用的全部过程都是可逆的，因此该过程也是体内合成非必需氨基酸的主要途径。

2. 嘌呤核苷酸循环的联合脱氨基作用

骨骼肌和心肌中 L-谷氨酸脱氢酶的活性很低，难以进行上述联合脱氨基作用，而是通过嘌呤核苷酸循环过程脱氨，如图 4-67 所示。

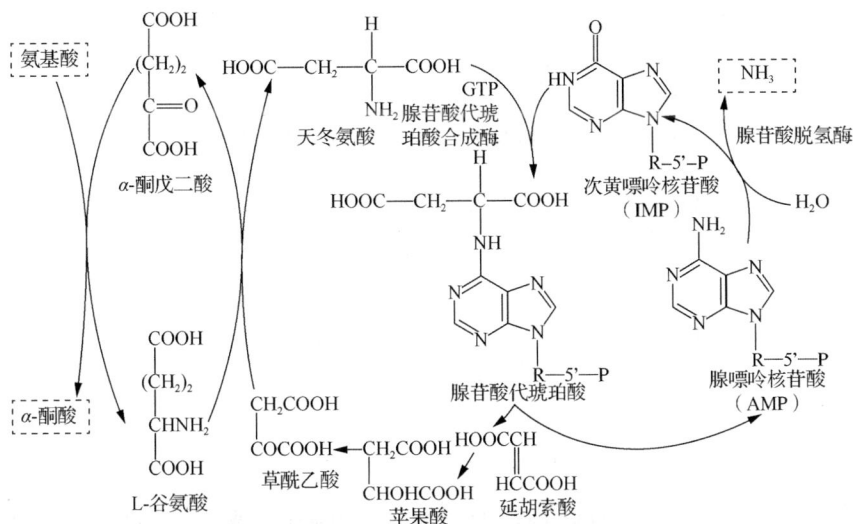

图 4-67 嘌呤核苷酸循环的联合脱氨基作用

五、氨基酸的脱羧基作用

氨基酸分解的主要方式是脱氨基作用，部分氨基酸还可进行脱羧基作用。氨基酸的脱羧基作用是在氨基酸脱羧酶的催化下氨基酸脱羧而产生胺及 CO_2 的过程，反应的通式为

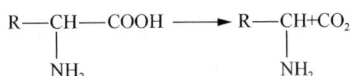

$$R-CH-COOH \longrightarrow R-CH+CO_2$$
$$\quad\quad |\quad\quad\quad\quad\quad\quad\quad |$$
$$\quad\quad NH_2\quad\quad\quad\quad\quad\quad NH_2$$

催化脱羧反应的酶称为脱羧酶，这类酶需要磷酸吡哆醛作为辅酶（组氨酸脱羧酶除外）。一般来说，脱羧酶的专一性很强，这一性质被用来测定发酵液中某种氨基酸的含量。如在测定发酵液中谷氨酸的含量时，取一定量的谷氨酸发酵液，加入适量的谷氨酸脱氢酶，在适宜的条件下反应，用微量气体呼吸仪测量出反应放出的 CO_2 的量，根据放出的 CO_2 的量可计算出谷氨酸的含量。

氨基酸脱羧后形成的胺类，有些是生物体的重要物质，如色氨酸分解后可转变为植物生长激素吲哚乙酸，丝氨酸分解后产生的胆碱是构成磷脂的重要成分；有些具有特殊的生理作用，如组氨酸分解后产生的组胺是一种强烈的血管舒张剂，L-谷氨酸分解后产生的 γ-氨基丁酸是中枢神经系统中的抑制性神经递质；有些胺类是有害的，如鸟氨酸分解生成腐胺，赖氨酸分解生成尸胺具有恶臭味，对人体有毒性。具体如图 4-68～图 4-70 所示。

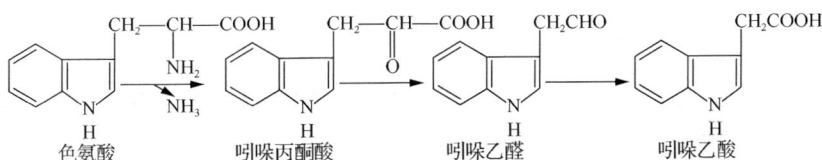

图 4-68 色氨酸经脱氨脱羧后转变成植物生长激素吲哚乙酸

153

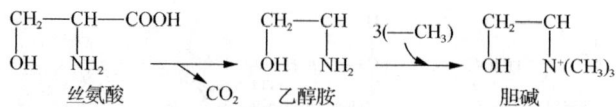

图 4-69　丝氨酸脱羧、甲基化反应后转变成胆碱

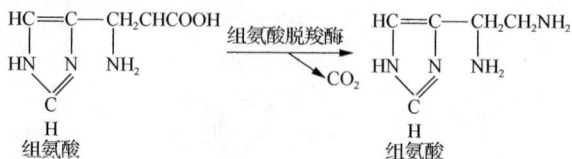

图 4-70　组氨酸脱羧形成组胺

六、氨基酸同时脱氨基、羧基作用

某些微生物如细菌、酵母的细胞中能进行加水分解，使氨基酸同时脱氨、脱羧生成少一个碳原子的伯醇，释放出氨和二氧化碳。这类反应是白酒与乙醇发酵中生成杂醇油的主要反应。杂醇油是指某些高级醇（如丙醇、正丁醇、异丁醇、异戊醇和活性异戊醇）的混合物。它们浓度较高时在乙醇溶液中呈油状，故称杂醇油。酒中杂醇油太多会让人喝了感觉"上头"，引起头晕、头痛等不适。

七、氨基酸脱氨、脱羧产物的进一步代谢

氨基酸经脱氨基、转氨基及脱羧基等作用之后，生成各种 α-酮酸、胺、醇、二氧化碳和氨，这些产物在体内需要进一步代谢。

（一）氨的代谢

1. 生物体内氨的来源

动物和人体内的氨主要有 3 个来源。

1）由氨基酸脱氨基作用产生和胺分解产生：氨基酸脱氨基作用产生的氨是生物体内氨的主要来源。

2）肠道吸收的氨：肠道吸收的氨有两个来源，一是氨基酸在肠内细菌作用下产生的氨，二是肠道尿素在细菌产生的尿素酶作用下产生的氨。

3）肾脏吸收的氨：肾脏吸收的氨主要来自谷氨酰胺，谷氨酰胺在谷氨酰胺酶的作用下水解产生谷氨酸和氨。在酸性条件下，氨与尿中的氢离子结合生成铵盐排出体外，在碱性条件下，氨的吸收增强，进入血液，成为血氨的又一来源。

2. 氨的转运

机体各类来源的游离氨对人体和动植物组织都是有害的，细胞中浓度过高会引起中毒，各种组织中产生的氨在血液中主要以丙氨酸及谷氨酰胺两种形式运输：丙酮酸接受氨基生成丙氨酸，谷氨酸接受氨生成谷氨酰胺，从而把有毒的氨转化为无毒的物质转运到肝。

3. 氨的去路

氨基酸脱氨生成游离氨，过量的游离氨对机体是有毒的，在体内不能大量积存。游离氨形成后立即进行代谢，其方式主要有以下几种。

（1）生成尿素

尿素的形成是高等动物的一种重要解毒方式。正常情况下，人和动物体内的氨有80%～90%在肝脏合成为中性、无毒、水溶性的尿素排出体外。尿素合成时由一个循环机制完成，这一循环称为尿素循环。反应过程中有鸟氨酸、精氨酸、谷氨酸、精氨琥珀酸等中间产物产生，所以尿素循环又称为鸟氨酸循环，如图 4-71 所示。鸟氨酸进入线粒体后与氨甲酰磷酸合成瓜氨酸后回到细胞浆中，瓜氨酸与天冬氨酸反应生成精氨酸代琥珀酸，精氨酸代琥珀酸继续分解为精氨酸和延胡索酸……，通过天冬氨酸和延胡索酸就把鸟氨酸循环就和三羧酸循环联系起来了。

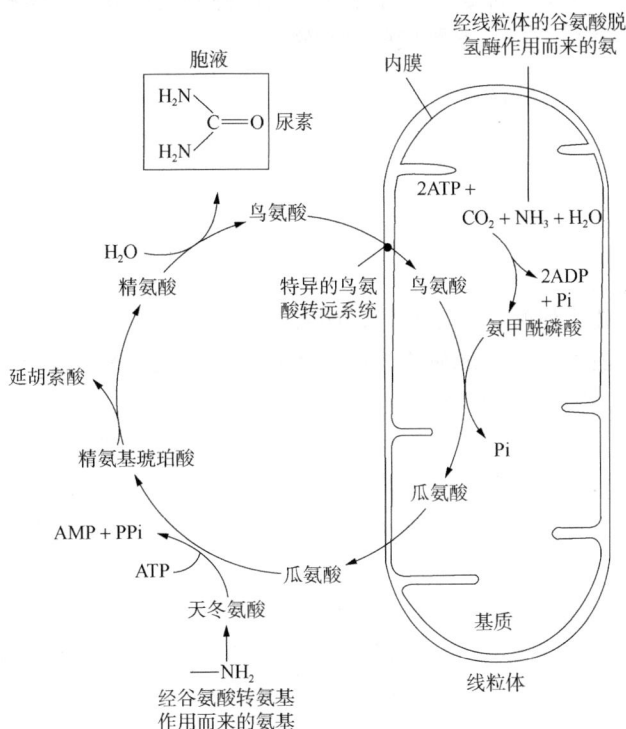

图 4-71 尿素循环（鸟氨酸循环）

（2）合成谷氨酰胺

氨基酸代谢产生的氨在谷氨酰胺合成酶催化下和谷氨酸生成谷氨酰胺。谷氨酰胺是中性无毒物质，容易透过细胞膜，利于转运，是氨的主要转运形式。谷氨酰胺由血液运送到肝脏或肾脏，被肝或肾细胞中的谷氨酰胺酶催化分解为谷氨酸和氨。临床上对氨中毒者常给予口服或静脉滴注谷氨酸钠盐，以解除氨毒和降低血氨浓度。

（3）生成铵盐排出体外

谷氨酰胺经血液运到肾脏后，在肾小管上皮细胞内重新生成谷氨酸和氨，氨与 H^+ 结合成 NH_4^+，随尿排出体外。

（4）合成非必需氨基酸、嘌呤碱和嘧啶碱等其他含氮物

氨与体内某些 α-酮酸经联合脱氨基的逆过程合成相应的非必需氨基酸。氨还可以参加嘌呤碱和嘧啶碱的合成。

（二）α-酮酸的代谢

氨基酸经联合脱氨或其他方式脱氨所产生的 α-酮酸主要有 3 条代谢途径。

1. 重新再合成氨基酸

α-酮酸可沿着脱氨基作用的逆反应生成相应的氨基酸。现在普遍认为，生物体内除苏氨酸、赖氨酸外，其余各种氨基酸都可以通过这种方式形成。但是和必需氨基酸相对应的 α-酮酸不能在体内合成，必须依赖于食物供应。

2. 氧化分解成 CO_2 和 H_2O

氨基酸脱氨后余下的碳骨架，经过一系列变化，均可转变为三羧酸循环的中间产物，通过三羧酸循环彻底氧化，生成 CO_2 和 H_2O，同时释放出能量。这是 α-酮酸的主要去路之一。

3. 转变成为糖或脂肪

氨基酸脱氨生成丙酮酸、琥珀酸、延胡索酸、α-酮戊二酸后能直接进入糖酵解或三羧酸循环，部分酮酸可氧化生成羧酸，经 β-氧化途径生成乙酰辅酶 A 进入三羧酸循环。

丙酮酸与三羧酸循环中间产物通过糖异生作用可转变为糖类。氨基酸中的碳架能转变为糖的氨基酸称为生糖氨基酸，天然氨基酸中除亮氨酸外都是生糖氨基酸。

亮氨酸脱氨生成的 α-酮酸经复杂变化后转变为糖代谢中产物乙酰辅酶 A，乙酰辅酶 A 在动物体内不能转变为糖，只能逆 β-氧化途径转变为脂肪酸，称其为生酮氨基酸。但是在微生物和植物中，因为存在乙醛酸循环途径，乙酰辅酶 A 也能转化为琥珀酸等 C_4 二羧酸，所以也能通过糖异生作用转变为糖。

所有氨基酸的碳骨架在生物体内都能转变为乙酰辅酶 A，可进一步合成脂肪酸。氨基酸在向糖转变的过程中生成的磷酸二羟丙酮可被还原生成甘油，甘油和脂肪酸可进一步合成脂肪。

（三）二氧化碳的去路

氨基酸脱羧形成的二氧化碳大部分直接排到细胞外，小部分可通过丙酮酸羧化支路被固定，生成草酰乙酸或苹果酸。这些四碳有机酸的生成对于三羧酸循环及通过三羧酸循环产生发酵产物（如柠檬酸、谷氨酸、延胡索酸、苹果酸等）有促进作用。

（四）胺的去路

氨基酸脱羧生成的胺，可在胺氧化酶的作用下氧化脱氨生成醛和氨，醛在醛脱氢酶的作用下生成醛和氨。醛在醛脱氢酶的作用下继续氧化，加水脱氢生成有机酸。有机酸再经过 β-

氧化途径生成乙酰辅酶 A，乙酰辅酶 A 进入三羧酸循环，最后被氧化成 CO_2 和 H_2O。

八、蛋白质代谢的作用和意义

蛋白质是细胞的首要结构物质，又是酶的基本组成成分。生物体的一切生命现象，无不与蛋白质的活动密切相关。蛋白质的新陈代谢是生物体生长、发育、繁殖和一切生命活动的物质基础。

（一）蛋白质代谢是维持组织细胞生长、更新和修复的需要

蛋白质是细胞重要的结构物质，蛋白质最重要的生理功能是维持细胞组织的生长、更新和修补。处于生长期的儿童、孕妇和恢复期的患者需要足够量的优质蛋白。

（二）蛋白质代谢为生物体提供能量

蛋白质是动物体内能量的主要来源之一，每克蛋白质在体内氧化分解产生 17 kJ 能量，占机体需要量的 10%～15%。尤其在饥饿条件下，可以为机体提供维持生命所需的基础能量。但是机体主要的供能物质是糖和脂肪，氧化供能是蛋白质的次要功能，以蛋白质作为能源也是不经济的。

（三）蛋白质代谢为生物体提供重要的中间代谢产物

蛋白质的代谢过程产生很多含氮化合物，它们为生物体合成某些含氮物提供了合成原料，同时维持着体内总氮平衡，也成为机体三大产能营养素（糖类、脂类、蛋白质）相互联系、相互制约的纽带。除此以外，蛋白质代谢过程中产生很多具有生理活性作用的中间代谢产物，它们对机体有重要的调节作用，如酶、含氮类激素、抗体等。另外，血液凝固、肌肉收缩、物质运输等生理活动也需要蛋白质来实现。

任务八　蛋白质和氨基酸的应用

一、动物蛋白的加工

（一）胶原蛋白

胶原蛋白是动物细胞合成的一种生物高聚物，普遍存在于动物骨骼、肌腱、软骨、皮肤等结缔组织中。

胶原蛋白的使用范围广泛。例如，作为食品添加剂，胶原多肽被应用于乳饮料等液体乳制品中；作为功能性保健食品，食用胶原蛋白与麦麸和果胶按比例配制的食品可以降血脂和体重。作为食品包装，胶原蛋白可以用于肠衣制作，具备口感好、透明度高、工艺简单等优点。

（二）乳清蛋白

乳清蛋白是从牛奶中提取的蛋白质，或是用乳酪生产工艺生产的副产品再经特殊工艺浓缩精制而成。它具备高蛋白、低脂肪、低乳糖和低胆固醇的优点，容易被人体消化吸收。乳清蛋白添加到酸奶中可以减少培养时间及延长保质期。同时，也可作为肉制品的乳化剂。

（三）畜禽副产物蛋白质的研究

现阶段，我国蛋白质资源短缺且对畜禽副产物的精深加工和高值化利用水平落后，副产物的资源利用率低下。因此，开展畜禽副产物精深加工关键技术研究、开发创新性产品是促进我国畜禽屠宰加工业可持续发展的有效途径。

1. 畜禽血液蛋白质的利用

我国畜禽血液资源丰富，对血液的加工主要还集中在初级加工，精加工技术比较落后，这就导致我国血液资源的大量浪费，并对环境造成污染。因此，开发研究利用畜禽血液资源，提高畜禽血液利用率，提高其附加值，是血液加工利用的重中之重。

畜禽血液中的血红蛋白肽不仅营养丰富，能提供极易吸收的多肽化合物，还具有极佳的生理功能，可作为保健食品。目前，血红蛋白肽的生产主要是应用复合酶解技术将血液中大分子蛋白质降解为多肽和氨基酸。

此外，畜禽血液中含有的免疫球蛋白、凝血酶、蛋白酶抑制剂等功能性物质与机体的健康密切相关。因此，血液中含有丰富的营养物质，可变废为宝，使血液加工方向多元化、高值化，极大地提高了畜禽血液的加工应用前景。

2. 畜禽骨蛋白的利用

畜禽骨骼是一种营养丰富且产量很大的天然资源。目前，国内外对畜禽骨骼的综合利用主要包括骨胶原蛋白、骨钙及骨多肽相关产品的开发。此外，基于热反应生香技术，利用美拉德反应可对骨素产品进行衍生化开发，生产浓郁肉香味的骨素类调味品。

骨骼中的蛋白质 90%为胶原及软骨素（酸性黏多糖），胶原蛋白降解的多肽具有降血压、清除自由基、抑菌等多种生理功能。骨胶原蛋白水解物能有效清除自由基，对抗氧化和衰老有积极作用。

3. 畜禽肝脏蛋白质的利用

畜禽肝脏是一种重要的副产物，如鸡肝蛋白，含有多种人体必需氨基酸，蛋白含量高达 24.6%，且畜禽肝脏是一种全优食品蛋白源。目前对肝脏蛋白的加工方式多为手工作坊，除一部分用于烹饪食用外，相当一部分畜禽肝脏直接被丢弃。肝脏蛋白具有多种生物活性，如抗氧化作用、增强免疫调节功能、降脂减肥作用、抑菌等生物活性。

目前对肝脏蛋白的研究主要集中在肝脏蛋白的提取或者是以肝脏蛋白为原料提取其中的生物活性物质。此外，将畜禽副产物蛋白水解物应用与美拉德反应相结合生成具有色泽和风味独特的产品，应用于饲料或者是宠物食品诱食剂等方面，也是许多学者讨论的热门话题。

（四）蛋白水解物在食品加工方面的应用

水解动物蛋白（hydrolyzed animal protein，HAP）利用生物法（酶法）或化学法（酸解、碱解）降解动物体内的蛋白质而成，具有人体需要的必需氨基酸和活性肽类，易被人体消化吸收。大量研究表明，从动物蛋白质中制备的肽类物质不仅有良好的溶解性、热稳定性，能提供给人体生长发育所需要的营养物质，许多肽类还具有降血压、降血脂、抗氧化、抑菌等多种生物学活性，在调味料的生产、食品营养强化、功能食品等方面得到了广泛应用。蛋白经过酶水解得到的小分子肽作为美拉德反应的底物，与还原糖进行非酶褐变得到的产物不仅具有同样的生物活性，还可以改良食品的风味色泽。

1. 抗氧化能力

美拉德反应过程中产生的一系列复杂化合物会改善食品的色泽和气味，尤其是产物中的类黑素。类黑素具有清除羟基自由基、超氧化物、过氧化氢的作用，可间接延缓蛋白质的氧化，从而延长产品的货架期。

2. 抑菌能力

有研究表明，不同水解度的 pH 值与还原糖反应后的产物及其产物的衍生物具有抑菌活性物质，且主要集中于对革兰氏阳性菌和革兰氏阴性菌的抑菌效果。美拉德反应产物是经过食品加工过程中的氨基化合物与羰基化合物发生反应而产生的具有抗氧化活性及抑菌作用的一种物质，其具有替代常用合成法制备得到的抗氧化剂的潜能，因此具有广泛的应用前景，也是许多科研工作者的研究热点。

3. 改善食品色泽和风味

在食品加工过程中，美拉德反应无时不在。美拉德反应的程度可根据产物颜色变化来判断，颜色褐变的程度主要是在反应过程中产生了不饱和灰色含氮聚合物或多聚物，颜色由浅黄色向黑灰色发展，使食品具有独特的外观和香味。

二、植物蛋白的加工

（一）大豆蛋白

大豆蛋白包括大豆分离蛋白、大豆浓缩蛋白等。

大豆分离蛋白是以脱脂大豆片或大豆粉为原料，通过特殊工艺制成的蛋白质基材料。大豆分离蛋白的蛋白质含量为 90%～95%，有良好的溶解性，还具有乳化、分散、胶凝、增稠作用，通常用于肉类罐头、香肠、火腿和其他肉类产品。它可以增加产品的蛋白质含量，在降低产品中的胆固醇和脂肪的同时还能改善口感。

大豆浓缩蛋白，是一种把高品质脱壳大豆粉中的非蛋白质物质除去的蛋白粉，经干物质计算，其蛋白质含量高于 70%。它通常用来改善肉类及一些营养食品的口感和质量。

（二）小麦蛋白

小麦蛋白由几种不同的蛋白组成，主要有清蛋白和球蛋白。而小麦面筋蛋白则是一种由麦醇溶蛋白和麦谷蛋白组成的高水分产品。

小麦面筋蛋白是一种可用作面粉制品生产的良好面团改良剂。面筋蛋白被水化后，

159

其结构被拉伸打开，可制成丝、线或膜，这样处理之后的面筋可以用来制作食用膜和人造肉。同时，它作为黏合剂、填充剂用于肉制品中可以降低保油性和加工损耗。

三、蛋白质加工的意义和前景

随着食品工业水平的发展，人们如果想要提高食品的品质，就必须提高对常规蛋白质的认知，熟悉食品配方的各种成分，以及了解蛋白质对食品加工的影响，从而更好地改进蛋白质的性质，并将这些知识运用到食品加工工业，达到提高人们生活水平的目的。

四、氨基酸的应用

蛋白质代谢过程中产生了很多重要的氨基酸，它们在食品、医药、饲料、农药和化妆品等方面有重要的应用。

（一）氨基酸在食品上的应用

食品工业是最早应用氨基酸的领域，主要用于食品强化剂（苏氨酸、色氨酸、赖氨酸）、调味剂（谷氨酸单钠和天冬氨酸）、抗氧化、着色剂、甜味剂（苯丙氨酸和天冬氨酸）和增稠剂，可以防止食品色香味的变化、提高食品风味及营养价值。谷氨酸钠盐（味精）是世界上用量最大的调味剂；L-天冬氨酸与苯丙氨酸可制成甜味剂，它的甜味比蔗糖高 200 倍。

（二）氨基酸在医药上的应用

医药工业主要是应用氨基酸制成有治疗作用的药物及各种氨基酸营养制剂。多种复合氨基酸制剂可通过输液治疗营养或代谢失调；苯丙氨酸与氮芥子气合成的苯丙氨酸氮芥子气对骨髓肿瘤治疗有效，且副作用低。在消化系统经手术后或烧伤、创伤患者需要大量补充蛋白质营养时，可注射各种氨基酸。氨基酸作为工业原料可合成多肽药物，如谷胱甘肽、催产素、促胃液素等。甘氨酸是体内合成磷酸肌酸、血红素等的成分，能对芳香族物质起解毒作用；精氨酸参与鸟氨酸循环具有能促使血氨转变成尿素的作用，专用于因血氨升高引起的肝昏迷药物；亮氨酸能加速皮肤和骨头创伤愈合，也能用于血糖低及头晕的治疗。

（三）氨基酸在饲料中的应用

在饲料工业中，添加赖氨酸、苏氨酸和 DL-蛋氨酸能提高饲料中蛋白质的利用率，校正配合饲料中氨基酸不全或配比失衡，增加饲料营养价值。甲硫氨酸等必需氨基酸可用于制造动物饲料。

（四）氨基酸在化妆品中的应用

合成氨基酸衍生物可作为除草剂和无毒农药。用谷氨酸可制成无刺激性的洗涤剂——十二烷基谷氨酸钠肥皂；聚谷氨酸因性质接近于角蛋白，被应用于人造革的涂料，使人造革具有天然皮革的特点。氨基酸及其衍生物与皮肤成分相似，有调节皮肤 pH 值和护肤的功能，所以被广泛应用于配制各种化妆品；焦谷氨酸钠具有很强的吸湿性，能防止皮肤干裂，可作为润肤剂或化妆品原料；L-半胱氨酸可用作卷发剂。

项目五　维生素及应用

项目导入

维生素是一类维持生物体正常机能所必需的低分子有机化合物。生物体对其需要量甚微，主要靠外界供给。维生素的种类很多，结构各异。它既不是细胞组成成分，也不能提供能量，但在体内物质代谢过程中发挥着重要作用。例如，许多维生素是构成辅酶或辅基的基本成分，有的参与特殊蛋白质的合成，有的是激素的前体。由于体内不能合成或合成量不能满足需要，一旦外界供应不足，或机体由于各种因素引起吸收障碍，就可导致维生素缺乏病。不过如果维生素使用不当或长期过量服用，也可出现中毒症状。

本项目的学习内容有认识维生素、水溶性维生素、脂溶性维生素、维生素的应用。

任务一　认识维生素

维生素是维持生物正常生命过程所必需的一类有机物质，需要量很少，但对维持健康十分重要。有些生物体可自行合成一部分，但是大多数需要由食物供给。维生素不能提供给机体能量，也不能作为构成组织的物质，其主要功能是通过作为辅酶的成分调节机体代谢。长期缺乏任何一种维生素都会导致相应的疾病发生。

维生素是在研究营养缺乏病时发现的，如脚气病和坏血病。研究脚气病时发现了维生素 B，研究坏血病时发现了维生素 C。

一、维生素的命名

维生素由 vitamin 一词翻译而来，其名称一般是按发现的先后，以"维生素"之后加上 A、B、C、D 等英文字母来命名。对于同一族的几种维生素，在英文字母右下方注以 1、2、3 等数字加以区别，如维生素 B_1、维生素 B_2、维生素 B_3 及维生素 B_{12} 等。也有根据它们的化学结构特点命名的，如维生素 B，因其分子结构中既含硫又含有氨基，故又名硫胺素等；还有根据其生理功能命名的，如维生素 PP 又名抗癞皮病维生素等。

还有一些最初发现时认为是维生素，后经大量的研究证明并非维生素。因此目前维生素的命名不论是从字母顺序，还是按阿拉伯数字排列来看，都是不连贯的。

二、维生素的分类

至今已知有 60 多种维生素，它们的化学结构已经清楚，有脂肪族、芳香族、杂环和甾类等，皆为低分子的有机化合物。维生素可按化学结构分类，但是其结构各异，故习惯上以溶解性分为水溶性维生素（B 族维生素和维生素 C 等）及脂溶性维生素（维生素 A、维生素 D、维生素 E、维生素 K 等）两大类。

三、维生素缺乏症及缺乏的原因

维生素在体内不断代谢失活或直接排出体外，因此，当维生素供应不足或需要量增加时，可导致机体代谢失调，严重者可危及生命，这类疾病称为维生素缺乏症。

人体对维生素有一定的需要量，摄入过多或过少都会导致疾病发生，必须合理使用。下列因素常会导致维生素的不足或缺乏。

（一）摄取不足

膳食调配不合理或有偏食习惯、长期食欲不好等都会造成摄食不足。另外，食物的储存及烹饪方法不科学也可造成维生素的大量破坏与丢失。例如，小麦加工过精、稀饭加碱蒸煮等，都会损失维生素 B；蔬菜储存过久、先切后洗或烹饪时间过长，都会使维生素 C 大量破坏。

（二）吸收障碍

尽管摄入足量的维生素，但是吸收障碍也会造成维生素的缺乏。例如，长期腹泻、肝胆系统疾病等可造成维生素缺乏。

（三）机体需要量增加

生长期儿童、妊娠及哺乳期妇女，对维生素 A、维生素 D、维生素 C 的需要量增加。重体力劳动、长期高热和慢性疾病患者都对维生素 A、维生素 B、维生素 B_2、维生素 C、维生素 D 及维生素 PP 的需要量增加，故必须额外增加某些维生素的摄入，按常量供给不能满足需要。

（四）服用某些药物

体内肠道细菌可合成维生素 K、维生素 B、维生素 B_5、维生素 B_9 等供人体需要。若长期服用抗菌药物，可抑制肠道细菌的生长，导致某些维生素的摄取不足或缺乏。有些药物是维生素的拮抗剂，如一些肿瘤化疗药物是维生素 B_5 的拮抗剂，治疗结核病的异烟肼是维生素 B_3 的拮抗剂，都会引起某些维生素的不足。

（五）其他

特异性的缺陷也可引起维生素缺乏症，如缺乏内源因子影响维生素 B_{12} 的吸收，慢性肝、肾疾病影响维生素 D 的羟化，导致活性维生素 D 供应不足。

任务二　水溶性维生素

水溶性维生素包括 B 族维生素和维生素 C 等。它们的共同特点是易溶于水，体内不易储存，摄入过多时，多余部分可由尿排出体外，故一般不会因在体内蓄积而发生中毒。又因为在体内的储存量很少，所以必须经常从食物中摄取。

属于 B 族维生素的主要有维生素 B_1、维生素 B_2、维生素 PP、泛酸、维生素 B_6、维生素 B_{12} 及生物素等。其化学结构各不相同，生化功能也各异。B 族维生素在体内通常以构成酶的辅助因子参与代谢，其他结构类似的物质均不能代替其功能。

一、维生素 B_1 与脱羧酶辅酶

维生素 B_1 又称抗神经炎素、硫胺素或噻嘧胺，是维生素中最早被发现的。

（一）微生素 B_1 的食物来源

酵母中含维生素 B_1 最多。其他食物中虽然普遍含有维生素 B_1，但是含量都不高，其中五谷类含量较高，多集中在胚芽及皮层中。此外，瘦肉（特别是猪肉）、核果和蛋类的含量也较多。蔬菜中白菜及芹菜中含量较多。总体来说，蔬菜和水果所含的维生素 B_1 都很少。酵母、某些细菌和高等植物能合成维生素 B_1。在动物和酵母体中，维生素 B 主要以硫胺素焦磷酸形式存在，在高等植物体中有自由维生素 B 存在。

（二）结构

维生素 B_1 分子中含有嘧啶环和噻唑环，如图 5-1 所示。其结构自从维生素 B_1 的结构确定后，在 1936 年即已被人工合成，我们所用的维生素 B_1 都是化学合成品。

（三）性质

维生素 B_1 盐酸盐为无色结晶，溶于水，在酸性溶液中稳定，而在中性及碱性溶液中易被氧化，在碱性溶液中不耐高热。在普通烹调温度下损失并不太大，有特殊

图 5-1 维生素 B_1 的结构式

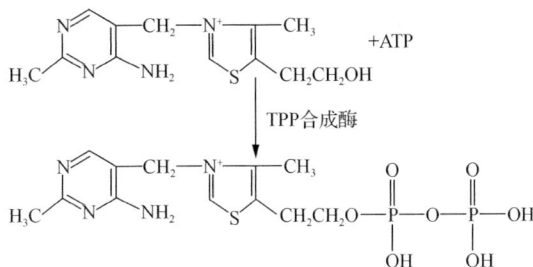

香气，微苦。其溶液在 233 nm 和 267 nm 呈现两个典型的紫外吸收峰。

维生素 B_1 在一切活体组织中可经硫胺素焦磷酸激酶催化与 ATP 作用转化成硫胺素焦磷酸（thiamine pyrophosphate，TPP），其转化过程如图 5-2 所示。在体内 B 是以 TPP 的形式发挥其生理功能的，主要是以脱羧酶辅酶形式参加糖的代谢。

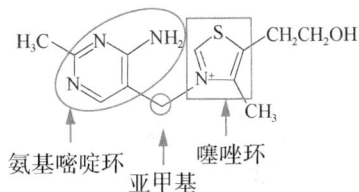

图 5-2 维生素 B_1 转化为硫胺素焦磷酸

（四）功能及作用机制

维生素 B_1 的主要功能是以辅酶形式参加糖的分解代谢：维生素 B_1 的衍生物 TPP 是

丙酮酸脱氢酶系（含有脱羧酶）和 α-酮戊二酸脱氢酶系（亦含有脱羧酶）的辅酶，分别参加丙酮酸及 α-酮戊二酸的氧化脱羧。同时，在乙醇发酵过程中，它作为脱羧酶的辅酶，使丙酮酸脱羧变为发酵产物乙醇。

维生素 B_1 还具有保护神经系统的作用，其能促进糖代谢，供给神经系统活动所需的能量，同时又能抑制胆碱酯酶的活性，使神经传导所需的乙酰胆碱不被破坏，保持神经的正常传导功能。几种神经炎症（如脚气病、神经炎症等）都是由缺乏维生素 B_1 引起的。

（五）缺乏和过多的影响

维生素 B_1 缺乏可能会引起下列症状。

1）脚气病。脚气病是因维生素 B 严重缺乏而引起的多发性神经炎。患者的周围神经末梢及臂神经丛均有发炎和退化的现象，伴有心界扩大、心肌受损、四肢麻木、肌肉瘦弱、烦躁易怒和食欲不振等症状。同时，丙酮酸脱羧作用受阻，组织和血液中的乳酸量大增，湿性脚气病还伴有下肢水肿。这些症状主要是由于缺少维生素 B_1，不能形成足够的硫胺素焦磷酸，使糖的分解受阻。

2）中枢神经和胃肠病患糖代谢失常。不仅周围神经的结构和功能受损，中枢神经系统也同样受害。因为神经组织（特别是大脑）所需的能量，基本上是由血糖供给的，当糖代谢受到阻碍时，神经组织也就发生反常现象。

因为维生素 B_1 主要存在于种子外皮及胚芽中，所以脚气病的发生主要是由于食用了高度精细加工的米、面食及高糖饮食。维生素 B_1 在体内储量甚少，摄取过多时，即由尿排出，无毒性。

二、维生素 B_2 与黄素辅酶

维生素 B_2 又称核黄素，是一种含核糖醇基的黄色物质，在自然界多与蛋白质结合存在，这种结合体称为黄素蛋白。

（一）来源

维生素 B_2 的分布较广。酵母、肝脏、乳类、瘦肉、蛋黄、花生、糙米、全粒小麦、黄豆等含量较多，蔬菜及水果也略含有。人体不能合成维生素 B_2，某些微生物能合成。

（二）结构

维生素 B_2 由 7,8-二甲基-异咯嗪与核糖醇组成，结构式如图 5-3 所示。

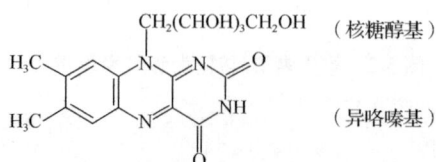

图 5-3　维生素 B_2 的结构式

（三）性质

维生素 B2 为橘黄色的针状晶体，味苦，微溶于水，极易溶于碱性溶液；水溶液呈黄绿色荧光，在波长为 565 nm、pH 值为 4～8 时荧光最大；对光和碱都不稳定，对酸相当稳定。

维生素 B2 分子的异咯嗪第 1 和第 10 位氮原子可反复可逆地接受和释放氢，如图 5-4 所示，决定了它可以参与体内传递氢的过程。

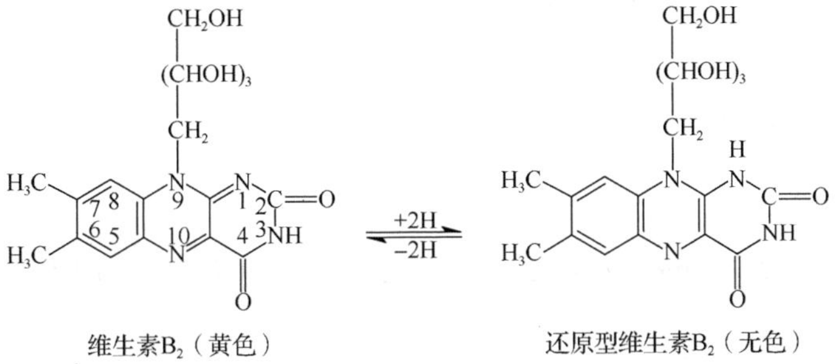

图 5-4　核黄素的递氢过程

自然界中，维生素 B2 在体内与 ATP 作用转化为核黄素磷酸，即黄素单核苷酸（flavin mononucleoide，FMN），后者再经 ATP 作用进一步磷酸化，即产生黄素腺嘌呤二核苷酸（flavin adenine dinucleotide，FAD）。两者是一些氧化还原酶的辅酶或辅基，在代谢上有极重要的作用，如图 5-5 所示。

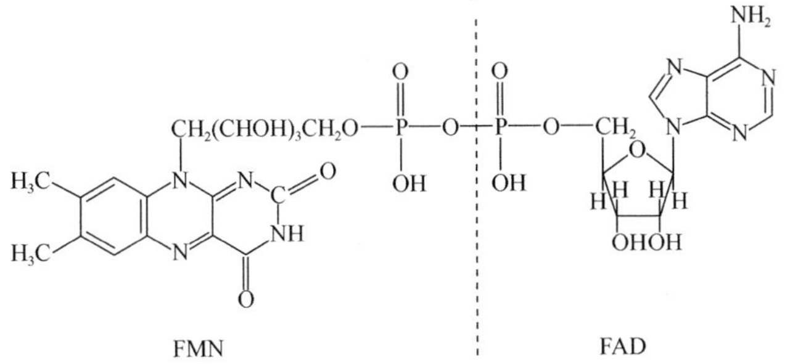

图 5-5　FMN 和 FAD 结构式

维生素 B2 在体内转化成 FMN 及 FAD 的反应可表示如下：

$$核黄素 + ATP^- \longrightarrow FMN + ADP$$
$$FMN + ATP^- \longrightarrow FAD + PPi$$

（四）功能及作用机制

维生素 B2 与代谢和发育都有关系。

维生素 B2 的主要功能是作为氧化还原酶的辅基或辅酶促进代谢。维生素 B2 经 ATP 磷酸化产生的 FMN 和 FAD 是许多脱氢酶的辅酶，是很重要的递氢体，可促进生物氧化作用，对糖、脂和氨基酸的代谢都很重要。机体内需要 FMN 或 FAD 作为辅因子的氧化还原酶称为黄素蛋白，而维生素 B_2 的活性形式 FMN 和 FAD 往往通过作为黄素蛋白辅酶的形式参与有机体代谢过程中的氢传递。

维生素 B_2 为动物发育及许多微生物生长的必需因素。

（五）缺乏及过量摄取的影响

每人每天维生素 B_2 的最低需要量：儿童为 0.6 mg，成人为 1.6 mg。

膳食中长期缺乏维生素 B_2 会导致细胞代谢失调。首先受影响的为眼、皮肤、舌、口角和神经组织。缺乏的症状有眼角膜和口角血管增生、白内障、口角炎、眼角膜炎等，还可导致舌炎和阴囊炎。

过量的维生素 B_2 可从粪便和尿中排出，无毒。

三、泛酸和辅酶 A

泛酸又称遍多酸（pantothenic acid），于 1933 年发现并命名为维生素 B_5。

（一）泛酸的食物来源

泛酸广泛分布于动植物组织中。肝、肾、蛋、瘦肉、脱脂奶、豌豆、菜花、花生、甜山芋等的泛酸含量都较为丰富，肠细菌及植物能合成泛酸，哺乳类不能。

（二）结构

泛酸是 β-丙氨酸以酰胺键与 α,γ-二羟基-β,β-二甲基丁酸结合而成的化合物，其结构式如图 5-6 所示。

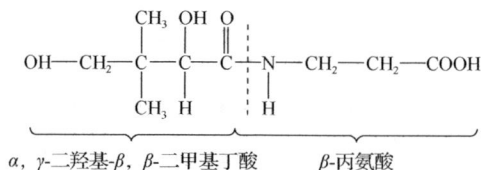

图 5-6　泛酸的结构式

（三）性质

泛酸为淡黄色黏性油状物，溶于水和乙酸，不溶于氯仿和苯。在中性溶液中对湿热、氧化和还原都稳定。酸、碱、干热可使之分裂为 β-丙氨酸及其他产物。泛酸的钙盐为无色粉状晶体，微苦，溶于水，对光及空气都稳定，在 pH 值为 5～7 的溶液中可被热破坏。商品泛酸为泛酸钙。

泛酸为辅酶 A（CoA）的组分之一，在机体中泛酸与 ATP 和半胱氨酸经一系列反应可合成辅酶 A。

辅酶 A 的主体结构是由泛酸、巯基乙胺、焦磷酸及 3′-磷酸腺苷结合而成的，因其活性基团为—SH，故常用 CoA-SH 表示，其结构如图 5-7 所示。泛酸的另一活性结构为酰基载体蛋白（acyl carrier protein，ACP）。在动植物组织中，泛酸几乎全部用以构成辅酶 A 及 ACP 这两种活性形式，其中巯基均为活性巯基。糖、脂、蛋白质的代谢过程中都离不开泛酸活性形式的参与，所以泛酸缺乏时，可表现为消化不良、精神萎靡不振、疲倦无力、四肢麻木等。

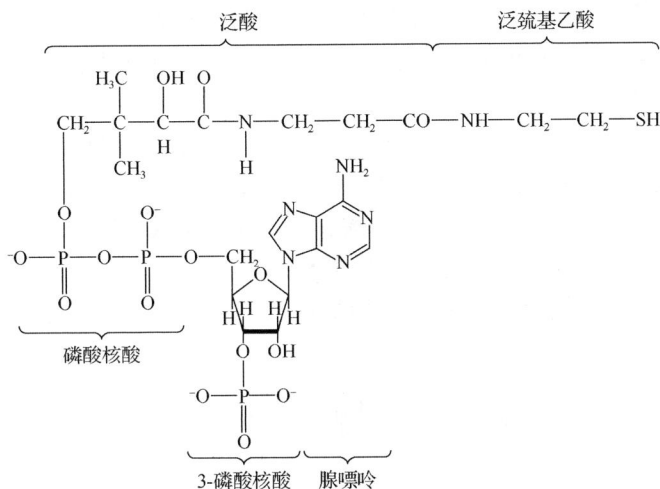

图 5-7 辅酶 A 的结构式

（四）功能

在体内辅酶 A 及 ACP 构成酰基转移酶的辅酶，辅酶 A 的主要功能是作为酰基的载体，在代谢过程中参与酰基的运载。ACP 参与脂肪酸的合成代谢。因此，泛酸与糖、脂类及蛋白质代谢都有密切关系。体内有 70 多种酶需要辅酶 A 及 ACP 参与。

（五）缺乏及过量摄取的影响

成人每天有 5～10 mg 的泛酸即基本满足需要。一般膳食的泛酸含量相当丰富，故人典型的泛酸缺乏症尚未发现，但是在治疗其他维生素 B 缺乏病时，若同时给予适量泛酸，则常可提高疗效。

机体的泛酸有大部分（约 70%）可不经改变经尿排出，小部分随粪便排出。

四、维生素 PP 和辅酶 I、辅酶 II

维生素 PP 过去称抗癞皮病维生素，是烟酸（nicotinic acid）及烟酰胺（nicotinamide）的总称。医疗及营养上多用烟酰胺，国际生化名词委员会采用烟酰胺为维生素 PP 的化学名。

（一）维生素 PP 的食物来源

烟酸和烟酰胺分布都很广，以酵母、肝、瘦肉、牛乳、花生、黄豆等含量较多；谷类皮层及胚芽中含量也丰富，动物肠内有的细菌可从色氨酸合成烟酸和烟酰胺。

（二）结构

烟酸和烟酰胺皆为吡啶衍生物。烟酸为吡啶-3-羧酸，烟酰胺为烟酸的酰胺，两者在体内可相互转化，它们的结构式如图 5-8 所示。

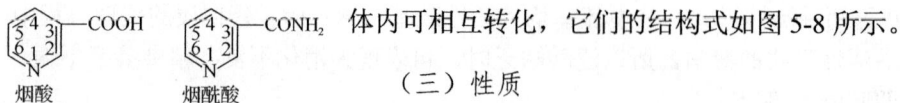

图 5-8 烟酸和烟酰胺的结构式

（三）性质

烟酸和烟酰胺皆为无色晶体，是维生素属较稳定的，不被光、空气及热破坏，对碱液很稳定。烟酸和烟酰胺溶于水及乙醇。

烟酸和烟酰胺的吡啶环上 C4 和 C5 间的双键可被还原，因此有氧化型和还原型。

烟酰胺在生物体中可与磷酸核糖焦磷酸结合，转化为烟酰胺腺嘌呤二核苷酸 [nicotinamide adenine dinucleotide，NAD^+，又称辅酶 I（coenzyme I）]，后者再被 ATP 磷酸化，即产生烟酰胺腺嘌呤二核苷酸磷酸 [nicotinamide adenine dinucleotidephosphate，$NADP^+$，又称辅酶 II（coenzyme II）]，如图 5-9 所示。

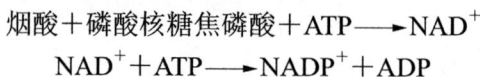

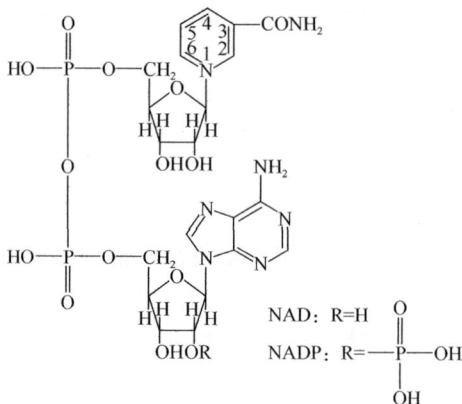

$$烟酸＋磷酸核糖焦磷酸＋ATP \longrightarrow NAD^+$$

$$NAD^+＋ATP \longrightarrow NADP^+＋ADP$$

NAD: R=H

NADP: R=$\begin{matrix} O \\ \| \\ -P-OH \\ | \\ OH \end{matrix}$

图 5-9 辅酶 I（NAD^+）和辅酶 II（$NADP^+$）

NAD^+ 与 $NADP^+$ 皆是脱氢酶的辅酶。例如，乳酸脱氢酶和乙醇脱氢酶以 NAD^+ 为辅酶，6-磷酸葡萄糖脱氢酶和 6-磷酸葡萄糖酸脱氢酶以 $NADP^+$ 为辅酶。这些脱氢酶催化脱氢反应时，在 NAD^+ 或 $NADP^+$ 中，烟酰胺上的吡啶环是接受氢和电子的部位，在还原反应中也是脱去氢和电子的部位，其过程如图 5-10 所示。

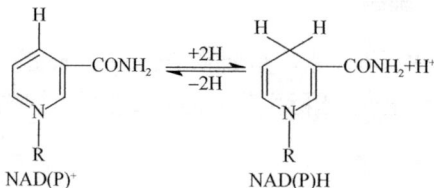

图 5-10 NAD（P）$^+$ 在参与催化脱氢反应时的变化

从底物脱下的两个氢原子，其中一个 H^+ 和两个电子转给 NAD^+ 的吡啶环，使氮原子由五价变成三价，同时，环上的 C5 接受一个氢原子，成为还原型的 NAD（P）H，另一个 H^+ 则释放至环境中。

（四）功能

烟酸和烟酰胺有下列几种生理作用。

1）作为辅酶成分参加代谢。烟酰胺是 NAD^+ 及 $NADP^+$ 的主要成分，而 NAD^+ 和 $NADP^+$ 作为一类脱氢酶的辅酶，是生物氧化过程中不可缺少的递氢体。

2）维持神经组织的健康。烟酰胺对中枢神经及交感神经系统有维护作用，缺乏烟酸或烟酰胺的任何动物，常产生神经损伤和精神紊乱。注射含烟酰胺的辅酶如 NAD^+ 无效，但是注射烟酸或烟酰胺则有效，这提示烟酸和烟酰胺的生理功能，不仅是作为辅酶参加代谢，还可能有其他作用。

3）盐酸和烟酰胺可促进微生物（如乳酸菌、白喉杆菌、痢疾杆菌等）生长。

（五）缺乏的影响

膳食中长期缺少维生素 PP 所引起的疾病称为对称性皮炎，又称癞皮病。癞皮病患者的中枢神经及交感神经系统、皮肤、胃、肠等皆受不良影响。

烟酸和烟酰胺可部分由尿排出，大部分在体内转化为其他物质，大剂量（3～8 g/d）可损伤肝脏。

五、维生素 B_3 和磷酸吡哆醛

维生素 B_3 又名吡哆素，包括吡哆醇、吡哆醛和吡哆胺 3 种化合物，1936 年才肯定维生素 B_3 的名称。

（一）维生素 B_3 和磷酸吡哆醛的食物来源

维生素 B_3 的分布较广，酵母、肝、谷粒、肉、鱼、蛋、豆类及花生中含量都较多。动物组织中多以吡哆醛和吡哆胺的形式存在，植物组织中多以吡哆醛的形式存在。某些动植物和微生物能合成维生素 B_3。

（二）结构

3 种维生素 B_3 皆为吡啶的衍生物，在体内可以相互转化，其活性形式是 3 种化合物的磷酸酯，活性较强的为磷酸吡哆醛或磷酸吡哆胺。其结构式如图 5-11 所示。

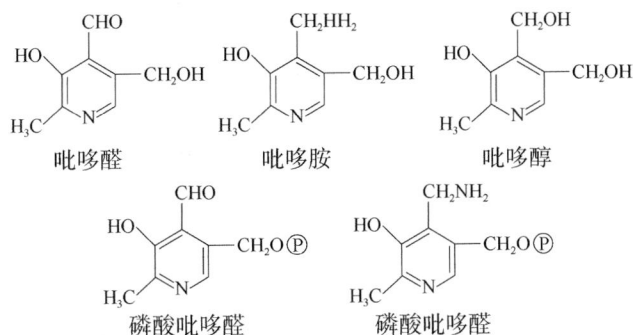

图 5-11　吡哆醇、吡哆胺、吡哆醛及磷酸吡哆醛的结构式

（三）性质

维生素 B_3 为无色晶体，易溶于水及乙醇，在酸性溶液中较稳定，而在碱液中易被光破坏，在空气中也稳定。吡哆醇耐热，吡哆醛和吡哆胺不耐高温。

其活性形式磷酸吡哆醛和磷酸吡哆胺，主要在体内作为转氨酶的辅酶，参与机体内的转氨作用。

（四）功能

维生素 B_3 的功能主要是经磷酸化作用形成磷酸吡哆醛和磷酸吡哆胺，作为氨基酸转氨酶、氨基酸脱羧酶和氨基酸消旋酶的辅酶参与氨基酸的转氨、脱羧和内消旋反应，还参与色氨酸代谢、含硫氨基酸的脱硫、羟基氨基酸的代谢和氨基酸的脱水等反应。不饱和脂肪酸的代谢也需要维生素 B_3。在转氨反应中，磷酸吡哆醛在转氨酶的存在下，先接受氨基酸的氨基变为磷酸吡哆胺，再将所携带的氨基转给另一酮酸，使之变为一新的氨基酸，在转氨过程中起载运氨基的作用。

维生素 B_3 也是微生物（如酵母、乳酸菌等）生长所必需的。

（五）缺乏的影响

长期缺乏维生素 B_3 会导致皮肤、中枢神经系统和造血机构的损伤，如人体严重缺乏维生素 B_3 会产生抑郁、精神紊乱、血色素降低、白细胞类型反常、皮脂溢出、舌炎、口炎和鼻炎等。

六、生物素与辅酶 R

生物素（biotin）又称维生素 H、辅酶 R（coenzyme R）等。

（一）生物素与辅酶 R 的食物来源

生物素分布于动植物组织中，一部分游离存在，大部分同蛋白质结合，卵清的抗生物蛋白就是与生物素结合的。许多生物都能自身合成生物素，牛、羊的合成力最强，人体肠道中的细菌也能合成部分生物素。

（二）结构

生物素为含硫维生素，其结构可视为由尿素与硫戊烷环结合而成，并有一个 C_5 酸支链。生物素在体内是作为羧化酶的辅基起作用的。在生物素分子侧链中，戊酸的羧基与酶蛋白分子中赖氨酸残基上的 ε-氨基通过酰胺键牢固结合，形成羧基生物素-酶复合物，可将活化了的羧基再转给酶的相应底物。生物素的结构如图 5-12 所示。

（三）性质

生物素为无色的长针状结晶，溶于热水而不溶于乙醇、乙醚及氯仿，常温下相当稳定，但高温和氧化剂可使其丧失生理活性。

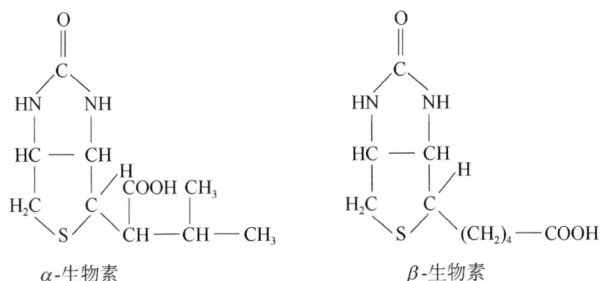

图 5-12　生物素的结构

（四）功能

生物素是多种羧化酶的辅酶，体内重要的羧化酶有乙酰辅酶 A 羧化酶、丙酰辅酶 A 羧化酶、丙酮酸羧化酶等。它们对糖、脂肪、蛋白质和核酸代谢有重要意义。生物素在 CO_2 固定反应中起着重要作用。第一步是 CO_2 与生物素结合，第二步是将生物素结合的 CO_2 转给适当的受体，起 CO_2 载体的作用。

（五）缺乏的影响

生物素来源广泛，人体肠道细菌也能合成，所以罕见人体缺乏。新鲜鸡蛋中有一种抗生物蛋白，它能与生物素结合而抑制其吸收。蛋清经加热处理，这种抗生物素蛋白被破坏，也就不再妨碍生物素的吸收。长期使用抗生素可抑制肠道细菌生长，也可造成生物素的缺乏。其症状是疲乏、食欲不振、恶心呕吐、苍白、贫血、肌痛及皮屑性皮炎。若此时给予生物素，上述症状可全部消失或显著改善。

七、叶酸和叶酸辅酶

叶酸（folic acid）即维生素 B_1。在 1926 年，就有生化工作者注意到叶酸是微生物和某些高等动物营养必需的因素，1941 年其被分离提纯并定名为叶酸（因存在于叶片中），1948 年叶酸的分子结构才完全确定并已人工合成。

（一）叶酸和叶酸辅酶的食物来源

叶酸分布较广，绿叶、肝、肾、菜花、酵母中含量较多，其次为牛肉、麦粒。

（二）结构

叶酸分子由 2-氨基-4-羟基-6-甲基蝶呤啶（pteridine）、对氨基苯甲酸与 L-谷氨酸连接而成，又称蝶酰谷氨酸，其结构式如图 5-13 所示。

（三）性质

叶酸为鲜黄色物质，微溶于水，在水溶液中易被光破坏。

叶酸的 5，6，7，8 位置，在 NAD（P）H 和 H^+ 存在下，可被还原成四氢叶酸（FH4

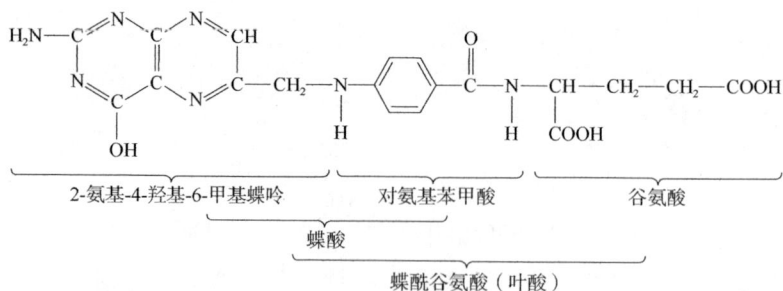

图 5-13　叶酸的结构式

或 THFA），如图 5-14 所示。四氢叶酸的 N5 或 N10 位可与多种一碳单位结合作为它们的载体。例如，四氢叶酸的 N5 或 N10 位都可接受甲酰基（—CHO）而形成 N5—甲酰四氢叶酸，或 N10—甲酰四氢叶酸，N5 或 N10 位也可共同与某些一碳单位（如—CH—或 CH_2—）结合。

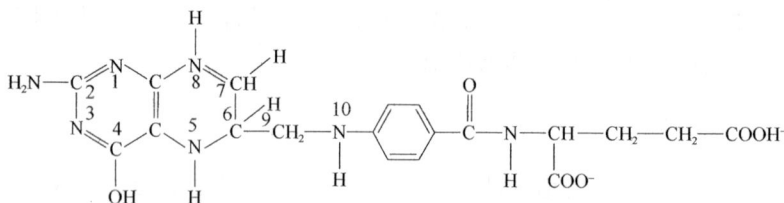

图 5-14　5,6,7,8-四氢叶酸（FH4 或 THFA）

在适当条件下，THFA 与一碳单位结合的结合体又可将其所载运的一碳单位转给其他适当受体，供合成新的物质，发挥它在代谢中的作用。

（四）功能

叶酸的重要生理功能是作为一碳化合物的载体参加代谢，具体功能如下。

叶酸的衍生物四氢叶酸以辅酶形式为一碳单位（包括甲酸基、甲醛和甲基）的载体，对甲基的转移、甲酸基及甲醛的利用都有重要作用。

机体合成腺嘌呤核苷酸时，其嘌呤核的 C2 和 C8 都需要从四氢叶酸（以甲酰-FH_4 形式）引入；胸腺嘧啶生物合成反应中，C5 的甲基及肌苷酸的生物合成都需要四氢叶酸参加。

丝氨酸与甘氨酸的互变、谷氨酸和胆碱的生物合成及高胱氨酸转化为蛋氨酸也都需要四氢叶酸。

四氢叶酸对甲酸酯的产生和利用也有重要作用。由于嘌呤与胸腺嘧啶直接为核苷酸，间接为有关核酸的组成成分，而甲硫氨酸、丝氨酸、谷氨酸等又为蛋白质的成分，不难设想叶酸在核酸的生物合成和蛋白质的生物合成过程中的重要性了。

叶酸还是许多生物及微生物生长所必需的营养成分，这显然是因为四氢叶酸具有能促进蛋白质的生物合成的作用。

（五）缺乏的影响

当体内缺乏叶酸时，一碳基团的转移发生障碍，核苷酸特别是胸腺嘧啶脱氧核苷酸的合成减少。幼红细胞可因分裂障碍而使细胞增大，但是却不具备运氧功能，造成巨幼红细胞性贫血。

人类肠道细菌能合成叶酸，故一般不发生缺乏症。但是当吸收不良、代谢失常或组织需要过多，以及长期使用肠道抑菌药物或叶酸拮抗药等时，则可造成叶酸缺乏。口服避孕药或抗惊厥药物能干扰叶酸的吸收及代谢，如果长期服用此类药物，则应考虑补充叶酸。

孕妇因细胞分离增殖快，代谢旺盛，若缺乏叶酸，将造成胎儿先天性缺陷和易流产等。孕妇和乳母更应补充叶酸。

膳食中需要有适量的叶酸才能维持健康，成人每日需要 200 μg 游离叶酸，儿童需要 100 μg，婴儿需要 50 μg，孕妇需要 400 μg。

八、维生素 B_{12} 和 B_{12} 辅酶

维生素 B_{12} 是含钴的化合物，故又称钴维素或钴胺素（cobalamins 或 cobamide），一般所称的维生素 B_{12} 是指分子中钴同氰（CN）结合的氰钴胺素。维生素 B_{12} 是多年医治恶性贫血症（即巨初红细胞症）发现的。最初发现服用全肝可控制恶性贫血症状，经 20 年的研究，到 1948 年才从肝脏中分离出一种具有控制恶性贫血效果的红色晶体物质，命名为维生素 B_{12}。

（一）维生素 B_{12} 和 B_{12} 辅酶的食物来源

肝脏为维生素 B_{12} 的最好来源，其次为奶、肉、蛋、鱼、蚌、心、肾等，植物不含维生素 B_{12}。天然维生素 B_{12} 是与蛋白质结合存在的，在吸收前，需经加热或蛋白水解酶分解成自由型才能被吸收。

在自然界只有微生物能合成维生素 B_{12}，动物组织中的维生素 B_{12} 部分从食物中得来，部分是肠道中的微生物合成的，如牛、羊肠道细菌就能合成维生素 B_{12}。

（二）结构

维生素 B_{12} 是含三价钴的多环系化合物，1973 年完成了人工合成，其结构式如图 5-15 所示。

维生素 B_{12} 结构复杂，在钴原子上可结合不同的 R 基团，故其在体内有氰钴胺素、羟钴胺素、甲钴胺素和 5'-脱氧腺苷钴胺素几种形式。后两种是维生素也是血液中存在的主要形式。

（三）性质

维生素 B_{12} 为深红色晶体，溶于水、乙醇和丙酮，不溶于氯仿。其晶体及水溶液都相当稳定，但酸、碱、日光、氧化和还原都可使之破坏。

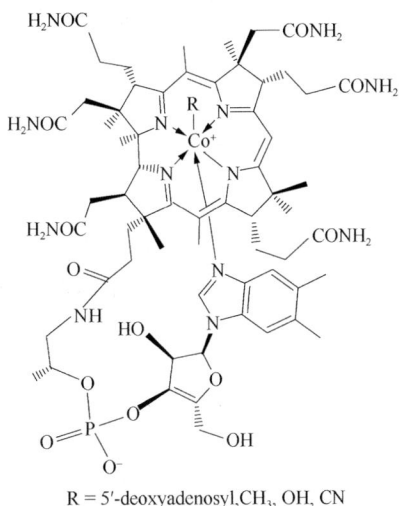

R = 5'-deoxyadenosyl, CH$_3$, OH, CN

图 5-15 维生素 B_{12} 的结构式

（四）功能

维生素 B_{12} 对维持正常生长和营养、上皮组织细胞的正常和红细胞的产生等都有极其重要的作用。机体中凡有核蛋白合成的地方，都需要维生素 B_{12} 参加。

维生素 B_{12} 各种功能的作用机制是以辅酶形式参加各种代谢作用，甲钴胺素和 $5'$-脱氧腺苷钴胺素是维生素 B_{12} 在体内的主要存在形式。其中甲钴胺素是维生素 B_{12} 转运甲基的形式，而 $5'$-脱氧腺苷钴胺素作为辅酶参加多种重要的代谢反应，故又称为辅酶 B_{12}（$Co B_{12}$）。

$5'$-脱氧腺苷钴胺素能促进某些化合物的异构作用：在丙酸代谢中能辅助甲基丙二酰异构酶（或变位酶）催化甲基丙二酰辅酶 A 转变为琥珀酰辅酶 A 的反应，丙二酸与饱和脂酸的生物合成和奇数脂酸的氧化都有关，而琥珀酰辅酶 A 是糖分解代谢过程中的中间产物，这样维生素 B_{12} 就同糖和脂的代谢联系起来了。

甲基钴胺素能促进甲基转移作用：甲基钴胺素作为甲基载体参加甲硫氨酸、胸腺嘧啶（可能还有胆碱）的生物合成，间接参与核酸、蛋白质和磷酸（包括磷脂酰胆碱、鞘磷脂）的生物合成。在合成甲硫氨酸和胸苷酸的过程中，叶酸辅酶的作用都需要维生素 B_{12} 的协作。

维生素 B_{12} 能促进核酸（DNA 为红细胞核的主要成分）和蛋白的生物合成，还能促进造血机构的正常运转，其促进红细胞发生和成熟的效力比叶酸大 $20\sim50$ 倍。

（五）缺乏的影响

缺乏维生素 B_{12} 的患者，大多数不是因为从食物中摄取的量不足，而是胃黏膜不能分泌（或分泌不足）一种作为维生素 B_{12} 载体的糖蛋白。缺乏维生素 B_{12} 会导致儿童及幼龄动物发育不良；消化管上皮组织细胞失常，进一步妨碍维生素 B_{12} 的吸收；核酸合成障碍影响细胞分裂，结果产生巨幼红细胞贫血，即恶性贫血。

九、维生素 C

（一）化学本质及性质

维生素 C 具有防止坏血病的功能，故又称为抗坏血酸。维生素 C 为无色或白色结晶，易溶于水，微溶于乙醇和甘油，不溶于有机溶剂。

维生素 C 是含有 6 个碳原子的多羟基化合物，以内酯的形式存在。在 C2 及 C3 位上，两个烯醇式羟基的氢可电离，故具有有机酸的性质。维生素 C 具有很强的还原性，所以极易被氧化剂破坏，在中性或碱性溶液中或加热（如核黄素）存在时更易被氧化。因此，维生素 C 在体内氧化还原过程中起着重要的作用。

维生素 C 释放出两个氢原子后即变为氧化性维生素 C（脱氢抗坏血酸）。在一定条件下遇有供氢体（如还原性谷胱甘肽及半胱氨酸等）时，脱氢维生素 C 还可以再接受两个氢原子复变为维生素 C。所以脱氢维生素 C 仍具有维生素 C 的生理活性；但是若继续被氧化，则失去活性。维生素 C 的氧化过程如图 5-16 所示。

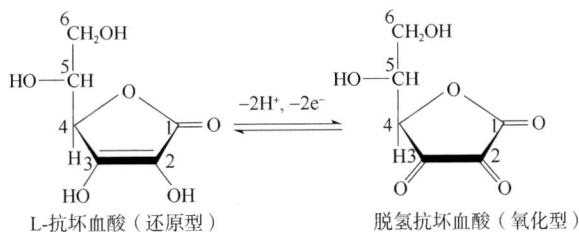

图 5-16　维生素 C 的氧化过程

（二）维生素 C 的食物来源

维生素 C 广泛存在于新鲜水果及绿叶蔬菜中，尤以猕猴桃、山楂、橘子、鲜枣、番茄、辣椒等含量丰富。松针含维生素 C 极为丰富，新鲜松针汁很早就用于防止坏血病。人类、猿猴及豚鼠均不能自身合成维生素 C，也不易储存，故需要经常从食物中补充。植物组织中含有抗坏血酸氧化酶，能使新鲜食物中维生素 C 氧化而失活。因此，食物中所含的维生素 C 常在干燥、久存和磨碎过程中遭到破坏。各种干菜中几乎不含维生素 C，但种子一经发芽，便合成维生素 C。因此各种豆芽菜类也是维生素 C 的极好来源。

（三）生化功能及缺乏症

近年来，维生素 C 的生化功能及在生命活动过程中的重要作用越来越引起人们的重视。现将其功能概述如下。

1. 参与体内的羟化作用

代谢物的羟基化是生物的一种氧化方式，而维生素 C 在羟基化过程中起着必不可少的辅助因子的作用。

胶原的合成：胶原蛋白是体内结缔组织、骨、毛细血管及细胞间质的重要构成成分。羟脯氨酸和羟赖氨酸为胶原蛋白所特有，其合成分别是在胶原脯氨酸羟化酶和胶原赖氨酸羟化酶的作用下，由脯氨酸和赖氨酸羟化而成的。维生素 C 是这两种酶的辅助因子。缺乏维生素 C 可造成胶原蛋白合成障碍，细胞间隙增大，影响结缔组织的坚韧性，导致毛细血管通透性增加，易破裂出血，牙齿易松动，骨骼脆弱易折断，创伤时伤口不易愈合。这就是典型的坏血病症状。

参与胆固醇的转化：肝细胞能使胆固醇羟化生成 7-α-羟胆固醇，它是形成胆汁酸的重要中间代谢产物。维生素 C 是催化胆固醇羟化反应的 7-α-羟化酶的辅酶。因而，维生素 C 缺乏时，血浆胆固醇增高，肝中胆固醇蓄积，胆汁酸分泌减少。

参与芳香族氨基酸代谢：在苯丙氨酸转变为酪氨酸，酪氨酸转变为对羟苯丙酮酸，经氧化等步骤转变为尿黑酸时，均需维生素 C 参与。所以，当维生素 C 缺乏时将导致苯丙酮酸尿症等。

2. 参与体内的氧化还原反应

维生素 C 既可以以还原型存在，又可以以氧化型存在，作为递氢体，参与体内许多氧化还原反应。

保护巯基：巯基酶在体内发挥催化作用时需要游离的巯基，而维生素C能使酶分子中巯基维持在还原状态，从而使酶保持活性，如维生素C在谷胱甘肽还原酶作用下，促使氧化型谷胱甘肽（GSSG）还原为还原型谷胱甘肽（GSH），如图5-17所示。不饱和脂肪酸易被氧化成过氧化脂质，后者可使各种细胞膜，尤其是溶酶体膜破裂，释放出各种水解酶类，致使组织自溶，造成严重后果。GSH还能还原细胞膜过氧化脂质，从而起到保护细胞膜的作用。

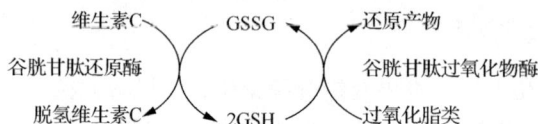

图5-17　维生素C保护巯基的作用

在工业上或药物中，有些重金属离子，如Pb^{2+}、Hg^{2+}、Cd^{2+}等进入人体后，快速给予大量的维生素C往往可缓解其毒性。有人认为，重金属离子能与人体内含巯基的酶类相结合而使其失去活性，致使人体代谢发生障碍而中毒。维生素C能使体内的GSSG还原成GSH，GSH可与重金属离子结合排出体外。故维生素C能保护酶的活性巯基，具有解毒作用。

此外，维生素C在机体内自由基产生和清除过程中，还起着重要作用。维生素C通过还原维生素E，恢复维生素E的抗氧化作用，间接起到抗氧化剂的作用，还能保护维生素A及维生素B免遭氧化。

3. 在抗病毒、抗肿瘤方面的作用

经研究发现，感冒时白细胞中维生素C水平降低，因此有人提出维生素C能防止感冒。亚硝胺能诱发细胞癌变，而维生素C能与食物中的亚硝酸起作用，阻止亚硝胺的合成，但不能阻断体内亚硝胺的致癌作用。

长期大量服用维生素C可引起某些副作用，主要表现为尿中草酸含量显著增加，易发生尿路的草酸盐结石，还可导致一些妇女的生育能力降低，以及影响胚胎的发育。

任务三　脂溶性维生素

常见的脂溶性维生素包括维生素A、维生素D、维生素E、维生素K等。它们的共同特点是：不溶于水，而易溶于脂肪及有机溶剂，在食物中常与脂类共存，在肠道吸收时需要胆汁的帮助。当脂类吸收不良时，其吸收也相应减少，甚至出现缺乏症。吸收后的脂溶性维生素主要是在肝中储存。如摄入过多，对身体有许多不良影响，甚至出现中毒症状。

一、维生素A

（一）化学本质及性质

人和动物缺乏维生素A时可导致干眼病，故维生素A又称抗干眼病维生素，它是具有脂环的不饱和一元醇类，包括维生素 A_1 和维生素 A_2 两种（图 5-18）。维生素 A_1（视黄醇）存在于哺乳动物及咸水鱼的肝脏中，维生素 A_2（3-脱氢视黄醇）存在于淡水鱼的肝脏中。维生素 A_2 比维生素 A_1 在环上多一个双键，其活性只有维生素 A_1 的一半。

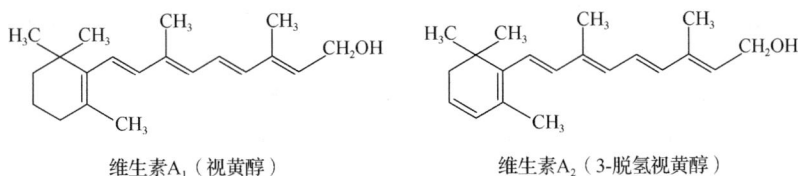

维生素A_1（视黄醇）　　　　　　　维生素A_2（3-脱氢视黄醇）

图 5-18　维生素 A 的结构式

视黄醇可被氧化成视黄醛，后者可被进一步氧化成视黄酸，生物体内的维生素 A 是以这 3 种形式转化来发挥生化功能的。维生素 A 的侧链有 4 个双键，可形成多种顺、反异构体。视黄醛中最重要的为全反视黄醛及 11-顺视黄醛。

维生素 A 的化学性质活泼，易被空气氧化而失去生理作用；紫外线照射可使之破坏，维生素 A 的制剂应避光储存；一般的烹调方法不会破坏食物中的维生素 A。

（二）维生素 A 的食物来源

维生素 A 主要来自动物性制品，以肝脏、乳制品及蛋黄中含量最多。植物性食物如胡萝卜、红辣椒、菠菜和荠菜等蔬菜及玉米中含有较多的 β-胡萝卜素，其结构与维生素 A 相似，但不具有生物活性。β-胡萝卜素可被小肠黏膜的加氧酶从其碳链中间断开，理论上能生成两分子的视黄醇。其变化如图 5-19 所示。因此，β-胡萝卜素也称为维生素 A 原。肝脏是储存维生素 A 的主要场所。

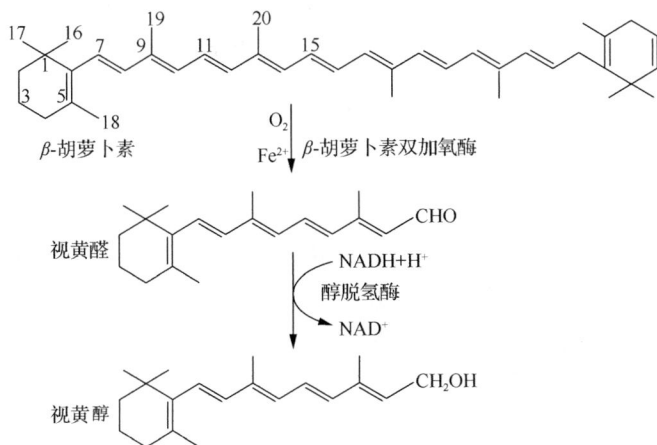

β-胡萝卜素

O_2
Fe^{2+}　β-胡萝卜素双加氧酶

视黄醛

NADH+H^+
醇脱氢酶
NAD^+

视黄醇

图 5-19　β-胡萝卜素的氧化

（三）生化功能与缺乏症

1. 构成视觉细胞内感光物质的成分

人们看东西和感受光亮，主要靠视网膜。视网膜含有两种感光细胞：一种是杆状细胞，主要感受暗光；一种是圆锥细胞，主要感受强光。人们之所以对强弱光线敏感，是因为感光细胞都含有特殊的视色素。视色素由维生素 A 和视蛋白组成，在杆状细胞内形成视紫红质，在圆锥细胞内形成视红质、视青质和视蓝质。

杆状细胞在暗光下由于视紫红质的存在而产生暗视觉。视紫红质是由视蛋白与 11-顺视黄醛构成的。当视紫红质感光时，视色素中的 11-视黄醛发生异构作用，转变为全反视黄醛，并与视蛋白分离而失色。这一光异构变化的同时可引起杆状细胞膜电位变化，并激发神经冲动，经传导到大脑后产生视觉。视网膜内经上述过程产生全反视黄醛，虽少部分可经异构酶作用缓慢地重新异构化成为 11-顺视黄醛，但大部分被还原成全反视黄醇，经血流至肝变成 11-顺视黄醛，这样才能和视蛋白结合重新合成视紫红质。此即视紫红质的再生循环，如图 5-20 所示，其他视色素的感光过程与视紫红质的相同。

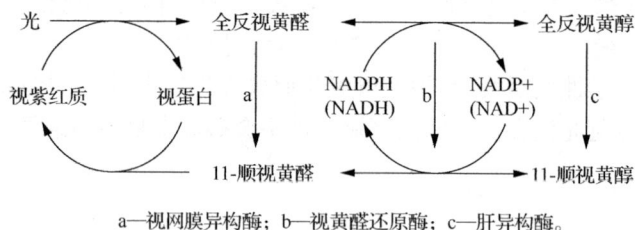

a—视网膜异构酶；b—视黄醛还原酶；c—肝异构酶。

图 5-20　视紫红质的合成、分解与视黄醛的关系

人们从强光中进入暗处，起初看不清物体，但如较长时间停留在暗处，视紫红质的合成增多，使杆状细胞内视紫红质含量逐步增加，对弱光刺激的敏感性加强，便能看清物体，这一过程称为暗适应。由图 5-20 还可以看出，视网膜杆状细胞合成视紫红质需要维生素 A，而视紫红质又是视觉细胞内的感光物质，当维生素 A 缺乏或不足时，便会引起视紫红质再生缓慢，从而使暗适应机能减退，出现夜盲症等眼疾。

2. 促进生长发育和维持上皮组织结构的完整性

人体缺乏维生素 A 时，生长停滞、生殖功能衰退、骨骼生长不良、上皮组织干燥、增生及角化，其中以眼、呼吸道、尿道及生殖系统等的上皮受影响最为显著。由于上皮组织的不健全，机体抵抗微生物侵袭的能力降低，易感染疾病。当泪腺上皮组织不健全时，眼泪分泌减少或停止，易导致干眼病。

维生素 A 是维持一些上皮组织健全所必需的物质，这与它参与糖蛋白的合成有关。

另外，维生素 A 还参与类固醇的合成。当缺乏维生素 A 时，肾上腺、性腺及胎盘中的类固醇激素合成降低，从而影响生长、发育和繁殖。

3. 有一定的抗癌、防癌作用

流行病学调查表明，维生素 A 的摄入与癌症的发生概率呈负相关。动物实验也表明，摄入维生素 A 可减轻致癌物质的作用。目前认为，维生素 A 有抑制癌变、促进癌细胞自溶等作用，可用来防癌、抗癌。

但长期摄入过多维生素 A，在体内积累会引起慢性中毒。一般表现是头疼、脱发、

皮肤干燥挠痒、肝肾及关节疼痛。多数患者在停用维生素 A 制剂后可康复，只有少数患者发生肝、运动器官及视觉的永久性损伤。

二、维生素 D

（一）化学本质及性质

维生素 D 又称抗软骨病维生素或抗佝偻病维生素，为类固醇衍生物，在自然界主要有维生素 D_2 及维生素 D_3 两种。两者的结构十分相似，维生素 D_2 比维生素 D_3 多一个甲基及一个双键，如图 5-21 所示。

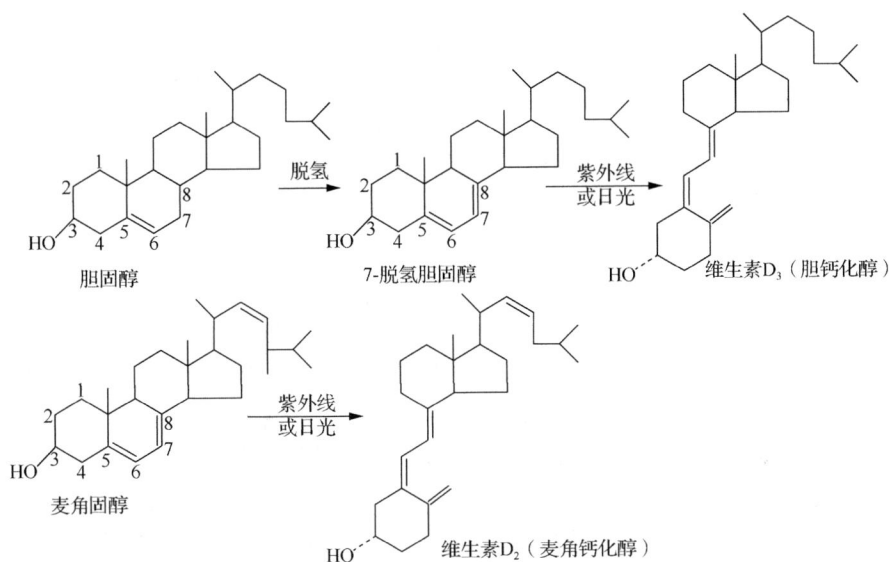

图 5-21　维生素 D 的结构式及转化方式

维生素 D_2 及维生素 D_3 皆为无色晶体，性质较稳定，耐热，对氧、酸及碱均较稳定，不易被破坏。

（二）维生素 D 的食物来源

植物体内不含维生素 D 只有动物体内才含有，鱼肝油中的维生素 D 含量最丰富；蛋黄、牛奶、肝、肾、脑、皮肤组织都含有维生素 D。动植物组织含有可以转化为维生素 D 的固醇类物质，称为维生素 D 原。其经紫外光照射可变为维生素 D。

自然界存在的维生素 D 原至少有 10 种。在人及动物体内（皮下组织、血液及许多其他组织中），胆固醇经脱氢转变成 7-脱氢胆固醇，并储存于皮下，在日光及紫外线作用下进一步转变为胆钙化醇，即维生素 D_3。因此，称 7-脱氢胆固醇为维生素 D_3 原。植物油或酵母所含的麦角固醇虽不能被人体吸收，但经日光或紫外线照射后可转变为能被人体吸收的麦角钙化醇，即维生素 D_2。因此，麦角固醇也称为维生素 D 原。所以，一般人只要充分接受阳光的照射，就完全可以满足人体对维生素 D 的生理需要。

179

（三）生化功能及缺乏症

维生素 D_3 在体内的转化形式如图 5-22 所示。胆钙化醇在肝细胞微粒体内经 25-羟化酶作用转化为 25-羟胆钙化醇（25-OH-Vit D_3）后初步具有活性。25-OH-Vit D_3 进一步在肾脏近曲小管上皮细胞线粒体中经 1-α-羟化酶羟化后，生成 1,25-二羟胆钙化醇 [1,25-$(OH)_2$-Vit D_3] 后，其活性较维生素 D_5 高 50%。1,25-二羟胆钙化醇再经血液循环到达它的靶组织——小肠和骨骼，发挥其作用。

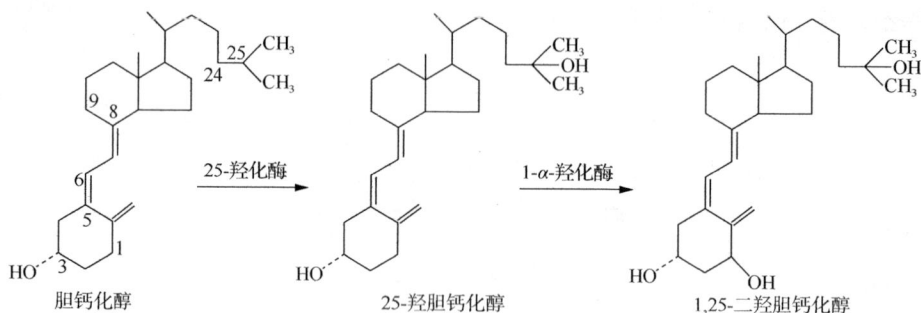

图 5-22　维生素 D_3

现已证明，1,25-二羟胆钙化醇才是维生素 D 在体内的活性形式，它不是典型的维生素，而是一种肾脏产生的激素，因此，维生素 D 还是一种激素原。

维生素 D 的主要功用是调节钙、磷代谢，维持血液钙、磷浓度正常，从而促进钙化，使牙齿、骨骼正常发育。

血浆中的钙离子还有促进血液凝固及维持神经肌肉正常敏感性的作用。缺乏钙质的人和动物，血液不易凝固，神经易受刺激。维生素 D 能保持血钙的正常含量，间接有防止失血和保护神经肌肉系统的功用。

维生素 D 之所以能促进钙化，主要是因为其能促进钙、磷在肠内的吸收。当血浆磷酸离子及钙离子浓度的乘积超过溶度积常数时，即产生磷酸钙沉积的钙化现象。维生素 D 促进钙质吸收的作用机制现已有所阐明。一些实验数据表明，钙质的吸收首先要同小肠黏膜细胞的一种蛋白质结合，才能通过小肠黏膜细胞被转运到血液，这种蛋白质称为钙结合蛋白，也就是钙质的载体。钙调蛋白（calmodulin）是重要的钙结合蛋白。维生素 D 能通过对 RNA 的影响诱导钙的载体蛋白质生物合成，故能促进钙的吸收。

人体每日必须从食物中摄取适量的维生素 D 才能维持正常发育和健康。成人每天对维生素 D 的最低需要量为 5000 国际单位，婴儿每日为 400 国际单位。摄入过多或过少都会导致疾病。

儿童对维生素 D 摄入不足，不能维持体内钙平衡，会导致骨骼发育不良，严重时还会引发佝偻病。患者骨质软弱，膝关节发育不全，两腿形成内曲线或外曲畸形。成人则产生骨骼脱钙作用（即骨内钙质脱出进入血液的现象）；孕妇和哺乳期妇女的脱钙作用严重时，导致骨质疏松症，患者骨骼易折，牙齿易脱落。人体缺乏维生素 D 血钙含量都较正常水平低，钙、磷的保流量也小。对于因缺乏维生素 D 引起的疾病，只有增加维生素 D 的摄入量才能痊愈。

维生素 D 因不易代谢，机体只能从胆汁排出一部分过多的维生素 D，故摄入过量会呈毒性，早期会出现乏力、疲倦、恶心、头疼、腹泻等症状。较严重时可引起软组织（包括血管、心肌、肺、肾、皮肤等）的钙化，诱发重大疾病。

三、维生素 E

维生素 E 又称抗不孕维生素或生育酚（tocopherol）。自然界存在的具有维生素 E 作用的物质已发现 8 种，分别为 α-生育酚、β-生育酚、γ-生育酚、δ-生育酚和 α-生育酚、β-生育酚、γ-生育酚、δ-生育三烯酚。

（一）化学本质及性质

维生素 E 属于酚类化合物，是 6-羟苯并二氢吡喃的衍生物，有一个相同的支链（$C_{16}H_{33}$），各种生育酚均有相同的基本结构，如图 5-23 所示。

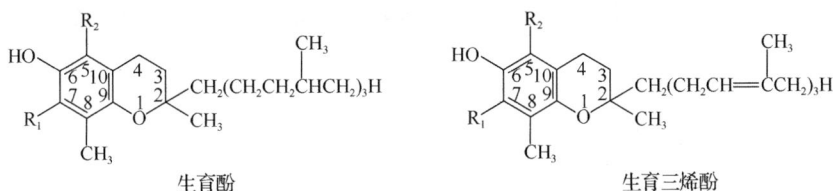

图 5-23 生育酚和生育三烯酚的基本结构

维生素 E 为微黄色或黄色透明的黏稠液体，无臭，遇光色泽变深，在无氧条件下对热稳定，对氧十分敏感，极易被氧化，接触空气或紫外线则缓慢氧化变质。

维生素 E 极易被氧化，有首先代替其他物质被氧化的作用，故可用作抗氧化剂。通常在浓缩鱼肝油中少量加入含有 α-生育酚的麦胚油就可保护鱼肝油中的维生素 A 不被氧化。

（二）维生素 E 的食物来源

维生素 E 摄入来源甚广，以动植物油为主，尤其是麦胚油、玉米油、花生油及棉籽油中的含量较高。麦芽、杏仁、香蕉、牡蛎、蜂蜜、鲜橘、胡萝卜、鸡蛋、牛奶、豆类及蔬菜的含量也颇丰富。植物可以通过绿叶自己合成维生素 E，动物不能。动物组织如奶、蛋中的维生素 E 都是动物从食物中取得的。

（三）生化功能与缺乏症

1. 维生素 E 与生殖功能

通过动物实验发现，动物缺乏维生素 E 时，其生殖器官受损而不育。雄鼠缺乏时，睾丸萎缩，不产生精子；雌鼠缺乏时，胚胎及胎盘萎缩而被吸收，引起流产。但在人类中尚未发现因维生素 E 缺乏而引起的不育症。维生素具有改善血液循环、促进卵巢机能的作用，临床上常用它来治疗先兆性流产及习惯性流产、不育症等。

2. 维生素E是机体内重要的抗氧化剂并具有抗衰老作用

不饱和脂肪酸在机体内的主要功能是作为各种生物膜的主要成分和前列腺素合成原料。体内代谢过程中产生的自由基可使膜不饱和脂肪酸形成过氧化脂质，破坏细胞膜的结构及功能，形成脂褐素，并且使蛋白质变性和产生交联，使酶及激素失活，机体免疫力下降，导致代谢异常，促使机体衰老。

人和动物机体存在一系列防御系统来控制脂质过氧化反应水平，其中维生素E担负重要的营养性防御作用。维生素E可防止不饱和脂肪酸的氧化，从而保持细胞膜和细胞器的完整性，维护生物膜的结构与功能，对抗自由基对人体的危害，起到抗衰老的作用。

人和动物一般不易缺乏维生素E，某些脂肪吸收障碍相关疾病才会引起缺乏，表现为红细胞数量减少，寿命缩短，体外实验可见红细胞脆性增加等贫血病，偶可引起神经障碍。

维生素E摄食过量，大部分可在肝脏中与葡萄糖醛酸结合由尿排出，或以生育酚状态通过肝脏随胆汁排到消化管，同粪便一起排出体外。但是在大量、长期服用维生素E时可产生许多副作用，如胃肠道不适、视力模糊、头疼、头晕恶心及免疫功能降低等。

四、维生素K

维生素K是一类能促血液凝固的萘醌衍生物，1929年被Dam发现，主要有4种分别是维生素K_1、维生素K_2、维生素K_3和维生素K_4。维生素K_1和维生素K_2为天然产物，维生素K_3和微生素K_4为人工合成品。

（一）化学本质及性质

维生素K又称凝血维生素，是2-甲基-1,4-萘醌的衍生物。天然的维生素K有维生素K_1和维生素K_2两种，维生素K_1是黄色油状物，维生素K_2是淡黄色晶体，均有耐热性，对光和碱敏感。对维生素K构效关系的研究发现，萘醌环上的R基非活性所必需。人工合成的有维生素K_3和维生素K_4，维生素K_3为水溶性，性质稳定，为临床上所常用，可以口服或注射，其结构如图5-24所示。

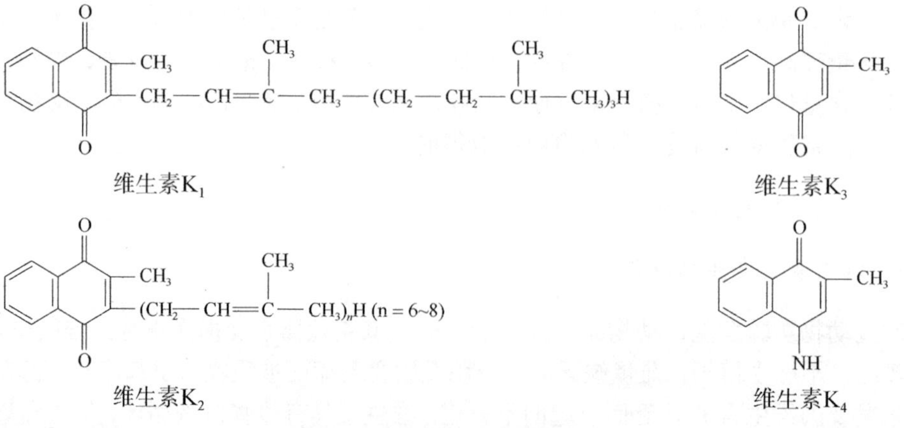

图 5-24　维生素 K 的结构式

（二）微生素K的食物来源

在食物中，猪肝、蛋黄、苜蓿、白菜、花椰菜（菜花）、菠菜、甘蓝和其他绿色蔬菜都含有丰富的维生素K。此外，人和动物肠道内的细菌能合成维生素K。

（三）生化功能及缺乏症

维生素K还具有解痉止痛和类似氢化可的松的作用。有报道用它来治疗支气管痉挛及胆绞痛等，尤其对阿托品治疗无效的肠道蛔虫病患者的绞痛有一定疗效。

任务四　维生素的应用

现代食品加工要求保持食品良好的品质，控制食品的腐败和引起腐败的微生物，还要保持食品理想的感官质量，如香味、风味、口感及外观，保住食品的营养成分，以至在很多情况下增加营养物质的含量等。这里就需适量、适度的调配或添加维生素。

维生素对于维持人体生命活动需要量极少，但却是不可缺少的。大多数维生素不能由人体直接合成，必须靠食物来提供。

维生素在所有的生活细胞中的生化反应中起作用，是新陈代谢不可缺少的物质。同时，维生素在食品加工中作为添加剂起着重要的作用。

下面介绍维生素在食品加工中的应用。

一、用作抗氧化剂

氧化是使食品产生不良最终产品（失去食品应有的香味、颜色和风味）的一类化学反应。很多水果、蔬菜和含高油脂的食品，当它们暴露于空气、阳光中，受热和接触到重金属、某些色素等时，都会发生这类化学反应。

一些水果和蔬菜，特别是苹果、香蕉、桃、梨和土豆等会发生褐变。因为这些果蔬中含有酚酶，当加工时，把这些水果或蔬菜破碎或切片，并暴露于空气中时，酚酶就会把其中的酚类化合物氧化成邻醌化合物，然后这类化合物聚合成褐色的色素，发生褐变。

另外，油的氧化（自氧）和含脂肪、含油的食品的氧化，是构成油脂的脂肪酸对氧敏感的结果。脂肪酸氧化并很快生成带有游离基团的活性化合物。游离基团促进了这类化学反应（游离基链反应），导致异味的产生、颜色和气味的改变以至发生酸败。虽然饱和脂肪酸和不饱和脂肪酸都对氧敏感，而在室温和升温的情况下，不饱和脂肪酸比饱和脂肪酸更敏感。

抗氧化剂是用于防止食品由于氧化而引起的腐败、酸败和脱色的一类物质。某些抗氧化剂同时兼有一种以上的功能。例如，抗坏血酸作为游离基链的终端能起氧清除剂作用或金属螯合剂的作用。在某些情况下，它又能作为氧化的促进剂。

（一）抗坏血酸

L-抗坏血酸的盐（L-抗坏血酸钠和L-抗坏血酸钙）及其异构体（D-抗坏血酸和D、

L-异抗坏血酸)都由美国食品药品监督管理局(Food and Drug Administration,FDA)划为一般安全性物质(generally recognized as safe,GRAS),抗坏血酸的L型异构体是起着重要维生素活性的唯一形式,D-抗坏血酸的维生素活性只有L型的十分之一。D-异抗坏血酸和L-异抗坏血酸的维生素活性只有D-抗坏血酸的二十分之一。抗坏血酸在食品体系中的作用是复杂的,并受各种因素的影响。

抗坏血酸的抗氧化性能受到食品体系中氧化还原电位、作用时间、pH值、氧、微量金属元素(主要是铜和铁)、酶、其他氧化剂的影响。亚硫酸盐、抗坏血酸、抗坏血酸盐(抗坏血酸钙)、抗坏血酸酯(抗坏血酸棕榈酸酯)是唯一在食品中允许使用的具有清除溶液中氧的能力的氧化剂。因此,抗坏血酸通用在罐装或瓶装产品中,特别是用在带有空气顶空的饮料中。

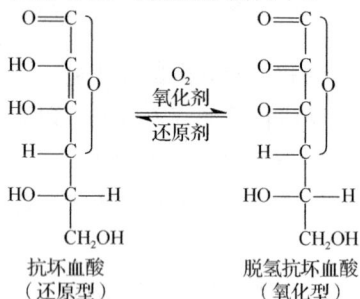

图 5-25 抗坏血酸的还原型和氧化型之间的转变

当作为氧的清除剂时,抗坏血酸是一种还原剂,它的氢原子能够转移到氧上,使氧无法进一步发挥作用,这时抗坏血酸氧化成脱氢抗坏血酸。脱氢抗坏血酸又能起到氧化剂的作用,从还原剂如硫化氢基团中除去氢(图5-25)。抗坏血酸和脱氢抗坏血酸是维生素C的两种相反形式,并且两者都具有生理活性。在有重金属存在的情况下,抗坏血酸螯合阳离子,结合重金属,促进氧化。当与重金属螯合时,抗坏血酸失去生理维生素活性。

抗坏血酸与其他抗氧剂如叔丁基对羟基茴香醚和2,6-二叔丁基对甲酚结合使用有增效作用,并与自然存在的或加入的生育酚一起有增效作用。因此,它被广泛地与这些抗氧化剂结合使用。

抗坏血酸在水果和蔬菜加工中用于控制酶促褐变,并常常用于防止花生酱、土豆片、鱼、油脂、啤酒、果汁饮料、香味物质和柑橘油的氧化。

(二)抗坏血酸棕榈酸酯

抗坏血酸棕榈酸酯(或L-抗坏血酸棕榈酸酯)是一种脂溶的抗坏血酸和棕榈酸的酯,棕榈酸是一种在食物脂肪中常见的脂肪酸,抗坏血酸与棕榈酸发生酯化反应是很容易的,因为它降低了维生素的极性,增加了它的脂溶性。

抗坏血酸棕榈酸乙酯用作食品的防腐剂,它与抗坏血酸一样与生育酚有增效作用。因此要具有极强的抗氧化性和延长油脂的货架寿命,共同使用比单独使用有利。抗坏血酸棕榈酸酯主要用在蔬菜油中,并与自然存在的生育酚一起增加脂溶性和增效活性。

(三)生育酚(维生素E)

在自然界已知有7种密切相关的生育酚类化合物,它们的词头冠以 α、β、γ、σ 等。生育酚是自然界提供的最为广泛的抗氧化剂,也是菜油中的主要抗氧化剂。生育酚在动物脂肪中可少量检出,是动物从自己吃到的植物类食物中获得的。由于生育酚有长的烷基链,它是脂溶性的,并且很快分散在油脂中。生育酚(D、L-α-生育酚,D、L-α-乙酸生育酚和生育酚的混合物)用作食品的防腐剂,并被美国农业部(United States

Department of Agriculture，USDA）批准用在动物油脂的生产中。

维生素 E 的生理活性从 α 到 σ 逐渐降低，而抗氧化性能依次增加。所有自然的生育酚都是 D 型的，而合成的生育酚是 D 型和 L 型异构体的混合物，各占 50%。市面上销售的 D、L-α-生育酚是维生素 E 的乙酸，这样处理增加了生育酚对光和空气的稳定性。D、L-α-生育酚，D-α-乙酸生育酚，D-α-生育酚的生理活性分别是 1.0 IU/mg、1.1 IU/mg、1.36 IU/mg 和 1.49 IU/mg。自然存在的生育酚在不利条件下容易氧化，而且生育酚是热敏物质，因此在加工过程中会损失。

当自由基进入酯相发生链式反应时，生育酚能够捕捉到自由基，从而阻断自由基的链式反应，对机体起到保护作用。生育酚在保护动物油脂（象羊、牛油），类胡萝卜素和维生素 A 方面起着极大的利用。生育酚在腊肉、烘烤食品、花生油、猪油、人造黄油、菜籽油、向日葵油中作为抗氧化剂。

二、用作色素

类胡萝卜素特别是它的同质合成对应物 β-apo-8'-胡萝卜醛、β-胡萝卜和鸡油菌素都是重要的食用色素。

类胡萝卜素使食品呈黄、红和橘红颜色，β-胡萝卜素和 β-apo-8'-胡萝卜醛具有维生素 A 的活性，而鸡油菌素没有这种活性。

美国允许 β-胡萝卜素以任何浓度加入食品中，而对 β-apo-8'-胡萝卜醛有最高用量的限制 [1.5 mg/磅或品脱食品，1 磅=0.453592 kg，1 品脱=500 mL)]。β-胡萝卜素用于着色黄油、起酥油、奶酪、烘烤食品、糖果、冰淇淋、蛋酒、通心粉制品、汤汁、果汁和饮料。β-apo-8'-胡萝卜醛用于着色果汁、饮料、汤汁、酱、胶冻、加工奶酪、黄油、色拉调味汁及油脂。

三、其他用途

在食品加工中，抗坏血酸除作抗氧化剂外，还有很多应用。在软饮料中，抗坏血酸阻止了长期处于 2.5～4.0 低 pH 值条件下的罐内壁的氧化腐蚀。在葡萄酒中抗坏血酸除作抗氧化剂外，还与葡萄酒中的亚硫酸（控制细菌生长）结合，稳定酒的氧化还原电位，以保持葡萄酒的滋味、风味和澄清。还在腌肉中抗坏血酸阻止致癌物质亚硝胺的形成，并起到强化腊肉特有颜色和增加颜色稳定性的作用。

抗坏血酸也用作面团的改良剂，因为它能氧化面筋，经强化的面团，在保存发酵过程中释放二氧化碳能力得到改善，不仅增加了质量和加工适应性，还减少了面团改良所需要的时间。

在美国有一条规定，即抗坏血酸不能加到鲜肉中，因为它会保住肉的颜色而使肉具有虚假的新鲜外观。但有一个例外，USDA 允许将抗坏血酸用来保持新鲜的分割乳猪肉的颜色，这种分割的乳猪肉是经捆扎好并在控制的大气压下储存的。在这种条件下保存的分割乳猪肉如果不使用保鲜剂，则由于表面肌红蛋白的生成而褐变，此时产品虽然新鲜，但外观不好。处理分割乳猪肉时可以单独使用抗坏血酸，也可将异抗坏血酸、柠檬酸、抗坏血酸钠和柠檬酸钠混合使用。但是仍要求表面添加剂的浓度不允许超过 500 ppm

或 1.8 mg/平方英寸。按照美国的规定，对用这些物质处理的分割乳猪肉必须特别标记，指出这些物质的常用名称和用途。例如，"喷洒水，抗坏血酸、柠檬酸溶液保持颜色"。

至于在腌肉中的应用，美国规定，用亚硝酸盐加工腊肉必须同时加入 550 mg/kg 抗坏血酸钠或异抗坏血酸钠，以防止加工过程中亚硝胺的形成。生育酚也用在腊肉加工中，最适浓度不超过 500 mg/kg。

在食品中，抗坏血酸还有增加血红素铁的生物效价的作用，当然它并不以此为目的加到食品中。在增加铁的生物效价方面，最重要的因素除抗坏血酸外，还有 pH 值、结合性（结合铁）和氧化还原电位。

项目六　核酸及其应用

　　人们常说"种瓜得瓜，种豆得豆""一母生九子，子子各不同"，讲的就是遗传和变异，而核酸正是生物遗传与变异的物质基础。核酸在生物的生长、发育、繁殖、衰老和死亡等生命过程中均扮演着重要的角色。如今关于核酸的研究已成为生物化学与分子生物学研究的核心和前沿，其研究成果改变了生命科学的面貌，也促进了生物技术的迅猛发展。核酸不论是在农业领域，还是工业领域以及在疫病的检测和治疗，司法鉴定和食品科学等领域都发挥着不可替代的作用。

　　本项目的学习内容有核酸的分子组成、核酸的分子结构、核酸的理化性质、核苷酸的合成代谢、核苷酸的分解代谢和核酸的应用。

任务一　核酸的分子组成

一、核酸的概念

　　核酸（nucleic acid）是生物体内一类重要的生物大分子，是生命活动的重要物质基础。从高等动植物到简单的病毒都含有核酸。核酸在化学元素组成上有 5 种元素：C、H、O、N、P。核酸按结构成分，分为脱氧核糖核酸（DNA）和核糖核酸（RNA）。真核生物中，DNA 主要存在于细胞核中，是遗传信息的储存和携带者。RNA 则主要存在于细胞质中，参与遗传信息表达的各个过程，但某些病毒只含有 DNA 或 RNA，所以RNA 也可以作为遗传信息的载体。有些 RNA 还具有生物催化作用。

　　RNA 根据其生理功能和结构分为信使 RNA（mRNA）、转运 RNA（tRNA）和核糖体 RNA（rRNA）。核糖体 RNA 是细胞中含量最多的一类 RNA，占总 RNA 的 75%～80%，它以核蛋白形式存在于细胞质的核糖体中。转运 RNA 含量仅次于核糖体 RNA，占总 RNA 的 10%～15%，它以游离状态分布在细胞质中；信使 RNA 在细胞中含量较少，占总 RNA 的 5%，它在细胞核中合成后转移到细胞质中。

二、核酸的化学组成

　　核酸是一种聚合物，它的结构单位是核苷酸。核酸水解产生核苷酸，核苷酸水解产生核苷和磷酸，核苷进一步水解产生碱基（嘌呤碱和嘧啶碱）和戊糖（核糖或脱氧核糖）。图 6-1 是核酸的逐步

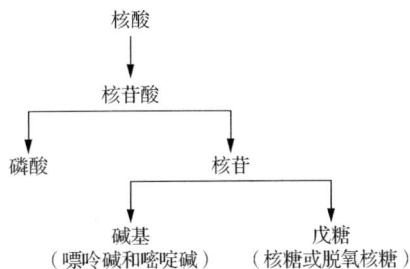

图 6-1　核酸的逐步水解过程

水解过程。

（一）戊糖

核糖分子中的戊糖有两种，一种是 RNA 中的核糖，为 β-D-核糖；另一种是 DNA 中的核糖，为 β-D-2-脱氧核糖。在核苷酸分子中戊糖和碱基均含有碳原子，为了区别戊糖与碱基分子中的碳原子，习惯上在戊糖碳原子编号上加标"'"表示。核酸中两种核糖的结构式及数字编号如图 6-2 所示。

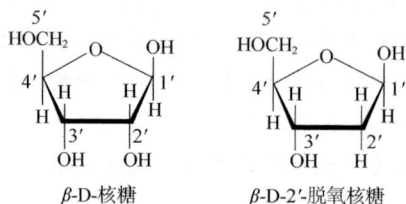

图 6-2　核糖中两种核糖的结构式及数字编号

（二）碱基

核酸中的碱基有两类：嘌呤碱和嘧啶碱。嘌呤碱包括腺嘌呤（A）与鸟嘌呤（G）两种，嘧啶碱包括胞嘧啶（C）、尿嘧啶（U）和胸腺嘧啶（T）三种。DNA 分子中的 4 种碱基分别是 A、G、C、T，RNA 分子中的 4 种碱基分别是 A、G、C、U。这些碱基的结构式如图 6-3 所示。

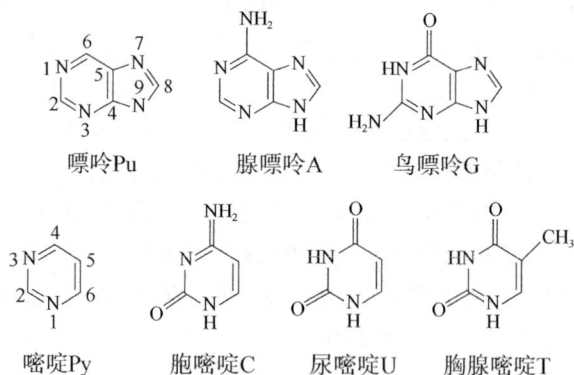

图 6-3　参与组成核酸的碱基的结构式

（三）核苷

核苷是核糖或脱氧核糖与嘌呤碱或嘧啶碱生成的糖苷。形成核苷时，由戊糖的 C1' 和嘌呤的 N9 或嘧啶的 N1 形成糖苷键，如图 6-4 所示。核苷的名称都来自它们所含有的碱基名称，如含有腺嘌呤的核糖核苷就称为腺嘌呤核糖核苷，简称腺苷。如果是脱氧核糖就称为脱氧腺嘌呤核苷，简称脱氧腺苷。

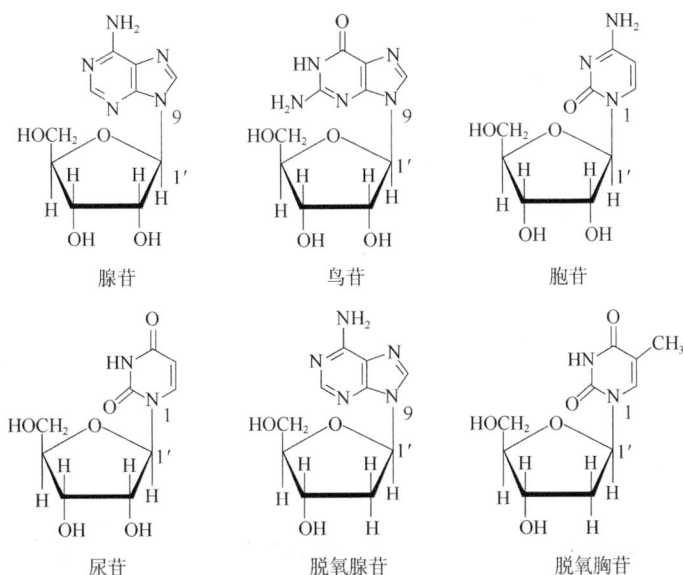

腺苷　　　　　　　　乌苷　　　　　　　　胞苷

尿苷　　　　　　　脱氧腺苷　　　　　　脱氧胸苷

图 6-4　重要的核苷结构式

（四）核苷酸

核苷酸是由核苷分子中戊糖环上的羟基与一分子磷酸上的氢通过脱水生成磷酯键形成的化合物。磷酸是三元酸，它与核苷生成核苷酸之后，仍有两个活性的 H^+，两个核苷酸之间通过其他游离的羟基（—OH）与磷酸中的 H^+ 反应生成二核苷酸，以磷酸二酯键连接。多个核苷酸通过磷酸二酯键相互连接生成的化合物称为多核苷酸。核酸实质上是一类多核苷酸高分子化合物，因此核酸的基本单位是核苷酸。根据多核苷酸分子中戊糖的不同，多核苷酸可分为核糖多核苷酸和脱氧核糖多核苷酸两类。

核糖核苷的戊糖共有 3 个游离羟基（2′、3′、5′），理论上它可形成 3 种核苷酸：2′-核苷酸、3′-核苷酸和 5′-核苷酸。脱氧核糖核苷的戊糖只有两个游离羟基（3′、5′），理论上只能形成两种脱氧核苷酸：3′-脱氧核苷酸和 5′-脱氧核苷酸。在生物体内游离存在的核苷酸大多数是 5′-核苷酸。同样，在生物体内游离存在的脱氧核苷酸大多数是 5′-脱氧核苷酸。常见的几种核苷酸的结构式如图 6-5 所示。

（五）DNA 和 RNA 的组成差别

DNA 和 RNA 的组成差别主要是戊糖和碱基的不同，不同的戊糖和碱基形成不同的核苷和核苷酸，DNA 和 RNA 分别是由四种脱氧核苷酸和四种核苷酸组成的，见表 6-1。

（六）细胞内游离的核苷酸

在生物体内，核苷酸除组成核酸外，还有一些以游离形式存在于细胞内。有一些单核苷酸的衍生物参与体内许多重要的代谢反应，具有重要的生理功能。

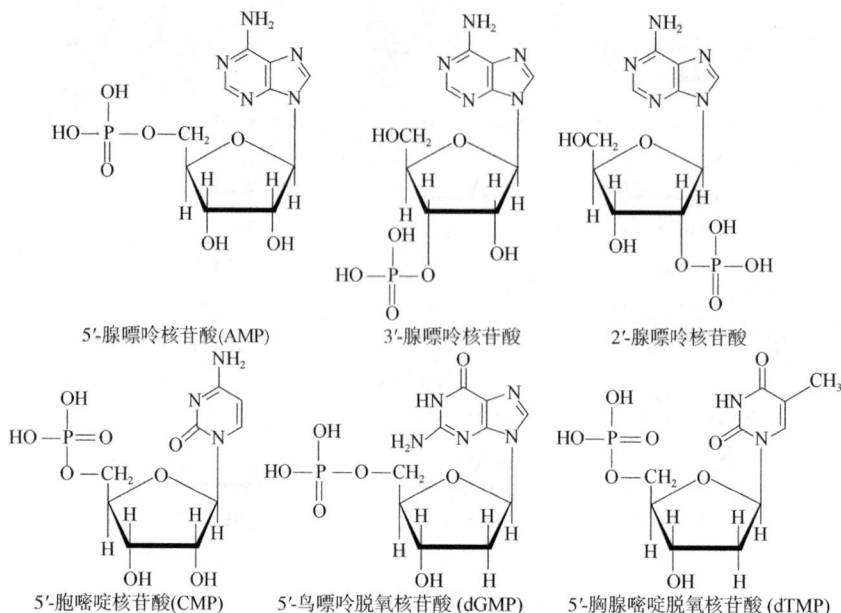

5′-腺嘌呤核苷酸(AMP)　　　3′-腺嘌呤核苷酸　　　2′-腺嘌呤核苷酸

5′-胞嘧啶核苷酸(CMP)　　5′-鸟嘌呤脱氧核苷酸(dGMP)　　5′-胸腺嘧啶脱氧核苷酸(dTMP)

图 6-5　常见的几种核苷酸的结构式

表 6-1　参与 DNA 和 RNA 组成的核苷酸

碱基	DNA	RNA
腺嘌呤	5′-腺嘌呤脱氧核苷酸（脱氧腺苷酸，dAMP）	5′-腺嘌呤核苷酸（腺苷酸，AMP）
鸟嘌呤	5′-鸟嘌呤脱氧核苷酸（脱氧鸟苷酸，dGMP）	5′-鸟嘌呤核苷酸（鸟苷酸，GMP）
胞嘧啶	5′-胞嘧啶脱氧核苷酸（脱氧胞苷酸，dCMP）	5′-胞嘧啶核苷酸（胞苷酸，CMP）
尿嘧啶	—	5′-尿嘧啶核苷酸（尿苷酸，UMP）
胸腺嘧啶	5′-胸腺嘧啶脱氧核苷酸（脱氧胸苷酸，dTMP）	—

1. 腺苷三磷酸（adenosine triphosphate，ATP）

ATP 是生物体中重要的能量化合物，其结构式如图 6-6 所示。

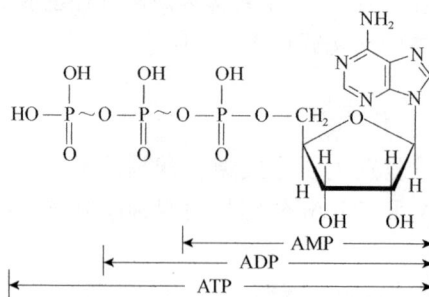

图 6-6　ATP 的结构式

在 ATP 分子 3 个依次连续的磷酸基团中，末端两个磷酸基团称为高能磷酸基团，一般用～表示高能键。凡含有高能磷酸键的化合物称为高能磷酸化合物。ATP 分子中含两个高能磷酸键,而腺苷-磷酸 AMP 分子中所含的磷酸键不是高能磷酸键,是普通磷酸键。普通磷酸键能量较低,水解时只能释放 8.4 kJ/mol 能量,而高能磷酸键水解时可释放 30.7 kJ/mol 能量。ATP 依次水解可分别产生腺苷二磷酸 ADP、AMP,即

$$ATP+H_2O \longrightarrow ADP+Pi$$
$$ATP+H_2O \longrightarrow AMP+PPi$$
$$ADP+H_2O \longrightarrow AMP+Pi$$

ATP 分解为 ADP 或 AMP 时释放大量的能量,这是生物体主要的供能方式。ATP 是机体生理活动、生化反应所需能量的重要来源。反之,AMP 磷酸化生成 ADP、ADP 继续磷酸化生成 ATP 时则储存能量,这是生物体暂时储存能量的一种方式。ATP 在生物体或细胞的能量代谢中起着极为重要的传递作用。此外,体内存在的多种多磷酸核苷酸都能发生这种能量转化作用,如三磷酸鸟苷 GTP、三磷酸胞苷 CTP 和三磷酸尿苷 UTP。

3',5'-环腺苷酸(cAMP)

图 6-7 cAMP 的结构式

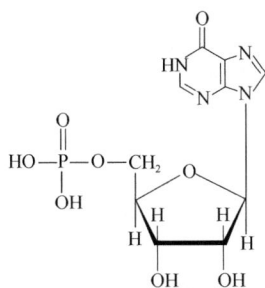

2. 环腺苷酸 cAMP

在核苷酸内部,5'-核苷酸的磷酸基可与戊糖环 3'-羟基脱水缩合形成 cAMP,如图 6-7 所示。

cAMP 在组织细胞中起着传递信息的作用,是某些激素发挥作用的媒介物,参与代谢调节过程。人们一般把激素称为第一信使,而把 cAMP 称为第二信使。此外,cAMP 还参与大肠埃希氏菌中 DNA 转录的调控,并且 cAMP 及其衍生物在治疗心绞痛及心肌梗死方面有一定疗效。

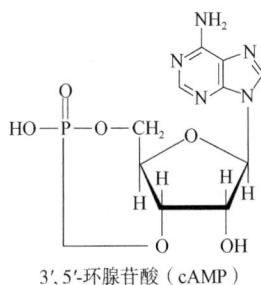

图 6-8 IMP 的结构式

3. 次黄嘌呤核苷酸 IMP

IMP 又名肌苷酸,在肌肉组织中,由 AMP 脱氨形成 IMP,如图 6-8 所示。

IMP 在生物体内是合成腺嘌呤核苷酸和鸟嘌呤核苷酸的关键物质,对生物的遗传有重要的功能。另外,它还是一种很好的助鲜剂,有肉鲜味,与味精以不同比例混合时能制成具有特殊风味的强力味精。

任务二 核酸的分子结构

DNA 的基本组成单位是脱氧核苷酸,RNA 的基本组成单位是核苷酸。各种核酸中核苷酸少则 70 多个,多则几千万甚至上亿个,而且核苷酸以一定的数量和排列顺序相互连接,并形成一定的空间结构。

一、核酸的一级结构

核酸的一级结构就是通过 3',5'-磷酸二酯键连接的核苷酸序列,也称多核苷酸链。

多核苷酸链由交替的戊糖和磷酸基团形成多核苷酸链的主链骨架。链中，前一个核苷酸的 3'-羟基和后一个核苷酸戊糖上的 5'-磷酸通过脱水缩合形成酯键，借助这种 3′，5′-磷酸二酯键将核苷酸彼此相连，形成多核酸苷链。每条线形多核酸苷链都有一个 5′末端和一个 3′末端，如图 6-9 所示。由腺嘌呤脱氧核苷酸 dAMP 、鸟嘌呤脱氧核苷酸 dGMP、胞嘧啶脱氧核苷酸 dCMP、胸腺嘧啶脱氧核苷酸 dTMP4 种核苷酸聚合成 DNA，由腺苷酸 AMP、鸟苷酸 GMP、胞苷酸 CMP、尿苷酸 UMP4 种核苷酸聚合成 RNA。DNA 和 RNA 链有方向性，5′末端为头部，3′末端为尾部。习惯上将 5′端写在左边，将 3′端写在右边，即按 5′→3′书写，例如：5′…ACTACGGUA…3′。

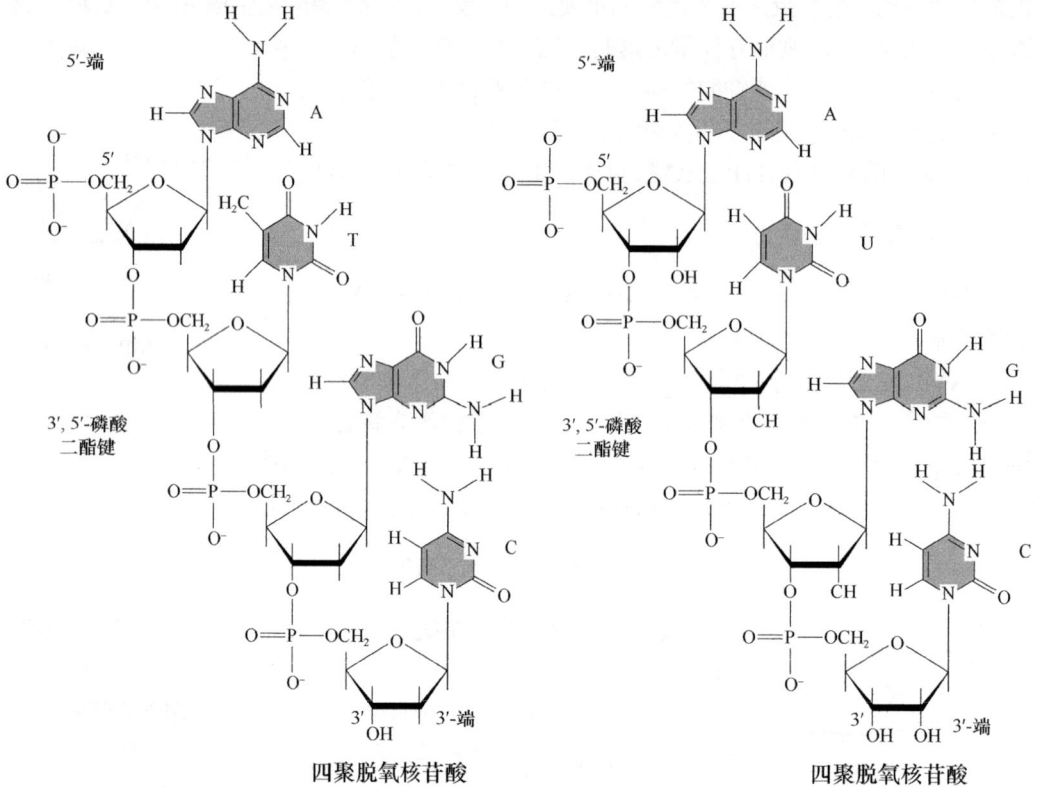

四聚脱氧核苷酸 　　　四聚脱氧核苷酸

图 6-9　核酸的一级结构示意图

二、核酸的空间结构

核酸的高级结构也称空间结构，是指多核苷酸在一级结构的基础上进一步折叠或盘曲所形成的空间结构，包括二级结构和三级结构。

（一）DNA 的二级结构

DNA 的二级结构就是 DNA 的双螺旋结构。1953 年，华生（Watson）和克里克（Crick）依据 X 射线衍射数据及 DNA 碱基组成的定量分析等研究，建立了一个 DNA 分子的双螺旋结构模型，如图 6-10 所示，其要点如下：

（1）DNA 分子由两条反向平行的多核苷酸链围绕一个假想的中心轴形成右手螺旋结构。一条链上的碱基通过氢键与另一条链上的碱基连接，形成碱基对。G 与 C 配对，A 与 T 配对（碱基互补），G 和 C 之间可以形成三个氢键，A 和 T 之间形成两个氢键。DNA 的两条链是互补的，称为互补链。

（2）脱氧核糖和磷酸基团形成双螺旋结构的骨架位于螺旋的外侧，碱基堆积在双螺旋的内部，碱基平面与中心轴垂直，糖环平面几乎与碱基平面成直角。

（3）双螺旋的平均直径为 2 nm，相邻碱基对的距离为 0.34 nm，每隔 10 个碱基对，脱氧多核苷酸链就绕一圈，螺距为 3.4 nm。

（4）DNA 双螺旋结构十分稳定，稳定的主要因素包括：①碱基堆积力，碱基之间的层层堆积形成疏水型核心，它是稳定 DNA 结构的主要力量；②氢键，链间互补碱基之间的氢键维持两条链的结合。

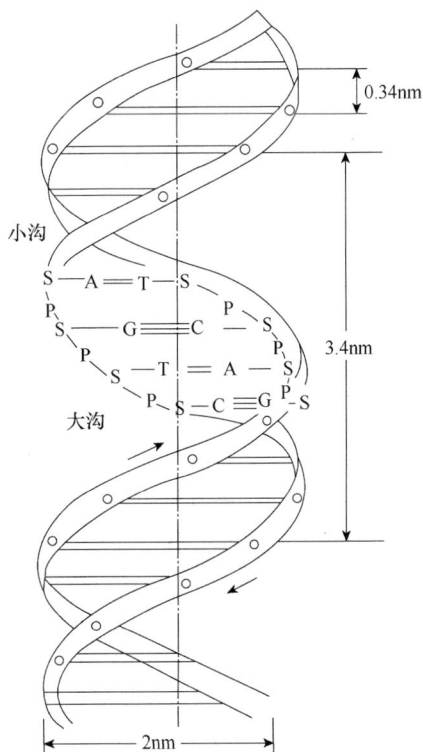

图 6-10　DNA 分子的双螺旋结构模型

（二）DNA 的三级结构

DNA 分子在双螺旋结构基础上进一步扭曲螺旋，形成 DNA 的三级结构，即超螺旋结构。绝大部分原核生物的 DNA 都是共价封闭的环状双螺旋分子。环状双螺旋分子在细胞内进一步盘绕扭曲形成超螺旋。超螺旋是 DNA 三级结构的一种形式，是双螺旋的螺旋，是原核生物 DNA 的高级结构，如图 6-11 所示。

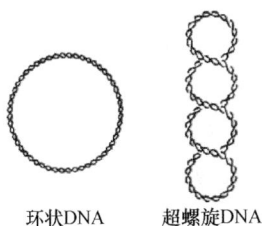

环状DNA　　超螺旋DNA

图 6-11　DNA 的超螺旋结构

在真核细胞中，线状的双螺旋 DNA 分子先围绕组蛋白核心盘绕形成核小体结构，核小体中的 DNA 呈超螺旋状态，许多核小体由 DNA 相连构成串珠状结构，串珠状结构进一步盘绕压缩成染色质结构。

任务三　核酸的理化性质

一、核酸的一般物理性质

RNA 和核苷酸的纯品都是白色粉末或结晶，DNA 是白色类似石棉样的纤维状物。除肌苷酸和鸟苷酸具有鲜味外，核酸和核苷酸大多呈酸味。DNA 和 RNA 都是极性化合物，一般都溶于水，不溶于乙醇、氯仿、乙醚等有机溶剂。它们的钠盐比游离酸在水中的溶解度大，如 RNA 的钠盐在水中的溶解度可达 4%。核酸是分子量很大的高分子化合物，高分子溶液比普通溶液黏度要大得多，而且高分子形状的不对称性越大，其黏度也就越大，因此不规则线团分子比球形分子的黏度大，比线形分子的黏度更大。由于 DNA 分子极为细长，即使是极稀的溶液也有极大的黏度，RNA 的黏度要小得多。

二、核酸的紫外吸收

核酸中的嘌呤和嘧啶环中均含有共轭双键，对 250～280 nm 波长的紫外光具有强烈的吸收能力。其最大吸收峰在 260 nm 附近吸光率以 A_{260} 表示。DNA 的紫外吸收光谱如图 6-12 所示。

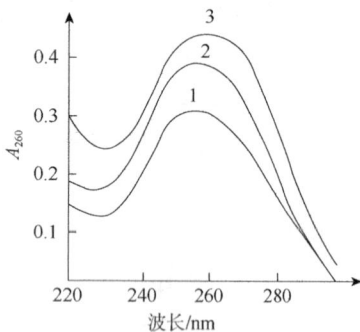

1. 天然 DNA　2. 变性 DNA　3. 总吸光度值
图 6-12　DNA 的紫外吸收光谱

利用这一特性，可鉴别核酸样品的纯度，一般测定 A_{260} nm/A_{280} nm，纯的 DNA 样品的比值为 1.8，纯的 RNA 样品的比值为 2.0。若核酸样品中含有蛋白质或苯酚等杂质，则此比值显著降低。利用核酸在 260 nm 处的紫外吸收特性，可对核酸进行定量测定。因为核酸对紫外光有强烈的吸收性质，所以紫外光是一种有效的诱变剂。选育高产优质菌株时常用紫外线照射法，使微生物细胞内的 DNA 吸收紫外线后，引起结构上的微细改变，但不致死亡，从而使微生物的某些性状发生改变，再从中选出对生产有用的菌株。

三、核酸的两性解离与等电点

核酸中具有碱性的碱基和酸性的磷酸基，所以呈两性性质。核酸的等电点较低，如酵母 RNA 的等电点为 2.0～2.8，DNA 的等电点为 4.0～4.5。所以在 pH 值近中性的条件下，核酸以阴离子状态存在。在中性或偏碱性溶液中，带有负电荷的核酸在外加电场力作用下向阳极泳动，利用核酸这一性质，可将分子量不同的核酸分离。核酸溶液的 pH 值直接影响核酸双螺旋中碱基间氢键的稳定。对 DNA 来说，pH 值为 4.0～11.0 时，双螺旋结构最稳定，在此范围之外易变性。

四、核酸的变性与复性

核酸同蛋白质一样有变性的现象。在加热、酸、碱、乙醇、丙酮、尿素或是酰胺等理化因素的作用下，核酸分子中双螺旋区的氢键断裂，双链解开形成单链线团结构，这种现象称为核酸的变性。核酸的变性仅是二级结构、三级结构的改变，而一级结构不变。通常将加热引起的核酸变性称为热变性。如将 DNA 的稀盐溶液加热到 80～100℃的几分钟后两条链间氢键断裂，双螺旋解体，两条链彼此分开，形成两条无规则线团。此时变性后的核酸的理化性质发生一系列的变化，如在 260 nm 处紫外吸光度急剧升高的增色效应（图 6-13），溶液的黏度下降和比旋光度显著降低等。DNA 热变性的特点主要是加热引起双螺旋结构解体，所以又称 DNA 的解链或融解作用。

DNA 的热变性曲线显示：DNA 的解链过程发生于一个很窄的温度区内，因此 DNA 的变性过程是爆发式的，有一个相变过程。把溶液在 260 nm 处的吸光度达到最大值一半时对应的温度称为该 DNA 的解链温度或融解温度，用 T_m 表示。T_m 值的大小与 DNA 碱基组成有关。由于 G-C 之间的氢键联系要比 A-T 之间的氢键联系强得多，G＋C 含量高的 DNA 其 T_m 值较高。通过测定 T_m 值可知其 G＋C 碱基的含量。

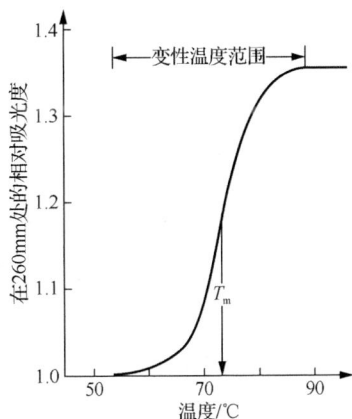

图 6-13 DNA 的解链曲线

DNA 的变性是可逆的。变性 DNA 在适当条件下，变性的两条互补链重新结合，恢复原来的双螺旋结构和性质，这个过程称为复性，如图 6-14 所示。DNA 复性后，对紫外光的吸收明显减弱，这种现象称为减色效应。如果将热变性的 DNA 溶液骤然冷却至低温，两链间的碱基来不及形成适当配对，DNA 单链自行按 A＝T、G＝C 配对，可能成为两个杂乱的线团，此时变性的 DNA 分子很难复性。但是热变性的 DNA 经缓慢冷却（称为退火处理）即可复性。最适宜的复性温度比 T_m 值约低 25℃，这个温度又称退火温度。

将不同来源的 DNA 经热变性后缓慢降温，使其复性。在复性过程中由于异源的 DNA 单链之间具有一定的互补序列，它们可以结合形成杂交的 DNA 分子，该过程称为核酸分子杂交，如图 6-15 所示。

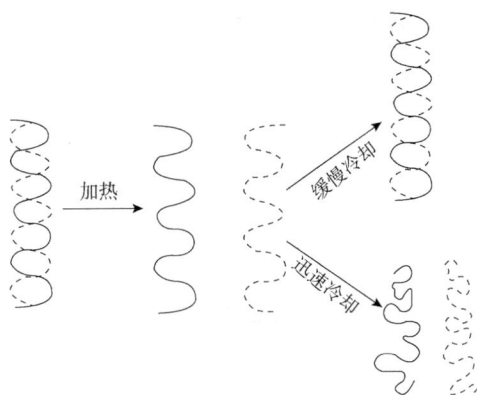

图 6-14 DNA 复性

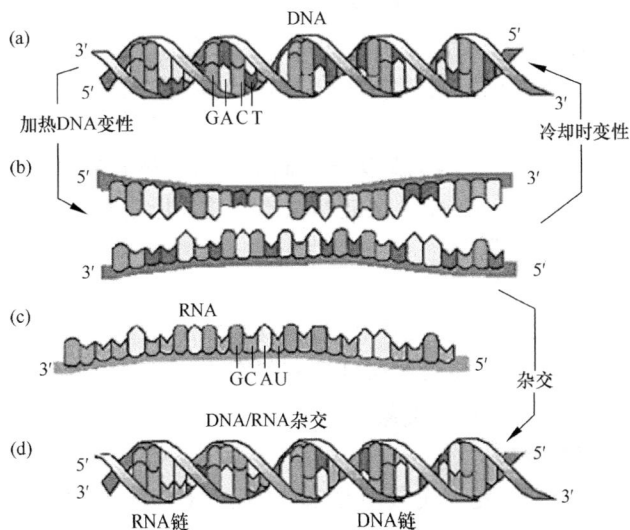

图 6-15 核酸分子杂交

任务四　核苷酸的合成

一、嘌呤核苷酸的合成

（一）嘌呤核苷酸的从头合成

嘌呤核苷酸的合成并不是先合成嘌呤，再与核糖及磷酸结合，而是从磷酸核糖开始，经历一系列酶促反应，生成次黄嘌呤核苷酸，再转变成腺嘌呤或鸟嘌呤核苷酸。

合成嘌呤的原料，根据同位素示踪（即用同位素标记的营养物饲喂鸽子，然后示踪分析），证明嘌呤的 N 原子来自天冬氨酸，N3 和 N9 来自谷酰胺，C2 和 C8 来自甲酸盐（一碳单位），C4、C5、N7 来自甘氨酸，C6 来自 CO_2。

1. 次黄嘌呤核苷酸的合成（鸽肝为材料）

次黄嘌呤核苷酸的合成途径从 5-磷酸核糖出发，总共 11 步反应。

催化 11 步反应的酶包括：①磷酸核糖焦磷酸激酶 [PRPP 合成酶 PRPP 为磷酸核糖焦磷酸]；②PRPP 酰胺转移酶，是关键酶；③甘氨酰胺核苷酸合成酶（GAR 合成酶）；④甘氨酰胺核苷酸甲酰转移酶（GAR 甲酰转移酶）⑤甲酰甘氨脒核苷酸合成酶（FGAM 合成酶）；⑥5-氨基咪唑核苷酸合成酶（AIR 合成酶）；⑦5-氨基咪唑-4-羧酸核苷酸羧化酶（CAIR 羧化酶）⑧5-氨基咪唑-4-（N-琥珀基）甲酰胺核苷酸合成酶（SAICAR 合成酶）；⑨裂解酶（SAICAR 裂解酶）；⑩5-甲酰胺基咪唑-4-甲酰胺核苷酸甲酰转移酶（FAICAR 甲酰转移酶）；⑪次黄嘌呤环化脱水酶（IMP 合酶）。反应途径如图 6-16 所示。

2. AMP 和 GMP 的合成

次黄嘌呤核苷酸经氨基化反应，可形成腺苷酸，由腺苷琥珀酸合成酶催化，GTP 供能，氨基供体是天冬氨酸。该酶专一性受羽田杀菌素抑制。然后由腺苷酸琥珀酸裂解酶催化，生成 AMP 和延胡索酸。次黄嘌呤脱氢酶作用氧化脱氢，生成黄嘌呤核苷酸 XMP，再由鸟嘌呤核苷酸合成酶催化转氨基生成 GMP，由谷酰胺提供氨基。AMP 和 GMP 的合成途径如图 6-17 所示。

在合成 RNA 时，所需的原料都是核苷三磷酸。各种核苷酸单磷酸或核苷二磷酸，都可以在相应的激酶作用下，由 ATP 供能和供磷酸基，形成核苷三磷酸。

3. 嘌呤核苷酸生物合成的调节

嘌呤核苷酸从头合成受到两个终产物 AMP 和 GMP 的反馈抑制，调控点有 4 个，不同的调控点受不同的核苷酸抑制，这种抑制又称不同终端产物对共经途径的协同抑制。谷氨酰胺合成酶也有这种抑制现象。

（1）PRPP 合成酶的调节

PRPP 合成酶是调节酶，受合成产物 IMP、AMP、GMP、ADP、GDP 反馈抑制，受 ATP 促进。

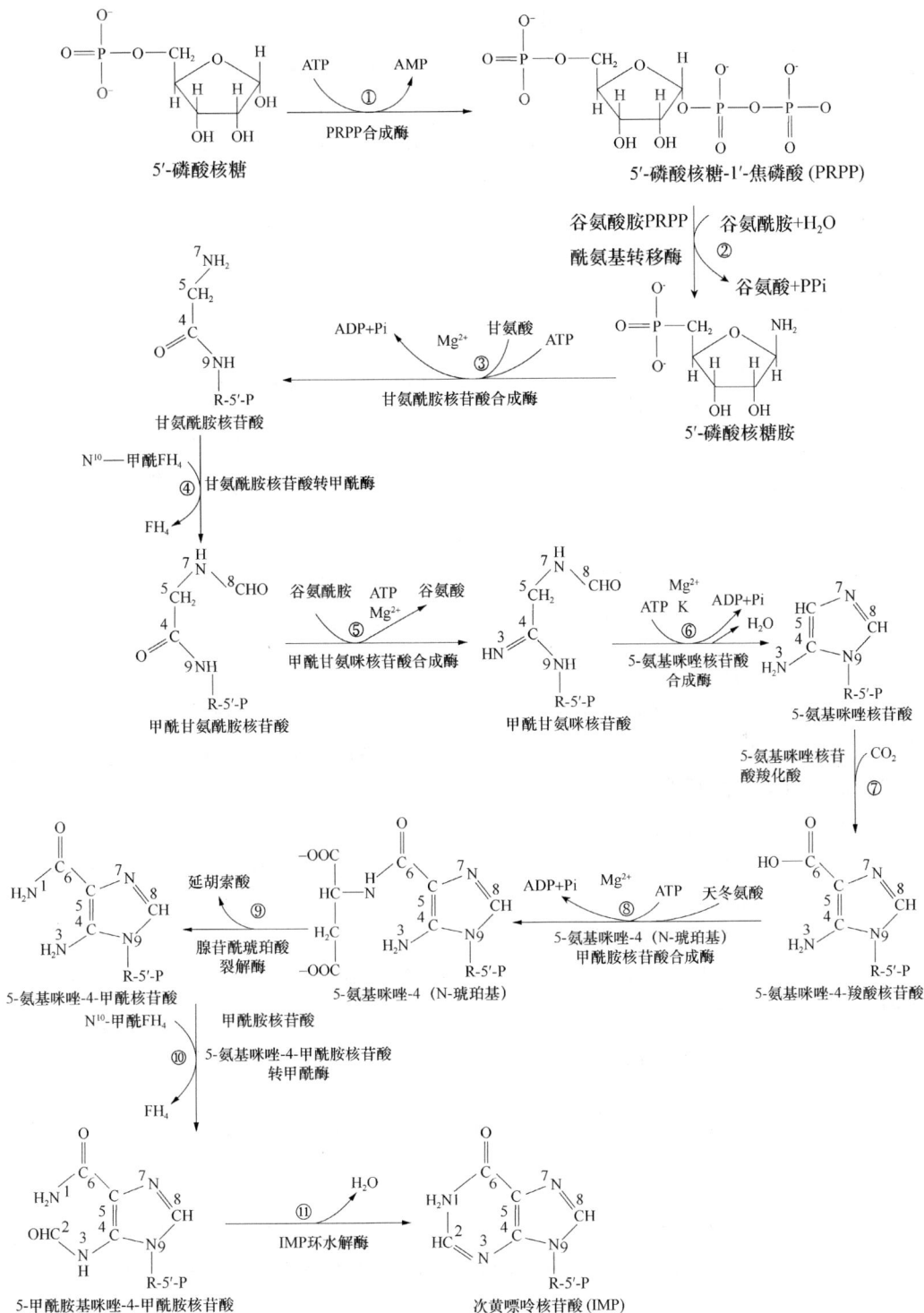

图 6-16 次黄嘌呤核苷酸的合成

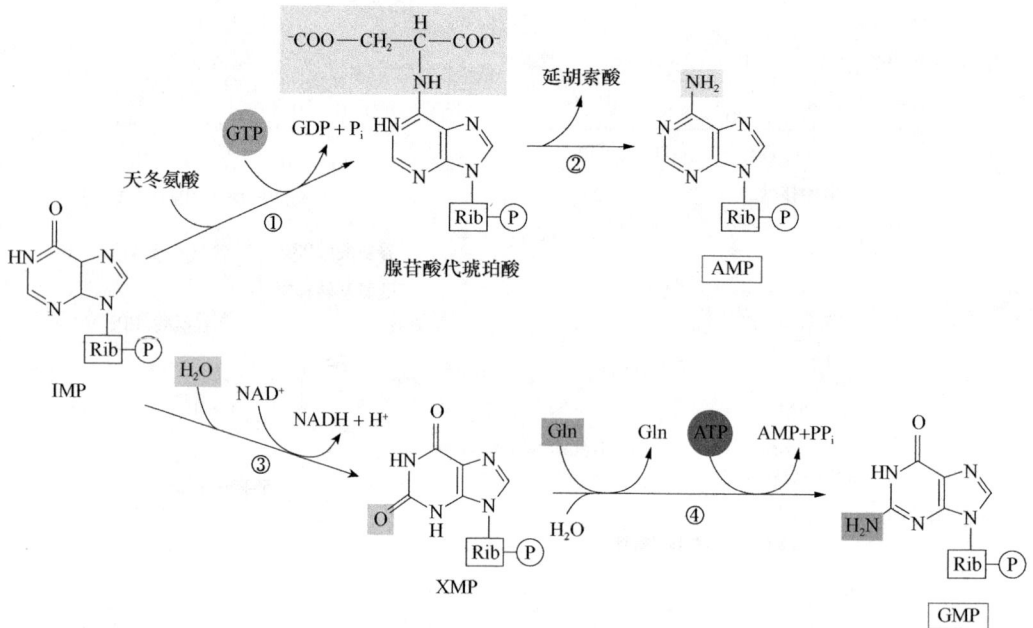

①腺苷琥珀酸合成酶　②腺苷酸琥珀酸裂解酶　③次黄嘌呤脱氢酶　④鸟嘌呤核苷酸合成酶

图 6-17　AMP 和 GMP 的合成

（2）PRPP 酰胺转移酶

PRPP 酰胺转移酶是关键调节酶，催化 5-磷酸核糖胺的合成，受 GMP 和 AMP 的强抑制，二者之一积累即可抑制该酶。该酶同时还受到 ADP、ATP、GDP、GTP 抑制。PRPP 浓度增高可提高该酶活性。

（3）腺苷琥珀酸合成酶

腺苷琥珀酸合成酶催化合成腺苷琥珀酸一步，受 AMP 抑制，但不受 GMP 抑制。另外，还受羽田杀菌素抑制。

（4）次黄嘌呤核苷酸脱氢酶

次黄嘌呤核苷酸脱氢酶催化合成黄嘌呤核苷酸一步，酶受 GMP 抑制，但不受 AMP 抑制。

（二）嘌呤核苷酸合成的补救途径

核酸降解时产生的嘌呤，也可重新利用，用来合成核苷酸，有两条补救途径。

1. 嘌呤与 PRPP 反应生成核苷酸

嘌呤碱基可与 PRPP 结合为嘌呤核苷酸，由磷酸核糖转移酶催化。该酶也称核苷酸焦磷酸化酶，有一定特异性，不同的嘌呤由不同的磷酸核糖转移酶催化。反应式如下：

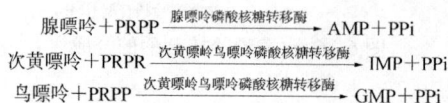

$$腺嘌呤 + PRPP \xrightarrow{\text{腺嘌呤磷酸核糖转移酶}} AMP + PPi$$

$$次黄嘌呤 + PRPR \xrightarrow{\text{次黄嘌呤鸟嘌呤磷酸核糖转移酶}} IMP + PPi$$

$$鸟嘌呤 + PRPP \xrightarrow{\text{次黄嘌呤鸟嘌呤磷酸核糖转移酶}} GMP + PPi$$

腺嘌呤磷酸核糖转移酶受 AMP 反馈抑制，次黄嘌呤鸟嘌呤磷酸核糖转移酶受 IMP 和 GMP 反馈抑制。

这种补救途径的意义不单是补充核苷酸，而在于减少体内嘌呤碱基的积累，防止产生过量尿酸。缺此补救途径者患有 Lesch-Nyhan 症，又称痛风。可用别嘌呤醇治疗，抑制黄嘌呤氧化，减少尿酸产生。

2. 利用嘌呤核苷合成核苷酸

利用嘌呤核苷合成核苷酸由核苷激酶催化。但生物体内除腺苷激酶外，其他核苷酸激酶缺乏，所以该途径不是主要的。反应式如下。

$$腺嘌呤核苷 + ATP \xrightarrow{\text{腺苷激酶}} AMP + ADP$$

此外，腺苷激酶也能磷酸化 2′-脱氧腺苷，但不能磷酸化其他脱氧核苷。有一种胞苷激酶能磷酸化脱氧胞苷、脱氧腺苷和脱氧鸟苷。

二、嘧啶核苷酸的合成

嘧啶核苷酸的合成也有从头合成和补救合成两条途径。与嘌呤合成不同，嘧啶先合成嘧啶环，再与核糖和磷酸结合，并且是先合成尿苷酸，再转换成其他核苷酸。

（一）嘧啶核苷酸的从头合成

1. 尿嘧啶核苷酸的合成

通过同位素示踪发现，尿嘧啶核苷酸的合成原料也是简单化合物，其中 N1、C4、C5、C6 均来自天冬氨酸，C2 和 N3 来自氨甲酰磷酸（CO_2 和 NH_3）。

CO_2 和 NH_3 先形成氨甲酰磷酸，再与天冬氨酸结合，生成乳清酸，经乳清苷酸脱羧形成尿苷酸。反应过程如图 6-18 所示。

尿嘧啶核苷酸的合成共有 6 步反应，催化的 6 种酶包括：①氨甲酰磷酸合成酶Ⅱ（CSPⅡ）；②天冬氨酸氨基甲酰转移酶，是关键调节酶；③二氢乳清酸酶；④二氢乳清酸脱氢酶；⑤乳清酸磷酸核糖转移酶；⑥乳清酸核苷酸脱羧酶。

2. 胞嘧啶核苷酸的合成

尿苷酸转化为胞苷酸，必须先转化为尿苷三磷酸形式。ATP 提供磷酸基，分别由依赖 ATP 的核苷单磷酸激酶和核苷二磷酸激酶催化。在尿苷三磷酸水平上合成胞嘧啶比较简单，由胞嘧啶核苷三磷酸合成酶（CTP 合成酶）催化，谷酰胺提供氨基，ATP 提供能量，经过转氨基形成 CTP。反应过程如图 6-19 所示。

3. 嘧啶核苷酸合成的调节

嘧啶核苷酸从头合成也有 3 个控制点，受到不同产物的反馈抑制。
1）在细菌中，天冬氨酸氨基甲酰转移酶是关键调节酶，CTP 是别构抑制剂。

199

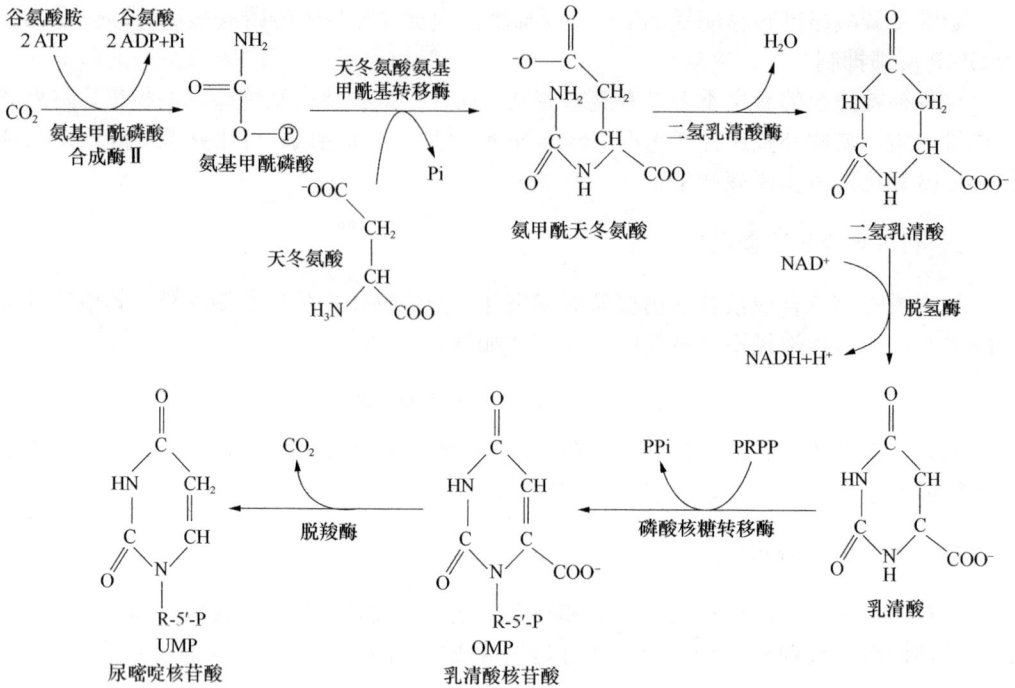

图 6-18 尿嘧啶核苷酸的合成

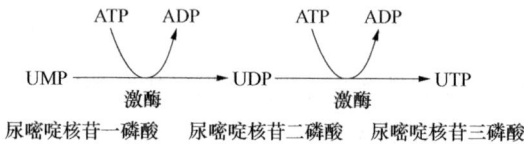

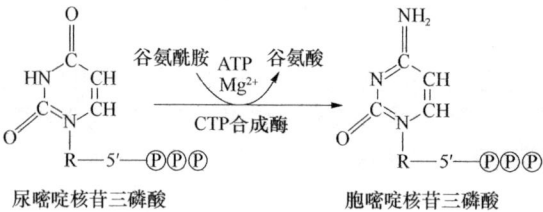

图 6-19 胞嘧啶核苷酸的合成

2）在哺乳动物体内，氨甲酰磷酸合成酶Ⅱ是关键调节酶，UMP 是别构抑制剂，PRPP 对该酶有激活作用。

PRPP 合成酶控制嘌呤和嘧啶两类核苷酸合成。嘌呤和嘧啶的合成有协同调控关系，以保持二者合成的平衡性。

3）CTP 合成酶催化 UTP 转氨基合成 CTP，也受 CTP 反馈抑制。

这 3 个控制点的调节称为逐步反馈抑制。UMP 抑制起步阶段的反应，CTP 抑制后续的反应。

（二）嘧啶核苷酸合成的补救途径

同嘌呤补救合成相似，生物（尤其动物）对外源的和降解的嘧啶碱基及核苷可重新利用，合成核苷酸。

前面讲到嘌呤的补救途径是磷酸核糖转移酶、磷酸化酶起主要作用，而嘧啶的补救途径则是嘧啶核苷激酶起主要作用。

胞嘧啶不能直接与 PRPP 反应生成胞苷酸，但可在形成胞苷后，由尿苷激酶磷酸化形成胞苷酸。

三、脱氧核苷酸的合成

脱氧核苷酸由相应的核苷酸还原产生，脱氧胸苷酸则由脱氧尿苷酸转化而来。

（一）核苷酸还原

在生物体内，腺嘌呤、鸟嘌呤、胞嘧啶、尿嘧啶 4 种碱基的核苷二磷酸均可被还原为相应的脱氧核苷酸。在动物和细菌中，这种核苷二磷酸还原酶是一个多酶复合体。

1. NDP 还原酶多酶复合体系

核苷二磷酸多酶复合体系有两种酶，3 个辅基与辅酶。两种酶分别是核苷二磷酸还原酶和硫氧还蛋白还原酶，辅基和辅酶包括硫氧还蛋白、FAD 和 NADP$^+$。核苷二磷酸还原酶也称 NDP 还原酶，分为 R1（2α，86 kDa）和 R2（2β，43.5 kDa）两个亚单位。每个亚单位都有两个相同亚基（2α 和 2β），两个亚基分开无活性。R2 亚单位中含非血红素铁。以硫氧还蛋白为辅酶。硫氧还蛋白分子量为 1.2 kDa，108 个氨基酸，含两个半胱氨酸（两个硫氢基），能进行氧化态和还原态转化。

该酶是别构调节酶，每个 a-亚基上都有效应物结合位点，ATP、三磷酸腺嘌呤脱氧核苷酸 dATP、三磷酸胸腺嘧啶脱氧核苷酸 dTTP、三磷酸鸟嘌呤脱氧核苷酸 dGTP 都是效应物。该多酶复合体可以被 Mg^{2+} 激活。

2. 硫氧还蛋白还原酶

它是含有 FAD 的黄蛋白，分子量为 58 kDa，由两条相向肽链组成。以 NADPH 为辅酶（氢供体），需 ATP 提供能量。在有的生物中，是谷氧还蛋白和谷氧还蛋白还原酶代替硫氧还蛋白和硫氧还蛋白还原酶。硫氧还蛋白中有两分子谷胱甘肽可以进行氧化态和还原态的转化，以传递氢。

3. 核苷二磷酸还原过程

核苷一磷酸可以在核苷一磷酸激酶作用下生成核苷二磷酸，ATP 是磷酸基供体。在核苷二磷酸水平上可以被还原。

这一还原过程比较复杂，大致过程有以下几步。

1）在硫氧还蛋白还原酶作用下，将 NADPH 的氢转移给酶的辅基 FAD，形成还原态的 FADH$_2$。

2）将氢传递给硫氧还蛋白还原酶的活性巯基。

3）硫氧还蛋白还原酶将氢传递给硫氧还蛋白的活性巯基，成为还原型硫氧还蛋白。

4）由核苷二磷酸还原酶（NDP 还原酶），将还原型硫氧还蛋白的氢转移到酶自身 R$_1$ 亚单位的活性巯基上，再转移到 R$_2$ 亚单位的活性巯基上（在核苷二磷酸还原酶的活性部位有两个活性的巯基）。

5）将氢传递给核苷二磷酸，使核苷酸还原。还原过程中，核苷二磷酸还原酶 R$_2$ 亚单位上的活性酪氨酸基团可以产生酪氨酸自由基，使核苷酸 3′-C 暂时脱去氢形成负碳离子，导致一个活性巯基的 II 传递给核糖 2′-羟基的氧原子。然后 2′-羟基脱水形成正碳离子，另一个活性巯基上的氢转移到核糖的 2′-C 上，形成脱氧核糖。

NDP 还原酶多酶复合体系的氧化还原过程如图 6-20 所示。

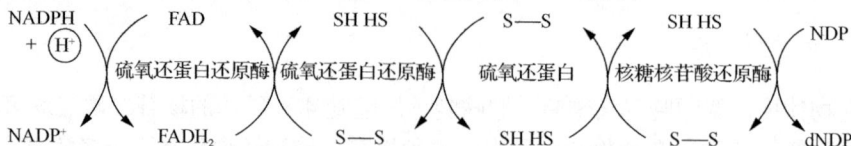

图 6-20　核苷二磷酸还原过程

在一些原核细胞（如乳酸杆菌、枯菌杆菌等）内，这种还原过程是以核苷三磷酸为底物的。在合成 DNA 时，所需的核苷酸单体是脱氧核苷三磷酸。dATP、dGTP 和三磷酸脱氧胞苷 dCTP 可以通过相对应的脱氧核苷二磷酸，在激酶作用下形成脱氧核苷三磷酸，由 ATP 供能和供磷酸基。dTTP 由脱氧尿苷二磷酸转化而来。反应式如下。

$$dNDP + ATP \xrightarrow{\text{激酶}} dNTP + ADP$$

（dNDP 为二磷酸胞嘧啶脱氧核苷酸，dNTP 为三磷酸胞嘧啶脱氧核苷酸）

（二）脱氧胸苷酸的合成

脱氧胸苷酸的合成，是先由脱氧胞苷酸脱氨基转为脱氧尿苷酸，由脱氧胞苷酸脱氨酶催化。该酶受 dCTP 促进，受 dTTP 抑制。脱氧尿苷二磷酸可由四氢叶酸提供甲基，由脱氧胸苷酸合成酶催化甲基化，生成脱氧胸苷酸。二氢叶酸通过二氢叶酸还原酶催化，NADPH 供氢，再还原为四氢叶酸。脱氧胸苷酸的合成和四氢叶酸的循环如图 6-21 所示。

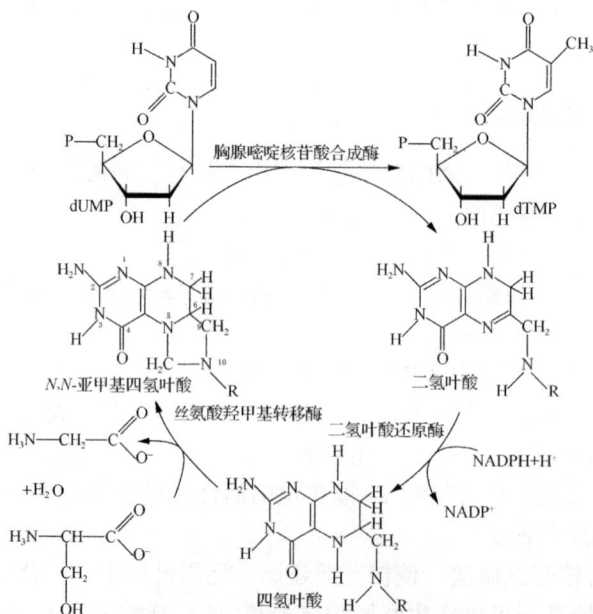

图 6-21　脱氧胸苷酸的合成和四氢叶酸的循环

任务五　核苷酸的分解

一、核苷酸的降解

生物体内广泛存在核苷酸酶（磷酸单酯酶），其可将核苷酸的磷酸基水解。这类水解酶的专一性不强，大多为非特异性核苷酸酶，对一切核苷酸都起作用，水解后产生相应的核苷。也有些核苷酸酶具有专一性，例如 5′-磷酸核苷酸酶专一水解 5′-磷酸核苷酸，3′-磷酸核苷酸酶专一水解 3′-磷酸核苷酸。水解过程如下。

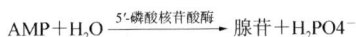

$$AMP + H_2O \xrightarrow{\text{5′-磷酸核苷酸酶}} \text{腺苷} + H_2PO4$$

核苷可以经核苷酶作用，分解为嘌呤或嘧啶和戊糖。核苷酶有两类：一类为核苷磷酸化酶，可将核苷磷酸分解为含氮碱和磷酸戊糖；另一类为核苷水解酶，可将核苷水解为含氮碱和戊糖，反应过程如下。

$$\text{核苷} + \text{磷酸} \xrightarrow{\text{核苷磷酸化酶}} \text{嘌呤或嘧啶碱} + \text{戊糖-1-磷酸}$$
$$\text{核苷} + H_2O \xrightarrow{\text{核苷水解酶}} \text{嘌呤或嘧啶碱} + \text{戊糖}$$

核苷磷酸化酶存在比较广泛，反应是可逆的；核苷水解酶主要存在于植物和微生物体内，只能对核糖核苷起作用，对于脱氧核糖核苷无作用，反应是不可逆的，动物体内次黄嘌呤核苷水解酶活性较高。

二、嘌呤的分解

腺嘌呤和鸟嘌呤的分解，先是在脱氨酶作用下水解脱氨，生成次黄嘌呤和黄嘌呤，再进一步氧化为尿酸，但动物体内的腺嘌呤脱氨酶极少，所以腺嘌呤的脱氨通常是在腺苷或腺苷酸水平上进行的。动物体内腺苷脱氨酶缺失会引起免疫缺陷症，导致淋巴细胞不能正常发育。

嘌呤核苷的降解如图 6-22 所示。

黄嘌呤氧化酶有两种相同亚基，每个亚基都有一个 FAD 和一个硫铁中心，还有一个钼原子。黄嘌呤氧化时发生一系列电子传递，然后电子交给分子氧，产生过氧化氢，再由过氧化氢酶分解。该酶受别嘌呤醇的抑制，因此常用别嘌呤醇治疗由尿酸积累引发的痛风。别嘌呤醇可被黄嘌呤氧化酶氧化为别黄嘌呤，与活性中心的钼原子结合使酶失活，从而抑制黄嘌呤氧化为尿酸。

大多数哺乳动物体内，嘌呤能分解为尿囊素排出体外，人及灵长类动物对嘌呤只能分解到尿酸为止，鸟类、爬行类及昆虫也主要以排尿酸为主。两栖动物和软骨鱼可将嘌呤分解为尿素，一些海洋类脊椎动物可将嘌呤完全分解为氨。

植物和微生物对嘌呤的分解与动物相似，并且植物体内广泛存在尿囊素酶、尿囊酸酶和脲酶，其可对嘌呤进行不同程度的分解。微生物也能将嘌呤分解为氨和 CO_2，以及一些有机酸等简单化合物。

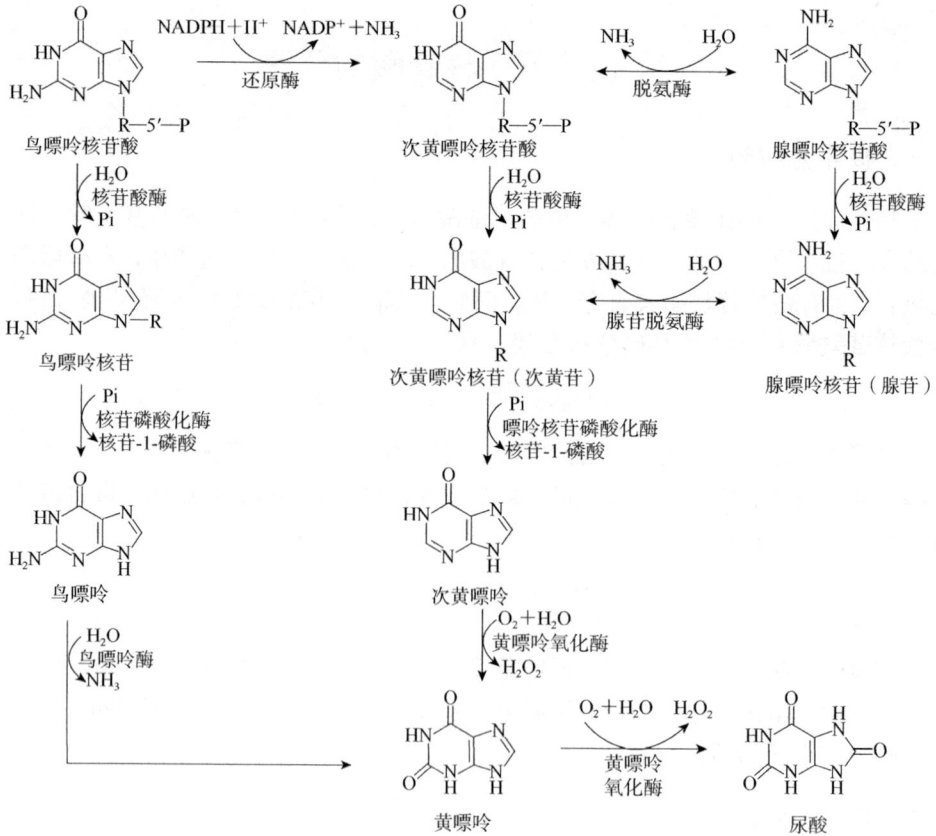

图 6-22　嘌呤核苷的降解

三、嘧啶的分解

胞嘧啶的分解，是在胞嘧啶脱氨酶作用下脱去氨基转变为尿嘧啶。尿嘧啶分解，则是在二氢尿嘧啶脱氢酶作用下还原为二氢尿嘧啶，然后在二氢嘧啶酶作用下水解裂环产生 β-脲基丙酸，并进一步水解为氨、CO_2 和 β-丙氨酸。

胸腺嘧啶的分解与尿嘧啶相似，先还原为二氢胸腺嘧啶也由二氢尿嘧啶脱氢酶催化。然后由二氢嘧啶酶催化水解裂环生成 β-脲基异丁酸，并可进一步水解为氨、CO_2 和 β-氨基异丁酸。β-氨基异丁酸可在转氨酶作用下脱去氨基，生成甲基丙二酸半醛，再进一步代谢。转氨基则由 α-酮戊二酸接受氨基生成谷氨酸。

任务六　核酸的应用

一、核酸与营养保健

人类母乳中含有尿苷酸、胞苷酸、腺苷酸、鸟苷酸、肌苷酸等多种核苷酸，对提高婴儿的免疫调节功能和记忆力发挥重要作用。欧美等国家生产的婴儿奶粉均按照母乳中核酸的含量添加微量核苷酸，也有添加 RNA 的例子。我国的保健品市场中有许多核酸产品。

膳食核酸对三大营养素的吸收和利用起着调节作用。例如，在低蛋白饮食的情况下，补充核酸能促进蛋白质的吸收和利用，消除低蛋白饮食造成的各种不良影响；在脂质代谢中，核酸可增加血中高密度脂蛋白和不饱和脂肪酸的含量，降低胆固醇的含量；肌苷酸还能促进肠道内铁的吸收和利用。核酸营养最根本的作用在于促进机体中每一个细胞的新陈代谢，达到细胞水平的年轻化，因此具有广泛的营养保健作用。

天然含核酸较多的食物有鱼白（鱼精子）、花粉、海产品（沙丁鱼含量最高），其次是家禽家畜的肝脏等内脏、虾蟹类、其他鱼类，蘑菇、洋葱、豆类中含量也较高。摄入含核酸丰富的食品，经消化吸收后，核酸中的嘌呤化合物成分经分解代谢后可产生尿酸，使尿液和血液呈酸性。在一般情况下，尿酸可完全由尿排出，不在身体某些关节处积累，但对个别患有嘌呤代谢障碍的人，尿酸累积多了，可能会导致痛风病。因此，摄入核酸食品的同时要多喝开水，使尿酸从尿液中排出。此外，还要多吃一些碱性食物，如牛奶、水果、蔬菜等。这些碱性食物可以防止血液、尿液酸化，还可以获得多种维生素、无机盐、膳食纤维等，它们与核酸协同作用，可大大提高抗衰保健效果。核酸类保健食品可增强人体免疫力，但服用过多有导致痛风、结石的危险。痛风患者、血尿酸高者、肾功能异常者不宜食用核酸类保健食品。

二、呈味核苷酸的应用

呈味核苷酸包括肌苷酸、鸟苷酸、胞苷酸、尿苷酸和黄苷酸，呈味核苷酸一般以淀粉为原料，经发酵法或酶解法制得。由肌苷酸、鸟苷酸按1∶1（质量比）混合成呈味核苷酸二钠在食品加工中得到广泛的应用。用少量呈味核苷酸与味精混合添加到食物中，有显著的协同增鲜与风味增强效果，胜过单独使用任何一种调味品，从而能够减少添加量，降低成本，而且鲜味更圆润，所以它常被广泛地添加到调味品（如鸡精、鸡粉、增鲜味精、酱油、调味包、汤料、番茄酱、蛋黄酱等）中，强化滋味，改善口感。呈味核苷酸对甜味、肉味、醇厚感有增效作用，对酸味、苦味、腥味、焦味等不良风味有消除或抑制作用。

呈味核苷酸本身是一种营养品，对人体健康有重要功能。人体适当补充呈味核苷酸，有提高肝功能、抗肿瘤、抗疲劳、提高免疫功能、保护胃肠黏膜、调节肠道菌群、维持正常代谢等功效。

三、转基因食品

转基因食品是以转基因生物为原料加工生产的食品，包括转基因植物食品、转基因动物食品和转基因微生物食品。目前，转基因生物技术的研究大多分布在抗虫基因工程、抗病基因工程、抗逆基因工程、品质基因工程、品质改良基因工程、控制发育的基因工程等领域。

首例转基因生物GMO于1983年问世，1986年基因作物被批准进行田间试验，1993年延熟保鲜番茄在美国批准上市，开创了转基因植物商业应用的先例。

    FDA 规定：如果营养成分没有差异，不需在食品标签上标明来自转基因还是非转基因作物。从食品的原料来源看，美国批准商业化的转基因作物品种有玉米、大豆、油菜、棉花、南瓜、番木瓜、土豆、甜菜、苜蓿等。而中国批准商业化生产的转基因作物有 7 类：抗虫棉花、延长储藏期的番茄、抗病辣椒、花色改变的牵牛花、抗病番木瓜、抗虫水稻、转植酸酶基因玉米。

    关于转基因食品的安全性一直存在巨大的争议，目前国际上没有达成共识，许多长期影响目前还不得而知，因此，对转基因食品应采取预防原则，在长期的安全性还没有完全确定之前，应该在食品生产中审慎使用转基因原料。

项目七 酶 及 应 用

📱项目导入

在活体细胞中每时每刻都在进行着大量化学反应，这些化学反应的特点是速度非常高，并且能有条不紊地进行，从而使细胞同时能进行各种降解代谢及合成代谢，以满足生命活动的需要。生物细胞之所以能在常温常压下以极高的速度和很高的专一性进行化学反应，是因为其中存在着生物催化剂——酶。

几千年来，酶一直参与人类的生产实践和生活实践活动。我们的祖先虽早就知道粮食可以酿酒、制酱、制醋，人能消化各种食物，绿色植物能制造……但人类对酶的科学认识起于 19 世纪，是从研究乙醇发酵开始的。对酶的深入研究、清楚了解还是 20 世纪的事。巴斯德、利比希及毕希纳等都曾对酵母乙醇发酵的条件、过程进行过研究，各自阐明了自己的见解，也有过争论，虽然一直无法达成共识，但正是他们的争论为酶的研究作出了贡献。直到 1878 年，才有了"酶"这个名称。

本项目的学习内容有酶的分子组成、酶的分类和命名、酶促反应的机制和特点、酶促反应动力学、酶的调节、酶的应用。

任务一　酶的分子组成

酶（enzyme）是活细胞合成的、具有高度催化效率和高度特异性的生物大分子。生物体内每时每刻都在进行着各种不同的化学反应，这些化学反应大多数是由酶催化来进行的。可以说，如果没有酶，生命也就不复存在了。早在 18 世纪，人们就注意到胃液能消化肉类，唾液能将淀粉变成糖。1857 年，法国著名科学家巴斯德认为发酵是酵母细胞中酵素（ferments）催化作用的结果。1878 年，库恩提出 enzyme 一词，中文译作酶。

1897 年，德国科学家毕希纳兄弟首次成功地用不含细胞的酵母提取液催化发酵，证明发酵过程并不需要完整的细胞。1926 年，美国科学家萨姆纳首次从刀豆中得到脲酶结晶，并证明脲酶是蛋白质。以后陆续证实已发现的 2000 余种酶都是蛋白质，因此人们认为酶的本质是蛋白质。直到 1982 年，切赫在研究四膜虫 rRNA 前体加工过程中，发现在没有蛋白质存在的条件下 rRNA 具有自我剪切功能，即 rRNA 具有酶活性。他将这种 RNA 命名为核酶（ribozymes）。1995 年，屈埃努等发现 DNA 也有连接酶和磷酸酯酶的活性，称为脱氧核酶（deoxyribozymes）。传统观念的酶和核酶、脱氧核酶都是生物催化剂。许多先天性遗传疾病是由体内某种酶的缺失或酶活性改变造成的。许多药物也是通过影响酶的活性及含量发挥其治疗作用的。

一、酶的概念

酶是生物自身合成的一类能加快生物化学反应速率并具有专一性的催化剂。其化学本质除少数有催化能力的 RNA 外都是蛋白质。

催化剂是指可以改变化学反应速率而在反应前后自身化学组成和数量保持不变的物质。催化剂不能改变化学平衡常数。酶是生物催化剂。

现已证明酶是存在于所有生物体内的催化剂，绝大多数的酶都存在于细胞内，细胞内的每一步反应都有酶参与。也有少数的酶存在于细胞外甚至生物体外，是在细胞内合成后分泌到细胞外或体外的。例如动物分泌消化酶到肠道中消化食物，微生物和植物根尖可分泌一些水解酶类到体外，将一些难溶性养分分解吸收等。

二、酶的催化性质

与无机催化剂相比，酶催化具有专一性、高效性和可调节性，以及催化限于生物体内环境等特点。

（一）专一性

大多数酶只能对一种物质的特定反应起催化作用，少数酶可对一类物质起催化作用。

无机催化剂也有选择性，如镍可催化二氧化碳和氢气产生甲烷，而用铜催化则产生甲醇：

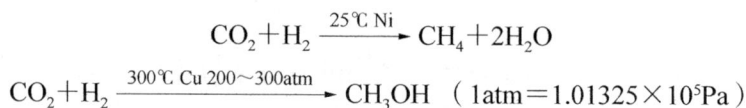

$$CO_2+H_2 \xrightarrow{25℃\ Ni} CH_4+2H_2O$$

$$CO_2+H_2 \xrightarrow{300℃\ Cu\ 200\sim300atm} CH_3OH \quad （1atm=1.01325\times10^5Pa）$$

但这种选择性和酶的专一性相比相差甚远。根据酶对底物的选择专一性程度，可分为以下几种情况。

1. 分子专一性

分子专一性是指严格地催化一种底物分子，如脲酶只能水解尿素分子，尿素分子中的一个氢被氯取代后就不能被催化。

2. 构型专一性

构型专一性也称为立体专一性，包括顺反异构和旋光异构。有些酶对顺反异构体有选择，如延胡素酸水化酶只能作用于反丁烯二酸，而对顺丁烯二酸无作用。有些酶对旋光异构体有专一性，只作用于底物的一种旋光异构体，而对另一个对映体无作用，如乳酸脱氢酶只能催化 L-乳酸脱氢为丙酮酸，对 D-乳酸无作用。

分子专一性和构型专一性又都可称为绝对专一性，即是指一种酶只能作用于一种底物。

3. 基团专一性

基团专一性是指只要求底物分子上具有某一特定基团。例如，α-D-糖苷酶可将 α-D-

糖苷水解，而不管另一边是什么配糖物。有些转氨酶可对多种氨基酸的氨基具有转移作用。

4. 键专一性

有一类酶对键两端基团要求均不严格，属于对底物结构要求最低者。例如，酯酶可催化所有酯键水解，脂肪酶可使各种脂肪水解，胃蛋白酶可使大多数肽链水解。这类酶大多是水解酶类。

基团专一性和键专一性界线不是很严格，基团专一性的本质也类似于键专一性。这两类专一性又称相对专一性，即某种酶的作用对象不只是一种底物，而是一类结构相似的底物，或者说对底物专一性的要求是相对的。

（二）高效性

高效性是指与无机催化剂相比催化效率要高出几个数量级。酶催化反应速率要比一些普通催化剂的催化反应速率高 $10^3 \sim 10^7$ 倍。

根据对多数酶的转换数测定，大多数酶在 1000 以上，高者达几十万，催化速度是惊人的，是无机催化剂所不能及的。

（三）可调节性

可调节性是指酶的催化活性可以通过某些机制进行调节，以改变催化反应速率。酶可通过自身结构的改变调节催化活性，如别构酶的别构调节、抑制剂和激活剂调节。普通无机催化剂的活性是无法调节的，只能通过改变反应条件来调节反应速率，如调节反应时的压力、温度等。

酶的催化也要受到反应条件的影响，如 pH 值、温度等，有些酶还受到辅酶、辅基数量的影响，并且酶对反应条件要求比较严格。

（四）酶只适于生物体内条件

酶是生物大分子，需要稳定的分子构象，酶的这一特点使酶的催化反应只能适合于生物体内环境，即适合于生物体内相对温和的稳定环境，要求温度、酸碱性、离子强度等保持相对恒定，以免环境变化过于激烈引起酶分子构象改变而失活。例如，生物体内温度和 pH 值不会有明显波动。如果环境变化过快或过于激烈，如出现高温、强酸、强碱等，酶则会变性。酶一旦变性，即将永久丧失活力，所以生物体内的酶促反应很难移到体外进行。

三、酶的化学组成

（一）酶是蛋白质

除少数有催化活性的 RNA 外，所有的酶都是蛋白质。世界上第一个被提纯并结晶的酶是脲酶，1926 年由萨姆纳提纯，并证明其化学性质是蛋白质。对大量的多种生物体内提取到的多种多样的酶进行化学分析表明，酶的化学本质是蛋白质。对酶的理化特性分析表明，酶具有蛋白质的几乎所有理化性质。为区别于其他蛋白质，将有催化能力的蛋白质称为酶蛋白。酶蛋白可以是简单蛋白质，也可以是结合蛋白质。酶蛋白一般具有三级或四级结构。有些酶蛋白能独立完成催化作用，有些酶需要其他一些辅助因子配合才有催化作用，有些酶组合在一起共同完成一个催化过程。因此，将酶按组成分 3 种类型：单纯酶、结合酶和多酶复合物。

1. 单纯酶

单纯酶也称单成分酶。这类酶蛋白自身就可完成催化作用。

有些单纯酶的酶蛋白只有一条多肽链，称为单体酶。大多单纯酶是水解酶类，如豚酶、胃蛋白酶、胰蛋白酶、核糖核酸酶、溶菌酶等。

有些单纯酶的酶蛋白由几个亚基组成，称为寡聚酶。亚基之间非共价结合，彼此很容易分开。例如，加入尿素等即可使亚基之间分开。此类酶大多是代谢酶类，一般具有可调节性。

2. 结合酶

酶蛋白本身不能独立完成催化作用，需结合一些小分子化合物或金属离子才有催化作用，这些小分子化合物称为辅因子。因此全酶可以看作是酶蛋白和辅因子的结合体，但也有少数辅因子是较大的分子或是蛋白质。

辅因子又分为两类：辅基和辅酶。二者的区别在于和酶蛋白结合的紧密程度。辅基与酶蛋白结合得比较牢固，不易与酶蛋白分离；辅酶较容易和酶蛋白分离。一般在细胞中，辅基不游离存在，或者说比较牢固地结合在酶蛋白的某个位置上，就称为辅基。辅酶可游离存在。辅酶大多是维生素类及与某些核苷酸结合的衍生物质，有些情况下金属离子不是与酶蛋白结合牢固，而是游离存在，这种情况下金属离子不称辅酶，而称激活剂或活化剂。一般来说，金属离子与酶蛋白共价结合，结合得比较牢固，不能游离。金属离子与酶蛋白若是非共价结合，可脱离酶蛋白游离存在。

3. 多酶复合体

多酶复合体也称多酶复合物或多酶络合物，是由几个酶彼此嵌合形成的复合体，一般由 2～6 个功能相关的酶组成。个别的多酶复合物由一条肽链的不同区域构成多个活性中心。这种多酶复合物特称为多功能酶，如哺乳动物脂肪酸合成多酶复合物。

多酶复合物有利于一系列反应的连续进行，以提高酶的催化效率，如丙酮酸脱氢酶系、脂肪酸合成酶系等。

（二）某些 RNA 具有催化活性

曾经有很长一段时间，人们一直认为酶都是蛋白质，所以常说酶是有催化活性的蛋白质。但后来发现少数核酸也有催化活性，从而打破了所有的酶都是蛋白质这一传统观念。

1982 年，切赫发现四膜虫的 26S rRNA 前体可以自行拼接，不需要蛋白质酶的催化。1986 年，又发现了 L19RNA 具有催化功能，能在一定条件下以高度专一性的方式催化寡聚核糖核苷酸底物的切割与连接。这说明某些 RNA 具有酶的活性，所以酶不再全是蛋白质。

为区别于蛋白质的酶，将有催化活性的 RNA 称为核酶；这一概念现已被广泛接受。但核酶与蛋白质酶还是有区别的。一是其作用的范围极其有限，只对生物体内极少数的催化过程发生作用，甚至不能反复作用，如核酸的自我拼接。二是催化的机理可能与蛋白质酶不同。是否可将有催化活性的 RNA 完全纳入酶的范围还有待于对其催化机理的阐明，目前对核酶的催化机理还不清楚。

此外，还有一些蛋白质的作用方式与酶促反应有相似之处，如作为抗体的免疫球蛋白与抗原的结合，所以有的书中将免疫球蛋白称为抗体酶，但还不足以称为真正意义的酶。

四、酶的活性中心

实际上，酶的分子结构中并不是所有部位都有催化能力，只在酶分子的某一特定部位有催化能力，这一有催化能力的部位称为酶的活性中心。其余大部分是维持酶分子结构的基础。

活性中心在酶蛋白的三维结构上一般由几个比较靠近的氨基酸残基或氨基酸的某些基团构成，这些氨基酸残基在一级结构上可能相距很远，甚至在不同肽链上，通过三级或四级结构，就相遇而组合在一起构成活性中心。有时辅基或辅酶也参与活性中心的组成，如图 7-1 所示。

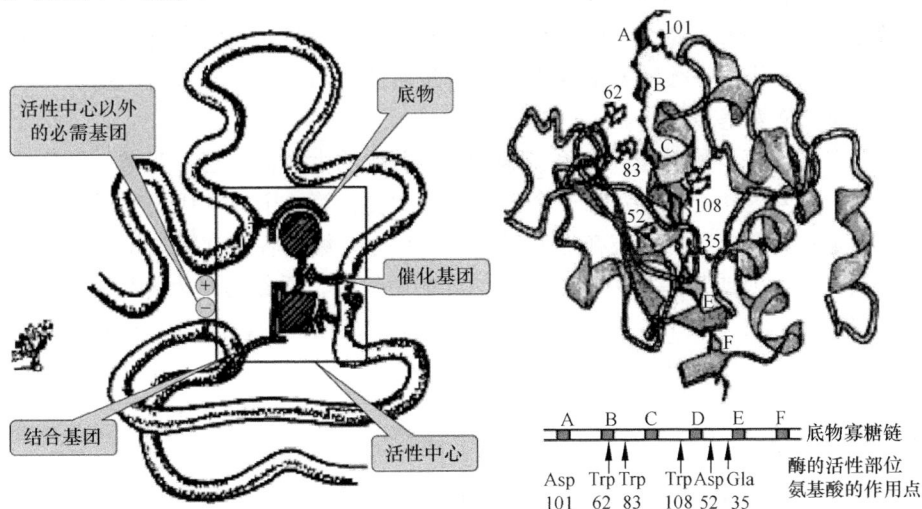

图 7-1　酶的活性中心示意图

同源蛋白质中某些氨基酸是不变残基，很多参与活性中心构成，一旦发生改变就带来功能上的丧失。

一般认为，酶有催化能力的活性中心应有两个功能部位：一个是底物结合部位，靠此部位将底物结合到酶分子上；另一个是催化部位，靠此部位将底物的键打断并形成新的键，完成催化过程。

酶的活性中心以外的其他部位也不是无用的，它们至少为活性中心提供了结构基础，维持了酶蛋白的完整空间结构，是酶活性存在的前提。如果环境过于激烈导致酶蛋白变性心已经测出，并绘出了三维立体图，如溶菌酶、胰凝乳蛋白酶等。三维构象遭到破坏，活性中心也随之散开不复存在了。

任务二　酶的分类和命名

一、酶的命名

（一）习惯命名法

1961 年以前，酶都是采用习惯命名法命名，现在也仍在沿用。习惯命名法比较简单明确，容易记忆，但不系统，个别情况下易出现混乱。习惯命名法是用催化反应的底物名加"酶"字（英文词尾加-ase），或反应性质加"酶"字，或二者兼用。如水解淀粉的酶称为淀粉酶，催化氨基转移的酶称为转氨酶，二者兼用的如琥珀酸脱氢酶等。个别酶还加上来源（这类酶英文词尾多不加-ase），如胃蛋白酶（pepsin）来自胃，胰蛋白酶（trypsin）来自胰，木瓜蛋白酶来自木瓜等。

（二）系统命名法

国际生化学会酶学委员会 1961 年确定了系统命名法。系统命名要写明底物名称和催化反应性质，底物要写两个，中间用冒号分开。酶的命名通式为底物：底物＋反应性质＋酶。例如，催化丙氨酸转氨生成谷氨酸的酶习惯命名为谷丙转氨酶，系统命名为丙氨酸：α-酮戊二酸氨基转移酶。

系统命名还对每个酶赋予一个系统编号，接着酶的大类再分若干亚类，再分编顺序号。一个酶的编号为 4 个数字：第一个数字代表大类；第二个数字代表亚类；第三个数字代表亚亚类；第四个数字代表在亚亚类中的排序号。编号各层次间加逗号。具体酶的编号须查阅酶学手册或某些相关专著。例如乳酸脱氢酶，系统命名为乳酸：NAD^+氧化还原酶，编号为 EC1.1.1.27。系统命名法比较科学但烦琐，所以国内大多数书中仍沿用习惯命名法，只在一些酶学专著中使用系统命名法。

二、酶的分类

酶的国际系统分类对酶的分类是按酶促反应划分的，按催化反应类型可将酶分为 6 大类。

（一）氧化还原酶

1. 脱氢酶类

催化还原反应为

$$AH_2 + B \Longrightarrow A + BH_2 \quad (A \text{ 代表氢供体，} B \text{ 代表氢受体})$$

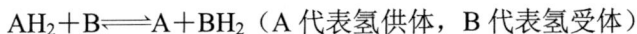

脱氢酶一般有辅酶或辅基。如乳酸脱氢酶的辅酶为 NAD^+（烟酰胺-腺嘌呤二核苷酸，也称辅酶 I）、6-磷酸葡萄糖脱氢酶的辅酶为 $NADP^+$（烟酰胺腺嘌呤二核苷酸磷酸，也称辅酶 II）等。比较重要的辅酶或辅基将在后续内容中进行介绍。

2. 氧化酶类

催化氧化反应为

$$AH_2 + 1/2\,O_2 \longrightarrow A + H_2O$$

或

$$AH_2 + O_2 \longrightarrow A + H_2O_2$$

生物体内有很多氧化酶类，如过氧化氢酶、氢化酶、加氧酶等都属于氧化酶。氧化酶一般没有辅酶，有的氧化酶有辅基或金属离子，如过氧化物酶的辅基是血红素。

（二）转移酶类

催化有机物分子上基团的转移反应为

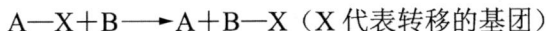

$$A\!-\!X + B \longrightarrow A + B\!-\!X \quad (X \text{ 代表转移的基团})$$

转移酶大多有辅酶，如糖的分解及脂肪合成中用于转移乙酰基的酶都以辅酶 A 作为辅酶，作用是转移乙酰基，作为二碳单位载体。而转移一碳单位的酶则以四氢叶酸为辅酶，其也可以看作一碳单位的载体。很多转氨酶以磷酸吡哆醛作为辅酶，其作用是转移氨基。一些激酶和磷酸化酶也属于转移酶，其作用是转移磷酸基，但涉及能量变化较大。

（三）水解酶类

催化加水分解反应为

$$R\!-\!R' + H_2O \longrightarrow R\!-\!OH + HR'$$

水解酶大多为单纯酶蛋白，一般没有辅基或辅酶。例如，蛋白酶、核酸酶、淀粉酶、酯酶等都是水解酶。反应中都有水分子参与，以水作为被转移基团的受体。

（四）裂解酶类（裂合酶类）

催化裂解反应是从底物分子中移去一个基团而使共价键断裂，产物常形成双键。较重要的裂解酶有以下几种。

1）脱羧酶，辅酶是焦磷酸硫胺素。
2）脱水酶，也称水化酶。
3）醛缩酶，是糖代谢的重要酶。
4）脱氨酶。

（五）异构酶

异构酶是催化同分异构体相互转化的酶，可使分子内部基团或化学键重新排布，如顺反异构酶、变位酶、消旋酶、糖酵解的 6-磷酸葡萄糖变位酶等。

（六）合成酶类（连接酶类）

合成酶类（连接酶类）是催化两分子相互结合的酶。这类反应一般由 ATP 供给能量，此类酶可使 ATP 分子的高能磷酸键断裂，即与 ATP 分解偶联，如谷氨酰胺合成酶。也有一些反应中两分子结合时不需要 ATP 供给能量，很多书中将这种情况下的合成酶称为合酶。例如，三羧酸循环的第一步反应中草酰乙酸与乙酰辅酶 A 结合生成柠檬酸，反应中没有 ATP 参与，催化的酶称为柠檬酸合酶。

三、酶的制备与应用

酶虽然广泛存在于生物体内，但含量是相当少的。某些具有特殊功能的酶也只存在于生物体的某些专门器官或组织中。利用天然材料制取酶时要选择富有提取酶的材料，如细胞色素 C 可从猪、牛、马的心脏中提取，凝血酶可从牛血中提取等。利用微生物发酵法生产酶虽然比天然材料含量大，但比例仍是相当低的，需要大量材料进行提取、分离、浓缩。

酶是有生物活性的蛋白质，具有精确的空间立体结构，提取时必须保证其不发生变性，这就极大地限制了提取分离的方式和条件。酶的活力受温度、pH 值及各种抑制剂等因素影响，所以酶的提取要防止腐败变质及各促变性因素的影响。

（一）酶的提取

1. 材料的处理

细胞外的酶可以直接进行提取分离，胞内游离存在的酶及与细胞器或膜系统结合的酶要经过破碎细胞过程，使这些结合酶转变成水溶性酶。破碎细胞的方法有以下几种。

（1）化学法

化学法是指用盐、碱、表面活性剂、EDTA、丙酮和正丁醇等使细胞破碎，细胞内亚显微结构解体，从而把酶释放出来。例如，用数倍量丙酮处理胰脏 2~3 次，制成丙酮粉后可供多种酶的提取。

表面活性剂有阴离子型（如脂肪酸盐、烷基苯磺酸盐及胆酸盐等）、阳离子型（如氧化苄烷基二甲基铵等）和非离子型[如 Triton X-100、Triton X-114、吐温 60（Tween-60）、吐温 80（Tween-80）]。非离子型表面活性剂比离子型温和，不易引起酶的失活，使用较多，对于膜结构上的脂蛋白和结合酶，已广泛采用胆酸盐处理，两者形成复合物，并带上净电荷。电荷之间的排斥作用使膜破裂，达到溶解。

（2）酶解法

酶解法是指用组织自溶方式，或用溶菌酶、脱氧核糖核酸酶、磷脂酶等降解细胞膜结构，再进行提取。但要注意，组织自溶法对某些酶的提取是不利的，用纯的工具酶降解法效果会好些。

（3）冻融法

反复冻融时，细胞中形成冰晶及非冻结液体中盐浓度的增高可以使细胞破裂。

（4）机械法

机械法包括绞碎、剖碎、匀浆、研磨、超声波、挤压等。研磨时可加入细砂、石英粉、氧化铝等，以利于细胞破碎。

2. 提取溶剂

酶的提取溶剂可以用水、一定浓度的乙醇、乙二醇、丁醇和稀盐溶液、缓冲溶液等，也可以用稀碱或稀酸溶液，如用稀硫酸提取胰蛋白酶、用稀盐酸提取胃蛋白酶。多数酶的提取要在5℃以下操作，但有的酶在较高温度下提取更好，如胃蛋白酶在45℃时提取收率较高。提取液的 pH 值应在酶的稳定 pH 值范围内，并以远离其等电点的 pH 值值为宜，如玻璃酶在 pH 值为 3.5 时提取，胃蛋白酶选用 pH 值为 2.5～3.0。正丁醇的亲脂性强，能透入酶的脂质结合物中，又兼有亲水性，有类似表面活性剂的作用，适用于提取结合酶。

液渣分离可用过滤法（如板框压滤、旋转真空过滤）或离心法。过滤时可加硅藻土、纸浆等为助滤剂。离心时可加入氢氧化铝凝胶、磷酸钙凝胶等，以除去悬浮的胶体物质。

3. 提取液的浓缩

提取的酶液为减少纯化操作容积，常先进行浓缩，如采用真空减压浓缩、薄膜浓缩等。对于少量酶液，可以用透析袋浓缩，或用聚乙二醇或小孔径葡聚糖凝胶吸收浓缩，也可用超滤膜浓缩。

（二）酶的分离纯化

酶提取液中含有一些杂蛋白、多糖、脂类、核酸或其他杂质，必须进行分离纯化。一般来说，凡用于蛋白质的纯化手段均适用于酶的纯化，如盐析法、聚乙二醇沉淀法、各种柱层析法等。不同之处是酶的纯化过程尚需选用迅速简便的活力定量方法，以追踪酶的去向，在选用酶的活力测定方法时，分析方法的速度要比其精确度更为重要。

对提取液中杂质的去除，通常采用沉淀法，利用蛋白质对酸、碱、盐和某些沉淀剂反应的差异，可除去非活性杂蛋白及其他杂质。例如制备脂肪酶时，在 pH 值为 3.4、40℃加热 150 min，可使淀粉酶活力丧失 90%而被除去；加入乙酸铝、丹宁酸等蛋白质沉淀剂，可除去黏多糖类杂质及一些杂蛋白；加入氯化锰、鱼精蛋白硫酸盐等，可沉淀除去核酸类杂质。通常，分离纯化过程不是一步两步就能完成的，有时可能要十几步，纯化步骤越少越好，因为增加步骤势必增加酶的丢失。

对一般含盐浓度高的粗提取液，可采用盐析法而不便于用吸附法；而对离子强度较低的酶提取液，可先用吸附法或离子交换法，再进行盐析，或者交替使用不同的沉淀法，常比单独重复同一类型的方法更能奏效。所以常将吸附法、盐析法和有机溶剂分级沉淀法串联起来进行纯化。

215

1. 盐析法

盐析法是一种十分常用的纯化手段，较多用在蛋白质分离，尤其是酶的分离中，特别是在粗提阶段。其优点在于成本低，不需要昂贵的设备，并且操作简便，容易掌握，对许多生物活性物质具有稳定作用。缺点是盐析中很多杂蛋白会发生共沉现象，使纯化程度不是很高。

影响盐析效果的因素主要有离子强度和离子类型、溶液的 pH 值、温度，还有溶质的浓度。

盐析法的分离效果和溶液中酶蛋白的实际浓度有很大关系。高浓度的酶蛋白溶液可以节约盐的用量，当酶蛋白含量较低时，需要加入更多的中性盐才开始沉淀。但高浓度盐析时会发生严重的共沉作用，一般认为 2.5%～3.0% 的浓度比较适中。

不同的蛋白质（浓度相同）发生盐析时所要求的离子强度是不同的。用不同离子强度分步盐析，就可以分离混合物中各种组分。分离时一般从低离子强度到高离子强度顺次进行，每一组分被盐析出来后，再在溶液中逐渐提高中性盐的饱和度，使另一种蛋白质组分盐析出来。

离子半径小而电荷高的离子在盐析方面影响较强，离子半径大而电荷低的离子影响较弱。例如，常用盐对蛋白质的盐析效应顺序为磷酸钾>硫酸钠>硫酸铵>柠檬酸钠>硫酸镁。镁离子比铵根离子小，但实际上硫酸镁的盐析效应不如硫酸铵，这主要是由于镁离子在高离子强度下产生了一层颇大的离子雾，从而减小了它的盐析效应。

溶液的 pH 值距蛋白质的等电点越近，净电荷越少，盐析所需的盐浓度就越小；溶液的 pH 值接近其等电点时最易析出。此性质适合于大部分蛋白质。但必须注意，在水中或稀盐溶液中测得的蛋白质等电点与高盐浓度下所测的结果是不同的。

蛋白质、多肽等生物大分子在低离子强度或纯水中，其溶解度大多数是在一定温度范围内随着温度升高而增加的；但在高离子强度溶液中，温度升高，它们的溶解度不但不升高，反而下降。也有部分蛋白质温度下降引起溶解度减小，如胃蛋白酶。所以温度变化引起各种蛋白质溶解度变化是不同的，在实际操作中应加以注意，选择合适的温度进行分步沉淀。

盐析常用的中性盐有硫酸铵、硫酸钠、硫酸镁、磷酸钠、磷酸钾、氯化钠、氯化钾等，对酶蛋白等大分子盐析，硫酸铵最为常用，硫酸钠次之。硫酸铵的特点是饱和溶液的浓度大，盐析能力较强，且溶解度受温度影响很小，一般不会引起蛋白质明显变性；缺点是缓冲能力差。浓硫酸铵的 pH 值常为 4.5～5.5，在使用前有时需用氨水调节 pH 值。

2. 有机溶剂沉淀法

有机溶剂对许多能溶于水的小分子生化物质，以及核酸、多糖、蛋白质等生物大分子都可发生沉淀作用，使这些生化物质从溶液中分别沉淀出来，但缺点是易使某些酶蛋白变性，所以只适用于一部分酶的沉淀。

有机溶剂中使用较多的是乙醇和丙酮。甲醇也是很好的沉淀剂，引起蛋白质变性的可能性比乙醇小。但因为丙酮和甲醇都对人体有一定毒性，所以乙醇使用得最普遍。

大多数酶在有机溶剂中对温度反应特别敏感，温度稍高即发生变性，因此加入的有机溶剂必须预冷至较低温度，操作也要在低温（冰溶）下进行。

有机溶剂沉淀的酶如果不能立即溶解进行第二步分离，则应立即抽干，减少沉淀中有机溶剂的含量，以免影响酶活性。

3. 层析法

层析法也是分离酶蛋白的常用方法，应用较多的是凝胶层析（分子筛层析）和离子交换层析。

（1）凝胶层析

凝胶层析原理是将样品通过一定孔径的凝胶固定相，在流动中分子阻力的差异使分子量不同的组分得以分离。目前应用的凝胶固定相有葡聚糖、琼脂糖、聚丙烯酰胺、多孔硅胶、多孔玻璃等。常用的是葡聚糖和琼脂糖。

葡聚糖凝胶是由葡聚糖和甘油基以酯桥相互交联形成的网状结构，如图 7-2 所示。网眼大小（交联度）的控制通过交联剂及反应条件来实现，交联度越大，网孔结构越紧密，交联度越小，网孔结构越疏松。

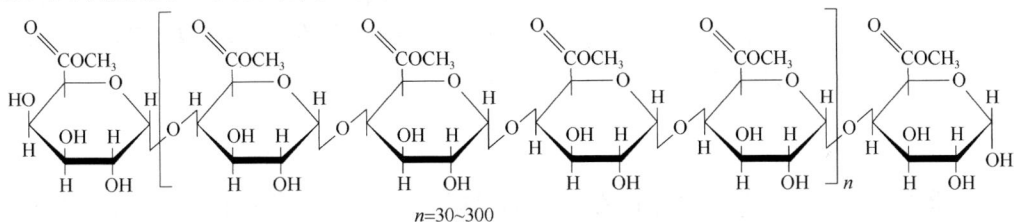

$n=30\sim300$

图 7-2 葡聚糖凝胶的结构

Sephadex 型的各种葡聚糖凝胶，是一种非离子型的无定形或称珠状颗粒物质，化学性质比较稳定，不溶于水、弱酸、碱和盐溶液；本身具有很弱的酸性；可在 120 ℃加热 30 min 灭菌而不被破坏。

琼脂糖凝胶是一种天然凝胶，它不是以共价交联，而是以氢键交联的。不同孔隙程度是通过改变琼脂糖浓度达到的。其化学稳定性不如葡聚糖凝胶，没有干凝胶，必须在溶胀状态下保存，多用于分离特大的分子。

（2）离子交换层析

离子交换层析也是酶蛋白纯化的常用方法，离子交换剂由骨架结构和离子交换功能基团组成，可以是阴离子交换基团，也可以是阳离子交换基团。根据离子交换剂中基质的组成和性质，可将其分成疏水性和亲水性两大类。疏水性离子交换剂中的基质是人工合成的、与水结合力较小的树脂，常用的树脂是由苯乙烯和二乙烯苯合成的聚合物，如聚苯乙烯树脂等。亲水性离子交换剂与水的亲和力较大，载体孔径大，适合于分离生物大分子。常用的有纤维素离子交换剂及葡聚糖系离子交换剂两类。例如，国产的 DEAE-纤维素和 CM-纤维素及 DEAE-Bio-GelA 和 CM-Bio-GelA 离子交换剂等。

（3）酶的结晶

当酶达到一定纯度时，就可以进行结晶，结晶也是纯化酶的有效手段之一。通常可以添加硫酸铵、氯化钠等盐使酶慢慢结晶出来。必须注意控制温度和 pH 值，盐浓度要逐渐提高，并且添加速度要慢，才能得到较好的结晶。在少数情况下，将酶液浓缩到近饱和状态，在低温下保存，也能慢慢析出酶结晶。采用平衡透析法（即将酶液装入透析袋，置于一定饱和度的盐溶液进行透析）可以获得大量结晶。结晶酶也并不意味着就是纯酶，酶的第一次结晶纯度有时仍低于 50%，应根据需要决定是否进一步纯化。

任务三　酶促反应的机制和特点

酶的催化作用具有惊人的专一性和高效性，那么酶是如何实现催化底物的专一性和高效性的呢？其机制如何？大量研究认为，酶的活性部位和底物之间存在多种弱的非共价的相互作用，由此对酶的活性中心的结合和催化功能基团以及底物分子的构象产生了微妙的变化，这些变化导致了酶的活性中心和底物分子的空间构象更为互补，同时也使能量的状态和分布发生改变。这些都为酶分子的专一性和高效催化提供了可能。从酶和底物之间的相互作用过程来讲，专一性和高效性都不是独立的，没有酶和底物之间的互补就没有专一性，也就不可能有催化的高效性。

一、酶的底物专一性机制

酶催化的特点之一是酶对底物的专一性，这种专一性常常苛刻到专一的对映体上。这是由于酶的催化是中间产物理论，酶和底物之间暂时结合形成酶和底物的中间产物。复合物是催化作用的基础。酶和底物之间是否能够结合并形成中间产物，可以从以下 3 个方面进行分析。

（一）酶与底物分子的几何互补性

从酶蛋白的结构分析来看，酶的活性中心都在酶分子的凹陷或裂隙中。酶的底物结合部位也具有特定的空间特征，必须与底物分子的形状有一定的互补性，才能使底物分子进入酶的活性中心与结合部位结合，这种互补称为几何互补性。过去把这种互补称为锁钥学说，如图 7-3 所示。

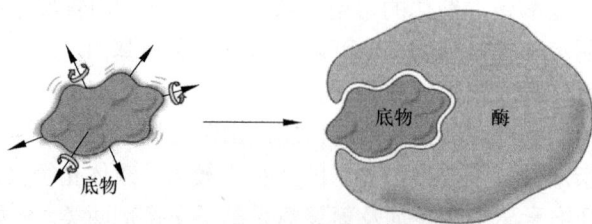

图 7-3　酶的活性中心与底物互补示意图

锁钥学说最早是 1894 年由费歇尔提出的，他认为底物分子像一把钥匙，酶像一把锁，如二者结构是互补的，则底物分子可以进入酶的活性中心，达到催化目的。如不互补，则底物分子不能进入活性中心，如图 7-4 所示。

这种锁钥式的几何形状互补能够简单地说明酶对催化底物的专一性机制，但尚不充分。酶与底物的作用是使底物分子改变，这其中也必然存在酶分子本身构象的改变，才能使催化反应完成。如果是完全的几何互补，则底物被限制在一个固定的几何形状中，没有分子转化的余地，酶便不能行使催化作用。同时，这种单纯的几何互补也不能解释逆反应的进行。

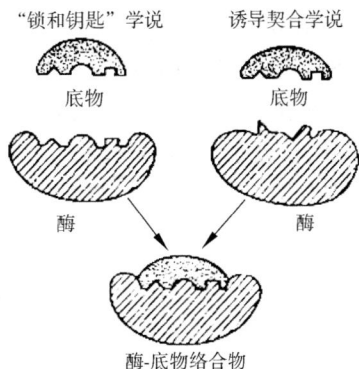

图 7-4 "锁和钥匙"学说与诱导契合学说

（二）酶的活性中心的功能基团与底物分子基团的相互作用

酶与底物分子几何形状的互补是酶与底物结合的前提。当酶分子与底物分子相互靠近结合时，酶的活性中心结合部位的氨基酸残基上的某些基团，必然要与底物分子的某些基团相遇而发生作用。其作用的程度和结果取决于双方基团在空间的取向和电荷性。这种作用也被称为电子互补，或被称为非共价的弱相互作用。这种作用决定了酶和底物之间能否形成中间产物，所以说酶催化的专一性和催化高效性是联系在一起的不可分割的过程。酶的活性中心结合部位的氨基酸残基排列或取向如果能够与底物分子基团接近产生弱相互作用，如有正负电荷的静电作用，或极性基团相互作用，或有电子共轭等，则会进一步诱导酶和底物双方改变构象，完成催化作用。如果不能接近或接近后不能发生弱相互作用，可能酶和底物双方都不会发生构象改变，而不能产生催化作用。

（三）酶和底物分子的诱导模合

很多研究发现，酶和底物分子的互补并不是完全的互补。酶和底物基团在接近后，各自的空间取向及相互作用则进一步决定两者的互补。如果相互作用后使互补性降低，甚至相互排斥，则不能进一步产生中间产物，也说明底物不适合而不能进行催化作用。如果酶和底物分子经过相互诱导，使底物分子构象发生某种程度的变形，更适合与酶分子结合，或者经过诱导，酶分子的构象发生微小的变形更适合与底物结合，或者酶和底物都发生变形使二者更易结合为临时的中间产物，则便于下一步引起催化反应。这种经过酶和底物分子双方诱导后形成的构象的微小改变和进一步互补称为转换态的互补，或称为诱导契合，如图 7-5 所示。

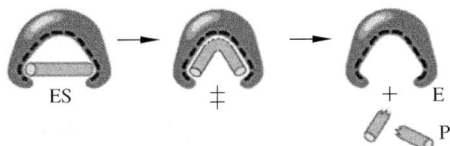

图 7-5 酶与底物的诱导作用形成高能状态的中间产物完成催化作用

1958 年，科什兰首先提出诱导契合假说，认为底物与酶蛋白接近后，诱导了酶构象发生微小变化，同时底物分子也发生微小的改变。这种构象变化有利于正确底物的结合，他把这种诱导后的互补称为诱导契合。而不正确的底物不能完成这种结合。当时由于条件限制，无法验证这一假说，后来 X 射线衍射分析结果支持了这一假说，酶与底物的结合确实有构象改变发生，即观测到酶结合与不结合底物，酶的构象是不一样的。如图 7-6 所示。

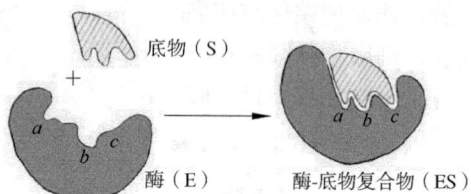

图 7-6　酶变形以适合底物

这种诱导契合假说现在已被广泛接受，并认为这是一种酶和底物分子的识别机制。经过这样一种弱的相互作用的识别，酶的活性中心基团和底物分子能更好地进行空间取向，以一种有利于底物结合的取向排列，以便下一步的催化反应能有利准确地进行。

研究还发现，酶的活性中心是不对称的。酶对不同的旋光异构体能够区分，就在于酶的活性中心的不对称性。例如，酵母乙醇脱氢酶催化乙醇转变为乙醛时，对乙醇亚甲基上的两个氢是能够区分的。如果将两个氢用氘标记，催化后一个氘转移到烟酰胺上，另一个氘仍留在乙醇上。反过来，用带有氘的烟酰胺还原未标记的乙醛，则产物乙醇为 D 型（R 型）。如使用不带氘的烟酰胺还原带氘的乙醛，则产物乙醇为 L 型（S 型）。

有的酶可以催化一类分子的同类反应，如蛋白酶、脂肪酶。但这种低选择性也存在优先选择。底物与酶互补性较强、结构较合适的，催化反应更快些。这类酶大多是胞外酶。

在生物细胞内绝大多数酶只对一种底物起特定的催化功能。

二、酶的催化高效性机制

生物体需要高效地、选择性地催化特定的化学反应，这种催化作用贯穿于生命活动的整个过程，对酶的催化机制的探讨也贯穿于生物化学发展过程中，但对于酶的催化机制的深入认识还是在近几十年。经过很多人的努力，对酶的催化机制的认识集中在以下几方面。

（一）酶的催化作用在于降低反应中分子所需要的活化能

化学反应速率取决于反应物分子的有效碰撞，而发生有效碰撞的分子要有一个最低的能量状态，即最低的活化能。这样的分子称为活化分子。

活化能是指活化分子具有的最低能量与分子的平均能量之差。或者说，一个反应物分子，在未发生化学反应前的状态称为基态，在标准状态（温度 298 K，气体分压为 1 atm 或 101.3 kPa，溶液浓度为 1 mol/L，pH 值为 7.0）下，基态所具有的自由能称为标准自由能，而能达到发生化学反应的状态称为激发态，激发态所具有的自由能称为过渡态（transitionstate）自由能，基态与过渡态的能量差称为活化能。

参加反应的分子必须具有足够的能量才能克服对方的斥力，充分接近另一分子并取得正确的定向，这才能保证有效的碰撞发生，产生分子反应。但在一个反应体系中并不是所有的分子都具备这样的能量，往往只有一小部分分子才具备这样的能量。如果能够使分子发生有效碰撞所需的能量降低，将会有更多的分子参加反应，也就会使反应速率加快。酶的作用正是利用自身结构的特点，使反应分子发生有效碰撞所需的活化能降低，而使反应加快。至于酶是如何降低反应分子所需要的活化能的将在下面进一步讨论。

（二）酶催化的中间产物理论

对于酶催化的机理常常用中间产物理论解释，即形成酶-底物复合物（ES）。

早在 20 世纪 30 年代就有人提出，酶与其底物的弱结合作用是导致底物分子形变及催化的原因。后来有人提出酶催化的诱导契合学说，中间产物理论过去称为中间产物假说，认为酶促反应中酶先与底物形成中间产物，再解离为酶和产物。现在已有部分酶反应的中间产物被分离出来，如胰凝乳蛋白酶水解乙酰对硝基酚可形成乙酰化胰凝乳酶，特别是水解三氟乙酰对硝基酚时形成的三氟乙酰胰凝乳酶较稳定，在低温下可得到结晶，证明中间产物确实存在，支持了中间产物理论。

酶活性部位可以与底物形成酶-底物复合物，是酶与底物分子弱相互作用的结果。由于酶和底物的相互诱导作用，酶分子的活性部位和底物分子构象发生微小的形变，导致酶和底物之间结构进一步互补而非共价结合在一起，处于一个暂时的相对稳定状态，也使能量状态有所降低，即这种复合物的形成并未使底物能量状态改变，甚至导致酶-底物复合物的自由能比未结合前还要略低，这样从能量角度讲，形成复合物是比较容易的。

（三）酶与底物的邻近效应和定向效应

由于邻近效应，底物分子在酶活性部位聚集，与其他分子和酶分子的碰撞概率都增加。分子间的碰撞由于能量的限制还不能反应。

反应分子的有效碰撞是通过分子的扩散相遇的。在细胞内的正常生理浓度范围内，反应分子的相遇概率是很低的。当然反应分子与酶分子相遇的概率也是很低的。

有人曾提出酶的活性中心有一些功能基团，对底物分子有很强的静电引力。目前对这种说法还没有直接的实验证据。但酶催化的中间产物理论表明，这种引力（或称为亲和力）是存在的。反应物的分子（底物）容易与酶结合为中间产物，这可以使分子间反应变成分子内反应，使底物之间或底物与酶的催化基团之间不再是游离状态，而集中在酶的活性中心，这种现象称为邻近效应。对邻近效应还有另外一种解释，称为轨道定向学说，或称为定向效应。对这种学说的较简单解释是，在双分子反应中，酶与底物之一先结合，再与另一底物结合，两个底物同时连于酶分子上，使两分子邻近易于反应，同时由于酶分子的固定，两分子反应的对接方式固定，即轨道定向，产物的构型必然定向固定。

不论是邻近效应还是定向效应都说明一个问题，酶和底物的相互作用倍增了催化效率。

邻近效应使底物分子在酶的活性中心的浓度大大提高，这可使反应速率提高 $10^4 \sim 10^5$ 倍。

（四）酶-底物复合物（ES）转化为转换态（ES↑）

化学反应能否发生，在于反应分子能否越过自由能障碍（能障）。反应物分子必须越过一个最低的能域（活化能）才能进行反应转化为产物分子。

底物分子与酶形成复合物还不能越过自由能障碍，还要通过酶的作用由酶-底物复合物转变成一种能量相对较高的状态才能进行反应，把这种能量相对较高的复合物状态称为酶-底物复合物的过渡态或称为转换态（ES↑）。酶底物复合物经过诱导转化为过渡态越过自由能障示意图如图7-7所示。

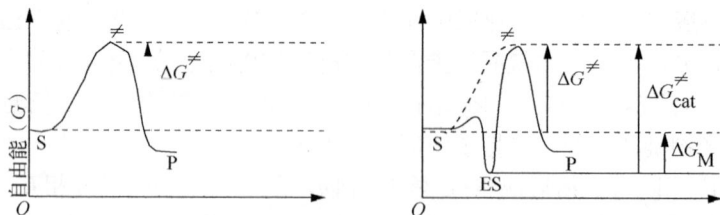

图7-7 酶底物复合物经过诱导转化为过渡态越过自由能障示意图

前面讲到，通过酶和底物的邻近效应和定向效应，形成了酶-底物复合物，这种复合物状态还未达到酶和底物分子的完全互补。只有酶和底物进行弱相互作用（相互诱导），才能经过识别产生完全互补。当酶和底物完全互补时，酶-底物复合物也随之过渡到转换态。在这样一个转化中，酶和底物都发生了构象的变化，同时也发生了能量的变化。构象变化使酶和底物更为互补，能量变化由复合物（ES）状态转为相对高能量水平的转换态（ES↑）。

在这种转化过程中，转换态的能量是如何获得的？单从酶和底物之间的作用分析来推测，ES 和 ES↑间的能量差可能由 3 种途径获得：由 E 和 S 结合带来的熵减；ES 复合物由于张力、变形、去溶剂化等作用所引起的去稳定作用；形成转换态过程底物与酶分子的弱相互作用力的变化。

递减的原因在于酶和底物在溶液中原本是自由的、无序的，当形成酶-底物复合物后变为有序，并且在形成转换态后，酶和底物分子中原子排列更为有序，造成进一步熵减。

同时由于转换态的形成，底物分子与酶分子原有的原子排列发生微小改变，以适合完全互补，原子排列改变的同时，导致原来分子的变形，由原来稳定构型转为不稳定的构型，这就带来了键角的张力和电子云的不平衡，由此使能量水平提高，或者说相当于由基态转为高能态。

在复合物（ES）向转换态（ES↑）转变的过程中，原来的弱相互作用力会发生变化。例如，底物分子与酶的活性中心基团的静电作用，由于诱导、极化等作用，基团间会产生静电斥力，原有的氢键会打破，与溶剂的作用及范德华力都会发生改变。这些改变都使原来的稳定性下降，变为不稳定态。这种不稳定态在正常溶液中是不能发生或存在的，但在酶的活性部位中，这些不稳定因素带来的能量增加是由酶分子的构象变化及酶的活性部位功能基团来化解抵消的。当反应完毕时，这部分能量释放，又驱使酶分子恢复原来的构象。

酶的作用也就在于促使了这种转换态的形成，以及化解了转换态增加的自由能，从而使酶和底物形成的中间产物处在一种暂时的高能量水平状态，能够超越底物分子进行反应所需要达到的最低能域（活化能），使正常情况下不能进行的反应得以进行。

前面曾讲到，酶催化的高效性在于降低底物分子反应所需的活化能，但从以上分析和解释中得知，酶的催化作用在于利用自身的变构特性与底物形成了较高能量的转换态复合物，使原本不能反应的分子在相对较低的能量下完成化学反应，而不是酶真正降低了反应分子所需的活化能。酶催化作用高效性的机制除上面所讲到的因素外，在酶的催化反应中还有一些机制使反应速率提高，如酶的酸碱催化、共价催化等。

（五）酶的酸碱催化

很多化学反应需要在酸性或碱性条件下进行，有些反应甚至要在强酸或强碱条件下才能进行。酸或碱条件有利于反应进行，原因在于强酸可把一个质子强加到某个反应剂上，而强碱则可把质子从某反应剂上夺去，促进了反应进行。这就是酸碱催化。

狭义的酸碱催化是指 H^+ 和 OH^- 对反应的加速，广义的酸碱催化包括所有质子供体和所有质子受体对反应的加速。

酶的酸碱催化与无机反应的酸碱催化情况有所不同。酶促反应是在接近中性条件下进行的，不允许反应介质中有明显的酸碱性变化。但大量统计发现，酶的活性中心周围大多是非极性氨基酸残基，即疏水基团聚集。而催化部位的功能基团大多是少数具有极性的、可以解离的氨基酸，如组氨酸、赖氨酸、精氨酸、丝氨酸、半胱氨酸、天冬氨酸、谷氨酸、酪氨酸等。由于酶的活性中心都是位于酶蛋白的疏水裂隙中，这种局部非极性条件导致介电常数明显降低，静电作用力大大加强，非常有利于基团的解离，相当于提供了强酸碱条件，也就促使了反应的加速。因此可以说，酶的酸碱催化同样存在，酶促反应的酸碱条件是由于酶活性部位的特殊条件提供的。

根据酸碱催化概念，酸催化是利用酸来提供质子或转移质子，以此降低反应转换态的自由能；而碱催化是利用碱对质子的吸引来加快反应，如图 7-8 所示。

酶的活性中心基团也可充当酸或碱。当碳或其他原子上的 H 被夺去质子形成负碳离子时，键易于断裂或影响其他键断裂。但当夺去氢原子或水中质子产生 OH^- 时，

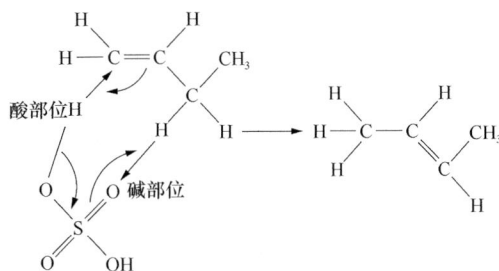

图 7-8　酶的酸碱催化

则产生正碳离子。在反应完成（催化结束）时，基团发生转移或旧键断裂、新键形成，酶的活性中心的氨基酸基团又恢复原来状态。有时某些需能反应可能还要涉及 ATP 供能问题。

（六）酶的共价催化

共价催化是指催化剂与底物之间瞬间形成共价键，以提高反应速率的一种催化机制。共价键的形成是通过酶催化部位的亲核基团和底物的亲电基团的反应实现的。这种催化形式也称亲核催化。亲核催化与酸碱催化中的碱催化相似，所以也称为广义的酸碱催化。但亲核催化是形成短暂的共价键，碱催化是接受质子转移。因此亲核催化基团的亲核性应与自身的碱性相一致。

例如，乙酰乙酸的脱羧反应是共价催化，脱羧产生丙酮和 CO_2。乙酰乙酸脱羧酶活性中心的赖氨酸的 ε-氨基在活性中心的非极性条件下解离常数由 pK_{10} 降为 pK_6，在中性条件下就成为强亲核基团，与底物乙酰乙酸的碳基发生亲核进攻，脱去水形成席夫碱，形成一个共价中间产物。由于碳基氧的去除，羧基碳电负性降低，使 CO_2 脱离转为烯胺。接下来烯胺转为亚胺离子，然后加水生成丙酮与酶脱离。

例如碱性磷酸酶的活性中心有丝氨酸残基，其上的—CH_2OH 在碱性条件下形成亲核基团—CH_2O—，对底物磷酸酯中的磷原子进行攻击形成共价中间产物，接着中间产物水解，生成无机磷酸，并使酶重新释放出来。反应式如下：

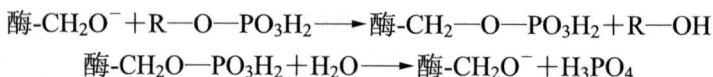

$$酶\text{-}CH_2O^- + R\text{—}O\text{—}PO_3H_2 \longrightarrow 酶\text{-}CH_2\text{—}O\text{—}PO_3H_2 + R\text{—}OH$$
$$酶\text{-}CH_2O\text{—}PO_3H_2 + H_2O \longrightarrow 酶\text{-}CH_2O^- + H_3PO_4$$

在反应中酶的作用改变了原来的反应历程，使酶促反应的活化能比非酶促反应低而加快反应速率。

酶分子中有多种基团可充当亲核基团，如赖氨酸 ε-氨基、精氨酸的胍基、组氨酸的咪唑基、丝氨酸的羟基、半胱氨酸的巯基等，辅酶或辅基分子也可以充当亲核基团。有些基团可以充当亲电基团，如金属离子、酪氨酸的羟基、带电荷的—NH^+ 等。

（七）金属离子催化

大约 1/3 的酶的催化活性需要金属离子，这类酶都结合金属离子作为辅因子。其中多为过渡金属离子，如 Fe^{2+}、Fe^{3+}、Cu^{2+}、Zn^{2+}、Mn^{2+}、Co^{2+}、Mo^{2+} 等。而金属激活酶的激活剂主要是碱金属和碱土金属。

金属离子作为辅因子参加催化作用表现在以下几方面：通过与底物结合使底物定向，以便于反应；通过金属离子氧化态的可逆变化介导氧化还原反应；静电稳定或掩盖电荷作用；金属离子可以提高水的亲核性，与水分子的 OH^- 结合，使水显示更大的亲核催化性能。

电荷屏蔽作用是酶中金属离子的一个重要功能，如多种激酶（如磷酸转移酶）的底物是 Mg^{2+}-ATP 复合物。

金属离子具有质子的作用，可以与带负电荷的基团起中和作用，但比质子更有效。同时金属离子还可极化水分子，使周围自由水更偏酸性，增强其类质子作用。

例如，碳酸酐酶含有 Zn^{2+}，Zn^{2+} 位于活性中心裂隙中，3 个组氨酸和 1 个水分子与其配位。锌导致水分子极化，然后组氨酸碱催化裂解，水分子解离为转化态，$—OH^-$ 基团由 Zn^{2+} 连接暂时稳定，进攻 CO_2 转为 HCO_3^-，脱离酶后，酶恢复原位。

任务四 酶促反应动力学

酶反应动力学研究酶的催化反应速率问题，主要探讨影响酶反应速率的因素，这些因素包括酶和底物自身的浓度、反应体系的温度、pH 值、抑制剂或激活剂等。

一、化学反应速率与化学平衡

（一）化学反应速率

任何化学反应都涉及反应速率问题，酶或催化剂正是用于改变反应速率的物质。

化学反应速率是指单位时间内底物（反应物）的减少量或产物（生成物）的增加量。这种减少量或增加量一般用摩尔浓度变化来表示，写成速度反应式为

$$V=K\,[S]$$

或

$$V=K\,[P]$$

式中：V 为反应速率，即单位时间内底物浓度的减少量或产物浓度的增加量。$[S]$ 为底物浓度减少值；$[P]$ 为产物浓度增加值。从式中看出，反应速率与底物浓度是成正比的，底物浓度越大，反应速率越快。K 为反应速率系数，也称比速度，或称速率常数（不能称为速度常数），其含义是指反应速率与底物浓度（或产物浓度）的比值。在相同底物浓度下，不同的反应 K 值不同。

化学反应中如果有两个或更多底物参加反应，则反应速率由两个或多个底物的浓度决定，或由多个产物的浓度决定。例如，$S_1+S_2\longrightarrow P_1+P_2$ 则 $V=K\,[S_1]\,[S_2]$；如 $[S_1]=[S_2]$，则 $v=[S]^2$。

在实际反应中会出现速度的改变，有两种情况，即匀速的改变（K 值不变）和变速的改变（K 值改变）。

例如，反应速率为每秒钟生成 1 mol 产物，为恒速反应，K 值不变，即每秒钟都产生 1 mol 产物，3 s 后产物浓度是 3 mol，但速度仍是 1 mol/s，因为每秒钟产物的增加量都是 1 mol。但这种理想的恒速反应在现实中是不存在的。因为反应速率是底物（产物）浓度的函数，而底物（产物）浓度是随着反应进程变化的。其变化率用数学式表达为

$$K=-\frac{d[S]}{dT}=\frac{d[P]}{dT}$$

在一个反应体系中如果底物的浓度较大，在反应的初期底物浓度变化很小，假如对此初期的底物浓度变化忽略不计，则可以看成恒速反应。

在反应中，反应速率不随底物浓度的改变而改变，以恒速进行，称为零级反应，即速度始终不变。这种情况比较少见。但在底物浓度较大的情况下，反应初期可以近似看

作零级反应。

多底物（或多产物）的反应级数等于反应物浓度的指数和。反应物中水和固体除外。

如反应速率与一个反应物浓度成正比，称为一级反应；与两个反应物成正比，称为二级反应，以此类推。有些反应中确有两种（或多种）反应物，一种反应物浓度相当大，不是限速因子则不计在内，这时可以看作拟一级反应。记作

$$V=K\,[S_1]^1\,[S_2]^0=K'\,[S_1]$$

如果其中一种是水或固体也不计在内，如水解反应，因水的浓度是不变的。

例如，蔗糖+H_2O——→葡萄糖+果糖，水既是溶剂又是底物，可以看作拟一级反应。

（二）化学平衡

从化学反应能够进行的程度，可将其分为可逆反应与不可逆反应。在一般的化学反应中，除非生成的产物被移走，或转为沉淀或气体脱离反应体系，否则所有反应都不能彻底进行完全。反应最终会以一种动态的平衡态存在，即底物转化为产物的速率与产物重新转化为底物的速率相等，反应底物和产物的浓度不再改变。

在可逆反应到达反应平衡时，产物浓度积和反应物浓度积之比是一个常数，称为该化学反应的平衡常数。这个常数代表了反应能进行到什么程度。这一现象也称为化学反应的质量作用定律。例如，反应 $mA+nB$——→$pC+qD$，其平衡常数 $K_c=\dfrac{[C]^p[D]^q}{[A]^m[B]^n}$。

$$转化率(\%)=\frac{反应物起始浓度-反应物平衡浓度}{反应物起始浓度}\times100\%$$

质量作用定律只适用于压力不大的气体反应和较稀溶液中的化学反应，平衡式中水分子和固体物质可以不写。质量作用定律的平衡常数不能与反应速率系数混淆，反应速率系数是速度与底物（或产物）的浓度之比。

在普通的化学反应中影响化学平衡移动的因素有温度、压强和底物及产物浓度。升温有利于吸热反应；加压使反应向气体分子数减少的方向移动；增加底物浓度可以提高转化率，或者说增大底物浓度使平衡向产物形成方向移动。

在固定的反应条件下，平衡常数是固定不变的，但达到反应平衡所需的时间是可以改变的。也就是说，反应平衡是不能改变的，但反应速率是可以改变的。

（三）反应速率与活化能

任何化学反应的速度都与反应物的浓度成正比，浓度高时参加反应的分子数也增多。但在同样浓度下，增加反应物分子的能量，也会使参加反应的分子数增多。化学反应进行在于分子有效碰撞，有效碰撞取决于分子的热运动，能进行有效碰撞的分子称为具有活化能（高出系统中平均分子能量的一部分能量），或者说反应物分子基态与过渡态的能量差称为活化能。

反应速率系数 K 与活化能之间的关系可用阿伦尼乌斯方程表示：

$$K=Ae^{-\Delta G^{\neq}/Rt}$$

式中：A 为某反应的特定反应系数；K 与 $e^{-\Delta G^{\neq}/Rt}$ 成反比，即反应物分子的标准自由能

（活化能）负值越大，反应越快。当然，具体反应还要看反应前后的能量变化差值。

提高反应速率的途径有两条：一是向系统中提供能量，增加分子的热运动；二是降低分子热运动所需的活化能。酶（催化剂）具有降低反应物分子所需活化能的作用。

二、酶反应动力学

影响酶反应速率的因素有酶和底物的浓度及外部环境，如温度、pH 值等。首先探讨酶和底物浓度对酶反应速率的影响。

（一）酶和底物的浓度对酶促反应速率的影响

前面讲到，化学反应速率通常用单位时间内反应物浓度的减少量或生成物浓度的增加量来表示。但对同一个化学反应，有时生成物增加量和反应物减少量是不相等的，这在描述反应速率时必须说明。

对于所有的酶反应，当其他条件恒定时，酶反应的速度取决于酶和底物的浓度。因为酶的催化效率高，在一般情况下，酶的浓度不是限制反应速率的因素，所以也很少讨论酶浓度的变化及影响（也可把酶的浓度看作是不变的）。只有在底物浓度极大、超过酶浓度时，反应速率才与酶浓度成正比。此时酶分子越多，反应越快。一般情况下认为，酶的浓度对反应速率没影响。

在酶浓度不变的情况下（包括酶活性不变），不断增加底物浓度，测定反应速率变化。结果是反应速率只在反应初期与底物浓度成正比，随着反应时间的延长，反应速率的变化越来越不明显，最后接近恒速反应。如果以底物浓度为横坐标，以反应速率为纵坐标作图，图形是双曲线形，如图7-9所示。

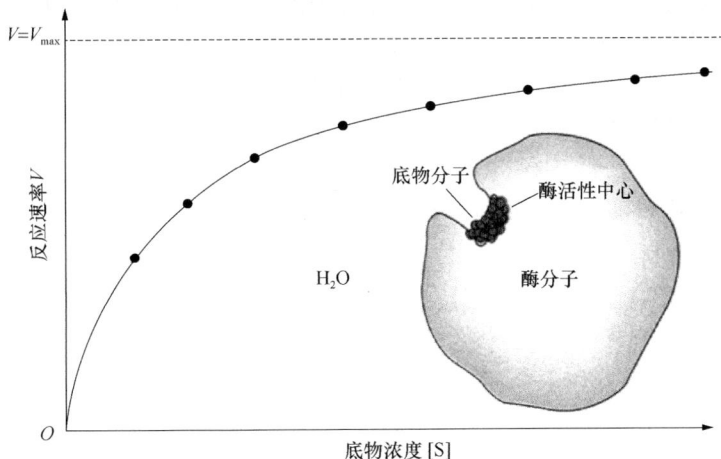

图 7-9　酶浓度不变的底物浓度与反应速率曲线

由图7-9可以看出，开始增加底物浓度时，反应速率也随着增加，两者的关系呈近似的直线关系，再继续增加底物浓度，则反应速率增加较慢，最后几乎不再增加。在反应初期反应速率与底物浓度成正比，呈一级反应，到最后为零级反应。

化学反应分子间发生结合与分解都在一次碰撞中完成，历时 $10^{-14} \sim 10^{-12}$ s，目前还没有仪器对此短时间作出直接观察。底物浓度对反应速率呈现这种双曲线式变化是何原因？目前仍然用中间产物理论来解释。

中间产物理论认为，反应初期增加底物浓度，使中间产物形成量增加，而形成的产物也多。当达到极限速度时，由于所有的酶都与底物结合而达到饱和状态，再增加底物也不再形成中间产物，反应速率也不再增加。

（二）米氏方程

关于底物浓度和反应速率的关系（假定酶浓度不变），很多人想建立一个数学关系。1913年，米利切斯和曼顿作了大量研究后得出一个数学式，即米氏方程：

$$V = \frac{V_{max}[S]}{K_m + [S]}$$

式中：V 代表反应速率；V_{max} 代表最大速度，即极限速度；[S] 代表底物浓度；K_m 则称为米氏常数。在固定反应条件下，K_m 对特定的酶是个常数，也是酶的重要参数。

米氏方程是以中间产物理论为基础，利用化学平衡关系建立的。

根据反应速率是浓度的函数，$V = K[C]$，K 是速度变化的系数，可建立中间产物的形成和解离式：

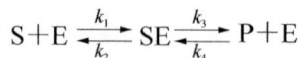

$$S + E \underset{k_2}{\overset{k_1}{\rightleftharpoons}} SE \underset{k_4}{\overset{k_3}{\rightleftharpoons}} P + E$$

式中：S 代表底物；P 代表产物；E 为未形成中间产物的游离酶浓度；ES 为酶与底物结合后的中间产物，即酶-底物复合物；K_1、K_2 分别代表中间产物的形成和其逆反应速率系数；K_3、K_4 则代表由中间产物解离为产物及其逆反应的速度系数。

在这里不要将速度系数与质量作用定律的平衡常数混淆。速度系数指单位时间内底物浓度减少或产物浓度增加的变化率，而不是浓度的变化值。

根据中间产物的形成和解离式可以推导出米氏方程。米氏方程的推导如下：

在上面的假设酶促反应中：$V_1 = K_1[E][S]$；$V_2 = K_2[E][S]$；$V_3 = K_3[E][S]$；$V_4 = K_4[E][P]$。

在反应初期 V_4 可能极小，暂时假设 V_4 不存在。

那么

$$K_1[E][S] = K_2[ES] + K_3[ES]$$

移项整理得

$$K_1[E][S] = (K_2 + K_3)[ES]$$

$$\frac{K_2 + K_3}{K_1} = \frac{[E][S]}{[ES]}$$

设

$$K_m = \frac{K_2 + K_3}{K_1} = \frac{[E][S]}{[ES]}$$

在实际反应中，[E] 和 [ES] 浓度难以实际测出，但可以通过酶的总浓度进行转换。设酶的总浓度为 [Et]，则

$$[E] = [Et] - [ES]$$

代入上式得

$$K_m = \frac{\{[Et] - [ES]\}[S]}{[ES]}$$

移项整理得

$$K_m[ES] = [Et][S] - [ES][S]$$
$$K_m[ES] + [ES][S] = [Et][S]$$
$$[ES]\{K_m + [S]\} = [Et][S]$$

则

$$[ES] = \frac{[Et][S]}{K_m + [S]}$$

在反应进行中，$V_3 = K_3[ES]$，即 V_3 与 [ES] 成正比，则

$$[ES] = \frac{V_3}{K_3}$$

代入上式得

$$\frac{V_3}{K_3} = \frac{[Et][S]}{[K_3] + [S]}$$
$$V_3 = \frac{K_3[Et][S]}{[K_m] + [S]}$$

V_3 代表中间产物解离为产物的速度，由于在反应初期产物逆向解离的速度极小，可以忽略不计，所以可以认为 V_3 所代表的产物形成的速度就可以代表酶促反应速率。

当反应达到平衡，即反应达到最大速度时，几乎所有的 [Et] 形成了 [ES]，那么反应最大速度就应是

$$V_{max} = K_3[Et]$$

将其代入上式得

$$V_3 = \frac{V_{max}[S]}{K_m + [S]}$$

或

$$V = \frac{V_{max}[S]}{K_m + [S]}$$

这就是米氏方程。

式中：V_3 代表了 [ES] 解离为产物的速度，在反应初期可将式中 V_3 写成 V。

（三）米氏常数的意义和推算

1. 米氏常数（K_m）的意义

1）K_m 值为反应速率达到最大反应速率一半时的底物浓度（mol/L）。从米氏方程中可以求算，当反应速率 $V = 1/2 V_{max}$ 时，$K_m = [S]$。在实验或生产中，可根据米氏常数

计算底物的合理浓度，也可以通过作图法得出。将米氏方程改写成下式：

$$K_m = [S]\left(\frac{V_{max}}{V} - 1\right)$$

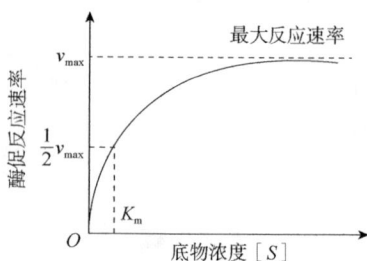

图 7-10 K_m 为最大反应速率一半时的底物浓度

然后以 [S]（浓度）为横坐标，以反应速率为纵坐标作图。在图中，当底物浓度为 K_m 时，在速度曲线上正好相交于纵坐标上最大速度值的一半，如图 7-10 所示。

2）K_m 近似于中间产物。ES 的解离常数，可用于表示酶和底物的亲和力。K_m 越大，酶和底物亲和力越弱，反应越慢；K_m 越小，酶和底物亲和力越大，反应越快。也可用 K_m 的倒数表示酶和底物的亲和力，倒数值越大，亲和力越大。由此提示，K_m 只与酶本身的性质有关，而与酶浓度无关。

3）当一个酶有几种底物时，可有几个 K_m，K_m 最小的底物为最适底物。反过来，也可根据 K_m 鉴定不同的酶类。

需要特别指出的是，米氏方程并不适合所有的酶，有些酶根本就不符合米氏方程，这些酶多是别构酶。但也可根据是否符合米氏方程判断酶的性质。

有些反应中，反应速率和底物浓度关系不符合米氏方程，此时测得的速度比值称表观米氏常数 K_m。

国际生化学会酶学委员会建议用 k_a（底物平衡常数）代替 K_m，$K_s = \dfrac{K_2}{K_1}$，而 $K_m = \dfrac{K_2 + K_3}{K_1}$。$K_s$ 是酶-底物复合物的解离平衡常数，而 K_m 是酶-底物复合物分解和形成速度的比值。

如果 K_1、K_2 远大于 K_3，即 ES——→P＋E 反应过慢，K_3 相对很小，则 $K_m \approx K_s$。

2. 米氏常数的推算

米氏常数可根据实验数据通过作图法求得。先测定不同浓度的反应初速度，以速度对底物浓度作图，得到速度曲线和最大反应速率 V_{max}。从曲线中找出 $1/2V_{max}$，即可得到 K_m 值。但由于在测定中最大反应速率很难获得，即使测得值也不准确，求得的结果不能代表真正的 K_m。为了方便和准确，常将米氏方程变换使之成为直线方程，然后作图求解。

（1）Lineweaver-Burk 双倒数作图法

将米氏方程两边同时取倒数，改为

$$\frac{1}{V} = \frac{K_m}{V_{max}} \frac{1}{[S]} + \frac{1}{V_{max}}$$

改变为倒数后相当于直线方程（$y = ax + b$），因 K_m 和 V_{max} 都是固定值，可以看作常数。以速度倒数 $1/V$ 对浓度倒数 $1/[S]$ 作图，称为双倒数作图。

经过不同坐标点可以绘制一条直线，直在 x 轴上的截距是 $-1/K_m$。根据 x 轴上截距坐标值可以求出 K_m 值。直线在 y 轴上的截距是 $1/V_{max}$，可根据 y 轴坐标上的截距值求出 V_{max}。直线的斜率为 K_m/V_{max}，如图 7-11 所示。

（2）Hanes-Woolf 作图法

Lineweaver-Burk 双倒数作图法比较简单，应用较早而广泛，缺点是当浓度 $[S]$ 很低时误差太大。

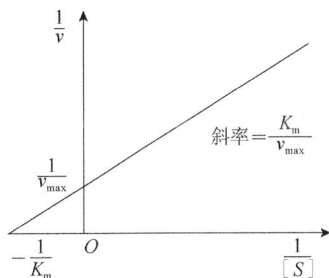

图 7-11　Lineweaver-Burk 双倒数作图法

为克服这一缺点，将 $\dfrac{1}{V}=\dfrac{K_m}{V_{max}}\dfrac{1}{[S]}+\dfrac{1}{V_{max}}$ 方程两边同乘以 $[S]$ 得新方程

$$\left(\dfrac{[S]}{V}=\dfrac{K_m}{V_{max}}+\dfrac{[S]}{V_{max}}=\dfrac{1}{V_{max}}[S]+\dfrac{K_m}{V_{max}}\right)$$

根据不同的 $[S]/V$ 和 $[S]$ 坐标点作图，连接可得一条直线。直线在 x 轴上的截距为 $-K_m$，可根据截距求出 K_m 值，如图 7-12 所示。

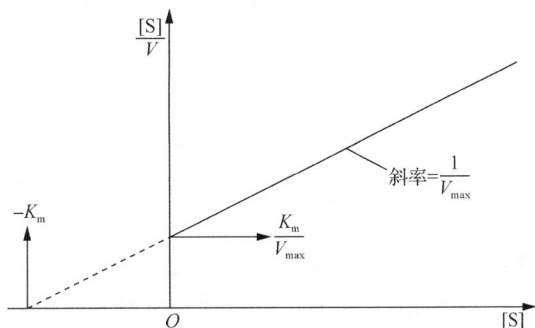

图 7-12　Hanes-Woolf 作图法

在实际的酶催化反应中，往往有几个底物同时参与，或者有几步中间产物。在这样复杂的情况下，酶促反应动力学也远比上面讨论的要复杂得多。并且目前对此类反应研究得也不是很多，如多底物的顺次反应、乒乓反应等。

（四）酶活力单位

酶的作用是改变反应速率，反应速率通常是以单位时间内反应物浓度减少量或产物增加量来表示的。在反应条件不变的情况下，不同的酶改变反应速率的作用是不同的。定量的酶在催化反应中对反应速率的作用大小用酶活力单位来描述。

酶活力单位一般是用单位酶在单位时间内，单位体积中底物减少量或产物增加量来表示的。

国际生化学会酶学委员会规定，在标准条件下 1 min 内转化 1 μmol 底物所需的酶量为酶的 1 个活力单位（Unit），也可以是转化 1 μmol 底物的基团所需的酶量。这种酶活力单位称为国际单位（IU）。

1 酶活力单位（国际单位 IU）＝1 mg 酶量（酶蛋白）/（μmol 底物转化量·min）

酶活力单位的另一种定义是开特（kat）。1 开特是指每秒钟催化 1 mol 底物转变成产物所需的酶量。与国际单位 IU 之间的关系为 1 kat＝6×10⁷ IU。

在酶的研究或制备中常用酶的比活力（specificactivity）表示酶的纯度。比活力是指每毫克酶蛋白所具有的活力单位数，表示为 IU/mg 酶蛋白。在商品酶试剂上一般标出的酶活力单位即比活力，表示每克酶制剂含有多少个活力单位。数值越高，表示酶的纯度越大，但价格也越高。

但由于不同的酶蛋白分子量相差会很大，不同的酶之间不能简单用比活力衡量酶的效率高低。

酶活力还可以用转换数（*TN*）来表示，转换数为每秒钟每个酶分子可以转换底物的微摩尔数。

如果是简单的单分子一对一方式的酶促反应，根据酶的比活力可以推算酶的转换数。通过酶的比活力可以知道 1 mg 酶蛋白 1 min 能催化底物的微摩尔数，由于是一对一反应，可以知道 1 mg 酶蛋白所含有的酶分子数。

酶活性单位和酶活力单位可以认为是同等概念，在使用上可以通用。但酶的活性是酶的自然属性，是本身就有、天然存在的。而酶的活力是表观属性，是通过反应测出来的，带有人为因素。从酶的本质来讲，酶的活性和酶的活力应是一致的，但由于测定方法和技术因素，实测的活力会或大或小地偏离酶的真实活性。

在测定酶的活力时需要测定酶促反应速率，测定酶促反应速率一直是令人困惑的问题。多数酶促反应不是恒速反应，反应速率不是均一的直线关系。除前面讨论的反应平衡和可逆转化外，底物浓度也会随反应时间发生变化。如果没有底物补充，底物浓度会减小，也会影响速度变化。所以为了避免产物可逆转化及底物浓度减小而影响酶活力测定的准确性，一般用反应起始阶段某一段时间的反应速率代表酶活力。

如果以反应时间为横坐标，以反应速率为纵坐标作图，一般只能得到一条近似于双曲线的速度曲线，如图 7-13 所示。

从图 7-13 中可以看出，只在最初一段时间是一直线，说明反应是近似等速的。然后过渡为曲线，说明速度发生改变。所以一般测定酶活力只测反应最初一段时间的初速度，反应时间延长后干扰因素增多，速度改变，测定无意义。

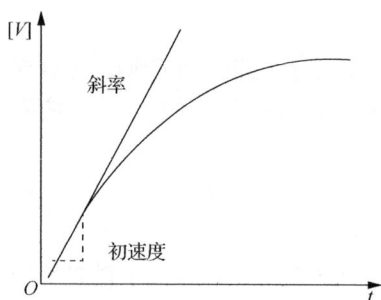

图 7-13　反应初速度示意图

三、反应介质的 pH 值和温度对酶反应速率的影响

反应条件对酶反应速率的影响是很大的。其中以反应介质的 pH 值和温度对反应速率的影响最为显著，甚至会导致酶的活性丧失。

（一）pH 值对酶反应速率的影响

普通催化剂对反应介质的 pH 值在一定范围内变化不敏感，对反应速率也影响不大，而酶反应中 pH 值对反应速率影响较大。经过对大多数酶类反应速率的测定，以反应速率对 pH 值变化作曲线，绝大多数酶得到的是单峰曲线，即钟形曲线，如图 7-14 所示。只有极少数酶对 pH 值变化不明显。

几乎所有的酶都有一个催化活性的 pH 值范围。当 pH 值低于某一值时（过酸）催化活性消失，即存在一个酶反应的 pH 值下限；同样，pH 值高于某一值时（过碱）催化活性也消失，为酶反应的 pH 值上限。酶在这个 pH 值范围内，开始增加介质 pH 值时，反应速率随 pH 值增加而加快，达到某一 pH 值时，反应达最大速度，pH 值继续增加，反应速率反而持续降低，直至反应停止，反映在反应速率对 pH 值变化的曲线上则是钟形曲线。当酶催化活性在某一 pH 值处最大时，这一 pH 值称为该酶催化反应的最适 pH 值。绝大多数酶的催化活性有自己的最适 pH 值。在其他反应条件不变的情况下，最适 pH 值是固定的，也是酶的一个重要常数。最适 pH 值大多不在等电点处。

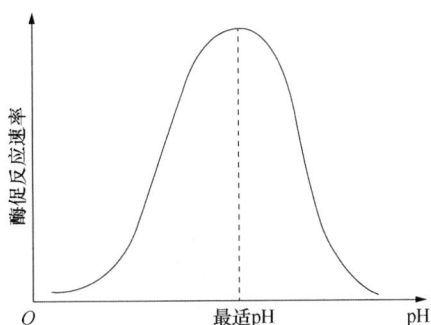

图 7-14　pH 值对酶反应速率的影响

大多数酶催化活性的最适 pH 值都在中性偏酸或偏碱左右，如过氧化氢酶的最适 pH 值为 7.6、胰蛋白酶的最适 pH 值为 7.7、核糖核酸酶的最适 pH 值为 7.8。少数酶的最适 pH 值过于酸性或过于碱性，如胃蛋白酶的最适 pH 值为 1.5、精氨酸酶的最适 pH 值为 9.7。有些酶可作用于不同的底物而出现不同的最适 pH 值，如延胡索酸酶以延胡索酸为底物时最适 pH 值为 6.5，而以苹果酸为底物时最适 pH 值为 8.0。还有少数酶没有明显的最适 pH 值，如胆碱酯酶在 pH 值为 7.4 以上时一直为高活性，而木瓜蛋白酶在 pH 值为 4~9 时都是最适合的，没有明显的最适 pH 值。几种酶的最适 pH 值如图 7-15 所示。

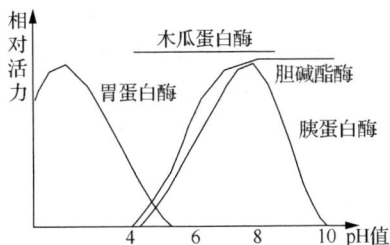

图 7-15　几种酶的最适 pH 值

pH 值对酶催化活性的影响是对酶蛋白及底物分子双方的影响，还可能影响到反应介质中的其他因素，最终反映在酶促反应速率上。

pH 值对酶反应速率的影响大致有以下几方面原因。

1. pH 值影响酶分子的稳定性

酶蛋白均有精确的三维构象，由此保证了酶的活性中心构象稳定。最适 pH 值时酶的活性中心构象将处于最佳组合及催化状态，活性最高。pH 值变化影响到肽链侧链的极性或解离而影响酶蛋白的构象，因而影响到酶的活性中心改变导致酶活力改变。过酸或过碱将导致酶蛋白的变性，降低催化活性或全部丧失活力，甚至导致一级结构破坏。

2. pH 值影响酶蛋白分子中基团的解离程度

酶蛋白活性中心中有些基团为活性中心要素，这些基团的解离状态不同，所带电荷也不同，因此同底物的结合能力及催化能力都不同。

有些辅酶或金属离子激活剂的解离状态也受到 pH 值影响，从而影响酶促反应速率。

3. pH 值对底物的解离也有影响

有些底物只有在解离状态才与酶结合为中间复合物。另外酶-底物复合物的解离也受 pII 值影响。这些都将导致酶催化反应速率的改变。

在生物体的细胞内，pH 值一般是稳定的，在这一稳定的 pH 值条件下，很多酶的活性是不同的，在同样 pH 值的细胞液中各酶活力不同也是生命活动所必需的，有利于代谢控制。在不同生物细胞中，pH 值也会有所不同，如动物细胞中的 pH 值会略高于植物和微生物，同一种酶的最适 pH 值在不同生物细胞中也可能有所不同。有的酶可能在体外测得的最适 pH 值与在细胞内还会有微小差异。

（二）温度对酶反应速率的影响

温度对所有化学反应都有影响。一般化学反应是温度越高反应越快，有些化学反应还要控制在一定温度下，以免反应剧烈发生爆炸。

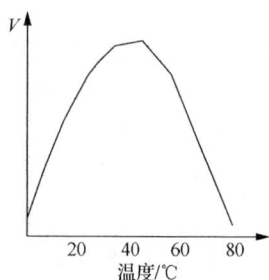

酶催化的化学反应与普通催化剂不同，如果用温度对反应速率作图，则出现一个单峰曲线，如图 6-16 所示，与 pH 值对酶促反应的影响相似。

从图 7-16 中可以看出，在某一个温度点有一个最大反应速率，这一点称为酶反应的最适温度。如果对大多数酶反应作图，结果会发现，酶反应的最适温度都比较接近，一般在 40℃ 左右。

所有的化学反应都是分子的有效碰撞，取决于分子活化能。当温度过低时，活化能不够，即使有酶催化反应也难于进行，普通化学反应也同样。所以化学药品或其他物品多用低温储藏。

图 7-16　温度对酶反应速率的影响

大多数生物温度过低便不能生存（指正常生存，休眠体及菌类芽孢例外）。冰点以下会导致细胞内结冰而损伤细胞的显微结构或破坏酶的分子构象。细菌和藻类生存能力最强，个别种类可生活在 0℃ 以下或 80℃ 以上的恶劣环境中，进化越高级的生物反而生活温度范围越窄。尤其是低温条件，低等生物体在经历冰冻后还能复苏，可以恢复到正常生活状态，高等生物经历冰冻再解冻后难于恢复。

从酶反应的最低温度到最适温度，酶反应速率随温度的升高而加快，这与普通化学反应一样。反应加快的原因是升温增加了反应体系的能量（增加了反应分子的活化能），改变了分子碰撞的概率，而对酶的催化能力并未产生作用。在温度下限以上，温度每升高 10℃ 使反应速率增加的倍数（升温后与升温前速度之比）称为该反应的温度系数，用 Q_{10} 表示。当温度升高到某一温度后再升高温度时，酶反应速率不再加快，反而减慢，原因在于酶开始变性。当升高到某一温度时则酶反应停止,此时酶蛋白已经变性失活。在温度升高程度不是太严重或时间较短的情况下,变性可以恢复。当温度高于上限温度时,所有酶分子全部变性,彻底丧失活性不再恢复。

温度对酶反应速率的影响与 pH 值的影响略有区别。在最适温度以下范围,温度变化基本不影响酶本身的活性;在最适温度以上范围,温度变化才影响到酶本身的活性。但两个阶段的温度变化都影响反应速率。

四、酶的抑制剂与激活剂

影响酶反应速率的因素,除酶和底物浓度的自身因素,以及反应系统的 pH 值和温度因素外,还包括反应系统中的其他因素。对酶促反应影响较大的因素是反应系统中的无机离子和某些有机分子。这些物质可以与酶分子或底物作用直接影响反应速率,也可以影响反应液的状态而间接影响反应速率。在此主要讨论其对酶反应的直接影响。

在酶反应过程中,细胞液中某些离子或分子可对酶产生抑制作用,从而减慢反应速率或终止反应,这些物质称为酶的抑制剂;也有些物质对酶反应产生促进作用,增加酶反应速率,这些物质称为酶的激活剂。

严格地讲,酶的抑制剂是指可降低酶的催化活性但不破坏酶的结构并且属于酶反应体系以外的物质。有些反应产物对酶也有抑制作用,但不属于抑制剂。例如,有些酶催化的产物对酶有一定破坏作用,如过氧化氢;有的产物可改变反应液 pH 值,如有些反应会产生酸或碱。即使酶的催化产物对酶没有破坏或影响作用,但当这些产物发生积累时,由于质量作用定律也会影响中间产物的解离,从而影响酶反应速率,这种情况一般称为反馈抑制作用。酶的变构效应物不属于抑制剂或激活剂;一些能导致酶变性的物质,也不包括在抑制剂范围内,如强酸、强碱、某些有机溶剂及某些重金属等。

（一）酶的可逆性抑制剂

通常按抑制剂与酶蛋白结合是否可以逆转,将抑制剂分为可逆性抑制剂与不可逆性抑制剂。按抑制剂作用机制又可分为竞争性抑制剂、非竞争性抑制剂和反竞争性抑制剂。可逆抑制剂与酶的结合是非共价结合,不可逆抑制剂一般是共价结合。

由于可逆性抑制剂与酶的结合是非共价方式,抑制剂与酶容易脱离,如通过透析、凝胶过滤等物理方法即可除去。可逆性抑制剂中绝大多数是竞争性抑制剂。

1. 竞争性抑制剂

竞争性抑制剂是一类与酶反应底物结构相似的物质,通过与底物竞争酶的结合部位,而抑制酶和底物的结合,导致酶反应速率下降,对酶本身的性质并无影响。

例如,琥珀酸脱氢酶催化琥珀酸脱氢形成延胡索酸时,可以受到丙二酸的竞争性抑制。竞争性抑制剂与底物结构相似,可与游离酶结合形成复合物,而抑制酶和底物的结合,使底物与酶的结合概率降低,从而使 K_m 增大。因此,需要更大浓度的底物才能达到最大反应速率。反之,如抑制剂浓度增加,K_m 也增加,这时的 K_m 称为表观 K_m,如

图 7-17 左图所示。

在竞争性抑制剂存在的情况下，K_m 值的改变可以通过双倒数图清楚地表现出来。

在双倒数曲线中，无抑制剂的曲线与横轴的交点为 $-1/K_m$，而有抑制剂的曲线与横轴的交点为 $-1/K_m$（$1+[I]/Ki$），K_m 增大而最大反应速率不变，如图 7-17 右图所示。

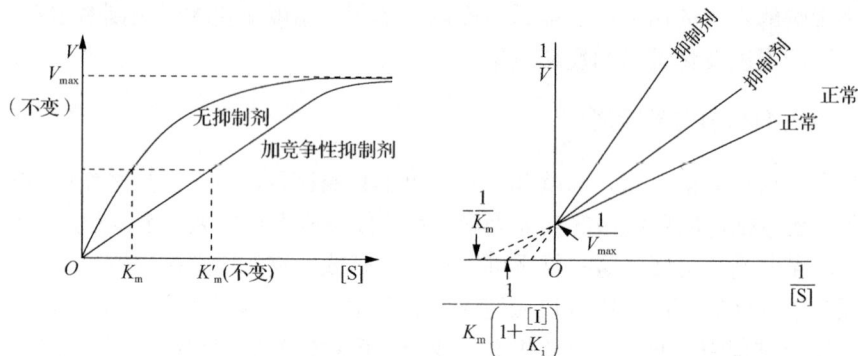

图 7-17　竞争性抑制剂对 K_m 的影响

可通过增加酶的浓度缓解或消除竞争性抑制剂的作用，增加酶的浓度也就相当于增加了游离酶浓度，也可以通过增加底物浓度缓解抑制，当底物浓度足够大时，反应仍可达到最大速度。

在体外实验反应中，可以通过透析方法将竞争性抑制剂除去，从而解除抑制作用。

在对酶的研究方面，可以利用竞争性抑制剂和底物分子的结构差异，研究酶与底物分子哪一部位结合以及酶的活性中心基团的性质和取向等，从而了解酶的活性中心结构。例如，乙酰胆碱酯酶的竞争性抑制剂二甲基氨基乙醇比异戊醇结合能力大 30 倍，说明在酶的结合部位有负离子，产生静电引力作用。

在医药研究中，也可以利用竞争抑制剂的特性研制药物。例如，磺胺类药物抑制二氢叶酸合成酶，因结构与对氨基苯甲酸相似，使菌体内不能合成四氢叶酸，因细菌不能利用外源叶酸，所以磺胺类药有抗菌作用。而另一个抗菌药物甲氧苄啶结构与叶酸合成前体之一蝶呤啶相似，也起到抑制二氢叶酸还原酶的作用，影响叶酸合成，起到抗菌效果。再如，3′-叠氮-2′，3′-脱氧胸腺核苷（AZT）进入体内转变为相应核苷三磷酸，成为脱氧核苷酸的类似物，作为竞争性抑制剂可抑制以病毒 RNA 为模板的 DNA 合成酶，因此被选作抗病毒药，用于治疗艾滋病。

2. 非竞争性抑制剂和反竞争性抑制剂

可逆性非竞争性抑制剂和酶的结合部位与底物的结合部位不同，既可以和游离的酶结合，也可以和酶-底物复合物结合，但不影响酶与底物的结合，所以只抑制酶的活性，不影响 K_m。但此类抑制反应不符合米氏方程。

抑制作用的机制是通过与酶的非活性中心部位结合后，改变酶的空间构象而改变酶的催化活性。所以这类抑制剂不能通过增加酶或底物浓度的方式缓解，也不是所有的可逆性非竞争性抑制剂都能通过物理方法除去。

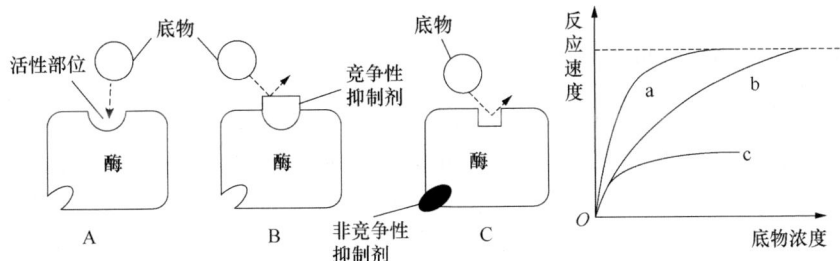

图 7-18 抑制剂作用机理

真正的可逆性非竞争性抑制剂在生物中很少。大多数可逆性非竞争性抑制剂属于酶的变构效应剂，对酶的活性起调节作用。例如，糖原合成酶肽链上的一个丝氨酸可被磷酸化，然后酶丧失活性，称为 b 型。此磷酸基可被蛋白磷酸酶水解，去掉磷酸基后又转为有活性的 a 型，磷酸基的结合是可逆的。但这一个丝氨酸并不在活性中心。丝氨酸结合磷酸基后导致酶蛋白的空间结构发生变化，进而影响到活性中心的改变，产生了调节性的抑制。但这种情况一般不称为抑制剂，而称为变构调节剂或效应物。

反竞争性抑制剂只能与酶-底物复合物结合，不能与游离的酶结合。或者说酶必须先与底物结合才能与抑制剂结合。抑制剂与酶-底物复合物结合后不易分开（解离），使一些酶分子失去催化能力，使最大反应速率减小，酶的表观 K_m 也变小。

反竞争性抑制剂也很少见，在个别的多底物反应中可能会发生这种抑制现象。

（二）不可逆性抑制剂

不可逆性抑制剂都是非竞争性抑制剂，与酶蛋白的结合一般是共价性质，一旦结合便不能自行脱离，所以其抑制作用是不可逆的。这类物质对生物是有毒的。

这类抑制剂一般是结合在酶的活性部位的某个功能基团上，从而抑制活性部位的催化或与底物结合作用。因为结合在酶活性部位上，受到酶活性部位的结构限制，所以这类抑制剂多数比较专一，某个抑制剂仅抑制某个酶。不可逆性抑制剂在生物体内很少存在。某些生物体内即使存在这类物质也多是为了进攻其他生物或防御。

对这类抑制剂的研究主要大量用于农药的开发研制，同时也用于对农药等毒剂类解毒药品的开发研制，以及在军事上用于化学武器的研制。在实验室常用于酶的活性中心的研究。

属于不可逆性抑制剂的常见毒剂有以下几类。

1. 有机磷化合物

此类抑制剂的特点是可与酶的活性中心的丝氨酸的—OH 发生不可逆结合，是对胆碱酯酶有较强专一性的抑制剂，可抑制乙酰胆碱酯酶对神经递质乙酰胆碱的水解而大量积累，使神经冲动的传导处于过度兴奋状态，最后失控而死亡。有机磷化合物大多作为杀虫剂（农药），例如：常见的有机磷农药有敌敌畏（磷酸酯类）、敌百虫（磷酸酯类）、甲胺磷（磷酰胺酯类）、二异丙基磷酰氟（DFP，磷酰卤类）、1605 及辛硫磷（硫代磷酸酯，也称对硫磷类）、马拉硫磷（二硫代磷酸酯），等等。

237

2. 某些重金属有机物及重金属盐

对于重金属应该包括哪些金属的说法不一，但一些对人体有害的金属多是重金属。重金属对酶活性的抑制作用也各有不同。例如，含 Ag、Hg、Pb、Cd 等重金属的盐在浓度高时是蛋白质的变性剂，在浓度低时则对某些酶的活性产生抑制作用。高浓度重金属离子虽然也对酶的活性产生抑制作用，但不能称为抑制剂。而含重金属的有机物很多都是有毒性的，有些用来做酶的抑制剂，如对氯苯采专一抑制含巯基的酶。重金属易与酶或酶的活性基团形成不可逆结合，引起酶活性的改变或丧失。

3. 氰化物、CO 等

氰化物、CO 等是细胞色素氧化酶抑制剂，专一性抑制呼吸链的电子传递。这类对生物有毒的抑制剂有多少尚不清楚，有些是人工合成的，如上面讲到的杀虫剂、用作生化武器的神经性毒气等；有些是生物体合成的，如某些蛇毒等。有些人工合成的酶的专一性抑制剂可作为药物，如人工合成的吟诺酮类抗菌药可专一抑制细菌 DNA 合成中的拓扑异构酶 II；某些微生物也可产生对其他生物酶的专一性抑制剂，有些称为抗生素，如青霉素可专一地、不可逆地抑制细菌的胞壁黏肽合成酶（糖肽转肽酶，也称青霉素结合蛋白），阻碍细胞壁黏肽合成，使细菌胞壁缺损，菌体膨胀裂解。

在酶的研究中也常用到酶的专一性不可逆抑制剂，研究酶的活性中心结构或基团类型，如常用的烷化剂殡乙烷可使酶的巯基烷化，可作为鉴定酶中巯基的专用试剂。

（三）酶的激活剂

酶的激活剂（activator）是指能提高酶活性的物质。但有些酶原也存在激活的情况，只不过与酶的激活是不同的。酶原的激活需要改变酶蛋白的一级结构，而酶的激活不需要改变酶蛋白的一级结构。所以引发酶原激活的物质不能称为激活剂。

酶的激活剂大部分是无机离子或一些小分子有机物，如常作为激活剂的金属离子有 K^+、Na^+、Ca^{2+}、Mg^{2+}、Zn^{2+} 及非金属离子 Cl^-、Br^-、I^- 等。很多酶需要与这些离子结合才能有效地完成催化作用。激活剂是既能提高酶活性又能与酶分离游离存在的离子。但其中一些酶与金属离子结合比较牢固，因此这些含有金属离子的物质不称为激活剂而称为这类酶的辅基。例如，Cl^- 是唾液淀粉酶的激活剂，Mg^{2+} 是很多酶的激活剂等。

这些激活剂的作用主要在于协助酶分子共同完成催化作用，其作用可能是临时充当电子载体，或对活性中心的电荷起稳定或平衡作用，或者通过其配价键稳定活性中心结构等。因为不同的酶的活性中心结构或构象不同，所以对于具体的酶只能要求特定的离子作为激活剂，而不能相互代替，甚至还可能发生拮抗作用。例如，Na^+ 能抑制 K^+ 激活的酶，Ca^{2+} 可以抑制 Mg^{2+} 激活的酶等。

有些特殊的酶还需要特殊的激活条件，例如光合作用中固定 CO_2 的羧化酶需要光的激活。

任务五 酶的调节

生物为了生长发育和适应外界环境变化需要及时调节自身的代谢和物质变化。生物体对环境的感受和对自身生长发育进程的物质和能量需求，可以通过生物体的多种信息传递方式进行协调，但最终的调节方式主要是通过调节自身酶的种类、酶的数量和酶的活性水平来完成的。调节酶的种类和数量需要遗传基因表达的参与，即酶蛋白的合成。

生物体内一部分酶的活性是比较稳定的，其活性主要受到底物浓度、产物浓度及抑制剂的影响。一部分酶的活性具有可调节性，并有特定的调节机制，称为调节酶。

酶的活性调节主要在于 3 个方面：酶原的激活、酶的别构作用和酶的共价修饰作用。一小部分酶具有同工酶，可以通过同工酶的不同特性对某些代谢起到稳定作用，这也可以算作一种调节方式。

一、酶的变构效应

关于血红蛋白的变构调节已在项目四中涉及，生物体内许多酶也有类似的变构现象。细胞内一些中间代谢物能与某些酶分子活性中心以外的某一部位以非共价键可逆结合，使酶构象发生改变并影响其催化活性，进而调节代谢反应速率，这种现象称为变构效应或别构效应（allosteric effect）。对酶催化活性的这种调节方式称为变构调节（allosteric regulation），具有变构调节的酶称为变构酶或别构酶（alosteric enzyme）。酶分子中与中间代谢物结合的部位称为变构部位（allosteric site）或调节部位（regulatory site）。能引起变构效应的代谢物称为变构效应剂（allosteric effector）。如果某效应剂能使酶活性增加并加速反应速率，则被称为变构激活剂（allosteric activator）；反之，降低酶活性及反应速率者，为变构抑制剂（allosteric inhibitor）。根据变构效应物是否为底物本身，又可分为同促效应和异促效应。同促效应是指变构效应物为底物本身，酶蛋白与其结合后，引起催化部位与催化部位之间的相互作用；异促效应是指变构效应物为底物外的小分子物质，其结合后引起的调节部位与活性部位之间的相互关系。

变构酶分子常含有多个（多为偶数）亚基，酶分子的催化部位（活性中心）和调节部位有的在同一亚基内，也有的不在同一亚基内。含催化部位的亚基称为催化亚基，含调节部位的亚基称为调节亚基。具有多亚基的变构酶也与血红蛋白一样，存在协同效应，包括正协同效应和负协同效应。如果效应剂与酶的一个亚基结合，此亚基的变构效应使相邻亚基也发生变构，并增加对此效应剂的亲和力，则此协同效应称为正协同效应；如果后续亚基的变构降低对此效应剂的亲和力，则此协同效应称为负协同效应。如果效应剂是底物本身，则正协同效应的底物浓度曲线为 S 形曲线（图 7-19）。可见，变构酶不遵守米氏动力学原则。

变构激活作用使 S 形曲线左移，变构抑制作用使 S 形曲线右移。

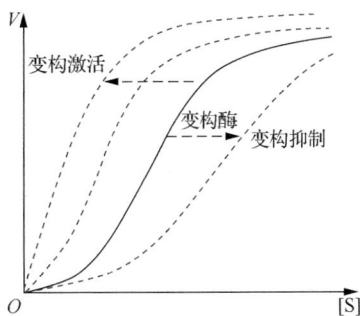

图 7-19 变构酶的 S 形曲线

变构酶的典型例子是天冬氨酸氨甲酰转移酶（ATC 酶），ATC 酶催化氨甲酰磷酸和天冬氨酸，生成 N-氨甲酰天冬氨酸。N-氨甲酰天冬氨酸经过 6 步酶学反应得到终产物三磷酸胞苷（CTP），CTP 反馈抑制 ATC 酶的活性，该抑制是通过变构机制进行的，CTP 为变构效应物。三磷酸腺苷（ATP）也是变构效应物，但 ATP 是 ATC 酶的变构激活剂。如图 7-20 所示，如果把 ATC 酶催化反应速率 V 对底物浓度［S］作图，得到的不是米氏方程双曲线，而是 S 形曲线。在给定的底物浓度下，CTP 降低酶催化反应速率，ATP 增加反应速率。

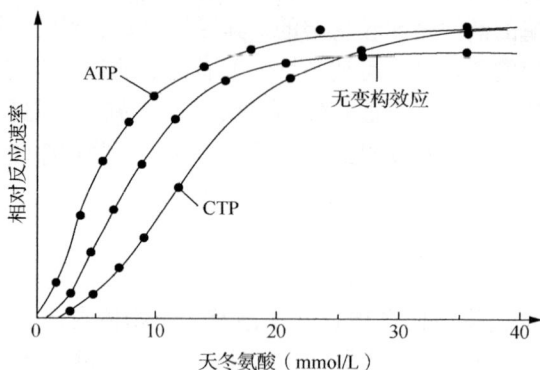

图 7-20　ATC 酶催化反应的 v 与天冬氨酸浓度的关系

该反应途径的最终产物是 CTP，当 CTP 浓度高时，CTP 与 ATC 酶结合，降低 N-氨甲酰天冬氨酸合成速率，从而降低 CTP 合成数量。相反，如果 CTP 在细胞中含量水平低，CTP 从 ATC 酶分子上解离，则 CTP 合成速率加快。ATP 对 ATC 酶的活化作用在于调控细胞内嘌呤核苷酸和嘧啶核苷酸的比例。一般来讲，在细胞内两者的水平大体相当，如果在细胞内 ATP 浓度偏高于 CTP，则 ATC 酶被激活，细胞合成更多的嘧啶核苷酸，直到 ATP 与 CTP 浓度达到平衡；相反，如果 CTP 浓度比 ATP 大许多，CTP 与 CTP 酶结合导致 CTP 合成减少，以期达到 CTP 与 ATP 在细胞内的平衡。

二、酶的共价修饰

共价修饰（covalent modification）调节是酶活性调节的另一种重要方式。某些调节酶在其他酶的作用下，对其多肽链上的某些基团进行可逆的共价修饰，而使其在高的活性形式和相对较低的活性形式之间互相转变。这种互变实际上是由两种催化不可逆反应的酶所催化的，它们往往又受激素的调控。酶的化学修饰包括磷酸化与脱磷酸化、乙酰化与脱乙酰化、甲基化与脱甲基化、腺苷化与脱腺苷化及—SH 与—S—S 的互变等，其中以磷酸化修饰最为常见。能够被其他酶通过共价修饰/去共价修饰的互变，进而改变其活性的这一类酶，称为共价调节酶。酶分子上特定的丝氨酸、苏氨酸或酪氨酸残基上—OH 的可逆磷酸化修饰是最常见的共价修饰方式。在真核细胞中，1/3～1/2 的蛋白质受可逆磷酸化修饰，并且很多是对代谢起调节作用的关键酶，蛋白质的磷酸化与脱磷酸化过程是生物体内存在的一种普遍的调节方式，在各个系统中均占重要地位。磷酸基与酶分子上特定氨基酸残基的结合是由蛋白激酶（proteinkinases）催化的，磷酸基的脱去由蛋白磷酸酶（protein phosphatases）催化。有些酶分子上只有一个磷酸化位点，有些酶分子上有几个磷酸化的位点。

所有的可以通过可逆磷酸化共价修饰进而调节其活性的共价调节酶，其过程均涉及一个共同的环节，即由蛋白激酶和蛋白磷酸酶催化的共价调节酶分子本身的磷酸化与脱磷酸化反应，如图 7-21 所示。

由蛋白激酶催化的、把 ATP 或 GTP 的 r 位磷酸基转移到底物蛋白质氨基酸残基上的过程称为蛋白质的磷酸化。蛋白质的脱磷酸化是磷酸化的逆过程（脱磷酸化），通常由蛋白磷酸酶催化。磷酸化共价调节的典型例证是肌肉和肝脏中的糖原磷酸化酶，它是糖原代谢形成葡萄糖的关键酶。催化反应式如下。

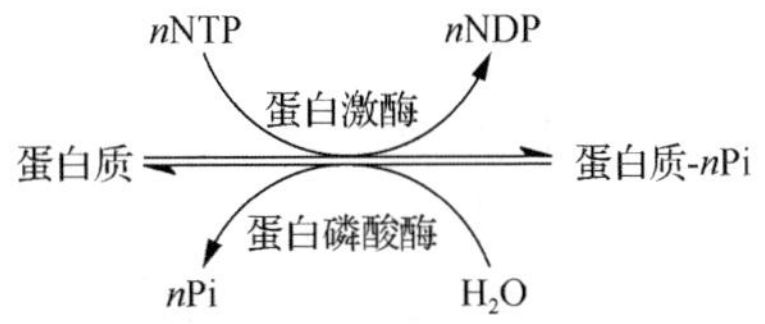

图 7-21 蛋白质的共价与去共价修饰

$$(C_6H_{12}O_6)_n+Pi \xrightarrow{\text{葡萄糖磷酸化酶}} (C_6H_{12}O_6)_{n-1}+G-1-Pi$$
糖原 　　　　　　　　　　　少一个葡萄糖残基的糖原链

糖原磷酸化酶存在两种形式高活力的磷酸化酶 a 和低活力的磷酸化酶 b。磷酸化酶 b 由 4 条肽链组成，每个肽链上有一个特定的丝氨酸的羟基被磷酸化之后变成磷酸化酶 a，这些丝氨酸的磷酸化是酶发挥活力所必需的。这一磷酸化共价修饰的过程由（糖原）磷酸化酶激酶来催化。催化反应式如下。

$$2磷酸化酶b+4ATP \xrightarrow{\text{磷酸化酶激酶}} 磷酸化酶a+4ADP$$

反过来，磷酸化酶 a 的去磷酸化过程变为低活力的磷酸化酶 b，则由（糖原）磷酸化酶磷酸酶来催化。催化反应式如下。

$$磷酸化酶a+4H_2O \xrightarrow{\text{磷酸化酶磷酸酶}} 2磷酸化酶b+4Pi$$

任务六　酶 的 应 用

酶是一种高效安全的生物催化剂，已广泛应用于食品原料加工、品质改良、工艺改造等食品工业领域，具有高效、专一、温和等生物学特性。随着研究的不断深入，酶正在以其独特的优势取代传统的化学试剂，并且越来越多地用于食品工业。工业酶行业成为中国较具发展前景的新兴产业之一。

一、生物酶在食品工业中的研究进展

食品工业中使用的酶因其在食品生产中的作用和能力而多样化，根据它们催化反应的类型，可分为氧化还原酶（脱氢酶、还原酶或氧化酶）、转移酶、水解酶、异构酶（消旋酶、超异构酶、顺异构酶、异构酶、互变酶、变酶、环异构酶）和连接酶（合成酶）5 类。其中应用较多的是蛋白酶、糖酶、酯酶、脂肪氧化酶、多酚氧化酶等。蛋白酶是一种水解酶，根据最适 pH 值可分为酸性蛋白酶和碱性蛋白酶两种，在食品工业中有广泛应用；糖酶常见的有 α-淀粉酶、β-淀粉酶、葡萄糖淀粉酶等，多用于甜味剂生产工业；酯酶是一种水解酶，钙盐能提高酯酶的稳定性；多酚氧化酶用于控制酶促褐变反应，对产品的色值影响较大。

用于食品加工的酶的工业生产可以追溯到 1874 年，丹麦科学家克里斯蒂安·汉森在小牛胃中提取出凝乳素（chymosin），用于奶酪制造。凝乳素是通过重组脱氧核糖核酸（rDNA）技术引入的含有牛促胰酶基因的微生物生产出来的。凝乳素在大肠埃希氏菌 K-12 中表达成为 FDA 批准用于食品的重组酶——凝乳酶 A。目前食品加工中使用的许多酶都是从重组微生物中提取出来的。

食品加工过程中如何保持食物的色、香、味和结构是很重要的问题，因此加工过程中要避免产生剧烈的化学反应。酶由于反应条件温和、专一性强、本身无色无味、反应容易控制等特点，适宜用于食品加工，并给传统的食品工业发展带来了新思路。理想的酶及其在食品中的作用主要包括：内源性 β-糖苷酶、多酚氧化酶、过氧化物酶、影响成熟和风味产生的酯酶；组织蛋白酶可用于肌原纤维蛋白水解发酵产物，蛋白酶和谷氨酰胺转氨酶可用于食品结构修饰。这些酶中，内源性多酚氧化酶或内源性脂肪酶和脂氧合酶会引起酸败，导致新鲜水果、蔬菜和生甲壳类的深色变色。

酶在食品加工过程中被用作许多用途的加工助剂，如凝结、成熟、烘焙、酿造、细胞破裂、水解和分子结构修饰。目前，酶被广泛应用于乳制品、烘焙食品、饮料、油、肉和功能性食品等的生产中。

二、生物酶在食品工业中的应用

（一）制糖工业及淀粉加工

常用于制糖及淀粉加工的是果胶酶、α-淀粉酶、葡聚糖酶和葡萄糖异构酶等，其中应用较多的是果胶酶、α-淀粉酶和葡聚糖酶。

果胶酶是分解果胶质的一类含多种酶的复合酶，可以特异性地水解果胶类物质，达到澄清的效果。α-淀粉酶是一种内切酶，可以无差别地切断 α-1，4-糖苷键，既作用于直链淀粉，也作用于支链淀粉；α-淀粉酶可有效降解混合汁中的淀粉，避免由于淀粉含量过高引起的酸性絮凝物增加现象，使黏度迅速下降。α-葡聚糖酶是能将大分子葡聚糖水解为葡萄糖等小分子的生物酶，有内切酶和外切酶两种，内切葡聚糖酶的水解效果优于外切酶。葡萄糖异构酶，又称木糖异构酶，指的是能将醛糖异构化为相应酮糖的异构酶，可进行葡萄糖的异构化反应，生产果葡糖浆，以代替蔗糖。

（二）乳制品加工

凝乳酶、乳糖酶、蛋白酶、脂肪酶和乳过氧化物酶是乳制品加工中最常用的几种酶。凝乳酶可以将液态奶变为近固态的干酪；乳糖酶可以将牛奶中的乳糖水解，给乳糖不适症人群带来福音；蛋白酶和脂肪酶能加速干酪成熟并能改善干酪性质；乳过氧化物酶能反应去除过氧化氢，延长保质期，其在羊乳的保鲜上有显著效果。到目前为止，乳过氧化物酶保鲜法是公认的最理想的保鲜方法。

奶酪被称为干酪，含有非常丰富的营养成分，将为人们进一步改善膳食结构、增强体质起到重要作用。为了满足人们日益增长的对高品质乳品的需求，开发适合人们消费的特色奶酪，可在奶酪加工中加入各种各样的酶，使奶酪的口感更加美味。试验表明，内源性脂肪酶、谷氨酰胺转氨酶、风味蛋白酶结合复合蛋白酶、乳过氧化物酶等在奶酪加工中起到明显的作用。谷氨酰氨转胺酶添加量对奶酪的硬度、弹性和产率都有显著影响，其通过引入赖氨酸而提高蛋白质的营养效价，使被其处理过的乳制品具有良好的外观和质构。

（三）果汁和饮料加工

在果汁的生产加工中，通过加入酶可以在果汁生产中起到澄清、提高果汁的出汁率、降低非酶褐变和测定果汁中有机酸含量的作用。在果汁和饮料加工过程，由 α-淀粉酶、糖化酶、蛋白酶、果胶酶、葡聚糖酶和淀粉酶按一定比例配制而成的复合酶、葡萄糖氧化酶应用较多。

（四）肉制品加工

肉类是人体每日摄入能量的主要来源，随着人们对美好生活追求的提高，人们对肉类的要求不仅仅是人体能量的需求，更在口感、新鲜及健康安全方面有了更高的追求。酶作为一种高效的生物催化剂，进入了研究者的视野。随着各种研究的发现，酶在肉制品的宰前及加工运输中起到了非常大的作用，其中蛋白酶、转谷氨酰胺酶、内源酶、溶菌酶等作用尤为明显，逐渐取代化学制剂，成为肉制品加工过程中不可或缺的一部分。

牲畜宰前因素会对其体内结缔组织的数量、分布和类型产生各种影响，宰后肌肉内所含的蛋白酶类活力发生了变化，会大大影响肉类的嫩度。在牲畜宰前注射酶，经血液循环后扩散其全身，酶在肉类中静止，在烹饪时温度达到酶的最适温度时进行催化使肉类膨胀率提高，增加吸水量，改变组织结构，进而使肉类得到嫩化，提高口感。

2007 年，美国批准使用米曲酶等微生物蛋白酶，而后 Swift 公司生产了食品级蛋白酶 Proten，其用法与木瓜蛋白酶一致，它优先水解组织蛋白，对其他蛋白活性极低，在嫩化肉类的同时不会影响肉类原有的口感。目前各国都在对微生物蛋白酶做更进一步的研究，不久的将来，更好的食品级微生物蛋白酶一定会应用于肉类的加工，提高人类的生活水平。

转谷氨酰胺酶可以催化蛋白质发生胶联，使蛋白质分子量变大，改变其功能特性。转谷氨酰胺酶对酪蛋白的胶凝能力优于大豆蛋白，是新型蛋白质功能改良剂，能够提高肉制品的弹性和产品的嫩度，可以取代磷酸盐的作用。在火腿肠类食品中添加转谷氨酰胺酶可以增加酪蛋白的胶凝，从而提高其口感、风味、组织结构和营养性；内源酶较外源酶体系更为复杂，影响其活性的因素较多，故近些年多研究外源酶，使肉制品的营养成分分解，从而达到嫩化肉质、形成独特风味等目的。

（五）啤酒生产

啤酒是以麦芽为原料，经糖化发酵而成的乙醇饮料。麦芽中含降解原料生成可发酵

243

性物质所需的各种酶类，主要为淀粉酶、蛋白酶、β-葡聚糖酶、纤维素酶和核酸分解酶。合理使用生物酶不仅能显著提高啤酒的质量，还能降低生产成本，给啤酒工业带来福音。木瓜蛋白酶、耐高温 α-淀粉酶、乙酰乳酸脱羧酶、脯氨酸内切酶在啤酒生产过程中有着不同程度的作用。

将木瓜蛋白酶作用于原料麦芽蛋白质，可以防止蛋白质与多酚结合而产生沉淀，有较好的过滤效果，从而提高啤酒的稳定性，在一定程度上澄清啤酒，且不影响啤酒的口味特性。

三、展望

酶已经在食品工业中得到广泛应用，除了应用于以上几大类之外，还可应用于很多方面。可以预期，随着生物技术的迅速发展，可用于食品中的酶种类将大大增加，复合酶、新型酶、固定化酶的大力研究将会是未来的发展趋势。必须指出的是，各种酶在食品工业中的作用机理有待于进一步研究，酶制剂具有广阔的应用前景。

项目八 基因信息传递

项目导入

酶促降解是核酸在生物体内的主要降解形式。尽管目前对于核酸的研究已经非常深入详细,但对核酸在生物体内的降解了解得仍不是很多。目前已知,生物体内降解核酸酶类的主要作用,均是打断核苷酸之间的磷酸二酯键,故这一类酶也被称为磷酸二酯酶,统称核酸酶。按其作用底物的不同,核酸酶中降解 RNA 的称为核糖核酸酶,降解 DNA 的称为脱氧核糖核酸酶。此外,两种核酸酶又可根据其作用位点的不同,分为内切酶和外切酶。其中,外切酶从核酸的一端逐个水解核苷酸,而内切酶专门从核酸分子中间某个部位切开,作用结果是核酸被分解为寡聚核苷酸序列。

本项目学习的内容有 DNA 的生物合成、DNA 的损伤和修复、RNA 的生物合成和蛋白质的生物合成。

任务一 DNA 的生物合成

遗传是指生物在繁殖下一代时也将自身的生物学特征(性状)传给下一代。人们很早就认识到遗传现象,但一直未能找到遗传物质,揭开遗传的秘密。1869 年,米切尔发现核素,为找到遗传物质提供了希望。1885 年,细胞学家赫威提出核素可能负责受精和传递遗传性状。但后来因为在核酸化学研究中有突出贡献的科塞尔和列文等坚持认为在染色体中发挥功能作用的是蛋白质,不可能是核酸,原因是核酸中只有 4 种核苷酸,所以人们长时间不再关注核酸。

1928 年,英国人格里菲斯等发现了两种肺炎双球菌。一种有粗糙的荚膜,不含荚膜多糖,没有致病力,称为 R 型菌;另一种有光滑的荚膜,含有荚膜多糖,可使小鼠感染引起肺炎致死,称为 S 型菌。

直到 1944 年,微生物学家艾弗里、麦克劳德和麦卡蒂等完成了著名的肺炎球菌转化试验(图 8-1),才证明了转化物质是

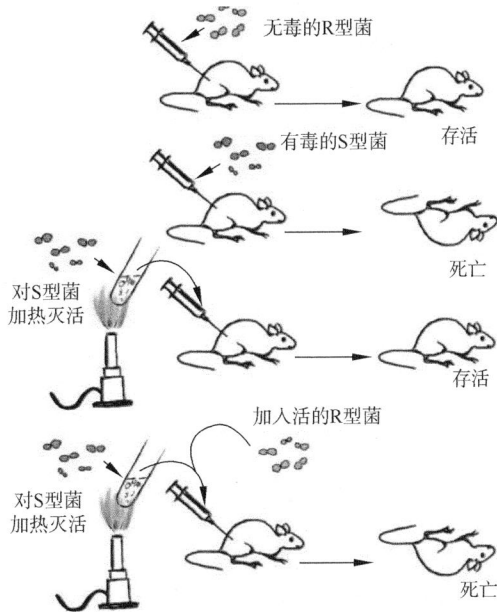

图 8-1 艾弗里的肺炎球菌转化试验

DNA，再次提出核酸是遗传物质。艾弗里等将 S 型菌煮沸杀死，给小鼠注射，失去感染能力，但把杀死的 S 型菌的 DNA 提取出来和 R 型菌混合在一起给小鼠注射，则全部感染死亡。然后对提取物用脱氧核糖核酸酶处理，则不发生转化，而用蛋白酶处理仍具有转化活性。艾弗里的肺炎球菌转化试验如图 8-1 所示。

1952 年，DNA 是遗传物质的理论进一步被实验证实。赫雪带领他的学生蔡斯完成了噬菌体同位素标记试验。噬菌体只含蛋白质外壳和核酸两部分。当噬菌体感染细菌后，在菌体内繁殖产生大量噬菌体使细菌裂解死亡。已知噬菌体不能独立繁殖，须借助侵入的宿主细胞繁殖。那么感染时噬菌体进入细菌体内的引起繁殖的物质是什么？是蛋白质还是核酸，还是二者都进去？连接噬菌体亲代与子代的物质是什么？是核酸还是蛋白质？为解释这一问题，他们选择一种核酸为 DNA 的噬菌体，用带有同位素 ^{35}S 和 ^{32}P 的培养基分别培养大肠埃希氏菌一定时间，因蛋白质含 S 较多，则大肠埃希氏菌菌体内的蛋白质被 ^{35}S 置换标记。DNA 不含 S 而含 P 较多，用另一含 ^{32}P 培养基培养一定时间，则 DNA 在培养中被 ^{32}P 置换标记。然后，使两种标记的大肠埃希氏菌感染噬菌体，因噬菌体是利用菌体代谢，所以噬菌体的蛋白质和 DNA 也分别被同位素标记。将两种标记的噬菌体分别再感染正常的大肠埃希氏菌。

大肠埃希氏菌用同位素标记后进行噬菌体感染检测被转移同位素的试验过程如图 8-2 所示。

结果发现，凡是用 ^{35}S 标记的噬菌体，侵染大肠埃希氏菌后，细胞内很少有被标记的 ^{35}S。这说明侵染时蛋白质外壳并没进入细胞，所以测不到。而用 ^{32}P 标记的噬菌体侵入时，大肠埃希氏菌细胞内却发现了大量的含 ^{32}P 的 DNA。由此说明，进入菌体的是 DNA 而不是蛋白质，连续亲代与子代噬菌体的物质是 DNA，说明 DNA 是遗传物质。

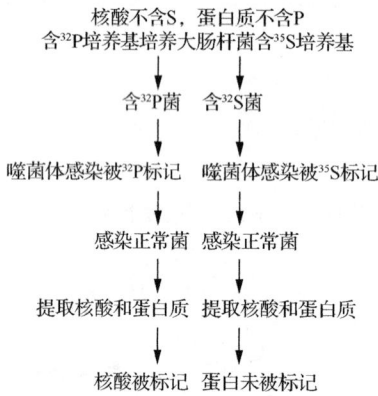

核酸不含S，蛋白质不含P
含^{32}P培养基培养大肠杆菌含^{35}S培养基

含^{32}P菌　　含^{32}S菌

噬菌体感染被^{32}P标记　噬菌体感染被^{35}S标记

感染正常菌　　感染正常菌

提取核酸和蛋白质　提取核酸和蛋白质

核酸被标记　　蛋白未被标记

图 8-2　大肠埃希氏菌用同位素标记后进行噬菌体感染检测被转移同位素的试验过程

一、核酸的酶促降解

（一）外切核酸酶类

外切核酸酶类属于非专一性核酸酶类，专一性不强，既能作用于 RNA，也能作用于 DNA，具有代表性的有以下两种。

1. 蛇毒磷酸二酯酶（VPDase）

蛇毒磷酸二酯酶是种 3′-端外切酶，可从多核苷酸链的 3′-OH 端连个切下核苷酸，得到核苷 5′-磷酸，或称 5′-核苷酸，如图 8-3 所示。

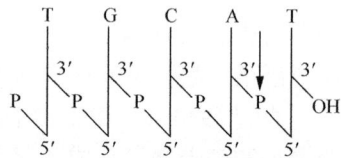

图 8-3　VPDase 结构式

2. **牛脾磷酸二酯酶（SPDase）**

牛脾磷酸二酯酶是一种 5′-端外切酶，可从多核苷酸链的 5′-OH 端逐个切下核苷酸，得到核苷 3′-磷酸，如图 8-4 所示。

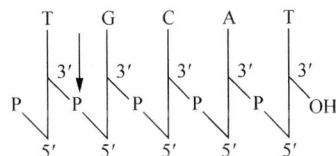

图 8-4　SPDase 结构式

（二）内切核酸酶类

1. **核糖核酸内切酶类**

核糖核酸内切酶类专一性水解 RNA，在生物中普遍存在。下面列举两种常见的核糖核酸酶。

（1）牛胰核糖核酸酶

牛胰核糖核酸酶英文缩写为 RNaseA 或 RNase I，因其首次在牛胰中被发现而命名为此，1940 年获得结晶纯体。该酶是专一水解 RNA 的内切酶，对 DNA 无作用。切割位点为嘧啶核苷 3′-磷酸与其他核苷酸之间的连接键，生成以嘧啶核苷 3′-磷酸基为结尾的寡聚核苷酸。该酶十分耐热，最适 pH 值为 7.0～8.2，分子量为 1400。

（2）核糖核酸酶 T1

核糖核酸酶 T1 英文缩写对 RNaseT1，初从米曲霉上得到。该酶也是专一性水解 RNA 的内切酶，切割位点为鸟嘌呤核苷 3′-磷酸与其他核苷酸之间的连接键，生成以鸟苷 3′-磷酸基为结尾的寡聚核苷酸。该酶耐热、耐酸、分子量较小。

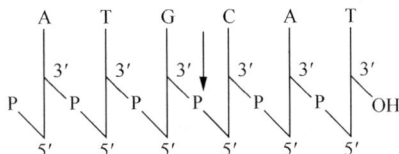

图 8-5　牛胰核糖核酸酶结构式　　图 8-6　核糖核酸酶 T1 结构式

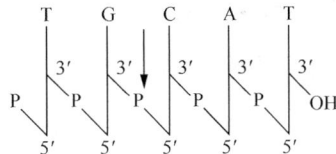

这两种酶虽然都是内切酶，但如果切割点后面只有一个核苷酸，那么产物就不是寡聚核苷酸，而是单核苷酸。

2. **脱氧核糖核酸内切酶类**

脱氧核糖核酸内切酶类是专一性水解 DNA 的内切酶类，根据切割位点的专一性不同，可分为以下两种类型。

（1）非限制性内切酶

非限制性内切酶对 DNA 链的碱基无专一性。较常见的有如下两种。

1）牛胰脱氧核糖核酸酶，英文缩写为 DNase I，对碱基无专一性，可切断双链或单链 DNA，生成以 5′-磷酸基为末端的寡聚核苷酸。该酶平均长度为 4 个核苷酸，最适 pH 值为 7.0～8.0，需镁离子。

2）牛脾脱氧核糖核酸酶，缩写为 DNase II，可切断 DNA 链，生成以 3′-磷酸基为末端的寡聚核苷酸。该酶平均长度为 6 个核苷酸，最适 pH 值为 4.0～5.0，需钠离子，受镁离子抑制。

（2）限制性内切酶

限制性内切酶是一类对 DNA 具有碱基专一性的内切酶，目前主要从细菌、霉菌中分离获得。限制性内切酶能识别 DNA 分子上特定的碱基顺序，可切开双螺旋 DNA 的特定位点，对基因工程具有特别重要的作用。它的识别序列一般具有回文结构（反向重复序列），为 4～8 个碱基对，切点位置绝大多数在识别序列内，极少数在识别序列外。其作用的结果是使序列形成黏性末端或平末端。

限制性内切酶对生物而言具有极其重要的意义，它可以对外源侵入的病毒 DNA 进行降解，从而起到保护自身遗传物质不受干扰的作用。但它一般不降解自身细胞内的DNA，因为自身 DNA 上的酶切位点均受甲基化修饰而被保护。

二、DNA 的复制和修复

脱氧核糖核酸（DNA）是绝大多数生物的遗传物质，它储存着生物生长发育的所有信息。DNA 的复制与修复，对于生物的生长、发育和繁殖具有极其重要的意义。生物体只有保证自身 DNA 复制过程的准确，才能把亲代遗传信息传递给子代，使自身生物学性状得到稳定遗传与延续。

（一）细胞内的 DNA

DNA 是生物大分子，在细胞中均经过反复折叠，平时主要以染色质形式存在，在细胞分裂时凝缩形成染色体，在光学显微镜下呈短棒状。

1. 原核细胞的 DNA

由于原核细胞没有细胞核，DNA 分子以悬浮状态存在于细胞质中，结构上没有组蛋白以裸露形式存在。大部分原核细胞内只有一条 DNA 双链分子，可闭合成环状或为直链。其分子量较小，如大肠埃希氏菌的 DNA 仅由 4000 kb 核苷酸组成。

2. 真核细胞的 DNA

与原核细胞不同，真核细胞有细胞核，只有细胞分裂时核才消失。DNA 分子平时存在于细胞核中，不直接与细胞质接触。在结构上，真核细胞 DNA 分子首先与组蛋白相结合，形成核小体后进一步形成染色质。真核细胞内有多条 DNA 双链分子，并且成对存在，每个双链分子中，一条来自父本，一条来自母本。在形成染色体时，它们被称为同源染色体。其分子量比原核细胞的 DNA 大得多。

3. 染色体外的 DNA

无论真核细胞还是原核细胞，除染色体 DNA 外，均存在一些染色体外的 DNA 分子。例如，原核细胞中的质粒 DNA，真核细胞中的线粒体 DNA 和叶绿体 DNA。这些染色体外的 DNA 正常存在于细胞中，可与染色体 DNA 同步复制，也可不同步复制。线粒体 DNA

和叶绿体 DNA，一般是不与染色体 DNA 同步复制的，而质粒 DNA 复制形式较为多样。与染色体 DNA 同步复制的质粒 DNA 称为严紧控制质粒，不同步复制的称为松弛控制质粒，松弛控制质粒可在细胞内出现多个复制。除此之外，细胞中往往还有一些外源 DNA 侵入，如病毒 DNA、噬菌体 DNA 等。某些病毒的 DNA 可整合到染色体 DNA 上一同复制，甚至可传给下一代。遗传信息传递的中心法则如图 8-7 所示。

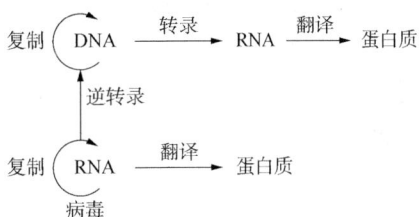

图 8-7 遗传信息传递的中心法则

（二）遗传信息传递的中心法则

生物的世代延续依赖于遗传信息的逐代传递。上一代的遗传信息传递给下一代的方式是通过 DNA 的复制。新一代生物体以获得的遗传信息 DNA 作为模板，指导 RNA 合成，称为转录。再以 RNA 作模板，合成有功能的蛋白质，构建生物形态和指导生长发育过程。这一传递规律是生物的普遍现象，称为遗传信息传递的中心法则。

但在某些病毒中发现了以 RNA 为模板合成 DNA 的现象，被称为逆转录，打破了原来的中心法则。故现在的中心法则加入了从 RNA 到 DNA 的遗传信息逆传递过程。

（三）DNA 的复制形式

1. DNA 的合成是自我复制的过程

DNA 的合成方式是自我复制。以原来的 DNA 分子为模板，合成相同的 DNA 分子，称为 DNA 的复制。

沃森和克里克于 1953 年提出 DNA 的双螺旋结构模型，使遗传现象在分子水平上获得了解释。即承载遗传信息的 DNA 分子，可以自身两条 DNA 单链各自作为模板，按碱基严格互补规则，合成与自身碱基顺序完全相同的两条互补链，形成下一代 DNA 分子。需要特别指出的是，虽然某些生物，如病毒的 DNA 是以单链形式存在的，但在复制过程中也要首先复制成双链，再各自以单链为模板进行复制。

2. DNA 的半保留复制

如前所述，DNA 复制是按两条单链 DNA 碱基严格互补的规则，合成另外两条互补链，如图 8-8 所示。但新合成的两条链是重新组成新的 DNA 双螺旋分子，还是与两条旧链相混合，组成两条新旧链搭配的 DNA 双螺旋分

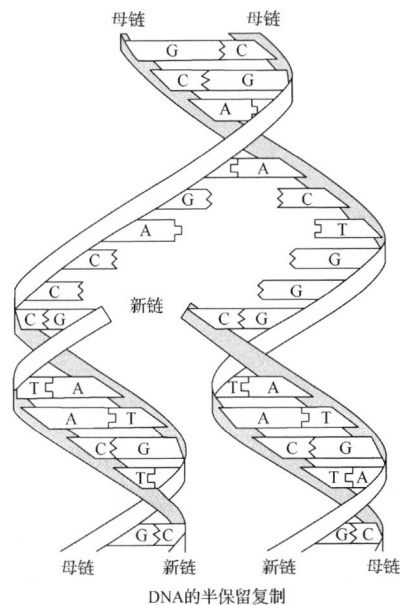

图 8-8 DNA 的半保留复制

子？这一问题始终困扰着研究人员。直到 1958 年，梅塞尔森和斯塔尔用 ^{15}N 同位素标记大肠埃希氏菌，才得以阐明。梅塞尔森和斯塔尔用 ^{15}N 作唯一氮源制备培养基，培养大肠埃希氏菌 12 代，当大肠埃希氏菌 DNA 中的氮都置换成 ^{15}N 后，再转入普通培养基繁殖下一代。然后粉碎提取 DNA，测 ^{15}N 的丰度。结果显示，^{15}N 的丰度在全标记 DNA 和此培养 DNA 之间。这一结果充分证明，DNA 在复制后是新旧链搭配，两条新的 DNA 双螺旋中各保留了一条旧链，所以 DNA 的复制也被称为半保留复制。

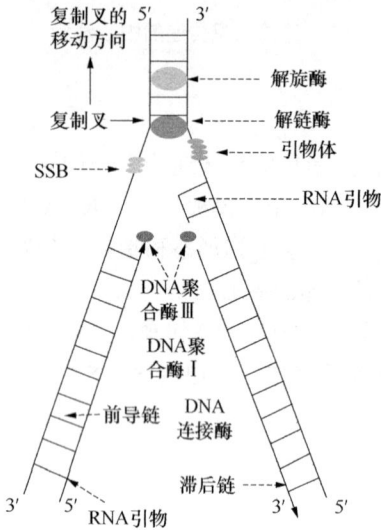

图 8-9　DNA 复制的方面

（四）DNA 复制的方向

DNA 分子以 5′-磷酸基端为首，3′-OH 端为尾，合成的方向也是 5′→3′即新核苷酸的 5′-磷酸基接在链末端的 3′-OH 上，这对任何生物都不例外。在模板链上阅读是反向阅读，即沿 3′→5′方向阅读复制。

由于是半保留复制，双螺旋两条链同时作为模板链合成两个新的双螺旋，两条旧链（亲本链）就要解开双螺旋。这时在双螺旋复制解链处就形成一个倒置的 Y 形结构，称为复制叉，如图 8-9 所示。

在环形 DNA 复制时，由于双链在复制叉处解开，各自合成互补链，在电镜下可以看到形状如眼的结构，称为复制眼。还有的形状类似于字母 θ（图 8-10），或形成滚动环和取代环结构。

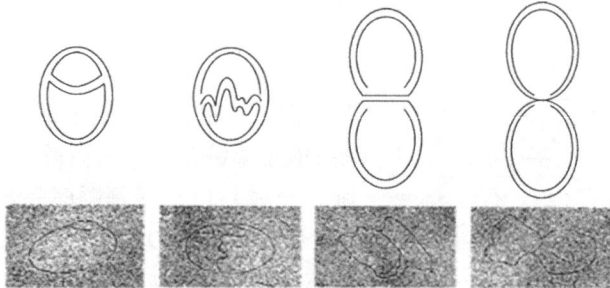

图 8-10　环形 DNA 复制时的复制目录

（五）复制起点与复制单位

DNA 在复制时，并不是从一端开始，也不是随机从某处开始，而是从固定的起点开始。在这些固定的复制起点处，有可分辨的碱基序列，能被复制起始因子所识别。

从起点到终点称为一个复制单位，也称复制子，也就是能独立复制的单位。原核细胞只有一个 DNA 分子，一般只有一个起点，所以是单复制单位或单复制子。真核细胞染色体有多个起点，为多复制子。

原核生物（大肠埃希氏菌）DNA 的复制起始部位应该包括两个部分。

1. 复制起点

复制起点也称起始部位。大肠埃希氏菌的复制起点不是单指某一个核苷酸，而是一段DNA序列，并且是保守序列。例如，OriC的起点包括一个249 bp（也有说245 bp）的控制区，其中包含4段9个核苷酸的重复序列是调节蛋白（dnaA）的结合位点。所以，称起始部位更确切（图8-11）。

需要说明的是，大肠埃希氏菌有两个起点。一个是正常起点OriC，位于基因图谱83分左右；另一个是非正常起点OriH，此点只在RNaseH缺乏的突变株上发现，二者起始机制是不同的。

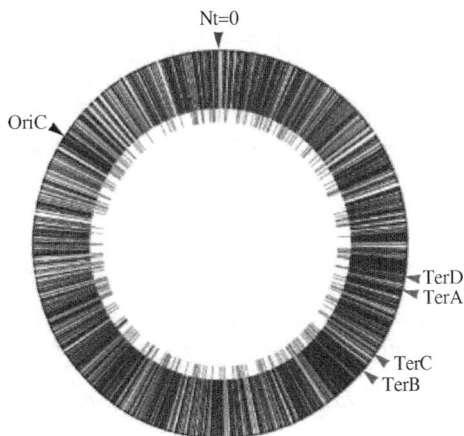

图 8-11 大肠埃希氏菌的复制起点

2. 起始物位点

它是起始的调节系统，作用是编码起始调节蛋白，也称起始因子，现已发现的有3种蛋白，用dnaA、dnaB、dnaC表示。但称起始物位点并不确切，因为它是一段DNA序列。

（六）DNA生物合成的抑制剂

DNA生物合成的抑制剂有很多种，抑制DNA合成的机制不同。

1. 脱氧核苷酸合成的类似物

尿嘧啶与胸腺嘧啶的卤素化合物如5'-氯、溴、碘等，半径相似，可掺入DNA中，抑制DNA合成。其5'-溴尿嘧啶与5'-溴胸腺嘧啶最接近，最易掺入DNA分子中，对DNA复制的抑制作用较大。

5'-氟尿嘧啶由于半径小，虽然不能掺入DNA分子中，但进入体内后能转变成氟脱氧核苷酸形式（F-dUMP）。这种物质可抑制胸腺嘧啶核苷酸合成酶，导致胸腺嘧啶核苷酸的缺乏。在正常细胞中5'-氟尿嘧啶可被分解为 α-氟-β-氨基丙酸，但在癌细胞中不能分解，故5'-氟尿嘧啶可被用作抗癌药。

2. DNA分子的烷化剂

有些试剂可使DNA烷基化失去复制或转录能力，称为烷化剂，其作用形式被称为共价修饰，主要有氮芥、磺酸酯、氮丙啶、乙撑亚胺等试剂。

有的烷化剂还有一定选择性，如环磷酰胺在体外无毒，进入肿瘤细胞后可在磷酰胺酶作用下水解为活性氮芥，所以有一定抗癌作用。

251

3. 某些抗生素类物质

放线菌素 D 可与 DNA 形成共价复合物，起到抑制 DNA 复制的作用。还有其他几种抗生素可抑制 DNA 复制，如色霉素 A3、橄榄霉素、光神霉素等。

4. DNA 合成的酶抑制剂

DNA 合成的酶抑制剂均作用于 DNA 复制中需要的酶类。常见的有 DNA 拓扑异构酶抑制剂，如奈啶酮酸抑制原核生物拓扑异构酶 Ⅱ，可抑制 DNA 合成，用于作抗菌药。还有抑制 DNA 聚合酶的抑制剂，如杀蚜虫菌素是真菌抗菌素，其通过抑制 DNA 聚合酶 α 的活力，抑制真核细胞 DNA 复制。

5. 嵌入染料

嵌入染料主要是吖啶类染料，其可嵌入 DNA 碱基对之间，使 DNA 复制时出现碱基的缺失或增添，干扰正确的复制。

任务二　DNA 的损伤和修复

如前文所述，生物的 DNA 分子在化学或物理因子作用下，可能会产生损伤或突变。有些突变会导致生物难以存活，称为致死突变；而一些突变会在生物体内存在的某些机制下被修复，不会导致死亡。这种 DNA 修复作用是生物进化中获得的一种保护功能。常见的修复有以下几种方式。

一、直接修复

直接修复是指经酶促反应进行的修复过程，包括光修复和单个酶的直接修复作用。

光修复是指由可见光（400～700 nm）激活 DNA 光裂合酶或 DNA 光修复酶，这种酶能识别并结合到紫外线照射所形成的二聚体上切开二聚体，使 DNA 得以修复。这种修复方式只适用于紫外光引起的 DNA 二聚体损伤，也被称为光复活。DNA 光裂合酶广泛存在于原核细胞和真核细胞中，但人类细胞尚未发现该酶的存在。

单个酶的直接修复作用指能识别 DNA 上的修饰碱基并使其恢复到原来状态的酶对 DNA 损伤的修复作用。关于这些酶，目前了解得并不多，只发现几种，如 O^6-甲基鸟嘌呤-DNA 甲基转移酶，该酶能够特异性地恢复被烷基化的鸟嘌呤。

二、切除修复

切除修复即在一系列酶作用下，将单链上的损伤部分切除掉（水解掉），再以另一完整链为模板重新合成补上缺口（图 8-12）。这是生物体最主要的修复机制。参与修复的酶有核酸外切酶、内切酶、DNA 聚合酶 Ⅰ、DNA 连接酶等。

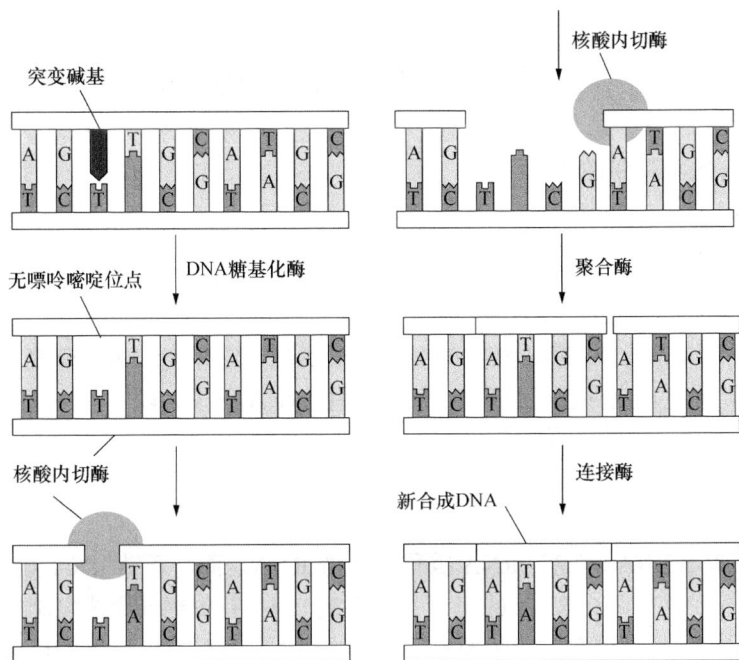

图 8-12　切除修复机制

三、重组修复

如果切除修复发生在染色体复制前期,并且在染色体开始复制时仅完成了损伤部分的切除而未开始补充缺口,这时可先跟随染色体复制过程复制 DNA 再修复缺口,这个过程就称为重组修复。

在重组修复时,DNA 复制到损伤部位不能通过就会跃过缺口继续复制,结果就会使子代 DNA 留下缺口,这个缺口可在子代 DNA 双链形成后根据碱基互补的原则完成修复,因此重组修复的过程也可看作先复制后修复的过程。

参与重组修复的酶主要是一种重组基因是 recA 编码的蛋白,其分子量为 4 万,具有交换 DNA 链的活力。此外,还需要 DNA 连接酶及 DNA 聚合酶。

四、错配修复和应急反应修复

错配修复也是一种切除修复,但其仅对于已经错配并逃过了 DNA 复制的校对而保留下来的错配碱基进行切除修复。这种切除修复要求细胞中必须有一套识别 DNA 子链和亲链的系统,以保证将子链上的错配碱基切除。

应急反应修复是指细胞 DNA 受到损伤或复制受到抑制时,细胞为求得生存所产生的诱导修复过程。其中包括正常的避免差错修复和应急的倾向差错修复。倾向差错修复指修复中允许错配碱基产生,并能诱导产生缺乏校对能力的 DNA 聚合酶,结果使 DNA 复制时顺利地越过损伤部位得以继续进行。该类修复机制能导致高的基因突变率,推测癌变与其有重要关系。

任务三　RNA 的生物合成

一、RNA 的复制和逆转录

RNA 的复制以 RNA 为模板合成 RNA，这种 RNA 复制多由某些 RNA 病毒侵染引起。RNA 病毒的遗传信息全部储存在 RNA 分子中，当侵入宿主细胞后，便可借助复制酶（RNA 指导的 RNA 聚合酶）进行病毒 RNA 的复制。

目前已经成功从 RNA 病毒感染的细胞中分离到了纯体复制酶。研究发现，该酶需要 Mg^{2+} 激活，具有较高的特异性，能够选择模板 RNA 分子，以 4 种核苷三磷酸为底物进行 RNA 的合成，其复制的方式主要有以下几种。

（一）病毒含有正链 RNA

一般将具有 mRNA 功能的 RNA 链称为正链 RNA，而与正链 RNA 互补的 RNA 链称为负链 RNA。含有正链 RNA 的病毒利用正链 RNA 首先翻译合成复制酶及有关蛋白质，然后利用复制酶以自身为模板复制出负链 RNA，最后再以负链为模板合成正链并装配成病毒。噬菌体 Qβ 病毒和脊髓灰质类病毒都属于此类。

（二）病毒含有负链 RNA 和复制酶

负链 RNA 病毒侵入宿主细胞后利用自带的复制酶复制出正链 RNA，再以正链 RNA 翻译出复制酶及其他蛋白质，并复制负链装配成病毒。狂犬病毒的复制属于此类。

（三）病毒含有双链 RNA 和复制酶

这类病毒在自带复制酶作用下以双链中的负链合成正链 RNA，然后翻译出复制酶和壳蛋白，再以正链为模板合成负链组成双链 RNA，最后组装成病毒。这类病毒较少见，呼肠孤病毒属于此类。

（四）致癌 RNA 病毒的逆转录复制

艾滋病病毒、白血病病毒、肉瘤病毒等病毒也是 RNA 病毒，此类病毒复制须经过 DNA 的逆转录，由逆转录酶形成 DNA 前病毒，再复制出病毒 RNA 并进行翻译组装。

二、逆转录

逆转录是指以 RNA 为模板合成 DNA 的过程。在过去很长一段时间，人们都确信遗传信息的传递方向是 DNA→RNA→蛋白质，并把这种信息的传递方式称为中心法则，认为遗传信息不能逆向传递。逆转录的发现使人们对遗传信息传递产生了新的认识，由此也修改了原来的中心法则。

（一）逆转录酶的发现

1964年，特明提出前病毒假设，认为致癌RNA病毒的复制需经过一个DNA的中间体，即前病毒。他认为，前病毒DNA可部分或全部整合到细胞DNA中，并能随细胞增殖传给子代。但为了证实这一说法，他就必须首先找到逆转录酶。

1970年，特明等终于从劳氏肉瘤病毒和白血病病毒中找到了逆转录酶，也称反转录酶或称依赖RNA的DNA聚合酶。这与过去遗传信息DNA→RNA的传递方向相反，故称为逆转录。这就打破了中心法则说法。现已发现逆转录酶存在于所有致癌RNA病毒中，艾滋病病毒中也有。同时也发现，真核生物正常细胞内也存在逆转录过程，并且认为淋巴细胞逆转录酶与抗体形成有关。

（二）逆转录酶的特点与功能

特明等提取到的逆转录酶由两个亚基（α、β）组成，α亚基分子量为65000，β亚基的分子量为90000。α亚基来自β亚基的一段。该酶是一种含Zn^{2+}的酶，其催化性质与DNA聚合酶相似，要求有引物和模板，以$5'\rightarrow3'$方向延长，但对模板要求不严格，人工合成RNA也可作模板，以自身病毒RNA为模板活性最大。该酶需要的引物可以是DNA片段，也可以是一小段RNA，但必须与模板互补，并有游离3'-OH。在催化时需Mg^{2+}和Mn^{2+}，并要求有保护酶蛋白中巯基的还原剂。其催化功能包括以下3个方面。

1）利用RNA为模板合成与之互补的DNA负链。

2）以新合成的DNA负链为模板合成DNA正链，使之成为DNA双链。合成的起始物是病毒的tRNA。

3）具有核酸外切酶的作用，可以沿$5'\rightarrow3'$方向外切，专门水解RNA-DNA杂交分子中的RNA，称为RNaseH活性，但不具有$3'\rightarrow5'$外切作用，所以不能校对，致使合成的错误率很高

255

（三）逆转录病毒的基因组

逆转录病毒的遗传信息是储存于RNA中。典型的逆转录病毒有两个RNA基因组，一般是两个相同的38S的RNA，每个RNA含3～4个功能基因。

逆转录病毒的RNA与真核mRNA的结构相似，5'端有帽子结构，3'端有多聚腺苷酸尾巴。两条RNA链连在一起呈"儿"字形。

现已证实，劳氏肉瘤病毒的基因组由4个基因组成，分别是gap、pol、env和src。gap基因编码病毒粒子结构蛋白，分子量为76000，合成后加工为4个核粒蛋白。pol编码聚合酶前体蛋白，经酶解后产生逆转录酶、整合酶及蛋白酶。env编码病毒外膜糖蛋白前体，该蛋白的作用是使病毒吸附于宿主细胞表面。src是致癌基因，能导致细胞癌变。

（四）逆转录过程

逆转录病毒侵染宿主细胞时，病毒粒子内的RNA和逆转录酶一同进入细胞，首先以正链RNA为模板合成互补的DNA负链，然后借助逆转录酶的RNaseH活性切除杂合

分子中的正链 RNA, 再以负链 DNA 合成互补的正链 DNA, 形成双链 DNA 进入细胞核。在整合酶作用下, 这种前病毒 DNA 整合到宿主基因组中, 最终借助细胞的 RNA 聚合酶进行转录, 并翻译出病毒粒子的各种功能蛋白质组装成新的病毒。

噬菌体 Qβ 是 20 nm 正二十面体的小噬菌体, 含 30% RNA, 一条 RNA 单链约 4500 个核苷酸, 编码 3～4 个蛋白, 包括成熟蛋白 A、外壳蛋白和复制酶 β 亚基, 还有一个蛋白功能不清。Qβ RNA 复制酶有 4 个亚基分别为 α、β、γ、δ, 除 β 外, 其余 3 个亚基都由宿主细胞提供, α 亚基是核糖体蛋白 S_1, γ 和 δ 是宿主细胞蛋白合成因子的肽链延长因子 Tu 和 Ts。该酶专一以自身 RNA 为模板, 而不能以其他 RNA 为模板, 所以具有 RNA 的识别能力。噬菌体 Qβ 病毒虽小, 但仍具有较高的复制效率和精确的调控能力, 并且尽量将宿主细胞的条件为己所用。

任务四　蛋白质的生物合成

一、氨基酸与 tRNA 的连接

蛋白质的合成在细胞质中进行, 氨基酸之间不能直接形成肽键, 这一反应在热力学上是需要能量的, 因此氨基酸必须活化。活化就是先形成一个高能复活物。

（一）氨基酸的活化

由氨酰 tRNA 合成酶（也称氨基酸活化酶）催化, 反应分两步进行。

1. 氨基酸的羧基连在 AMP 的第一个羧基上

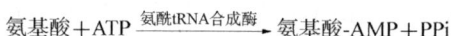

$$氨基酸 + ATP \xrightarrow{氨酰tRNA合成酶} 氨基酸\text{-}AMP + PPi$$

具体活化过程如图 8-13 所示。

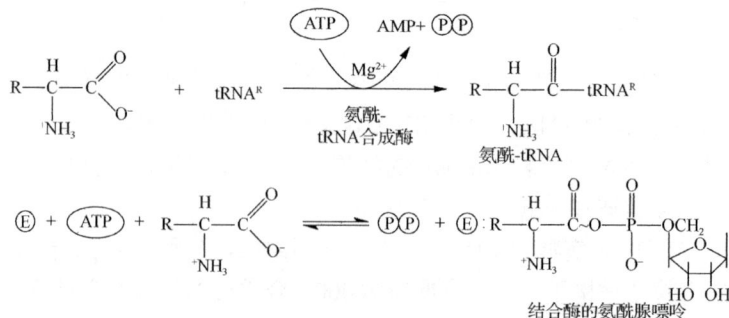

图 8-13　氨基酸的活化过程

2. 活化的氨基酸-AMP 连接到 tRNA 的 3'-OH 上

$$氨基酸\text{-}AMP + tRNA \xrightarrow{氨酰tRNA合成酶} 氨酰\text{-}tRNA + AMP$$

具体形成过程如图 8-14 所示。

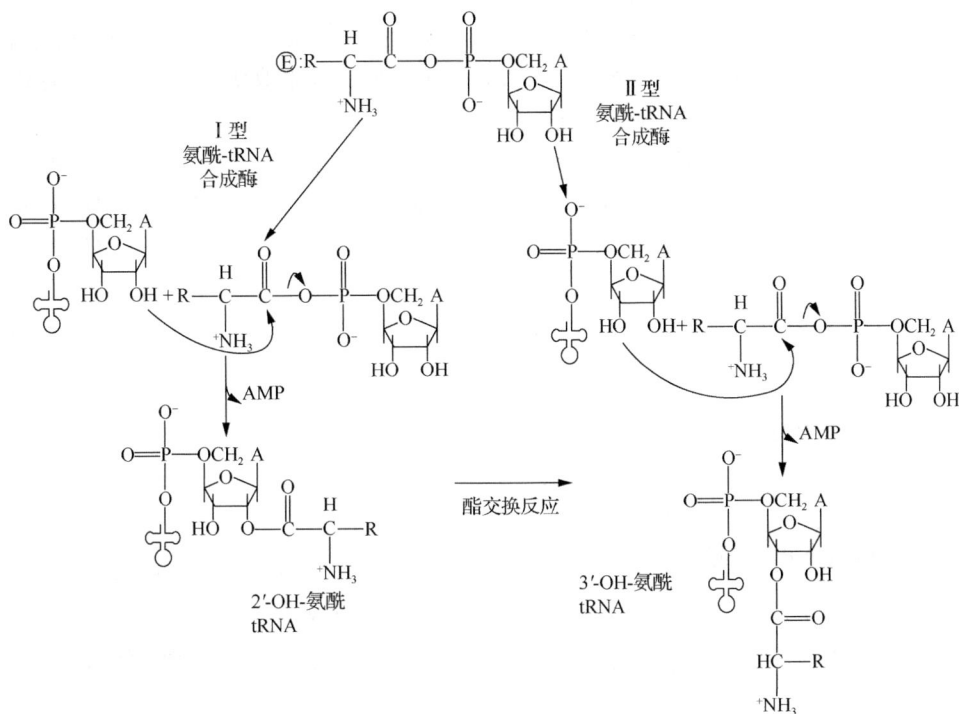

图 8-14 氨酰-tRNA 的形成过程

Ⅰ 类酶氨基酸连在 tRNA C3′的 2′-OH 上，Ⅰ 类酶连接在 tRNA 的 3′-OH 上。

实际这两步是连续完成的，第一步形成的氨基酸-AMP 与酶连在一起形成复合物，与酶结合得比较紧密，但不是共价结合。反应是可逆的，但形成的焦磷酸易被水解，使反向易向正反应方向进行。

第二步仍在酶上进行氨酰转移，即氨酰 AMP-酶——氨酰 IRNA＋酶。以 tRNA 3′-OH 代替 AMP 的磷酸基，仍是高能复合物。

（二）氨酰 tRNA 合成的特异性机制

因为肽链延长过程中没有校正过程，所以合成的准确性依赖于氨酰 IRNA 形成的特异性。

氨酰 tRNA 合成酶负责监控 tRNA 负载的忠实性，有两种机制。

1）正确的 tRNA 对于酶分子中 tRNA 结合位点有足够高的亲和力，从而使酶构象改变导致催化完成。这种特异亲和性和特异结合性来自 tRNA 某些碱基排列，并认为这是第二套遗传密码。tRNA 分子骨架中的这种特异序列对酶和 tRNA 的相互作用是至关重要的。

2）酶对氨基酸的识别能力也是消除错误的机制。氨基酸在活化后与 tRNA 结合前，氨酰-tRNA 合成酶会出现水解活性，一旦结合了不正确的氨基酸，水解活性就会大增，从而将氨酰-AMP 的高能复合物水解开，所以不正确结合会被立即水解掉。

关于 tRNA 分子突变与校正基因问题可用于解释回复突变现象，即某些突变体产生特异的形状或不正常代谢等，后来又能转为正常，就是突变消除了。有些突变可能就是由某一个碱基的改变引起的，称为点突变。突变后的遗传密码发生改变，如存活则为突变体。但如果 tRNA 的对应反密码碱基后来也发生突变，就纠正了原来的突变，导致突变消除。

例如原来基因密码是 GAG 代表谷酰胺，突变 UAG（是对与 DNA 互补的 RNA 而言的），UAG 是终止密码，结果肽链合成到此就结束了。后来酪氨酸的反密码 AUG 突变，形成 AUC，可以和 UAG 互补，这样 tRNA 可以把终止密码 UAG 读成酪氨酸结果肽链中以酪氨酸代替了谷酰胺，也许突变就消失了。除活性中心氨基酸外，其他氨基酸突变对整个蛋白质影响不是太大。但同时还必须另有可以识别正常终止密码的机制及识别正常酪氨酸-tRNA 的机制。

二、蛋白质的合成过程

肽链合成过程分为 3 步：起始、延伸和终止。

（一）肽链合成的起始

目前研究资料都来自大肠埃希氏菌，以下均为大肠埃希氏菌肽链合成过程。

肽链合成的起始过程首先是合成系统的有序装配，形成起始复合物，然后进入起始状态。

1. 起始密码识别

多肽链合成的起始密码都为 AUG，但 AUG 不一定都位于 mRNA 编码区首端，编码区内部也有。所以要区别起始信号和内部 AUG，确定起始 AUG 十分重要。如果阅读框漂移一个核苷酸，则会改变整个多肽的序列，翻译出的必将是无功能蛋白质。对起始 AUG 的确认识别，不是仅靠反密码子，tRNA 反密码子识别 AUG 是作用之一，另一作用取决于核糖体的小亚基与 mRNA 模板的特定区域序列互补。

在 mRNA 的起始密码子上游，在大约 10 个核苷酸处（−10 区），往往有一段富含嘌呤的序列，称为 SD 序列（Shime Dalgino 序列）。该序列可与小亚基中 16S rRNA 3′-端的一段富含嘧啶的片段互补。互补的碱基对可形成一个双链结构，使 mRNA 与核糖体的结合部位相对正确地固定。mRNA 与 16S rRNA 的这一非翻译段之间的配对，就确定了正确的阅读框，使起始密码子定位在小亚基 A 位。几个不同基因的 SD 序列如图 8-15 所示。

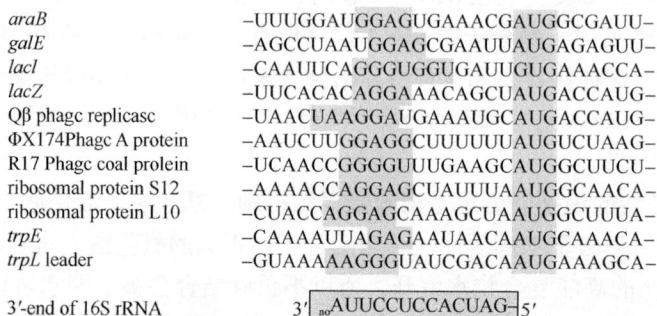

araB	–UUUGGAUGGAGUGAAACGAUGGCGAUU–
galE	–AGCCUAAUGGAGCGAAUUAUGAGAGUU–
lacl	–CAAUUCAGGGUGGUGAUUGUGAAACCA–
lacZ	–UUCACACAGGAAACAGCUAUGACCAUG–
Qβ phage replicase	–UAACUAAGGAAAUGCAUGACCAUG–
ΦX174Phage A protein	–AAUCUAGGAGGUCUUUUAAUGUCUUAAG–
R17 Phage coal prolein	–UCAACCGGGGUUUGAAGCAUGGCUUCU–
ribosomal protein S12	–AAAACCAGGAGCUAUUUAAUGGCAACA–
ribosomal protein L10	–CUACCAGGAGCAAAGCUAUGGCUUUA–
trpE	–CAAAAUUAGAGAAUAACAUGCAAACA–
trpL leader	–GUAAAAAGGGUAUCGACAAUGAAAGCA–

3′-end of 16S rRNA 　　3′-_{HO}AUUCCUCCACUAG–5′

图 8-15　几个不同基因的 SD 序列

2. 起始氨基酸

如果起始密码是 AUG，则起始氨基酸就是甲硫氨酸。因甲硫氨酸只有这一个密码子编码，所以多肽合成过程中第一个进入的氨基酸总是甲硫氨酸。但现在发现很多蛋白质的首端并非是甲硫氨酸，这是因为多肽合成后常将甲硫氨酸水解掉，由此看来甲硫氨酸的作用类似于起始引物的作用。

在肽链内部也可有甲硫氨酸，但实验发现起始 Met 和内部 Met 不是由同一种 tRNA 转运，起始氨基酸专由 tRNA 负责。为了区别，将负责转运起始 Met 的 tRNA 称为 $tRNA_f^{Met}$ 或 $tRNA_f$，将负责内部 Met 转运的称为 $tRNA_m$，或写作 $tRNA^{Met}$，专门负责识别内部的 AUG。原核生物甲酰化甲硫氨酰-tRNA 的形成过程如图 8-16 所示。

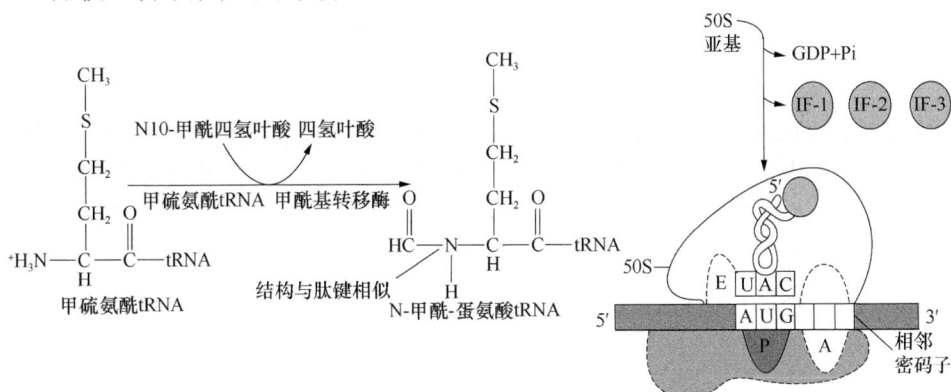

图 8-16　原核生物甲酰化甲硫氨酰-tRNA 的形成过程

在原核生物细胞中，甲硫氨酰-$tRNA_f$ 形成后，还要在 Met 的—NH_2 上引入一个甲酰基（甲醛基），由甲酰基转移酶催化，甲酰四氢叶酸供甲酰基。但内部的 Met 不进行甲酰化，真核生物也未见甲酰化。

3. 起始复合物的形成

由 IF-1、IF-2、IF-3 因子参加，分为 3 个步骤、4 个过程。

1）起始因子 IF-3 与 30S 小亚基结合，作用是阻止小亚基与大亚基结合而促使小亚基与 mRNA 先结合（大小亚基先结合就失去活性）。IF-3 和小亚基与 mRNA 结合后形成 mRNA-小亚基-IF-3 复合物，IF 对 mRNA 上翻译起始部位有很高的亲和力。IF-1、IF-3 与 30S 小亚基的结合过程如图 8-17 所示。

2）IF-2 与 GTP 结合形成 IF-2-GTP 复合物，富含能量。IF-2-GTP 复合物再与 fMet-$tRNA_f$ 结合。IF-2-GTP 具有识别起始 $tRNA_f$ 的能力，

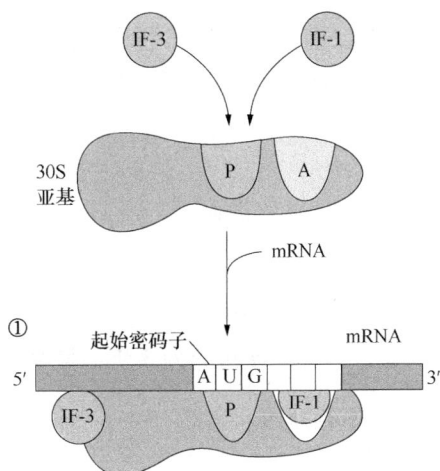

图 8-17　IF-1、IF-3 与 30S 小亚基的结合过程

259

在众多氨酰-tRNA 中可专一性与起始氨酰-tRNA 结合。IF-2 与 IF-1 和 IF-3 的结合过程如图 8-18 所示。

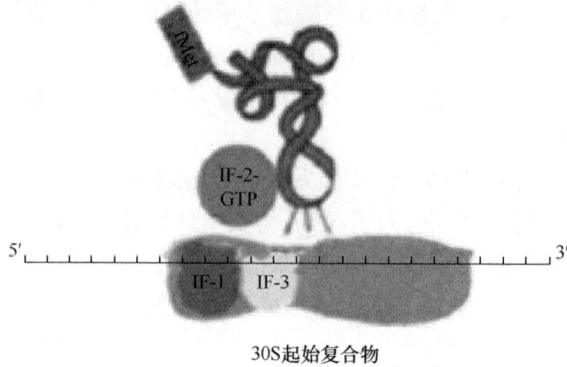

30S起始复合物

图 8-18　IF-2 与 IF-1 和 IF-3 的结合过程

3）IF 结合到 30S 小亚基上，促使 IF-2-GTP-fMet-tRNA$_f$ 复合物与小亚基-IF 复合物结合。IF-1 的作用是使 IF-2 和 IF-3 协同发挥作用，这一结合过程 IF-1 不可少，在这一结合过程中 tRNA 的反密码子与 mRNA 的起始密码子配对，并且小亚基 16S rRNA3′-端也与 mRNA 的 SD 序列配对，结合后释放出 IF-3，形成一个 fMet-tRNA$_f$-IF-2-GTP-mRNA 的复合物，这时称前起始复合物。前起始复合物如图 8-19 所示。

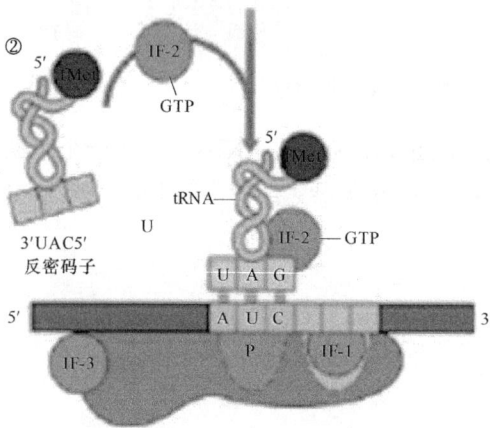

3′UAC5′
反密码子

图 8-19　前起始复合物

4）前起始复合物形成后，大亚基就结合上去，70S 核糖体形成。小亚基上结合 fMet-tRNA$_f$ 的位置称为 A 位，即氨酰基结合位，也称为受位。大亚基上有一个肽基结合位称为 P 位，也称为给位，但不确切。

当大亚基结合上去时，fMet-tRNA$_f$ 就从小亚基的 A 位上自然进入大亚基的 P 位，然后释放出 IF-1。接着，GTP 水解下来生成 GDP 和 Pi，然后 IF-2 也释放出来，到此起始反应完毕，可以进入肽链的延长过程。

原核 mRNA 可结合多个核糖体（多核糖体）同时进行蛋白质合成。

（二）肽链的延伸

核糖体在 mRNA 上移动的方向是 5′→3′，即翻译是从 mRNA 5′-端开始，向 3′-端延伸，每次移动 3 个核苷酸位置，增加一个氨基酸残基。

肽链延伸一次可分为 3 步：氨酰进入、肽键形成和移位。

1. 氨酰进入

当起始复合物形成后，小亚基的 A 位已空出（图 8-20），新的氨酰-tRNA 可以进入

A 位（图 8-21），这一进入过程需要延长因子和 GTP 参与。

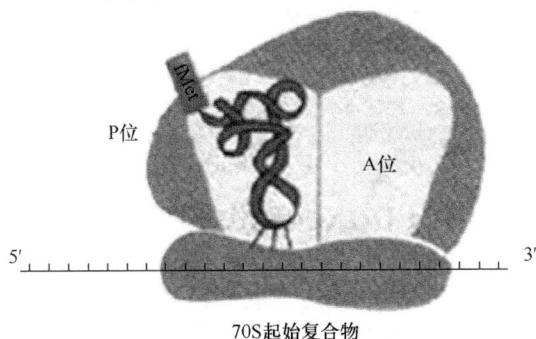

图 8-20　起始复合物形成，A 位空出

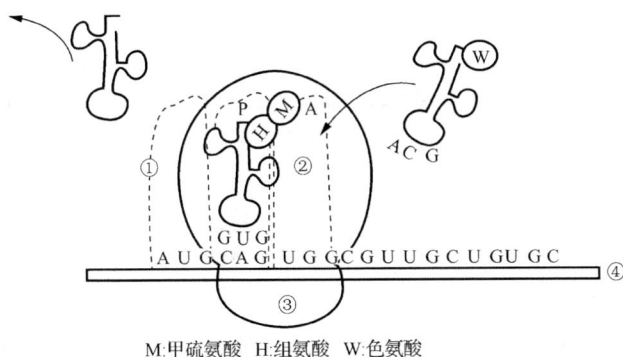

M:甲硫氨酸　H:组氨酸　W:色氨酸

图 8-21　氨酰-tRNA 进入 A 位

延长因子有 EFT 和 EFG，EFT 因子又分 EFTu 和 EFTs。延长因子有 GTP 酶活性，作用可能在于水解 GTP 供能，复酸 IRNA 结合到小亚基上需能量，延长因子先结合 GTP 再结合氨酰 tRNA，富含能量才与小亚基结合。

首先是延长因子 EFTu 与 GTP 结合，再与氨酰 tRNA 结合形成一个复合物，然后去与核糖体 A 位结合。结合时 tRNA 反密码还要与 mRNA 的密码互补识别。除起始氨基酸外，都要这样结合，结合时 GTP 水解，EFTu 有 GTP 酶活性，释放能量用于推动结合。

结合后释放出 EFTu-GDP。然后由 EFTs 参与，EFTu-GDP 再与 GTP 作用，重新生成 EFTu-GTP 参与下轮反应。

2. 肽键形成

新进入 A 位的氨酰＋RNA 将氨酰基转移给大亚基 P 位上的甲硫氨酰基，与之结合形成肽键。这一步反应由大亚基上的肽基转移酶催化完成，肽基转移酶也称蛋白因子。

新进入的氨基酸的氨基与 P 位氨酰基的氨基脱水聚合。这样 P 位上的 tRNA 也就失去了氨酰基的负荷，与 A 位点的氨基脱水缩合成二肽。这一反应需高浓度 K^+，可被嘌呤霉素抑制。新肽键的形成如图 8-22 所示。

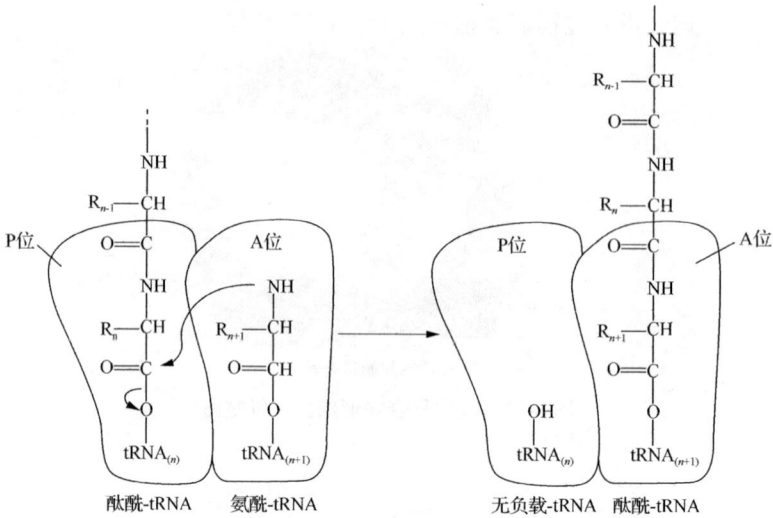

图 8-22　新肽键的形成

3. 移位

一个肽键形成后,核糖体沿 mRNA 5′→3′向前移动一个密码,需延长因子 EFG 参加,因此 EFG 又称移位酶。此外,移位过程还需 GTP 参与,因为 EFG 上有 GTP 结合位点,GTP 的作用在于供能。

EFG 与 GTP 形成 EFG-GTP 复合物,与核糖体结合,可使卸载的 tRNA 获得释放。还有学者认为,除 A 位、P 位外,还应有 E 位,卸载的 tRNA 先进入 E 位,在 EFG-GTP 作用下释放。

当核糖体移动一个密码时,肽酰基也同步移动到 P 位,将 A 位空出。这时 GTP 水解为 GDP 和 Pi,EFG 也获得释放。肽链每增加一个氨基酸的循环过程如图 8-23 所示。

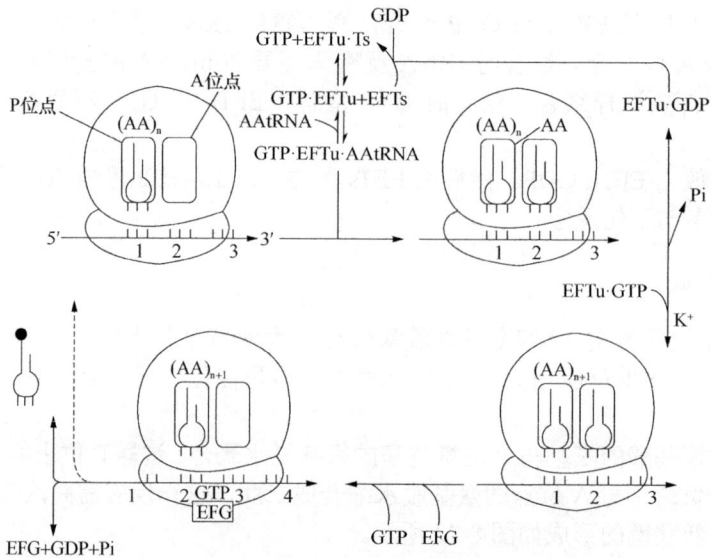

图 8-23　肽链每增加一个氨基酸的循环过程

有学者认为,延伸与移位是两个独立过程,移位并非由于延伸的推动作用,但具体机理仍不清楚。

通过氨酰 tRNA 识别定位→肽键形成移位这 3 步循环反应完成次肽链延伸,这样重复下去,肽链就不断延长。

从耗能上看,每形成一个肽键消耗 3 个 GTP,活化用 1 个,进入用 1 个,移位用 1 个,但消耗 4 个高能键,相当于 4 个 ATP。

(三)肽链合成的终止与释放

肽链合成到达 mRNA 上的终止部位时,肽链的延伸即终止。编码肽链的核苷酸并未延伸到 3′末端,终止部位有终止密码。终止密码为 UAA、UGA 和 UAG 中的任何一个,不代表任何氨基酸。

终止密码是由终止因子识别的,终止因子有 3 个,RF-1、RF-2、RF-3。RF-1 能识别 UAA 和 UAG;RF-2 识别 UAA 和 UGA;RF-3 无识别终止因子能力,但能协助肽链释放,所以 RF-3 也称释放因子。

终止因子平时游离在细胞质中无作用,一旦肽链合成即将完成,核糖体进入终止密码区,终止因子就结合上去,占据 A 位,并促使大亚基上的肽酰转移酶活性改变,使肽酰-tRNA 水解,肽链与 tRNA 和 mRNA 脱离,如图 8-24 所示。

一旦肽酰-tRNA 从核糖体上脱落,核糖体就脱离 mRNA 并解离为大小亚基,肽链获得释放。RF-3 可与解离的小亚基结合,防止与 50S 亚基重新聚合。核糖体再重新结合则进入新一轮合成循环。

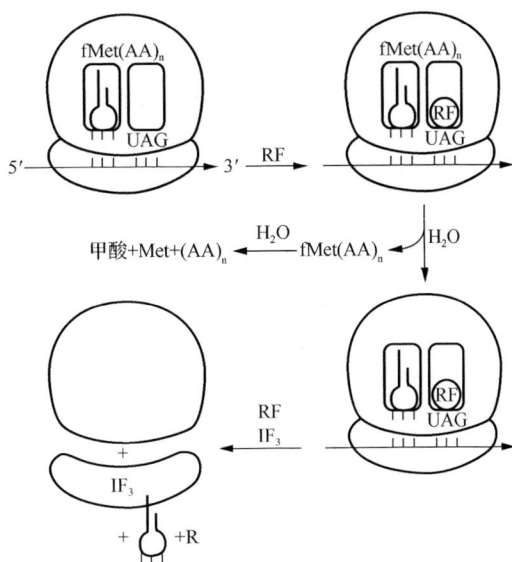

图 8-24 肽链合成的终止

(四)真核细胞的蛋白质合成

真核细胞蛋白质合成过程基本上与原核细胞相似,但涉及的辅助因子更多一些,尤其是起始因子,多达十几种。起始复合物的形成步骤也相对更多。

真核细胞蛋白质合成时多个起始因子有序与复合物结合进入,形成更复杂的起始复合物。

真核细胞蛋白质合成与原核细胞的区别概括起来有以下几方面。

1)核糖体不同,真核生物更大,为 80S,由 40S 和 60S 两个亚基组成。

2)起始氨基酸仍为甲硫氨酸,但未有甲酰化,起始 $tRNA_f^{Met}$ 含 $T\psi C$ 序列。

3)起始密码上游也未见富含嘌呤序列,即 SD 序列。

4）起始复合物中辅助因子更多，起始复合物更大。

5）蛋白激酶参与蛋白质合成调节，对起始因子进行磷酸化。

6）终止因子相差不多，但称为信号释放因子。

（五）蛋白质合成的抑制剂

蛋白合成的抑制剂很多，但作用机理各不相同，有些只对原核细胞有抑制作用，有些只对真核细胞有抑制作用。

1. 原核细胞蛋白质合成的抑制剂

大部分抗生素属于原核细胞蛋白质合成的抑制剂。

1）氯霉素。可与核糖体 50S 亚基的 A 位紧密结合，抑制肽基转移酶的转肽作用。

2）四环素类。起始阶段抑制核糖体 70S 复合物形成；在延长阶段可与 30S 亚基结合封闭 A 位，阻碍氨酰-tRNA 进入 A 位，阻止肽链延长；结束时阻碍释放因子进入 A 位，阻止肽链释放及 70S 核糖体解离。

3）链霉素类。作用与四环素相似，起始阶段抑制复合物形成；在延长阶段可与 30S 亚基结合使 A 位变形，造成 mRNA 密码错译为无功能蛋白质；阻碍释放因子进入 A 位，阻止肽链释放及 70S 核糖体解离。

4）红霉素类。与 50S 结合，抑制转肽作用和移位。

5）嘌呤霉素。与 50S 结合，抑制肽基转移酶的转肽作用。

2. 真核细胞蛋白质合成的抑制剂

真核细胞蛋白质合成的抑制剂有环己亚胺酮、白喉毒素等，但是还有很多未被发现，需要进一步研究。

参 考 文 献

[1] 张洪渊, 万海清. 2014. 生物化学 [M]. 北京: 化学工业出版社.

[2] 吴梧桐. 2015. 生物化学 [M]. 3 版. 北京: 中国医药科技出版社.

[3] 杨荣武. 2013. 生物化学 [M]. 北京: 科学出版社.

[4] 姚文兵. 2016. 生物化学 [M]. 8 版. 北京: 人民卫生出版社.

[5] 张丽萍, 杨建雄. 2015. 生物化学简明教程 [M]. 5 版. 北京: 高等教育出版社.

[6] 王镜岩, 朱圣庚, 徐长法. 2008. 生物化学教程 [M]. 北京: 高等教育出版社.

[7] 杨荣武. 2018. 生物化学原理 [M]. 3 版. 北京: 高等教育出版社.

[8] 宁正祥. 2013. 食品生物化学 [M]. 广州: 华南理工大学出版社.

[9] 王继峰, 2001. 齐治家. 生物化学 [M]. 北京: 中国科学技术出版社.

[10] 查锡良. 2008. 生物化学 [M]. 7 版. 北京: 人民卫生出版社.